工 程 地 下 水

（第二版）

Engineering Groundwater

（Second Edition）

唐益群　周　洁　杨　坪　编著

内 容 提 要

本书内容主要以工程地下水问题为研究对象，针对工程建设中地下水可能引起的工程地质问题与环境问题，从地下水水文参数计算、工程地下水井点降水方法、深基坑工程降水、地下水监测、水位变化引起的岩土工程问题以及地面沉降防治等方面进行了详细介绍。结合书中内容，有关章节中列举了部分工程降水实例和习题、思考题，并介绍了数值模拟在工程降水中的应用。

本书可作为地质工程、岩土工程、土木工程防灾、水文学与水资源等专业的本科生、研究生教材，还可供工程建设设计、施工、监理等工程技术人员和管理人员参考使用。

图书在版编目(CIP)数据

工程地下水/唐益群，周洁，杨坪编著. --2版
. --上海：同济大学出版社，2020.8
ISBN 978-7-5608-8880-4

Ⅰ. ①工… Ⅱ. ①唐… ②周… ③杨… Ⅲ. ①人工降低地下水—研究 Ⅳ. ①TU753.6

中国版本图书馆CIP数据核字(2019)第272091号

工程地下水(第二版)
唐益群 周 洁 杨 坪 编著
责任编辑 马继兰 责任校对 徐春莲 封面设计 陈益平

出版发行 同济大学出版社 www.tongjipress.com.cn
(地址：上海市四平路1239号 邮编：200092 电话：021－65985622)
经 销 全国各地新华书店
印 刷 常熟市大宏印刷有限公司
开 本 787mm×1092mm 1/16
印 张 17
字 数 424000
版 次 2020年8月第2版 2020年8月第1次印刷
书 号 ISBN 978-7-5608-8880-4

定 价 58.00元

第二版前言

随着我国新一轮的工程建设向深部地下空间拓展，由地下水问题引起的相关工程地质与环境地质灾害显得更加突出，已经成为工程建设中迫切需要解决的问题。

长期以来，在工程实践中发生与工程地下水有关的工程灾害事故早已引起了有关研究学者及工程技术人员的广泛关注。近几年来，全国各地高等学校各学科正在进行扩大专业知识面的教学改革，以拓宽学生的专业知识面和工程实践认知能力。许多工程类专业，尤其是地质工程、岩土工程，乃至工民建、桥梁、道路、地下建筑及环境建筑工程等专业，在工程建设（特别是地下空间开发利用）重大内需的推动下，急需加强学生对工程地下水知识方面的全面了解及相关实践能力的培养。

回顾"工程地下水"这一学科发展历史，从基础课程"地下水动力学"，到交叉性的"水文地质学"和"水文地球化学"，再到"地下空间开发"中的基坑工程降水与地面沉降问题等，至目前为止还没有一本完全针对工程建设中的地下水问题、针对由于地下水引发的工程地质灾害问题及环境地质问题进行梳理总结，同时集基础性、工程性、实践性于一体的综合型教材。

作者长期从事"工程地下水"课程的教学和科研工作，在第一版《工程地下水》教材的基础上，结合以往工程实践中积累起来的成果和经验教训加以总结和更新，第二版《工程地下水》教材中对部分章节内容进行了修改，对有关图件重新进行了绘制，对全部章节添加了工程实例或习题、思考题，为本书的读者，尤其是高等学校高年级本科生或研究生提供更全面的工程地下水与灾害防治方面的知识，并通过工程实例与习题分析，思考地下水引发的工程地质灾害演变过程，以增强本书的阅读性、实践性与可操作性，拓展学生的分析问题、解决问题与工程实践认知的能力。

另外，为了更好地与国际接轨，本书再版的同时，配套出版了《工程地下水》英文版教材 *Groundwater Engineering*，该书是再版《工程地下水》的英文版，为本科生和研究生教学提供了一本中文与英文相对照的适用的教材。同时本次再版通过中文和英文双语教材的设置拓宽了读者对象，除了适用于工程地下水相关工程专业的本科生和研究生外，国内外相关科研院所、设计生产单位研究人员与技术人员、管理人员等均可阅读和参考。

在《工程地下水》教材再版过程中，唐益群教授、周洁助理教授和杨坪副教授等作者根据多年的工程地下水教学经验和科研成果，对教材中部分章节内容进行了补充与修改；周洁助理教授和严婧婧博士对第二版全部章节内容作了细致地勘误与校对；唐辰硕士对本书所有图件作了修缮及再绘制工作。

由于作者水平有限，书中不足和错误之处在所难免，望广大同仁提出宝贵意见，以便不断完善。

本书在撰写过程中得到了同济大学教学改革研究与建设项目的支持，在此表示感谢。

作者
写于同济大学土木工程学院岩土大楼
2020 年 6 月 25 日

第一版前言

随着我国经济持续快速发展，工程建设中由地下水引发的工程地质与环境问题日益突出，如基坑开挖中由于地下水引起的坑底突涌和土体位移、地下水渗流对围护结构和边坡的稳定性影响、地下工程施工中引起的流砂和管涌、砂土液化等。在工程实践中发生与工程地下水有关的各种地质问题与工程事故，已经引起了研究人员和工程技术人员的高度关注。如何更好地对工程实践中积累起来的经验教训加以总结，以避免或减轻由于地下水问题引发工程地质问题与环境问题，已成为工程建设中一项具有重大意义且迫切需要解决的工作。

编者长期从事工程地下水的教学和科研工作，本教材的编写，力图在前人研究工作的基础上结合工程实践，对工程地下水问题进行归纳和总结，为学生提供一本适用的教材。

本书以工程地下水作为研究对象，在吸纳国内外最新研究成果的基础上对书稿内容进行了充实和完善，从地下水引起的工程地质问题与防治、深基坑工程降水、工程地下水三维数值模拟等方面阐述了工程地下水研究的最新进展。

本书共分 10 章，内容涵盖了工程地下水各个方面，包括地下水基本理论、水文地质参数计算、地下水引起的工程地质问题与防治、工程施工排水、工程地下水井点降水方法、降水管井及成孔要求、深基坑工程降水、基岩区工程地下水、工程地下水数值模拟、地下水对混凝土和钢筋的腐蚀性评价、地下水监测及水位变化引起的岩土工程问题等内容。

本书第 1 章至第 6 章和第 10 章由唐益群教授、杨坪副教授执笔，第 7 章由李国讲师执笔，第 8 章由周念清教授执笔，第 9 章由王建秀教授执笔，最后由唐益群教授、杨坪副教授统稿，赵化硕士参加了部分书稿的整理与校对工作。周洁博士、任兴伟博士、王元东博士、余篪硕士、何小军硕士等参加了本书图件的制作与清绘工作。

本书在撰写的过程中得到了同济大学教学改革研究与建设项目的支持，还得到了教育部“第四批高等学校特色专业建设点(项目编号：TS11385)”的资助。

本书中涉及的有关试验是在同济大学“岩土及地下工程教育部重点实验室”完成的。试验期间得到洪积敏工程师、吴晓峰工程师、徐仁龙工程师、叶志成老师等的大力支持，在加工和试验材料的准备方面以及在室内试验的过程中，他们都付出了大量的时间、精力和艰苦的劳动，在此表示感谢。

本书的读者对象主要是地质工程、岩土工程、土木工程防灾、水文学与水资源等专业的本科生、研究生及相关科研院所、设计生产单位研究人员、技术人员和管理人员。

由于编者水平有限，书中错误和疏漏在所难免，望广大同仁不吝指教，并提出宝贵意见，以便不断完善。

作者
2010 年 8 月于上海

目　录

1 地下水基本理论

存在于地壳表面以下岩土空隙(如岩石裂隙、溶穴、土孔隙等)中的水称为地下水。对于岩土体来说,地下水作为岩土体的组成部分,对岩土体的性能有着极其重要的影响;对于工程环境来说,地下水又是影响工程环境的重要因素,地下水的赋存状态与渗流特性将对工程结构承载能力、变形性状与稳定性、耐久性施加影响。因此,地下水在岩土工程或者基础工程领域值得重点研究。有关地下水基本理论,必须对地下水的基本概念、地下水的类型及运动规律等有较深入的了解。

1.1 地下水的基本概念

1.1.1 水在岩土体中的存在形式

岩土介质中存在各种形态的水,按其物理化学性质可分为气态水、结合水、毛细水、重力水、固态水(冰)和化学结合水等。

1. 气态水

气态水即水汽存在于未饱水的岩土空隙中。它可以自大气进入岩土空隙中,也可以由液态水的蒸发而形成。气态水可以随空气流动而流动,也可由绝对湿度大的地方向湿度小的地方运移,对岩土中水分的分布具有一定的作用。

2. 结合水

松散岩土颗粒表面带负电荷,它具有静电吸附能,颗粒越微细,静电吸附能越大。水分子是带正负电荷的偶极体,一端带正电,另一端带负电,在岩土颗粒的静电吸附能的作用下,能牢固地吸附在颗粒表面,形成水分子薄膜。这层水膜就是结合水(图 1-1)。

结合水根据其受岩土颗粒表面静电吸附能的强弱,又可以分为强结合水与弱结合水。强结合水也称吸着水,被约一万个大气压的强大吸引力直接吸附在岩土颗粒表面。就其性质而言近似固体,密度很大,平均为$2g/cm^3$,具有极强的黏滞性和弹性。强结合水在重力作用下不

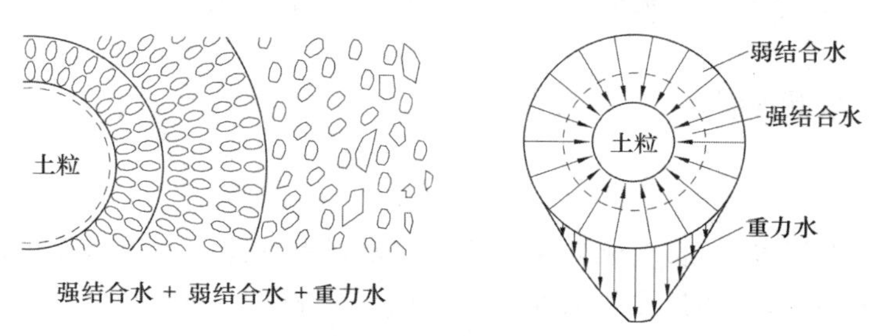

图 1-1 结合水与重力水

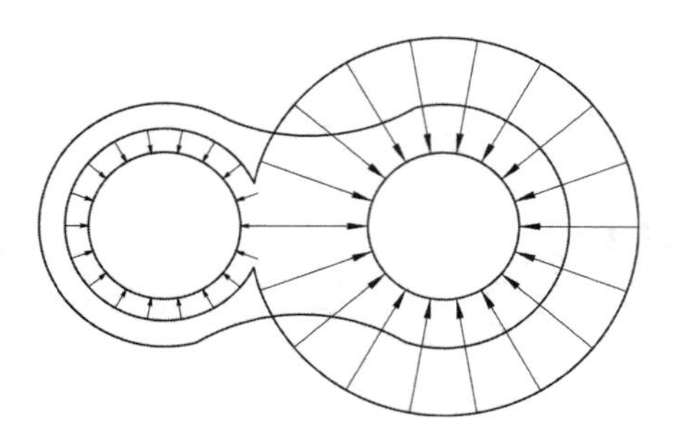

图 1-2　弱结合水的薄膜运动

产生运动，不传递静水压力，只有当温度高于 105℃时，才能转化为气态水向他处运动。弱结合水也称薄膜水，位于强结合水的外层。它离岩土颗粒表面较远，受静电引力较小，其密度和普通水一样，但黏滞性较大。弱结合水同样在重力作用下不产生运动，不传递静水压力，但能以水膜形式极缓慢地由水膜厚的地方向水膜薄的地方运动(图 1-2)。

在强大的压力作用下，弱结合水也能脱离岩土颗粒表面，析出成重力水。因此，在抽取松散沉积物中的承压含水层时，含水层内的黏性土夹层或限制层中的弱结合水可能转化为重力水，对承压水的水质和水量都会产生影响。

3. 毛细水

赋存在地下水面以上毛细空隙中的水，称毛细水。在表面张力和重力作用下水自液面上升到一定高度停止下来，此高度称毛细上升高度。因此，在潜水面以上常形成毛细水带。

这部分毛细水由地下水面支持，所以称支持毛细水。在潜水面以上的包气带中，还有被毛细力滞留在毛细空隙中的悬挂毛细水和滞留在颗粒角间的角毛细水。毛细水可以传递静水压力，能被植物根系吸收。

4. 重力水

当岩土的空隙全部被水所饱和时，其中在重力作用下能自由运动的水便是重力水。从泉眼中流出的水和从井孔中抽出的水都是重力水。重力水能传递静水压力。

5. 固态水(冰)

当岩土的温度低于水的冰点时，储存于岩土空隙中的水便冻结成冰而形成固态水。固态水主要分布于雪线以上的高山和寒冷地带的某些地区，在那里，浅层地下水终年以固态冰形式存在。

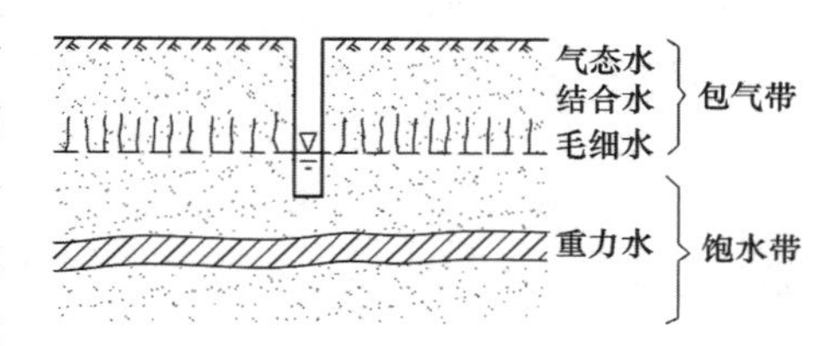

图 1-3　各种形态的水在岩层中的分布

气态水、结合水、毛细水和重力水在地壳最表层岩土中的分布有一定的规律性。当在松散岩土中开始挖井时，岩土是干燥的，但是实际上存在着气态水和结合水；继续向下挖，发现岩土潮湿，说明岩土中有毛细水存在；再向下掘进，便开始有水渗入井中，并逐渐形成地下水面，这就是重力水。

稳定的地下水面以上至地表称包气带，它的上部主要有气态水和结合水，还存在少量重力水和悬挂毛细水；而其下部接近地下水面部分则存在毛细水，称毛细水带。稳定地下水面以下称饱水带，主要含重力水(图 1-3)。

1.1.2　岩土体水理性质

1. 持水性

持水性是指重力释水后，岩土能够保持住一定水量的性能。在重力作用下，岩土中能够保持住的水，主要是结合水和部分孔隙毛细水或悬挂毛细水。

衡量岩土持水性的指标叫作持水度，指在重力作用下，岩土能够保持住的水的体积与岩土

总体积之比，可以小数或百分数表示

$$W_m=\frac{V_m}{V} \quad 或 \quad W_m=\frac{V_m}{V}\times 100\% \tag{1-1}$$

式中 W_m——岩土的持水度，以小数或百分数表示；

V_m——重力作用下，岩土能保持住的水的体积，m^3。

根据岩土保持水的形式不同，可分为毛细持水度和结合持水度，通常应用结合持水度。结合持水度是岩土所能保持的最大结合水的体积或重量与岩土总体积或重量之比。结合持水度的大小取决于颗粒大小。颗粒越细小，其表面积越大，表面吸附的结合水越多，持水度也越大。松散岩土持水度数值见表 1-1。

表 1-1　松散岩土持水度数值表

岩土名称	粗砂	中砂	细砂	极细砂	亚黏土	黏土
颗粒大小/mm	2～0.5	0.5～0.25	0.25～0.1	0.1～0.05	0.05～0.002	<0.002
结合持水度/%	1.57	1.6	2.73	4.75	10.8	44.85

2. 给水性

给水性是指饱水岩土在重力作用下，能自由给出一定水量的性能。当地下水位下降时，原先饱水的岩土在重力作用下，其中所含的水将自由释出。

衡量岩土给水性的指标叫作给水度。给水度是地下水位下降 1 个单位深度时，单位水平面积的岩土柱体在重力作用下释放出的水的体积，以小数或百分数表示

$$\mu=\frac{V_g}{V} \quad 或 \quad \mu=\frac{V_g}{V}\times 100\% \tag{1-2}$$

式中 μ——岩土的给水度，以小数或百分数表示；

V_g——重力作用下，岩土所给出的水的体积，m^3。

例如，当水位下降 1m 时，在重力作用下，$1m^2$ 水平面积的岩土柱体释放出的水的体积为 $0.1m^3$，$\mu=\frac{0.1m^3}{1m^3}=0.1$，则其给水度为 0.1 或 10%。

给水度的大小取决于岩土空隙的大小，其次才是空隙的多少。松散岩土的给水度数值见表 1-2。

表 1-2　松散岩土的给水度数值

岩土名称	黏土	亚砂	粉砂	细砂	中砂	粗砂	砾砂	细砾	中砾	粗砾
平均给水度/%	2	7	8	21	26	27	25	25	23	22

3. 透水性

透水性是指岩土可以被水透过的性能。不同的岩土具有不同的透水性。砂砾石具有较大的透水性。对岩土透水性起决定性作用的是空隙的大小，其次才是空隙的多少。颗粒越细小，孔隙越小，透水性就越差。因为细小的空隙大多被结合水占据，水在细小的空隙中流动时，空隙表面对其流动产生很大的阻力，水不容易从中透过。例如，黏土虽有很高的孔隙度，可达50%以上，但因其孔隙细小，重力水在其中的运移很困难，故黏土称为不透水层。

1.1.3 含水层与隔水层

含水层指能够透过并给出相当数量水的岩层。因此,含水层应是空隙发育的具有良好给水性和强透水性的岩层,如各种砂土、砾石、裂隙和溶穴发育的坚硬岩土。隔水层则是不能透过并给出水或只能透过与给出极少量水的岩层。因此,隔水层具有良好的持水性,而其给水性和透水性均不良,如黏土、页岩和片岩等。

含水层首先应该是透水层,是透水层中位于地下水位以下经常为地下水所饱和的部分,上部未饱和部分则是透水不含水层。故一个透水层可以是含水层,如冲积砂砾含水层;也可以是透水不含水层,如坡积亚砂土层;还可以是一部分位于水面以下的是含水层,另一部分位于水面以上为透水不含水层(图 1-4)。

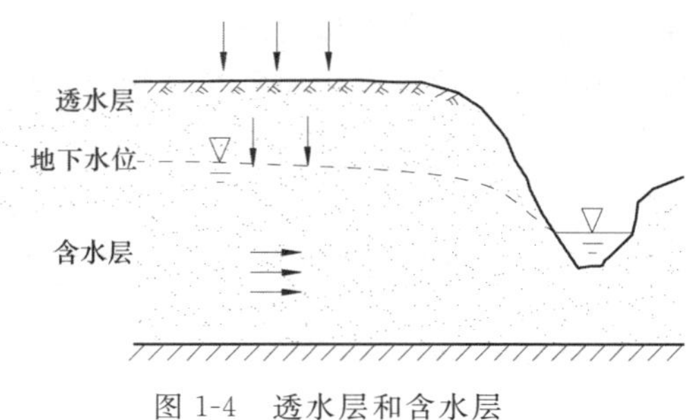

图 1-4　透水层和含水层

含水层与隔水层只是相对而言,并不存在截然的界限,二者是通过比较而存在的。如河床冲积相粗砂层中央粉砂层,粉砂层由于透水性小,可视为相对隔水层;但是该粉砂层若夹在黏土中,粉砂层因其透水性较大则成为含水层,黏土层作为隔水层。由此可见,同样是粉砂层,在不同地质条件下可能具有不同的含水意义。

含水层的相对性也表现在所给出的水是否具有实际价值,即是否能满足开采利用的实际需要或对采矿等工程造成危害。如南方广泛分布的红色砂泥岩,涌水量较小,若与砂砾层孔隙水或灰岩岩溶水相比,由于水量太小,对供水与煤矿充水不具实际意义,可视作隔水层,但对广大分散缺水的农村来说,在红层中打井取水既可解决生活供水,也可作为一部分灌溉用水,成为有意义的含水层,如湖南、川中、浙江某些红盆地中的红层地下水是生活和灌溉期水的主要水源。

含水层相对性还表现在含水层与隔水层之间可以互相转化。如黏土,通常情况下是良好的隔水层,但在地下深处较大的水头差作用下,当其水头梯度大于起始水力坡度,也可能发生越流补给,透过并给出一定数量的水而成为含水层。

1.2 地下水的类型

1.2.1 按埋藏条件分类

所谓地下水的埋藏条件,是指含水地层在地质剖面中所处的部位及受隔水层限制的情况。据此可将地下水分为上层滞水、潜水和承压水。

1. 上层滞水

当包气带存在局部隔水层时,在局部隔水层上积聚并具有自由水面的重力水,这便是上层滞水(图 1-5a)。上层滞水分布最接近地表,接受大气降水的补给,以蒸发形式或向隔水底板边缘排泄。雨季获得补充,积存一定水量,旱季水量逐渐耗失。当分布范围较小而补给不很经常时,不能终年保持有水。由于其一般水量不大,动态变化显著。在旱季时,可不考虑对工程建设的影响，在雨季时应该考虑，特别应考虑对基坑开挖的影响。

2. 潜水

饱水带中第一个具有自由表面的含水层中的水称作潜水(图 1-5b)。潜水没有隔水顶板，或只有局部的隔水顶板。潜水的水面为自由水面，称作潜水面。从潜水面到隔水底板的距离为潜水含水层厚度，潜水面到地面的距离为潜水位埋藏深度。

由于潜水含水层上面不存在隔水层，直接与包气带相接，所以潜水在其全部分布范围内可以通过包气带接受大气降水、地表水或凝结水的补给。潜水面不承压，通常在重力作用下由水位高的地方向水位低的地方径流。潜水的排泄方式有两种：一种是径流到适当地形处，以泉、渗流等形式泄出地表或流入地表水，这便是径流排泄；另一种是通过包气带或植物蒸发进入大气，这便是蒸发排泄。

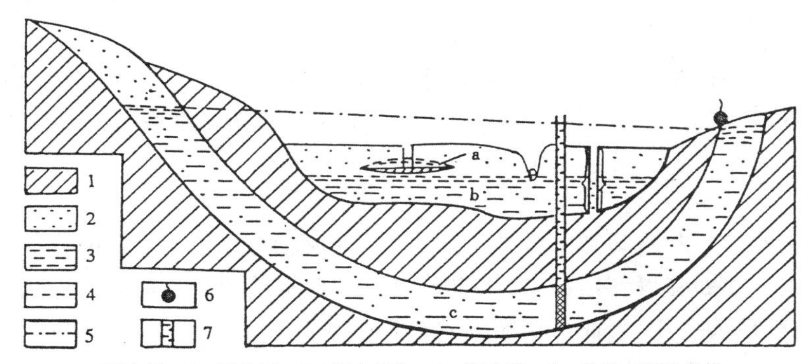

1—隔水层；2—透水层；3—饱水部分；4—潜水位；5—承压水测压水位；
6—泉（上升泉）；7—水井，实线表示井壁不进水；a—上层滞水；b—潜水；c—承压水。

图 1-5　潜水、承压水及上层滞水

3. 承压水

充满于两个隔水层之间的含水层中的水，叫作承压水(图 1-5c)。承压水含水层上部的隔水层称作隔水顶板，或叫限制层。下部的隔水层叫作隔水底板，顶底板之间的距离为含水层厚度 M(图 1-6)。

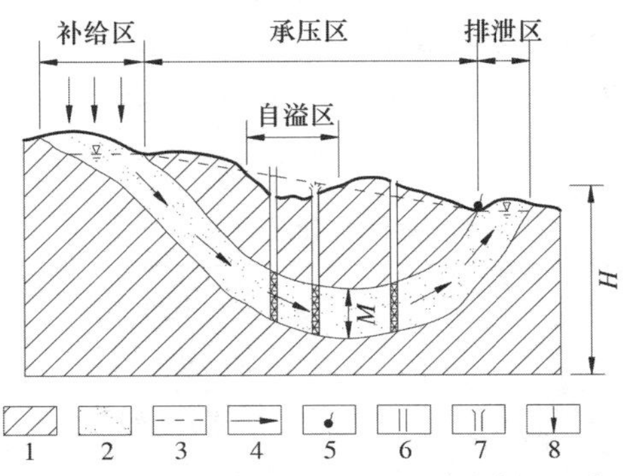

1—隔水层；2—含水层；3—地下水位；4—地下水流向；5—泉（上升泉）；
6—钻孔，虚线为进水部分；7—自喷孔；8—大气降水补给；H—承压水头（压力水头）；M—含水层厚度。

图 1-6　承压水

承压性是承压水的一个重要特征。图 1-6 表示一个基岩向斜盆地，其含水层中心部分埋设于隔水层之下，两端出露于地表。含水层从出露位置较高的补给区获得补给，向另一侧出露位置较低的排泄区排泄，中间是承压区。补给区位置较高，水由补给区进入承压区，受到隔水顶底板的限制，含水层充满水，水自身承受压力，并以一定压力作用于隔水顶板。要证实水的承压性并不难，用钻孔揭露含水层，水位将上升到含水层顶板以上一定高度再静止下来。静止水位高出含水层顶板的距离便是承压水头。井中静止水位的高程就是含水层在该点的测压水位。测压水位高于地表时，钻井能够自喷出水。

1.2.2 按含水层的性质分类

按含水层孔隙性质，可将地下水分为孔隙水、裂隙水和岩溶水。

含水层的空隙是地下水贮存的场所和运移的通道。含水层空隙性质不同，地下水在其中的贮存、运移和富集特点也不同。据此，可把地下水划分为孔隙水、裂隙水和岩溶水三大类。

1. 孔隙水

孔隙水分布于第四系各种不同成因类型的松散沉积物中。其主要特点是水量在空间分布上相对均匀、连续性好。它一般呈层状分布，同一含水层的孔隙水具有密切的水力联系，具有统一的地下水面。

2. 裂隙水

裂隙水是指贮存于基岩裂隙中的地下水。岩石中裂隙的发育程度和力学性质影响着地下水的分布和富集。在裂隙发育地区，含水丰富；反之，含水甚少。所以，在同一构造单元或同一地段内，富水性有很大变化，因而形成裂隙水分布的不均一性。上述特征的存在，常使相距很近的钻孔，水量相差达数十倍。

3. 岩溶水

储存和运动于可溶性岩层空隙中的地下水称为岩溶水。按其埋藏条件，可以是潜水，也可以是承压水。

岩溶水在空间的分布变化很大，甚至比裂隙水更不均匀。有的地方，水汇集于溶洞孔道中，形成富水区；而在另一地方，水可沿溶洞孔隙流走，造成一定范围内的严重缺水。

目前采用较多的一种分类方法是按地下的埋藏条件把地下水分为三大类：上层滞水、潜水、承压水（图 1-5）。若根据含水层的空隙性质又把地下水分为另外三大类：孔隙水、裂隙水、岩溶水。如果把上述两种分类组合起来就可得到九种复合类型的地下水，每种类型都有独自的特征（表 1-3）。

表 1-3　　地下水分类表

按埋藏条件	按含水层空隙性质		
	孔隙水	裂隙水	岩溶水
上层滞水	季节性存在于局部隔水层上的重力水	出露于地表的裂隙岩层中季节性存在的水	裸露岩溶化岩层中季节性存在的悬挂水
潜水	上部无连续完整隔水层存在的各种松散岩层中的水	基岩上部裂隙中的无压水	裸露岩溶化层中的无压水
承压水	松散岩层组成的向斜、单斜和山前平原自流斜地中的地下水	构造盆地及向斜、单斜岩层中的裂隙承压水，断层破碎带深部的局部承压水	向斜及单斜岩溶岩层中的承压水

1.3 地下水的运动

地下水以不同形式(强结合水、弱结合水、毛细水和重力水等)存在于地层的空隙中。除了强结合水外,其他几种水在包气带和饱水带中都参与了运动。弱结合水虽在重力下不能运动,但在一定水头差的作用下,不但能运动,而且还能传递静水压力。亚黏土、黏土层在一定水头差的作用下也透水。以往的研究多集中于饱水带重力水的运动,但实际工程施工中出现不少问题都涉及到包气带水以至结合水的运动规律。

1.3.1 基本概念

1. 水头

考虑地下水位以下土层中的单元体 A(图 1-7)。地下水位以下所有孔隙都是连通的,而且充满水,因此单元体 A 中的水具有静水压力 u_w。如果在单元体 A 处插入一根开口管子(通常称测压管),水将在管中上升,一直到管底端的水压力与 u_w 平衡为止,亦即

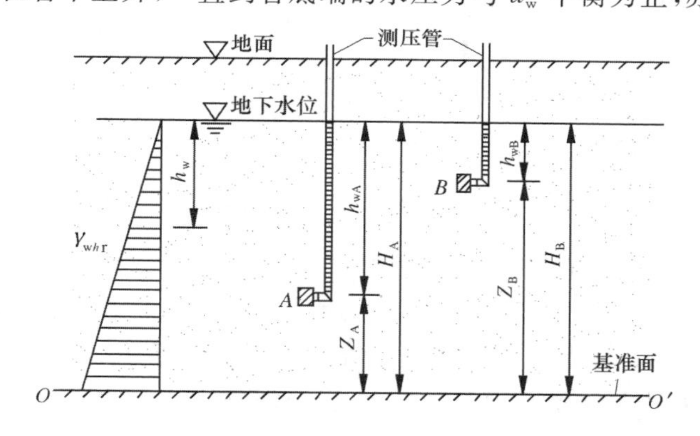

图 1-7 土层中地下水

$$h_w=\frac{u_w}{\gamma_w} \tag{1-3}$$

或

$$u_w=\gamma_w h_w \tag{1-4}$$

式中 γ_w——水的重度,kN/m^3;

h_w——A 至测压管水面的铅直距离,通常称压力水头,m;

u_w——静水压力,又叫孔隙水压力,kN/m^2。

这里必须注意区别三个水头:压力水头 h_w、位能水头 Z 和总水头 H。位能水头 Z 指的是所考虑的单元体至某一任意指定基准面的铅直距离;总水头 H 指的是压力水头与位能水头之和,亦即

$$H=h_w+Z \tag{1-5}$$

一般水总是从水头高处流向水头低处,这里的水头是指总水头 H,而不是指压力水头 h_w 或位能水头 Z。在图 1-7 中,$h_{wA}>h_{wB}$,$Z_B>Z_A$,但因 $H_A=H_B$,故水并不流动。考虑孔隙水压力 u_w 的绝对值时,需要注意的是压力水头 h_w;在地下水位处,$h_w=0$,所以 $u_w=0$,u_w 沿土层深

度呈线性变化。考虑水的流动问题时，需要注意的是总水头 H，又称测压管水头（测压管中的水面至某指定基准面的铅直距离）。

2. 动水力

水在土的孔隙内流动时受到土粒（骨架）的阻力，从作用力与反作用力大小相等、方向相反的原理可知，当水流过时必定作用压力于土的颗粒骨架上。单位体积土颗粒骨架所受到的压力的总和，称作动水力 G_D（kN/m^3）。

以图 1-8 所示实验装置为例。

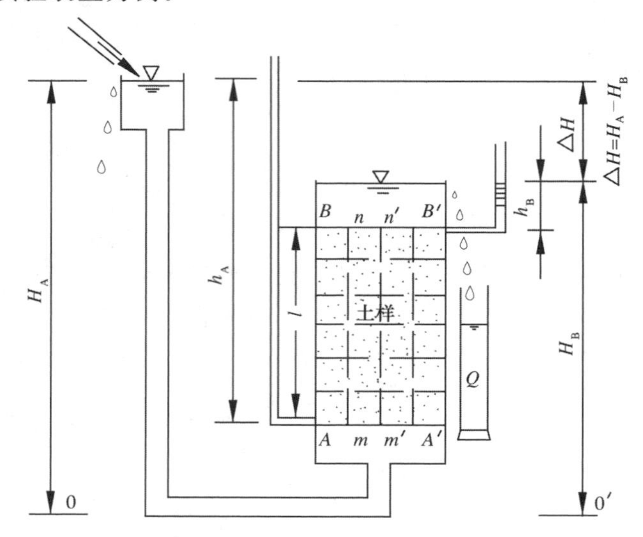

图 1-8　一维渗流实验装置示意图

当 $\Delta H=0$ 时属静水状态而无渗流。取饱和土体 $AA'B'B$ 为隔离体，考虑作用在隔离体上的力，如图 1-9(a)所示。其中，F 代表土体底面铜丝网承受的力（在实际土体中，相当于隔离体底下的土层对隔离体的支承力）；根据力的平衡原理，可知 F 等于隔离体的有效重量 $\gamma' Al$。这说明土体在水中传递给下面土层的重量是有效重量。

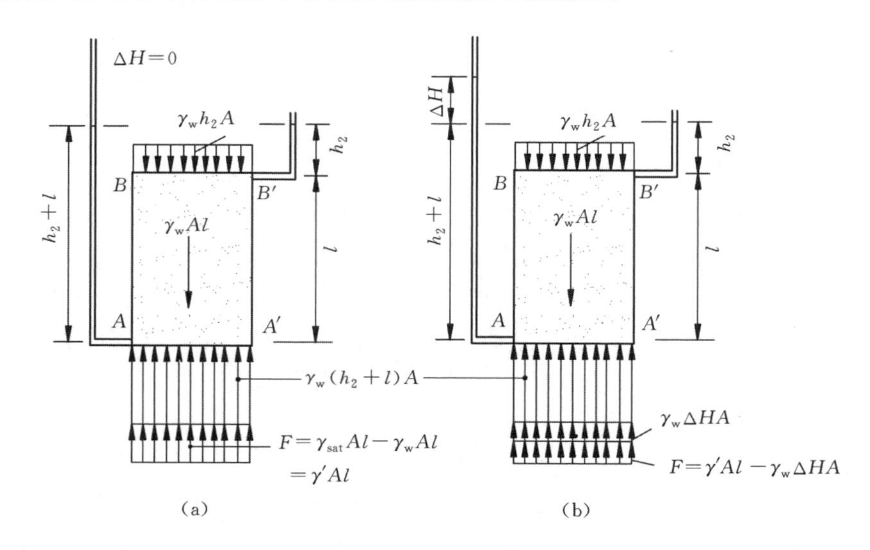

图 1-9　作用于饱和隔离土体上的力

当 $\Delta H>0$ 时，有自下向上的渗流（图 1-9(b)）。此时与静水状态相比，AA' 面上增加一个水压力 $\gamma_w \Delta HA$。这部分水压力是由于水头差 ΔH 造成的，正是由于有这部分水压力才有渗流产生，故称渗透力。在水从 AA' 面渗流到 BB' 面的过程中，渗透力被用于克服颗粒骨架给水的阻力而全部消耗掉。土的颗粒骨架给水的阻力也就等于水给颗粒骨架的压力减去动水力。按照动水力的定义

$$G_D=\frac{\gamma_w \Delta HA}{lA}=\gamma_w I \tag{1-6}$$

由此可见，动水力 G_D 大小与水力坡度 I 成正比，方向与水流方向一致，单位是重度单位（kN/m^3）。

另外，再观察铜丝网上的作用力 F（代表上下土层交界面上的有效接触压力）。从力的平衡条件看

$$F=\gamma' Al-\gamma_w \Delta HA \tag{1-7}$$

式中，第一项为原来压在网上的有效重量，第二项为新增加的上托力。

若 $F>0$，则表示土体仍压在铜丝网上，相互接触；若 $F<0$，则表示土体被顶起，与铜丝网脱开而失去稳定，这就称渗流破坏，上下土层脱离接触，出现流砂、流土现象。$F=0$ 表示临界状态，从式(1-4)可知，此时

$$I_c=\frac{\Delta H}{l}=\frac{\gamma'}{\lambda_w}\approx 1 \tag{1-8}$$

式中，I_c 称为临界水力坡度。

在实际工程问题中，必须保证 $I<I_c$，而且留有一定安全系数，才能保证不发生渗流破坏。

以上是指渗流向上的情况：如果渗流方向朝下，动水力方向与重力一致，只会增加土颗粒间作用压力，$F=\gamma' Al+\gamma_w \Delta HA$，则有利于稳定。

如在基坑降水的例子中（图 1-10），在基坑内水流方向朝上，有可能渗流破坏，必须验算 I 是否小于 I_c。从流网可看出，最危险的是贴近板桩墙的地方。一般应作两种验算：

(1) 水流逸出处的水力坡度为

$$I=\frac{\Delta H_i}{l_{min}}$$

式中　ΔH_i——该渗流区[图 1-10(a)]中绘有斜线的渗流区的水头差；

l_{min}——该渗流区的最短渗径。

要求的安全系数 K_s 为

$$K_s=\frac{I_c}{I}\geqslant 2.0$$

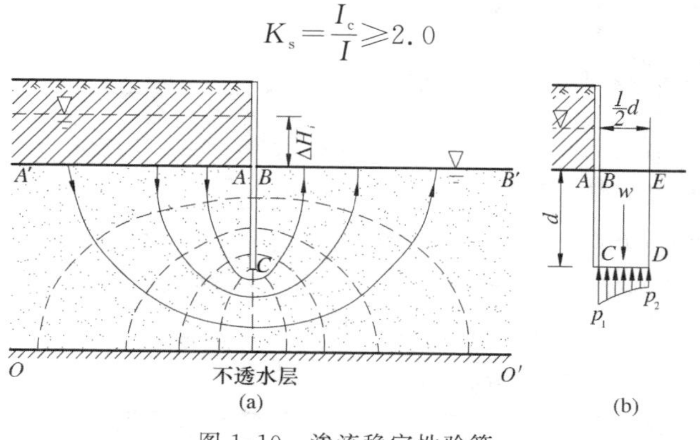

图 1-10　渗流稳定性验算

（2）水流方向朝上的整个区域 $BCDE$ 的稳定[图 1-10(b)]；宽度 BE 取 $d/2$ 已足够，d 为板桩墙贯入土中的长度。安全系数 K_s 为

$$K_s = \frac{\text{向下有效重量 } W'}{\text{向上渗透力 } P} = \frac{\gamma' \cdot \frac{1}{2}d^2}{\left(\frac{P_1 + P_2}{2}\right) \cdot \frac{1}{2}d} \tag{1-9}$$

式中，P_1，P_2 分别为 C，D 两处（图 1-10（b））的渗透压力，可根据等势线求得。一般要求$K_s \geqslant 1.5 \sim 2.0$。

渗流破坏可能造成严重的工程事故，必须加以重视。此外，还要留意潜蚀或管涌的现象。它们也属于渗流破坏，整个土体虽然稳定，但细颗粒被水从粗颗粒之间带走，这种现象如任其发展，则孔隙扩大，水的实际流速增大，稍粗颗粒亦被带走，便会形成孔道，恶性循环，孔道不断扩大、加深，最终造成土体结构严重破坏。管涌现象是由于水力坡度太大所致，特别是不均匀系数 $\mu_u > 10$ 的无黏性土在较小的水力坡度（0.3～0.5）下就可能出现管涌。因此，作为防止渗流破坏（无论是流土、流砂还是管涌）的根本措施，设计时应尽可能减小土体中的水力坡度，必要时在水流逸出处增设反滤层（由细到粗的过渡层）。

3. 渗透与渗流

地下水在岩土空隙中的运动称为渗透。由于岩土空隙的大小、形状和连通情况极不相同，从而形成大小不等、形状复杂、弯曲多变的通道（图 1-11）。在不同空隙或同一空隙中的不同部位，地下水的流动方向和流动速度均不相同，空隙中央部分流速最大，而水流与颗粒接触面上的流速最小。渗透是岩土中实际存在的水流，其特点是在整个含水层过水断面上是不连续的。如果按其实际情况来研究，在理论上和实际上都将遇到巨大困难，对于实际应用也毫无意义。因此，通常根据工程实际需要对地下水流加以简化，即用假想的水流模型去代替真实的水流，一是不考虑渗流途径的迂回曲折，只考虑地下水的流向；二是不考虑岩土层的颗粒骨架，假想岩土的空间全部被水流充满（图 1-12），这种假想水流称为渗流。

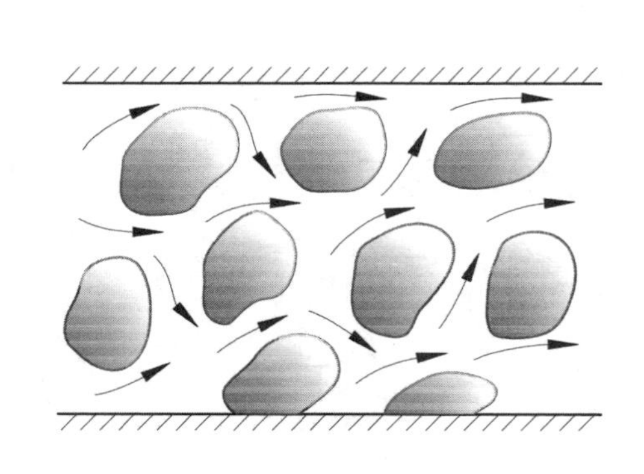

图 1-11　渗透示意图

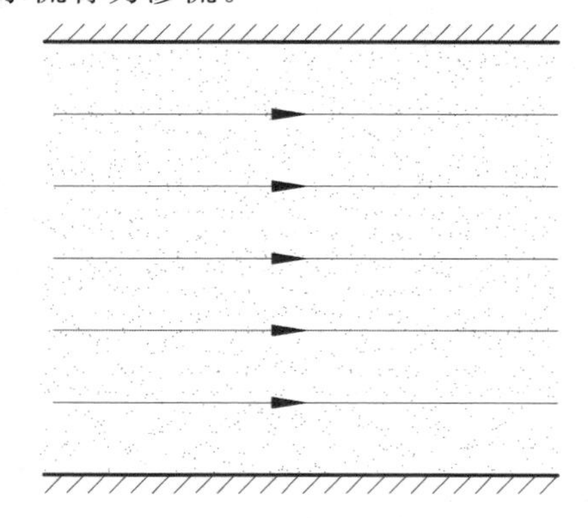

图 1-12　渗流示意图

4. 层流与紊流

地下水在饱水岩层中并非是静止不动的，它从含水层中水位较高的地方向水位低的地方运动。根据实际观察和试验证实，水流运动有两种基本状态，即层流和紊流。

当水质点运动连续不断、流束平行而不混杂者为层流状态，如图 1-13 所示；当水质点运动不连续，流束混杂而不平行的为紊流状态，如图 1-14 所示。

研究证明，水流的运动速度不大时，呈层流状态；当水流速度超过某一临界数值时，就由层

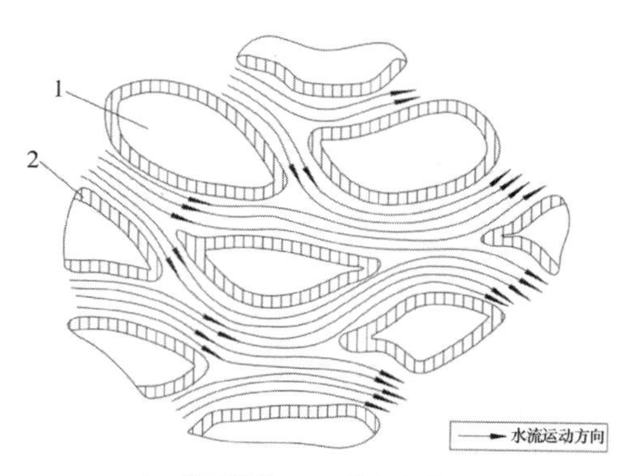

1—岩石颗粒；2—结合水膜

图 1-13　层流运动时水流运动特征

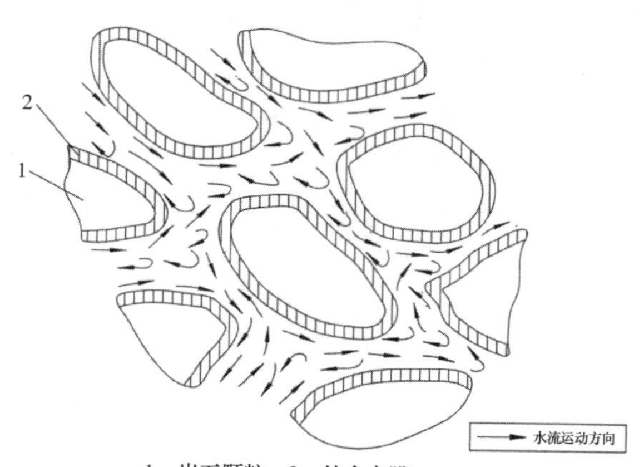

1—岩石颗粒；2—结合水膜

图 1-14　紊流运动时水流运动特征

流状态转为紊流状态。地下水在岩石的孔隙、裂隙中运动时水流速度较慢，所以，绝大多数情况下地下水运动呈层流状态，只有在很大的裂隙和岩溶洞穴中运动的地下水呈紊流状态。

5. 稳定流和非稳定流

水流的运动规律一般可以通过其运动要素(动水压力、流速、加速度等)在时间和空间里的变化规律来描述。如果某一水流的运动要素仅仅是空间坐标的函数，而与时间无关，这种水流称为稳定流。如图 1-15(a)所示，当水箱内水位保持不变，水从箱壁孔口流出，其压力和流速与它所在空间的位置有关，而与时间无关，这种水流是稳定流。

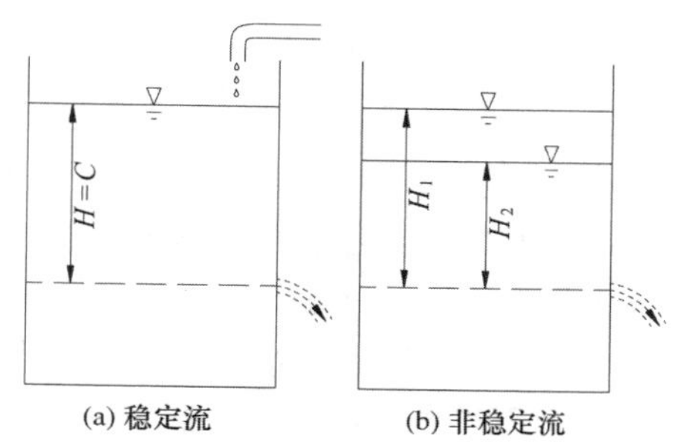

图 1-15　稳定流与非稳定流示意图

当水流中各点的运动要素不仅与空间坐标有关，且随时间变化而不同，这种水流即为非稳定流。如图 1-15(b)中的水箱中的水量没有补给，随着时间的增长，水量减少，水头降低，各点压力 P 减小，其他运动要素也随时间的变化而改变。

1.3.2　线性渗流定律

1.3.2.1　达西定律

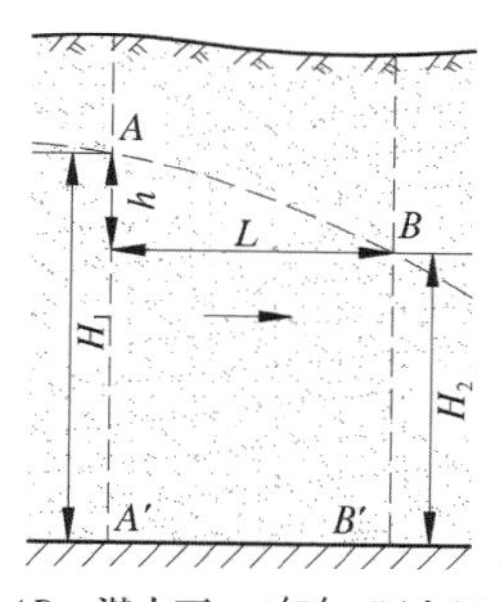

AB—潜水面；A′B′—隔水层

图 1-16　地下水层流断面图

地下水的运动有层流、紊流和混合流三种形式。层流是地下水在岩土的孔隙或微裂隙介质中渗透，产生连续水流；紊流是地下水在岩土的裂隙或洞穴中流动，具有涡流性质，各流线有互相交错现象；混合流是层流和紊流同时出现的流动形式。

当地下水在土中的运动(渗透)属于层流时(图 1-16)，且遵循达西(Darcy)线性渗透定律，其公式如下：

$$Q=KA\frac{h}{L} \tag{1-10}$$

式中　Q——单位时间内的渗透水量，m^3/d；

K——渗透系数，m/d；

A——水渗流的断面积，m^2；

L——断面间的距离，m；

h——距离为 L 的断面间的水位差，m，$h=H_1-H_2$；

$\frac{h}{L}$——水力坡度，用符号 I 表示，代表单位长度渗流途径上所产生的水头损失，亦称水力梯度(无因次)。

$$I=\frac{H_1-H_2}{L} \tag{1-11}$$

达西公式两边用断面积 A 除后，即得渗流速度(v)，渗流速度与水力坡度成正比：

$$v=\frac{Q}{A}=K\frac{h}{L} \tag{1-12}$$

$$v=KI \tag{1-13}$$

当 $I=1$ 时，得 $K=v$，即当水力坡度等于 1 时，渗透系数等于渗流速度，它的单位为 cm/s 或 m/d。

由式(1-13)可见，土体的渗透系数 K 也就是水力坡度等于 1 时的渗流速度。水在土体中的渗流速度 v 取决于两方面的因素：一是土体的透水性(反映为 K 的大小)；二是水力条件(反映为 I 的大小)，这就是水在土体中渗流的基本规律，亦即达西定律。

这里要注意两个问题：

(1) v 并不是水在土体孔隙中真正流动的速度，因为孔隙是弯弯曲曲的，实际渗流途径并不等于 L；横截面积 A 中不全是孔隙，实际过水面积不等于 A。因此，实际平均流速大于渗流速度 v。但工程实践中关心的不是水质点的真正流速，而是流经整个土体的平均流量。所以用表观的流速 v，同时按表观的 A、L 考虑是可以的，而且更为方便。

(2) 达西定律 $v=KI$ 只适用于砂及其他较细颗粒中。因为，孔隙太大时(如卵石、溶洞)，流速太大，会有紊流现象，水质点的流线互相交错，不是层流，v 不再与 I 的一次方成正比。渗流速度不是孔隙中的实际流速(u)，它只是换算速度，因为在这个公式中用的断面积并不是孔隙的横断面积。

为了得到地下水在土体孔隙中运动的平均实际流速，可用流量 Q 除以孔隙所占的面积 A'，故地下水的平均实际流速为

$$u=\frac{Q}{A'}=\frac{Q}{An} \tag{1-14}$$

式中，n 为土体的孔隙率，%。

将式(1-12)代入式(1-14)中，即得地下水的平均实际流速

$$u=\frac{v}{n} \tag{1-15}$$

因为 n 永远小于 1，可见平均实际流速大于渗流速度。

水在砂土中流动时，达西公式是正确的，如试验所得图 1-17 中的曲线 I 所示。但是，在某些黏性土中，这个公式就不正确。因为，在黏性土中颗粒表面有不可忽视的结合水膜，阻塞或部分阻塞了孔隙间的通道。试验表明，I 值比较小时克服不了结合水膜的阻力，水渗流不过去，只有当水力坡

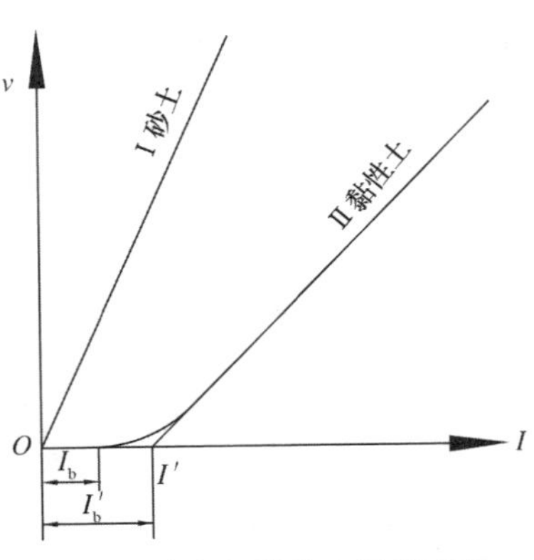

图 1-17　砂土与黏性土渗流速度与水力坡度的试验关系

度 I 大于某一值 I_b 时，黏土才具有透水性（见图 1-17 中的曲线Ⅱ）。如果将曲线Ⅱ在横坐标上的截距用 I'_b 表示（称为起始水力坡度），当 $I>I'_b$ 时，达西公式可改写为

$$v=K(I-I'_b) \tag{1-16}$$

1.3.2.2 达西定律的适用范围

达西定律并非任何渗流皆适用，而是有一定的适应范围。较早以前，认为达西定律的适用条件是层流，故有时把它称为层流渗透定律。20 世纪 40 年代以来，很多实验证明并非所有地下水的层流运动都符合达西定律，确实有不符合达西定律的地下水层流运动。雅各布・贝尔通过试验得出渗流速度和水力坡度的关系曲线（图 1-18）。由图可见，当雷诺数（Re）小于 10 时，该曲线基本上呈直线，即此时地下水的运动服从达西定律。当雷诺数（Re）大于 10 以后的曲线便偏离直线但仍属层流运动，这是一种非线性层流运动。向上逐渐过渡到紊流。有人提出将雷诺数等于 10 作为层流的上限。

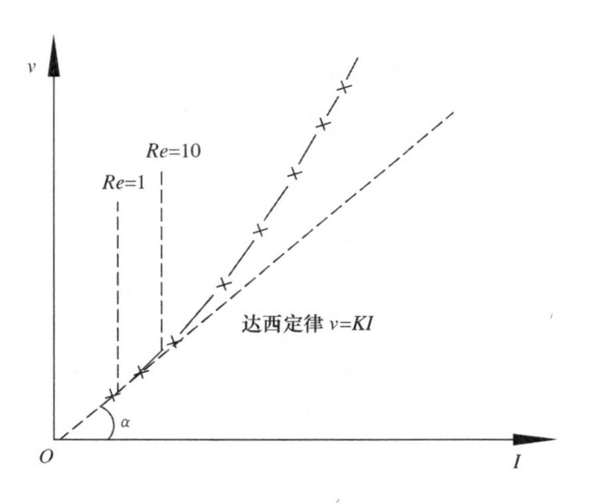

图 1-18　渗透速度与水力坡度的关系

雷诺数由下式求得：

$$Re=\frac{\rho v D}{\mu} \tag{1-17}$$

式中　ρ——流体密度；

v——流体流速；

D——流体通过的横截面直径；

μ——流体的动力黏滞系数。

很多人用惯性力的影响解释上述现象。即当地下水运动速度慢时，黏滞性所产生的摩擦力对运动的影响占绝对优势，惯性力的影响可以忽略不计，水流服从达西定律；当地下水的运动速度加快，水流具有明显的连续变化的速度和加速度，惯性力与速度平方成正比，达西定律就不适用了。这一变化发生于水流由层流转变为紊流之前。

由于含水层中空隙的大小、形状和方向都在很大范围内变化，有些空隙中的水流转变了，另一些空隙中的水流则没有转变，因此由服从达西定律的层流运动到非线性层流运动再到紊流运动是逐渐过渡的，无明显界线。在自然情况下，绝大多数的地下水流是服从达西定律的。

1.3.2.3 水力坡度

水力坡度为沿渗透途径水头损失与相应渗透长度的比值。水质点与颗粒在空隙中运动时，为了克服水质点之间的摩擦阻力，必须消耗机械能，从而出现水头损失。所以，水力坡度可以理解为水流通过单位长度渗透途径为克服摩擦阻力所耗失的机械能。

1.3.2.4 渗透系数

渗透系数 K 反映土的透水性大小，其常用量纲为 cm/s 或 m/d，一般通过做室内渗透试验

或现场抽水或压水试验进行测定。

1. 影响土的渗透系数的主要因素

(1) 土的粒度组成。一般土粒愈粗、大小愈均匀、形状愈圆滑，K 值也就愈大。对于洁净的(不含细粒土的)砂土，可按下列经验公式估计 K(cm/s)值：

$$K=100\sim150(d_{10})^2 \tag{1-18}$$

式中，d_{10} 为土的有效粒径，亦即土中小于此粒径的土重占全部土重的 10%，mm。粗粒土中含有细粒土时，随细粒含量的增加，K 值急剧下降。

(2) 土的密实度。土愈密实，K 值愈小。试验资料表明，对于砂土，K 值大致上与土的孔隙比 e 的二次方成正比；对于黏性土，孔隙比 e 对 K 的影响更大，但由于涉及结合水膜的厚薄而难以建立二者之间的经验关系。

(3) 土的饱和度。一般情况下饱和度愈高，K 值愈大。这是因为土的孔隙中气泡的存在会减小过水截面积，甚至堵塞细小孔道。

(4) 土的结构。细粒土在天然状态下具有复杂结构，结构一旦扰动，原有的过水通道的形状、大小及其分布就会改变，因而 K 值也就不同。扰动土样与击实土样的 K 值通常都比同一密度原状土样的 K 值要小。

(5) 土的构造。土的构造因素对 K 值的影响也很大。例如，在黏性土层中有很薄的砂土夹层的层理构造，会使土在水平方向的 K 值比垂直方向的 K 值大许多倍，甚至几十倍。因此，在室内做渗透试验时，土样的代表性很重要。另外，所测得的 K 值也只能代表天然土层中一个点的渗透系数，不一定能代表整个土层的透水性。有条件时，通过现场抽水试验或压水试验来测定天然土层的 K 值较为可靠。

(6) 水的温度。试验表明，渗透系数 K 与渗流液体(水)的重度 γ_w 以及黏滞系数 η(Pa·s)有关。水温不同时，γ_w 相差不多，但 η 变化较大。水温愈高，η 愈低，K 愈大，K 与 η 基本上呈线性关系。因此，在 T℃测得的 K_T 值应加温度修正，使其成为标准温度(10℃)下的渗透系数 K_{10} 值

$$K_{10}=\frac{\eta_T}{\eta_{10}}K_T \tag{1-19}$$

式中，η_T，η_{10} 分别为 T℃，10℃时水的黏滞系数(可查物理手册)。对于 T 为 5℃时的情况，$\frac{\eta_T}{\eta_{10}}=1.161$；对于 T 为 20℃时的情况，$\frac{\eta_T}{\eta_{10}}=0.773$。由此可见，水温因素的影响不容忽视。

地下水的温度一般在 10℃左右，故采用 10℃作为标准温度，有的国家以 15℃或 20℃作为标准温度。

2. 渗透系数的测定

渗透系数测定的试验装置如图 1-19 和图 1-20 所示，有定水头和变水头两种。室内渗透试验的原理如图 1-8 所示，量测 Q 后反算 K。

[实验 1] 定水头渗透仪如图 1-19 所示。已知渗透仪直径 $D=75$mm；在 $L=200$mm 渗流途径上的水头损失 $h=83$mm，在 60s 时间内的流量 $Q=71.6\text{cm}^3$；求土的渗透系数。

[解] ∵ $v=KI=\dfrac{Kh}{L}$

而 $Q=vAt=\dfrac{Kh}{L}\left(\dfrac{\pi D^2}{4}\right)t$

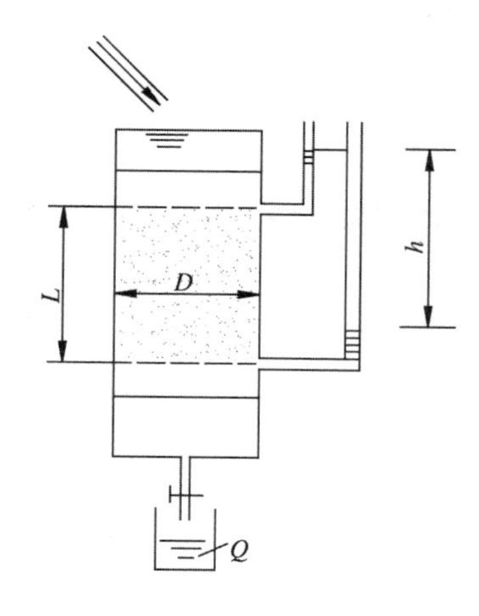

图 1-19　定水头

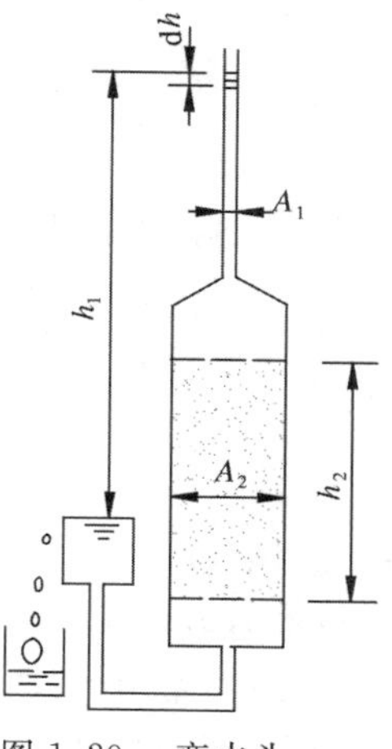

图 1-20　变水头

$$\therefore \quad K=\frac{4QL}{\pi D^2 ht}=\frac{4\times 71.6\times 20}{\pi\times 7.5^2\times 8.3\times 60}$$
$$=6.5\times 10^{-2}\,\text{cm/s}$$

[实验 2]　变水头渗透仪如图 1-20 所示。已知 $A_1=1.77\text{cm}^2$,$A_2=44.18\text{cm}^2$,$L=15\text{cm}$,$h_1=130\text{cm}$,$h_2=80\text{cm}$,$t_2-t_1=135\text{s}$;求土的渗透系数。

[解]　设 dt 时间内,储水管的水面下降 dh,则

(1) 从储水管流出的水量为 $\mathrm{d}V=A_1\mathrm{d}h$

(2) 此水量必等于同一时间内流经土样的流量为

$$\mathrm{d}Q=K\frac{h}{L}A_2\mathrm{d}t;$$

(3) 由于 $\mathrm{d}V=\mathrm{d}Q$,则

$$A_1\cdot\mathrm{d}h=\frac{Kh}{L}\cdot A_2\cdot\mathrm{d}t$$

当时间从 t_1 变化到 t_2 时,储水管水面从 h_1 降至 h_2,可写成

$$A_1\int_{h_1}^{h_2}\frac{\mathrm{d}h}{h}=\frac{KA_2}{L}\int_{t_1}^{t_2}\mathrm{d}t$$

$$A_1\lg\frac{h_1}{h_2}=\frac{KA_2}{L}(t_2-t_1)$$

$$K=\frac{A_1}{A_2}\cdot\frac{L}{(t_2-t_1)}\ln\left(\frac{h_1}{h_2}\right)=\frac{1.77\times 15}{44.18\times 135}\ln\left(\frac{130}{80}\right)=2.16\times 10^{-3}\,\text{cm/s}$$

3. 渗透系数经验值

表 1-4 可用于粗略估算土的渗透系数。

表 1-4　　**各类土的渗透系数**

土的种类	透水性大小	$K/(\text{cm}\cdot\text{s}^{-1})$	土的种类	透水性大小	$K/(\text{cm}\cdot\text{s}^{-1})$
卵石、碎石、砾石	很透水	$>1\times 10^{-1}$	粉质黏土	低透水性	$1\times 10^{-5}\sim 1\times 10^{-6}$
砂	透水	$1\times 10^{-2}\sim 1\times 10^{-3}$	黏土	几乎不透水	$<1\times 10^{-7}$
黏质粉土	中等透水性	$1\times 10^{-3}\sim 1\times 10^{-4}$			

1.3.3　非线性渗透定律

地下水在较大的岩土孔隙中运动且其流速较大时，则呈紊流运动，此时的渗流服从哲才(A. Chezy)定律。则有

$$Q=KwI^{\frac{1}{2}} \tag{1-20}$$

$$v=KI^{\frac{1}{2}} \tag{1-21}$$

式中，w 为水渗流的断面积，m^2。

即此时渗流速度与水力坡度 1/2 次方成正比。

前面已经谈到，从层流向紊流的转变是逐渐过渡的，没有截然明显的界线。因此，斯姆列盖尔认为，介于层流与紊流之间的流态是一种层流和紊流并存的混合流(combined flow)，并提出其公式

$$Q=KwI^{\frac{1}{m}} \tag{1-22}$$

$$v=KI^{\frac{1}{m}} \tag{1-23}$$

式中，m 为流态指数，介于 1～2 之间，当 $m=1$ 时为达西定律，当 $m=2$ 时为哲才定律；$1<m<2$ 时，为混合流定律。此时，在水的流动中，惯性力已起到一定的作用。

1.3.4　流网

土体中的稳定渗流(水流运动要素不随时间变化，土的孔隙比和饱和度不变，流入单元体的水量等于流出单元体的水量以保持平衡)可用流网表示。流网由一组流线和一组等势线组成。

以图 1-8 所示的渗流示意图为例。如果在 AA' 面上若干点放置一些颜料，就会出现若干条反映水流方向的流线，如图中$\overline{mn}$和$\overline{m'n'}$；两条流线之间的空间称为流槽。在 AA' 面上各点的水头均等于 H_A，故称线 AA' 为等势线，BB' 也是等势线，即凡总水头相等的各点的连线称等势线。图 1-8 所示的方格网(不一定必须是方格)就称流网。

绘制流网的目的是可直观地考察水在土体中的渗流途径，更重要的是可用于计算渗流量以及确定土体中各点的水头和水力坡度。如图 1-8 所示的一维流动情况，实际上没有必要绘制流网，直接应用达西定律就可计算流量、确定各点的水头和水头差。但实际工程中遇到的很多是二维流或三维流情况，这时绘制流网就很有用。

以图 1-21 所示的基坑降水为例。基坑中段可看作是二维稳定渗流问题，此时要计算渗流量以及土层中各点的水头损失，只有靠绘制流网最为方便。

绘制流网前，必须首先明确任何流网必须满足两个基本条件：

(1) 流线反映水流方向，这是由流线和等势线的定义所决定的。流线反映水流方向，流线上任一点的切线方向也就是流速矢量的方向。在图1-22中 m 是流线 1—1 与等势线 $a-a$ 的交点，在点 m 处，流线的斜率可写成

$$\left(\frac{\mathrm{d}y}{\mathrm{d}x}\right)_{流线}=\frac{v_y}{v_x} \tag{1-24}$$

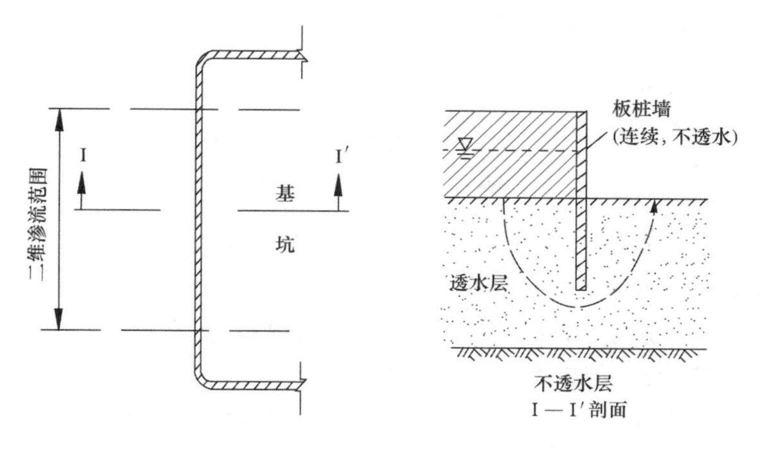

图 1-21　二维渗流问题

等势线是水头 H 相等的各点的连线，沿等势线 aa 上各点之间的 $\Delta H=0$。在二维稳定流中，$H=f(x,y)$ 与 z,t 无关，因此，可写成

$$\Delta H=\frac{\partial H}{\partial x}\mathrm{d}x+\frac{\partial H}{\partial y}\mathrm{d}y=0 \tag{1-25}$$

根据达西定律

$$v_x=KI_x=K\frac{\partial H}{\partial x}$$

$$v_y=KI_y=K\frac{\partial H}{\partial y}$$

代入式(1-25)，得

$$\frac{v_x}{K}\mathrm{d}x+\frac{v_y}{K}\mathrm{d}y=0$$

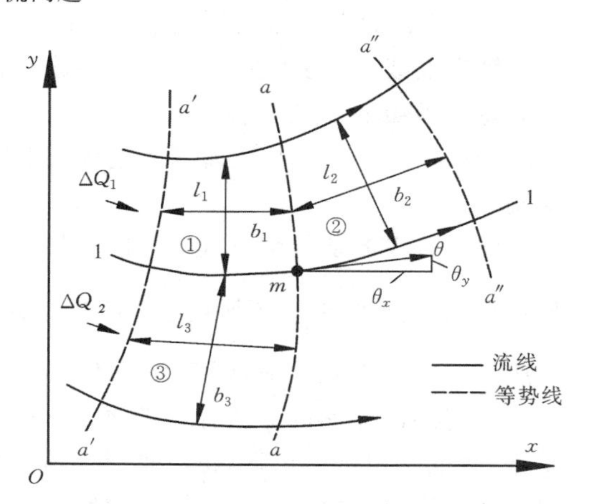

图 1-22　流线与等势线的相互关系

由此得出等势线的斜率为

$$\left(\frac{\mathrm{d}y}{\mathrm{d}x}\right)_{\text{等势线}}=-\frac{v_x}{v_y} \tag{1-26}$$

结合式(1-24)和式(1-26)，得

$$\left(\frac{\mathrm{d}y}{\mathrm{d}x}\right)_{\text{流线}}\left(\frac{\mathrm{d}y}{\mathrm{d}x}\right)_{\text{等势线}}=-1 \tag{1-27}$$

由此可见，流线与等势线恒成正交。

(2) 在流网中，由流线和等势线所包围的各个渗流区的 $\dfrac{b_i}{l_i}$ 值应相同(见图 1-22，b_i 为 i 流区的流线平均距离，l_i 为 i 流区等势线平均距离)。为了计算方便，有意使各个流槽的流量 ΔQ 相等，使各条等势线之间的水头差 ΔH 相等。

考察图 1-22 中的渗流区①，②，③，根据达西定律存在如下关系：

$$\Delta Q_1=K\frac{\Delta H_1}{l_1}b_1\times 1=K\frac{\Delta H_2}{l_2}b_1\times 1 \tag{1-28}$$

$$\Delta Q_3=K\frac{\Delta H_3}{l_3}b_3\times 1 \tag{1-29}$$

$\Delta H_1(=\Delta H_3)$，ΔH_2 分别为等势线 $a'a'$ 与 aa 以及 aa 与 $a''a''$ 之间的水头差。

从式(1-28)和式(1-29)中可见，只要

$$\frac{b_1}{l_1}=\frac{b_2}{l_2}=\frac{b_3}{l_3}=\cdots=\frac{b_i}{l_i} \tag{1-30}$$

则

$$\Delta H_1=\Delta H_2=\cdots=\Delta H_i \tag{1-31}$$

$$\Delta Q_1=\Delta Q_2=\cdots=\Delta Q_i \tag{1-32}$$

比值$\frac{b_i}{l_i}$可以是任意值，但通常采用$\frac{b_i}{l_i}=1$比较方便。因为$\frac{b_i}{l_i}=1$时，各个渗流区域接近“方块”，最容易直观地看出是否满足要求。

1. 流网绘制步骤(仍以图1-21所示的基坑渗流为例)

(1) 按一定比例尺绘出结构物和土层的剖面图(图1-23)。

(2) 判定边界条件，如 $a'a$ 和 bb' 为等势线(透水面)；acb 和 OO' 为流线(不透水面)。

(3) 先试绘若干条流线(应接近平行、不交叉，而且是缓和曲线；因为水总是沿最短的途径流动，改变方向总是沿缓和曲线)；流线应与进水面、出水面(等势线)成正交，并与不透水面(流线)接近平行、不交叉。

(4) 加若干条等势线上去(必须与流线正交，而且每个渗流区的形状必须接近“方块”，亦即$\frac{b_i}{l_i}\approx1$)；一般不可能一次就合适，须反复修改、调整所有流线和等势线，直到满足上述条件为止。

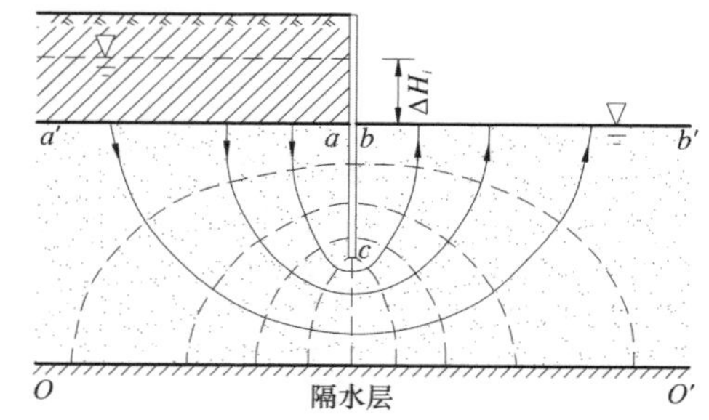

图 1-23　流网绘制(图试法)

上述绘制流网的方法称为图试法。除了图试法外，还可通过模型试验(如在水槽中用砂做模型)或电模拟试验求得，也可推导出流网微分方程，再根据边界条件求解，但只在很简单的情况下能获得解析解，大多数情况只能获得数值解。关于这几种方法的详细介绍可参阅水力学书籍。从工程角度，上述图试法最为简便，精度也满足需要，故一般应用最多。

2. 根据流网可以得到的有关数据

1) 计算渗流量 Q

设流槽数为 N_f，则流量 $Q=N_f\cdot\Delta Q$。设水头落差数为 N_D，则 $\Delta H_i=\frac{\Delta H}{N_D}$；因此

$$\Delta Q=K\frac{\Delta H_i}{l_i}b_i=K\Delta H_i \quad \left(\text{因为}\quad \frac{b_i}{l_i}=1\right)$$

$$Q=N_f\Delta Q=N_fK\frac{\Delta H}{N_D}=K\frac{N_f}{N_D}\Delta H \tag{1-33}$$

在图1-23中，$N_f=4$，$N_D=10$，只要知道 ΔH 和 K，就很容易求得沿基坑边长每延长米的渗流量。

2) 计算土体中任何一处的水头 H 和水力坡度 I

已知 $\Delta H_i=\frac{\Delta H}{N_D}$，亦即沿水流方向每前进 n 条等势线，水头就下降 $n\cdot\Delta H_i$。在图1-23中，设等势线 aa' 上各点的总水头为 H_a，则沿水流方向各条等势线上的总水头依次为 $H_a-\frac{1}{N_D}\Delta H$，$H_a-\frac{2}{N_D}\Delta H$，…，最后一条等势线 bb'，$n=N_D=10$，上面各点的总水头等于 $H_a-\Delta H=H_b$。两条等势线之间某点的总水头 H 可用直线插入法求得。得知任意两点的总水头，这

两点之间的水力坡度 I 也就知道了。不难看出,等势线愈密集的地方(亦即“方块”愈小的地方),水力坡度愈大。

以上只介绍了最简单的情况,目的在于阐明流网的基本概念和用途,对于较复杂的情况(如自由水面在土体内部的情况,成层地基或水平方向渗透系数不同于垂直方向渗透系数的情况)基本原理相同,具体绘制及计算方法可参阅有关水力学书籍。

习　题

1. 根据地下水物理化学性质分,岩土介质中的地下水有哪些存在形式?
2. 地下水的水理性质包括哪些指标?
3. 什么是含水层?什么是隔水层?隔水层一定不透水吗?
4. 根据埋藏条件和含水介质的类型,地下水可分为哪些类型?
5. 如何区分地下水的压力水头、位能水头和总水头?
6. 什么是动水力?
7. 达西定律的适用条件是什么?
8. 渗透系数与哪些因素有关?
9. 什么是流网?其作用是什么?如何制作?

2　地下水及水文地质参数计算

在岩土工程设计施工或地下水降水设计过程中，含水层的水文地质参数是必不可少的、极重要的基础数据。水文地质参数值的正确与否直接关系到岩土工程设计施工和降水设计的效果。

反映含水层水力性质的水文地质参数有以下三种类型。

第一类是表示含水层自身特性的参数。表示含水层渗透性的参数有渗透系数 K 及导水系数 T；表示含水层贮水性的参数，对潜水含水层是给水度 μ，对承压含水层是贮水系数 μ^*；表示含水层中水头或水位传导速度的参数，对承压水是压力传导系数，对潜水是水位传导系数，均以 α 表示。

第二类是表示抽水后含水层间相互作用的参数，越流系数 σ 和越流因素 β。

第三类是表示含水层与外界交换水量的能力，包括接受外界补给能力的参数，有大气降水入渗系数、河水入渗系数和灌水入渗系数等，以 α 表示；以及潜水蒸发系数。

求水文地质参数常用的方法有室内实验法、抽水试验法和利用地下水动态观测资料计算等。而目前岩土工程设计施工中或地下水降水设计中主要是利用室内实验资料和抽水试验等的观测资料进行计算。在有地下水动态长期观测资料的地区，也可利用动态观测资料、应用解析解和数值解以及最优化方法反求含水层参数。

2.1　水文地质试验方法

岩土工程设计施工中的水文地质参数确定，一般在野外现场条件下采用抽水试验、回灌试验、渗水试验、注水试验、压水试验、连通试验和地下水的流向与流速测定等方法，确定含水层的水文地质参数，查明地下水与地表水之间、不同含水层之间的水力联系等问题。

根据场地水文地质条件以及岩土工程设计施工的需要，可选择以下试验方法。

2.1.1　抽水试验

抽水试验为岩土工程勘察中查明建筑场地的地层渗透性、测定有关水文地质参数常用的方法之一。应根据勘察工作的目的要求和水文地质条件的差异采用不同的抽水试验类型。

根据试验方法和孔数，抽水试验可分为三种，见表 2-1。

表 2-1　抽水试验方法及应用范围

方　法	应用范围
钻孔或探井简易抽水	粗略估算弱透水层的渗透系数
不带观测孔抽水	初步判断含水层的渗透系数
带观测孔抽水	较准确地求得含水层的各种参数

2.1.1.1　抽水试验的目的、任务及其类型

1. 抽水试验的目的

抽水试验是以地下水井流理论为基础，它是在井孔中抽水并观测孔中流量变化与渗流场在时间上和空间上状态分布特征的变化，达到查明建设工程场地水文地质条件，定量地评价井和含水层的水量，确定水文地质参数，为建设工程场地地下水处理方案提供依据。

2. 抽水试验的主要任务

(1) 测定钻孔(井)涌水量与地下水水位降深的关系，计算钻孔单位涌水量和最大可能涌水量。

(2) 确定含水层的水文地质参数(如渗透系数、导水系数、给水度、贮水系数、压力传导系数、越流因素和影响半径等)。

(3) 测定抽水降落漏斗的形态及其扩展过程。

(4) 揭示地下水与地表水以及不同含水层之间的水力联系。

(5) 确定含水层(或含水体)边界位置及性质。

(6) 进行开采模拟，提供设计井群开采形式所必需的有关数据，如确定合理的井间距、井径、开采降深、开采流量等。

3. 抽水试验的类型

按不同的分类原则，主要有以下分类。

1) 按所依据的井流理论，可分为稳定流抽水试验和非稳定流抽水试验

(1) 稳定流抽水试验是早期常用的方法，它要求抽水试验必须达到流量和水位降深相对稳定，并根据含水层岩性确定需延续一定长时间才能停止。应用稳定流理论分析抽水试验资料，应用稳定流公式计算含水层水文地质参数，如渗透系数、影响半径等。在自然界中，大都是非稳定流，只有在补给水源充沛且相对稳定的地段，抽水才能形成相对稳定的似稳定渗流场。所以，它的应用受到限制。

(2) 非稳定流抽水试验在我国 20 世纪 70 年代起普遍应用，它要求流量或水位其中一个保持常量，一般多采用定流量或阶梯定流量抽水，观测水位随时间变化。非稳定流抽水的总延续时间一般以 s-lg$t$ 曲线确定。在无限补给边界的含水层中抽水时，曲线出现一个拐点，延续一定时间即可停止抽水；当存在定水头、阻水边界或越流补给时，曲线应出现两个以上拐点。

用非稳流理论和公式来分析计算，较稳定流理论和公式更能接近实际和有更广泛的适用性。它能测定更多的参数，如导水系数、给水度、贮水系数、压力传导系数、越流因素等，还能判定简单条件下的边界，并能充分利用整个抽水过程所提供的全部信息，但解释、计算较复杂，观测技术要求较高。一般情况下，可对抽水试验的前期非稳定流阶段，按非稳定流抽水试验技术要求观测流量和水位；在抽水达到稳定阶段后，可按稳定流抽水试验技术要求观测流量和水位，并分别应用相应公式计算含水层参数。这样能最充分利用整个抽水过程的全部信息。

2) 按抽水试验中抽水孔和观测孔的不同配置，可分为单孔、多孔及干扰井群抽水试验

(1) 单孔抽水试验，是只在一个抽水孔(又称主孔)中抽水，而无观测孔。它方法简便，成本低廉，但成果精度较低，适用于规划阶段和初步勘察阶段，多布置在可能富水地段和具有控制意义的地段。通过单孔抽水试验，测定含水层(带)的富水性、渗透性及钻孔出水量与水位下

降关系。

(2) 多孔抽水试验，是在一个抽水孔附近配置有一个或多个水位观测孔的抽水试验。它能完成抽水试验的各项任务，除测定含水层的渗透系数和钻孔出水量以外，主要用来确定含水层在不同方向上的渗透性、下降漏斗影响范围和形态、补给带宽度，确定合理的井距、干扰系数、各含水层间或与地表水之间的水力联系，还可以用来进行流速试验及各含水层给水度的测定。所得成果精度也较高，但花费成本较大。故少量用于初步勘察阶段，更多地用于详细勘察阶段。对具有供水价值的参数区至少要进行一组多孔抽水试验。

(3) 群孔干扰抽水试验(或试验开采抽水)，是在两个以上抽水孔中同时抽水、造成降落漏斗相互重叠干扰的抽水试验。除抽水孔外，还配合若干观测孔进行群孔干扰抽水试验。虽然试验工作复杂，成本较高，但可获得较丰富、准确的水文地质资料。

3) 按抽水井的类型，可分为完整井和非完整井抽水试验

由于完整井的井流理论完善，故一般尽量用完整井做试验。只有当含水层厚度大又是均质层时，为了节省费用才进行非完整井抽水，或为了专门研究过滤器“有效长度”时，则做非完整井抽水试验。

4. 主孔及观测孔的布置

(1) 主孔的布置。抽水主孔应主要考虑在以下地段布置:含水层厚度较大，或含水较丰富地段;地表水与地下水可能有联系的地段。

(2) 观测孔的布置。观测孔在平面和剖面上的布置取决于试验任务、精度要求、规模大小、试验含水层的特征，以及资料整理和计算方法等因素。如只为消除“井损”或“水跃”的影响，只在抽水孔近旁布置 1 个观测孔即可。为求得可靠的水文地质参数，根据含水层性质和地下水径流条件可布置 1～4 排观测孔，如表 2-2、表 2-3 和图 2-1 所示。

表 2-2　　观测孔与主孔距离间的关系

含水层岩性	渗透系数 K /($m \cdot d^{-1}$)	地下水类型	观测孔距主孔的距离/m			影响半径近似值/m
			第一孔	第二孔	第三孔	
坚硬多裂隙的岩层	＞60	承压水 潜水	15～20 10～15	30～40 20～30	60～80 40～60	＞500
坚硬稍有裂隙的岩层	60～20	承压水 潜水	6～8 5～7	10～15 8～12	20～30 15～20	150～250
没有细颗粒的纯砾、卵石层，均质的粗、中砂	＞60	承压水 潜水	8～10 4～6	15～20 10～15	30～40 20～25	200～300
含有大量细颗粒的砾石土和卵石	60～20	承压水 潜水	5～7 3～5	8～12 6～8	15～20 10～15	100～200
非均质的杂粒砂和细砂	20～5	承压水 潜水	3～5 2～3	6～8 4～6	10～15 8～12	80～150

表 2-3　观测线布置

含水层特征		观测线布置	图示
均质各向同性	地下水力坡度小	垂直地下水流向一条观测线	图 2-1(a)
	地下水力坡度大	垂直、平行地下水流向一条观测线	图 2-1(b)
非均质各向异性	地下水力坡度小	垂直地下水流向两条观测线 平行地下水流向一条观测线	图 2-1(c)
	地下水力坡度大	垂直地下水流向两条观测线 平行地下水流向两条观测线	图 2-1(d)

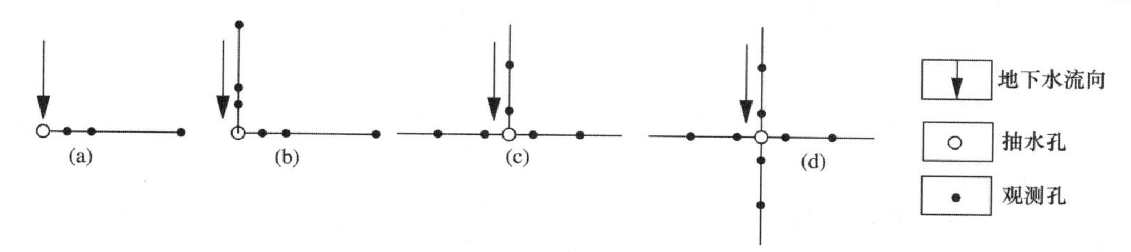

图 2-1　抽水试验观测孔平面布置示意图

观测孔的数目、距离及深度主要取决于试验的任务、精度要求和抽水类型。如需了解降落漏斗状态，则一条观测线上不应少于 3 个观测孔。如仅求参数，对于稳定流试验，一条观测线上应不少于 2 个观测孔；对于非稳定流试验，一条观测线上可取 1～3 个观测孔，但多数是取 3 个观测孔，以便使用多种方法(如 s-lg$t$，s-lg$r$ 等方法)整理和解释资料。对于判定水力联系及边界性质的抽水试验，观测孔都不应少于 2 个。

观测孔间距应近主孔者小，远主孔者大。最近的观测孔与主孔间距离视含水层渗透性和抽水降深而定，可由数米至 20m，以既有利于控制降落漏斗形状，又能避免观测孔位于紊流和三维流明显的地段为准则。对于非稳定流抽水试验，观测孔的间距应在对数轴上分布均匀，且能保证抽水初期水位变化的观测。观测孔间距的经验数据，可查看有关手册。

对于观测孔深度，一般要求深入试验段 5～10m(除含水层很薄外)；若为非均质含水层，观测孔的深度和滤水管位置应与抽水孔一致。

2.1.1.2　抽水试验的技术要求

1. 稳定流抽水试验的技术要求

1）水位降深

一般正式抽水试验要求取得 3 个落程(降深)的资料，便于确定流量 Q 与降深 s 的关系(Q-s关系)，以判断试验的正确性和推断涌水量。当对成果的精度要求不高，或对次要含水层试验，或因涌水量过小[如单位涌水量小于 0.1L/(s・m)]，或因抽水设备所限，最大降深未超过 1m 等情况下，可只作 1 个降深的抽水试验。如对地区 Q-s 关系已掌握，又能保证 2 个降深抽水结果的正确，可以只做 2 个降深的抽水。因为稳定流抽水的几种 Q-s 经验关系中都不多于 2 个未知系数，而且根据 2 次抽水资料，利用 $\frac{Q_2}{Q_1}=\sqrt[n]{\frac{s_2}{s_1}}$ 中的 n 值可以判定量 Q-s 曲线类型：$n<1$，不正常；$n=1$ 为直线型；$1<n<2$ 为指数型；$n=2$ 为抛物线型；$n>2$ 为对数型曲线。这种方法虽可节省一个降深的试验工作量，但可靠程度较差。

对最大降深值的要求主要决定于试验的目的。当测定参数时，降深值应小些，这样可以避免紊流、三维流的产生。为地下水资源评价和疏干计算，降深值应能保证外推至设计要求。当为判断边界性质和水力联系时，则要求有足够的降深使问题能充分暴露，因为有些层、带的隔水性能与边界两侧水头差有关。正式抽水的最大降深值 s_{max}，对潜水可取含水层厚度的 1/3～1/2，承压水可取由静水位到含水层顶板为最大降深。其余两次降深可均匀分布，即 $s_1=\frac{s_{max}}{3}$，$s_2=\frac{s_{max}}{2}$，以便绘制 Q-s 曲线。最小降深和两次降深之差，一般均不得小于 1m。在岩土工程设计施工中或地下水降水设计过程中，正式抽水试验一般进行 3 个降深，每次降深的差值以＞1m为宜。

2）稳定延续时间

稳定延续时间系指井(孔)的渗流场达到近似稳定后的延续时间。从抽水开始至渗流场稳定所需要的时间取决于地下水类型、含水层参数、边界条件及补给条件、抽水降深值等。潜水、弱渗透层、补给条件差以及降深大时，水流达到稳定所需要的时间长些。在不同勘察阶段，不同试验目的和不同含水层岩性的条件下，对抽水试验的稳定延续时间要求是不同的，一般要满足保证试验的可靠性。稳定延续时间愈长、愈容易发现微小而有趋势性的变化和临时性补给所造成的短暂稳定及“滞后疏干”所造成的假稳定。

若仅为测定参数，稳定延续时间要求短些，一般不超过 24h；其他的，一般为 48～72h。但无论何种目的的试验，最远观测孔的稳定延续时间都不得少于 2～4h。

一般情况下，抽水孔水位波动不超过降深的 1％即为稳定；但当降深较小，则以 3～5cm 为限。当用空气压缩机抽水时，主孔水位波动允许达 20～30cm，观测孔以不超过 2～3cm 为准，但不能有趋势性的变化。涌水量的波动不应超过抽水量的 5％。

3）水位及流量观测

抽水前需观测天然稳定水位。一般地区每小时观测1 次，2h 内所测数值不变或 4h 内水位相差不超过 2cm 者方可作为稳定水位；如天然水位波动，则可取水位的平均值作为天然稳定水位，或考虑消除水位波动的干扰影响。

抽水过程中，水位、流量应同时观测。观测时间应先密后疏。如开始时 5～10min 观测 1 次，以后则 15～30min 观测 1 次(按具体时间间隔要求)。

抽水终止或中断后，均应观测恢复水位。观测时间也应先密后疏，直到稳定。对恢复水位稳定的要求与抽水前天然稳定水位相同。如所测水位与抽水前有差异，可将差值以各降深之延续时间为权分配修正各降深值。

2. 非稳定流抽水试验的技术要求

可分为定流量和定降深抽水试验。在实践中多用定流量试验。在自溢情况下，或当模拟定降深疏干或开采地下水时，也可使用定降深抽水试验。

1）流量和水位观测

对流量和水位观测的要求同稳定流抽水。但值得注意的是试验从开始至终了流量(或水位)均应保持定值。

试验时对动水位和流量要同时观测。抽水终止或中断后，均应观测恢复水位。其观测频率比稳定流试验加密，特别要求在开泵或停泵的头 10～30min 内，应观测到较多的数据，如按开始后 1,2,3,4,6,8,10,15,20,25,30min 进行观测,以后每隔 30min 观测 1 次。

2) 抽水延续时间

非稳定流抽水试验的延续时间也取决于试验的目的、任务、水文地质条件、试验类型、抽水量及计算方法。不同抽水的延续时间差别很大,目前也无统一规定。仅就计算参数而言,在我国进行的试验,延续时间一般不超过 48h。而根据国外资料,延续时间短者仅 6h,长者为其 100 倍,其中,大多数为 48~96h。

当试验层为无边界承压水时,常用配线法和直线图解法求解参数。前者虽然只要求抽水前期资料,但后者通常要求直线段能延续两个对数周期(时间以分为单位),则总的抽水延续时间约为 3 个对数周期,即 1000min,约 17h,故一般延续 1~2d。如有多个观测孔,则要求每个观测孔的资料均符合上述要求。如流量为阶梯状时,则最后一个流量阶梯也应延续至满足上述要求。

当考虑越流时,如用拐点法或 s_{max} 计算参数时,抽水应延续至能判定 s_{max} 为止。如仅用配线法,则与其他情况下使用配线法相近,延续时间短些,如需利用稳定状态时段资料,则稳定段的延续时间应符合稳定延续时间的要求。

如试验目的在于判定边界位置和性质,延续时间应能保证任务的完成。例如对于定水头降水边界,抽水应至合乎稳定状态要求。对于直线隔水边界,抽水应延至 s-lg$t$ 图上的第二个直线段,且延续一个对数周期往往为 100min 以上。对于一些隔水边界,两侧水头差达到一定数值时可以透水,因此,延续时间应保证边界处水位降深值达到预定值。

3. 水温和气温观测

一般每 2~4h 观测一次水温和气温,必要时需记录地下水的其他物理性质等。

4. 水样的采取

在抽水试验结束前,取水样做化学全分析和细菌分析,或某些特殊项目分析。做化学分析样品不少于 2000ml,并在一星期内进行;做细菌分析时水量需 500ml,时间不得超过 6h,水样瓶口要蜡封;某些特殊项目可按有关要求进行。

2.1.1.3 抽水试验设备及用具

抽水试验设备主要指抽水设备,用具包括流量计、水位计、水温计、计时器等。

1. 抽水设备

抽水试验用的抽水设备种类很多,一般常用的为卧式离心泵、深井泵和空气压缩机等。

(1) 卧式离心泵。离心泵的构造简单、体积小、装卸方便、出水量大、出水量易于调节,而且能汲送含砂量大的水,但其汲程较小,仅 5~9m。一般在管井水位浅且出水量较大,特别是群井抽水时多采用它。

(2) 深井泵。深井泵的主要优点是能汲取水位很深的水,而且出水均匀,但调节出水量比较困难,而且不宜汲送含砂量大的水,因此在水位超过 10m 以上、含砂量少的水井中,可以选用。

(3) 其他类型水泵。其他类型水泵很多,可根据具体条件选用。例如,轴流泵适用于水量大,水位特浅的情况;射流泵、拉杆泵适用于水量小、水位深的情况;水锤泵适用于水量小且缺乏动力的情况;潜水泵适用于水位深、含砂量极低的情况等。

总之,抽水设备的选择,主要根据地下水的静水位、井的设计出水量、动水位、管井口径、出水含砂量以及抽水试验的其他要求而定。一般均要求抽水设备的出水量最好超过设计出水量。

2. 测量流量用具

1）堰箱

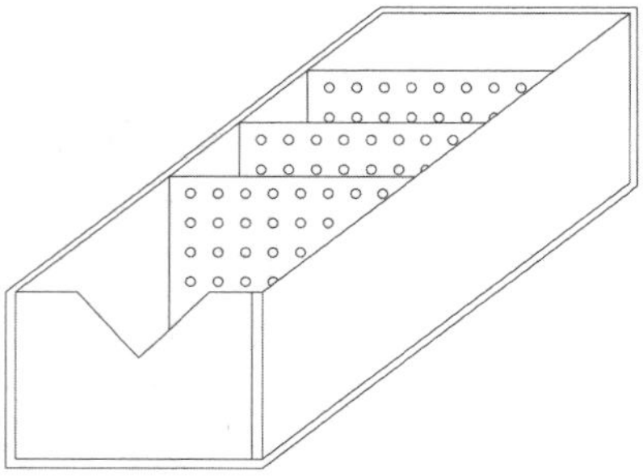

堰箱为最常用的流量计。当水量较小时用三角形堰箱(图 2-2)，水量较大时用梯形堰箱，堰箱一般多用钢板制成，在群井抽水试验时，因临时需用堰箱过多，可用砖砌或木制的代用。

图 2-2　三角形堰箱

三角堰流量计算公式：

(1) 当 $H=0.021 \sim 0.200\text{m}$ 时，$Q=1.4H^{\frac{5}{2}}$；　(2-1)

(2) 当 $H=0.301 \sim 0.350\text{m}$ 时，$Q=1.343H^{\frac{5}{2}}$；　(2-2)

(3) 当 $H=0.201 \sim 0.300\text{m}$ 时，取上述两式所计算的平均值。

式中　H——水头高度，用距溢流口板 0.8～1m 的标尺测量，标尺的零点和堰口在同一水平线上，m；

Q——流量，m^3/s。

2）孔板流量计

孔板流量计的原理是在出水管末端或靠近末端设置一定直径的薄壁圆孔。抽水时测定孔口两侧水位差，或测定距孔口一定距离处（流量计置于水管末端时）的测压水头差值。此差值在固定的管径和孔口条件下，仅决定于流速。因此，根据这个压力差可以换算出流量。这种流量计的两种类型分别见图 2-3 和图 2-4。其优点是轻便、精确。

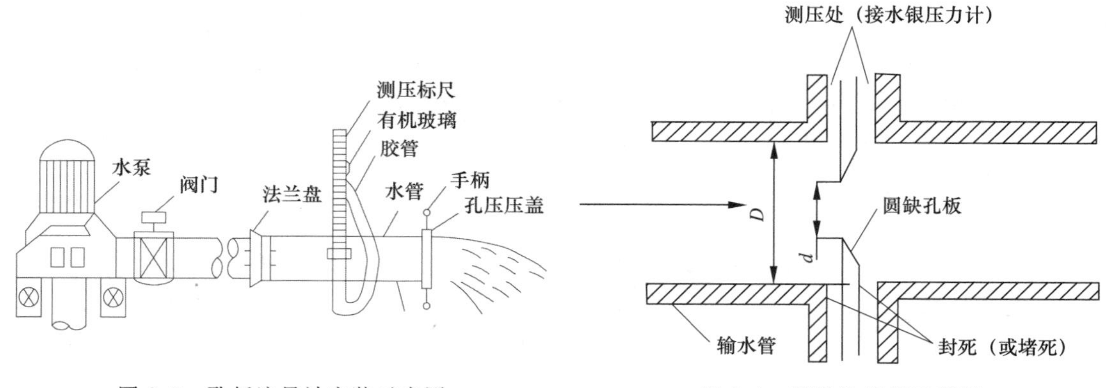

图 2-3　孔板流量计安装示意图

图 2-4　圆缺孔板仪示意图

可用下式计算单位时间内通过截面的流量：

$$Q=0.0125Ed^2\sqrt{\frac{H}{1000}} \quad (\text{水温 } 1 \sim 20℃) \tag{2-3}$$

式中　Q——水流流量，m^3/h；

d——孔板圆孔之直径，mm；

H——测得的压力差，即 $H=P_1-P_2$，mm；

E——根据孔板眼直径 d 和水管内径 D 及孔板接法而确定的系数，如为法兰接法，则

$$E=\frac{k}{\sqrt{1-B^4}}=0.606+1.25(B-0.41)^2 \tag{2-4}$$

$$B=d/D \tag{2-5}$$

式中，k 为孔板排流系数。

(1) YKS-1 型叶轮式孔口瞬时流量计：它是利用叶轮转速测定管中水的流速，从而换算出流量。叶轮转速由电子仪器读出。其优点是体积小，重量轻，操作简便。

(2) 水表：使用水泵(离心泵、深井泵等)抽水，可用水表测量流量，为使其正常工作，要求水中不含泥砂等杂物。其测量误差为±(2%～3%)。

3. 水位的测量用具

常用测定水位的仪器有电测水位计(以电表指示或灯泡指示、扬声显示)和浮标水位计。近年来压力式水位计和电容式水位计日益受到重视，上述均属于井下接触测量。新式的非接触测量的超声波水位计预计将会有较大的前途。

2.1.1.4 抽水试验资料的综合整理及其分析

1. 现场资料整理

抽水试验过程中除了认真观测记录以外，需要在现场整理编制下列曲线图表，是为了了解试验进行情况，检查有无反常规象，为室内资料整理打下基础。

1) 按稳定流计算

(1) 绘制主孔水量、水位降深与时间过程曲线图(Q，s-t 过程曲线图)。

当抽水试验正常时，图上曲线表现为：开始抽水时出现水位下降值和水量较大且不稳定。随抽水进行一段时间后，水位和水量都趋向稳定状态，呈现水位和水量两曲线平行，如图 2-5 所示。可根据曲线的变化趋势，合理判定抽水试验稳定时间的起点和抽水试验稳定延续时间。

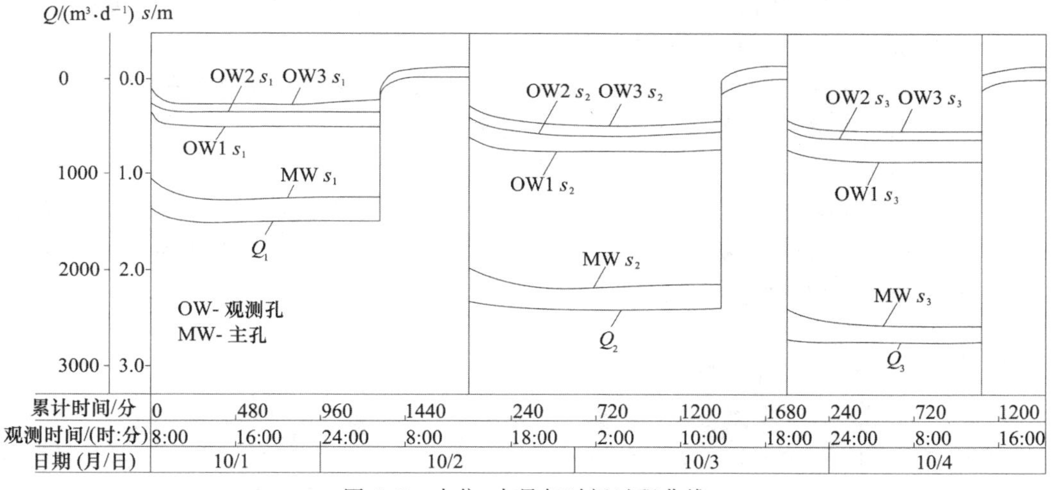

图 2-5 水位、水量与时间过程曲线

(2) 有观测孔时，绘制各观测孔水位下降历时曲线。

(3) 绘制水量与水位降深关系曲线图[$Q=f(s)$关系曲线图]。

水量与水位关系曲线是将同一钻孔抽水试验中二次稳定降深值与相应流量值的交点连成曲线，如图 2-6 中曲线。对图中出现的各曲线的分析：

曲线 1——承压水；

曲线 2——潜水或承压-无压水或承压水受管壁(包括过滤器)阻力和三维流、紊流的影响；

曲线 3——水源不足，或过水断面在抽水过程中遭到阻塞；

曲线 4——当吸水笼头放置在过滤器进水部位时，表明抽水受三维流、紊流影响，属于正常现象；当吸水笼头放置在过滤器进水部位以上时，表明抽水试验有错误，应重做试验；

曲线 5——表明某一降深值以下 s 增大，而 Q 不变，多属降深过大所造成。

绘制 $Q=f(s)$ 曲线可了解含水层的水力特性、钻孔的出水能力，推算钻孔的最大涌水量，并检验抽水试验的正确与否。

(4) 绘制单位涌水量与水位降深关系曲线图[$q=f(s)$关系曲线图]。

单位涌水量与水位降深关系曲线是同一钻孔的抽水试验中三次降深值与相应单位涌水量的交点的连线，如图2-7中曲线。曲线 1,2,3,4,5 与 $Q=f(s)$ 关系曲线中相应的情况相同。

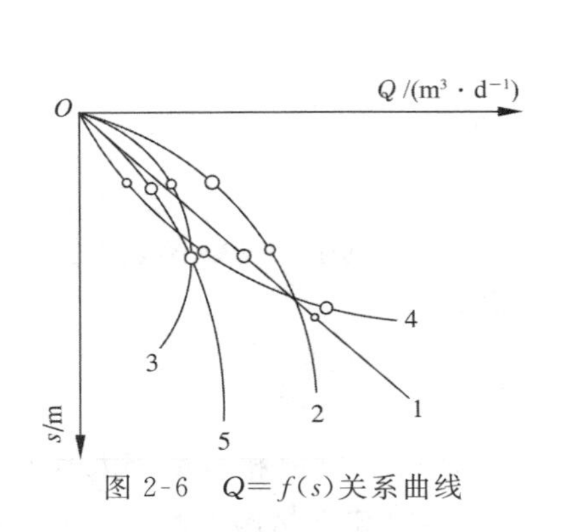

图 2-6　$Q=f(s)$关系曲线

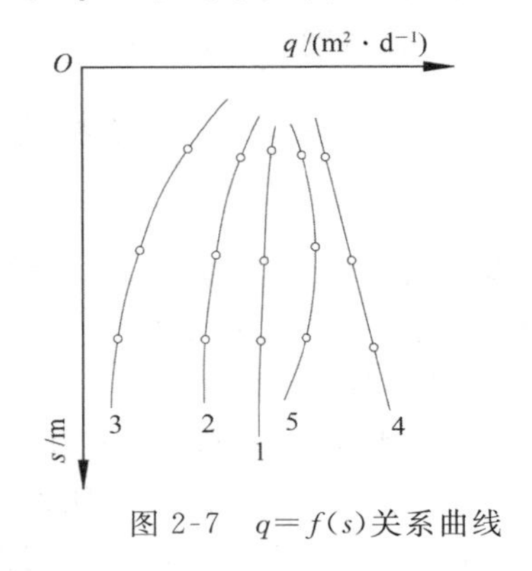

图 2-7　$q=f(s)$关系曲线

(5) 绘制水位恢复曲线图。绘制方法同水位降深—时间过程曲线图。

当抽水试验正常时，所做的曲线变化规律应由陡直上升而逐渐平缓，最后呈水平状态。如果出现呈波浪状曲线，说明观测结果有问题。

利用水位恢复曲线可判断地下水类型及岩层的透水性能。如水位恢复较快，一般为承压水类型或强透水岩层；如水位恢复较慢，往往为潜水或弱透水层。

2) 按非稳定流计算

(1) 绘制水位降深与时间过程曲线(s-t 过程曲线)：绘制方法与前同，因非稳定流抽水试验抽水的时间较短，所以横坐标累计时间的比例尺可放大些；若同时有主孔和观测孔的资料，可分别绘制主孔和观测孔的 s-t 过程曲线。

(2) 绘制水位降深与时间对数关系曲线(s-$\lg t$ 曲线)。

(3) 绘制水位降深与时间双对数关系曲线($\lg s$-$\lg t$ 曲线)。

(4) 绘制观测孔水位降深与主孔距离双对数关系曲线($\lg s$-$\lg r$ 曲线)。

(5) 绘制水位恢复与时间对数关系曲线[s'-$\lg(1+t_p/t')$曲线]，其中，s'为水位剩余下降值，t_p为抽水开始到停止抽水时的累计时间(min)，t'为抽水停止后算起的恢复水位时间(min)。

2. 室内资料整理

(1) 绘制钻孔抽水试验综合成果图，该图应包括下列内容：钻孔地质柱状图，钻孔施工技术结构图，Q,s-t 过程曲线图，Q-s 曲线图，q-s 曲线图，抽水试验成果表，水质分析成果表，钻孔平面位置图。

(2) 计算含水层水文地质参数：根据稳定流抽水试验资料和(或)非稳定抽水试验资料，应用多种方法分别计算含水层水文地质参数，并提交含水层水文地质参数汇总表。

(3) 推算钻孔最大涌水量。

(4) 编写抽水试验工作总结，主要内容包括抽水试验目的、要求，试验方法、过程，试验的主要成果，抽水试验中的异常现象及处理，质量评价和结论等。

2.1.2 压水试验

2.1.2.1 压水试验的目的

工程地质勘察中的压水试验，主要是为了探查天然岩(土)层的裂隙性和渗透性，获得单位吸水量 ω 等参数，为有关设计提供基础资料。

2.1.2.2 压水试验的方法和类型

(1) 按试验段划分为分段压水试验、综合压水试验和全孔压水试验。

(2) 按压力点，又称流量-压力关系点，划分为一点压水试验、三点压水试验和多点压水试验。

(3) 按试验压力划分为低压压水试验和高压压水试验。

(4) 按加压的动力源划分为水柱压水法、自流式压水法和机械法压水试验。该类方法压水试验参见图 2-8—图 2-10。

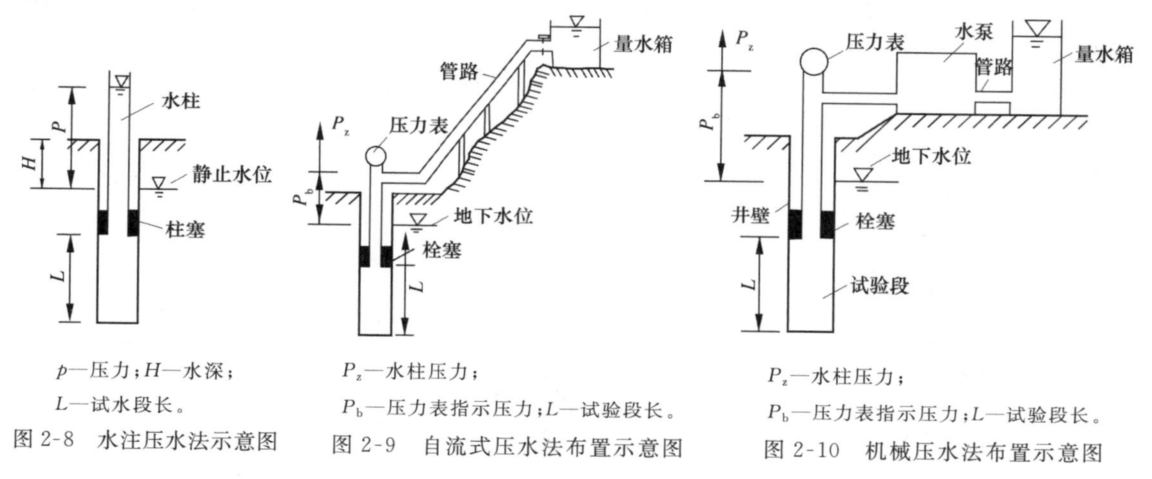

p—压力；H—水深；L—试水段长。

图 2-8 水注压水法示意图

P_z—水柱压力；P_b—压力表指示压力；L—试验段长。

图 2-9 自流式压水法布置示意图

P_z—水柱压力；P_b—压力表指示压力；L—试验段长。

图 2-10 机械压水法布置示意图

2.1.2.3 压水试验的主要参数

1. 稳定流量(即压入耗水量 Q)

压入耗水量就是在一定的地质条件下和某一个确定压力作用下，压入水量呈稳定状态的流量。

稳定流量的确定：控制某一设计压力值呈稳定后，每隔 10min 测读一次流量，当流量值符合下述标准之一者谓稳定，则以最终流量作为压入耗水量 Q。根据《水利水电工程钻孔压水试验规程》(SL31—2003)(试行)规定：

(1) 连续四次读数，其最大值与最小值之差小于最终值 Q_L 的 10%，即 $Q_{max} - Q_{min} < Q_L/10$。

(2) 当流量逐渐减少，连续四次读数均小于 0.5L/min，即 $0.5L/min > Q_1 > Q_2 > Q_3 > Q_4$。

(3) 当流量逐渐增大，连续四次读数不再有增大趋势。

若进行简易压水试验，其稳定流量标准可低于上述标准。

2.压力阶段

1）压水试验的总压力

压水试验的总压力是指用于试段的实际平均压力，其单位习惯上均以水柱高度 m 计算，即 1m 水柱压力＝0.98N/cm²＝9.8kPa。近似于 1N/cm²。

$$P=P_b+P_z+P_s \tag{2-6}$$

式中 P——压力试验的总压力，N/cm²；

P_b——压力表压力，N/cm²；

P_z——水柱压力，N/cm²；

P_s——单管柱栓塞自压力表至柱塞底部的压力损失，N/cm²。

2）压力计算零线（0—0）

自压力表中心至压力计算零线的铅直距离的水柱压力，因此，应首先确定压力计算零线。压力计算零线(0—0)按以下三种情况确定：

(1) 地下水位位于试验段以下时，以通过试段 1/2 处的水平线作为压力计算零线，见图 2-11。

(2) 地下水位位于试段之内时，以通过地下水位以上试段 1/2 处的水平线作为压力计算零线，见图 2-12。

(3) 地下水位位于试段之上时，且试段在该含水层中，以地下水位线作为压力计算零线，见图 2-13。

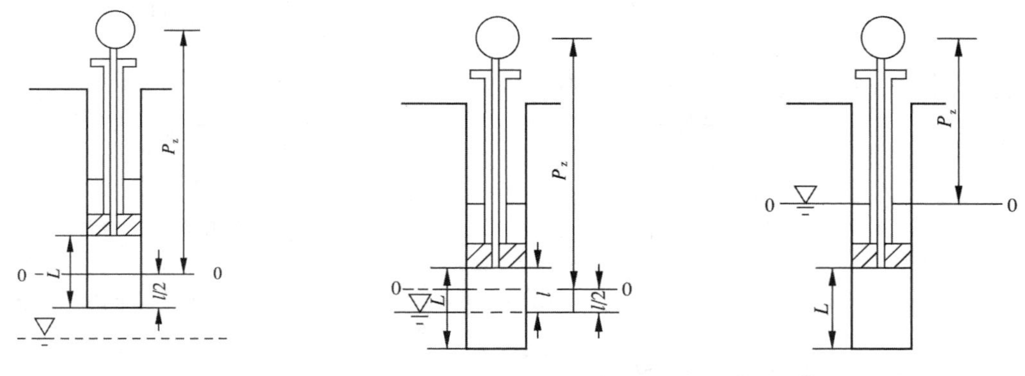

P_z—水柱压力（自压力表中心至压力计算零线的铅直距离）；L—试验段长度；l—地下水位以上试验段长度。

图 2-11 压力计算零线(1)　　图 2-12 压力计算零线(2)　　图 2-13 压力计算零线(3)

对于压水试验来讲，压力值是从地下水位起算的，故在试验前，应观测地下水位。地下水位达到稳定的标准规定如下：

确知原地下水稳定水位未受外界和人为影响，或变化很小的情况下，观测 2～3 次地下水位即可认定。

若地下水位发生变化，应进行稳定水位观测。观测初期，观测水位的时距可稍短些，其后每隔 10min 观测 1 次。当水位不再发生变化，或当水位连续 3 次读数，其变化速率小于1cm/min（即 10cm/10min）时，即认为达到稳定，以最后一次测得的水位作为稳定水位。

钻孔水位高于稳定水位的情况下，水位逐渐下降而趋于稳定，见图 2-14。其稳定标准定为 $H_2-H_1\leqslant 10$cm 和 $H_3-H_2\leqslant 10$cm，水位下降速度小于 1cm/min。

钻孔动水位低于稳定水位的情况下，水位逐渐上升而趋于稳定，见图 2-15。其稳定标准定为 $H_1-H_2\leqslant 10$cm 和 $H_2-H_3\leqslant 10$cm，水位上升速度小于 1cm/min。

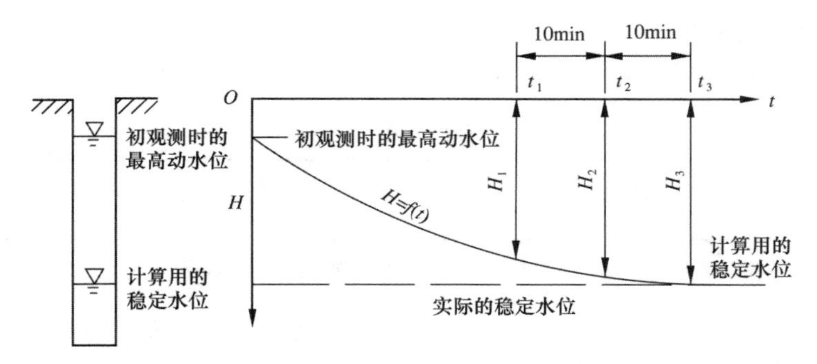

图 2-14　水位下降历时曲线

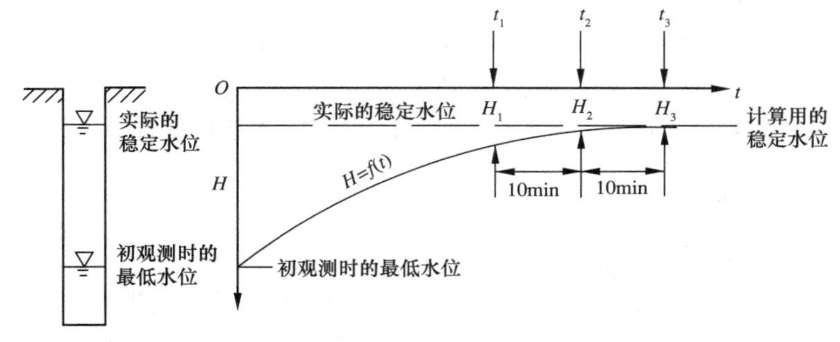

图 2-15　水位上升历时曲线

3. 压力值

压力损耗值 P_s 有“匀径”“突大”或“突小”等损失。

(1) 匀径沿程时的压力损失:水在匀径管中流动时所产生的压力损失。用下式表示:

$$\Delta P_{s1}=0.49\lambda \frac{l}{d}\cdot\frac{v^2}{g} \tag{2-7}$$

式中　ΔP_{s1}——匀径沿程时的压力损失,N/cm^2;

l——匀径管长度,m;

d——匀径管内径,m;

v——水在管内的流速,m/s;

g——重力加速度,$9.81m/s^2$;

λ——摩擦系数,钢管取 0.02～0.03。

(2) 管径断面突然扩大时的压力损失:

$$\Delta P_{s2}=0.49\frac{(v_1-v_2)^2}{g} \tag{2-8}$$

式中　ΔP_{s2}——管径断面突然扩大时的压力损失,N/cm^2;

v_1——水在小管径的管内流速,m/s;

v_2——水在大管径的管内流速,m/s。

(3) 管径断面突然缩小时的压力损失:

$$\Delta P_{s3}=0.49\alpha\frac{v_2^2}{g} \tag{2-9}$$

式中　ΔP_{s3}——管径断面突然缩小时的压力损失,N/cm^2;

v_2——水在小管径的管内流速,m/s;

g——重力加速度，9.81m/s^2；

α——阻力系数，见表 2-4。

表 2-4　　阻力系数表

d_2/d_1	0.1	0.2	0.4	0.6	0.8
α	0.5	0.42	0.33	0.25	0.15

注：d_1 为大管内径；d_2 为小管内径。压力损失值的确定尚可查有关图表或由试验确定。

压力点的选择：工程勘察钻孔一般仅做一个压力点的试验，压力值通常采用 30N/cm^2。

4. 试验段长度

试验段按规程规定一般为 5m。

若岩芯完好[ω=0.01L/(min·m)^2]时，可适当加长试段，但不宜大于 10m。对于透水性较强的构造破碎带、岩溶段、砂卵石层等，可根据具体情况确定试验段长度。孔底岩芯若不超过 20cm 者，可计入试验段长度。倾斜钻孔的试段，按实际倾斜长度计算。

2.1.2.4 压水试验成果整理

1. 压水试验资料可靠性判断

一个压力点的压水试验成果，要依靠钻孔钻进和压水工艺质量来控制，只有上述质量可靠，才能有试验成果的可靠性。从以下工作程序中来保证成果的可靠性，即“试段清水钻进→冲孔→下卡栓塞→观测稳定水位→正式压水（控制 P 读取 Q）→正误判断→松塞提管”。

2. 压水试验成果应用及其计算

(1) 单位吸水量 w。压水试验成果主要用单位吸水量表示。

单位吸水量 w 是指该试验每分钟的漏水量与段长和压力乘积之比：

$$w=\frac{Q}{LP} \tag{2-10}$$

式中　w——单位吸水量，L/(min·m^2)；

Q——钻孔压水的稳定流量，L/min；

L——试段长度，m；

P——该试段压水时所加的总压力，N/cm^2。

w 值一般取有效数字到小数点后第二位。

一个压力点试验求出 w 值，往往低于实际的 w 值，对工程设计而言是偏于不安全的。

(2) 根据单位吸水量 w 近似求出渗透系数 K。当试验段底部距离隔水层的厚度大于试验段长度时，按式(2-11)计算岩(土)层渗透系数 K(近似值)：

$$K=0.527w\lg\frac{0.66L}{r} \tag{2-11}$$

式中　K——渗透系数，m/d；

L——试验段长度，m；

r——钻孔半径(或滤水半径)，m；

w——单位吸水量，L/(min·m^2)。

当试验段底部距下伏隔水层顶板之距离小于试验段长度时，按式(2-12)计算 K 值：

$$K=0.527w\lg\frac{1.32L}{r} \tag{2-12}$$

式中，字母意义同上。

(3) 单位吸水量与岩石裂隙性的关系。单位吸水量 w 与岩石裂隙系数见表 2-5。

表 2-5　单位吸水量与裂隙系数关系

单位吸水量	裂隙系数	岩体评价
<0.001	<0.2	最完整
0.001～0.01	0.2～0.4	完整
0.01～0.1	0.4～0.6	节理较发育
0.1～0.5	0.6～0.8	节理裂隙发育
>0.5	>0.8	破碎岩体

注：单位吸水量单位为 $L/(\mathrm{min}\cdot\mathrm{m}^2)$。

2.1.2.5　压水试验设备及要求

(1) 管路：孔内用钢质管材，孔外用胶管。

(2) 供水设备：工程地质勘察中的压水试验，宜用自流式压水试验。

按规程建设，水泵应符合：在 150N/cm² 压力下，流量能达到 100L/min，并且压力稳定。出水口要装有调节灵活可靠的配水阀门。

(3) 压力表：压力表须经检查合格，精度不低于 2.5 级；使用的压力值一般应在压力表极限压力值的 1/3～3/4 范围内；当处于工作状态时，轻击压力表，其指针变化不超过极限压力值的 2%；加压停止后，指针能回到零点。

(4) 量水设备：量桶，水表。

(5) 水位计：测钟，铅锤，万用表，电测水位计。

2.1.3　注水试验

钻孔注水试验是野外测定岩(土)层渗透性的一种比较简单的方法，其原理与抽水试验相似，仅以注水代替抽水。

钻孔注水试验：①地下水位埋藏较深，而不便于进行抽水试验时采用；②在干的透水岩(土)层，常使用注水试验获得渗透性资料。

注水试验装置参见示意图 2-16。

连续往孔内注水，形成稳定的水位和常量的注入量。注水稳定时间因目的和要求不同而异，一般延续 2～8h。以此数据计算岩(土)层的渗透系数和单位吸水量 w。具体可参照抽水试验和压水试验中的有关公式计算。

根据水工建筑部门的经验，在巨厚且水平分布宽的含水层中作常量注水试验时，可按式(2-13)和式(2-14)计算渗透系数 K：

当 $l/r\leqslant 4$ 时，
$$K=\frac{0.08Q}{rs\sqrt{\dfrac{l}{2r}+\dfrac{1}{4}}}\tag{2-13}$$

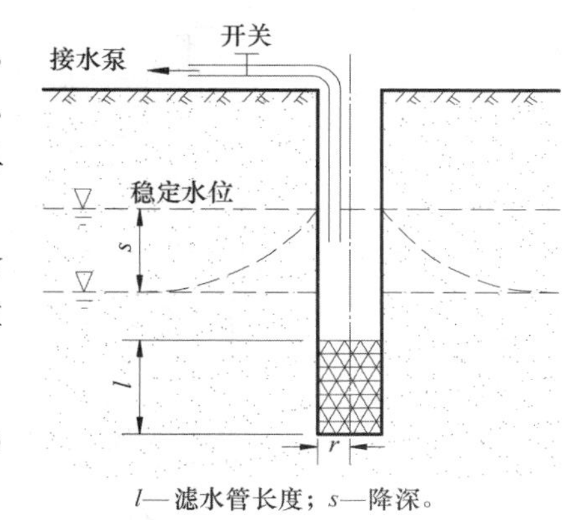

l—滤水管长度；s—降深。

图 2-16　钻孔注水试验示意图

当 $l/r>4$ 时，

$$K=\frac{0.366Q}{ls}\lg\frac{2l}{r} \tag{2-14}$$

式中 l——试验段或过滤器长度，m；

Q——稳定注水量，m^3/d；

s——孔中水头高度，m；

r——钻孔或过滤器半径，m。

用式(2-13)和式(2-14)求得的 K 值比用抽水试验求得的 K 值一般小 15%～20%。

若含水层具双层结构，用两次试验可确定每层的渗透系数。一次单层试验得 K_1，另一次混合试验得 K_2，而 $Kl=K_1l_1+K_2l_2$，故 $K_2=(Kl-K_1l_1)/l_2$。

在不含水的干燥岩(土)层中注水时，如试验段高出地下水位很多，介质均匀，且 $50<h/r<200$，孔中水柱高 $h\leqslant 1m$ 时，可按式(2-15)计算渗透系数 K 值：

$$K=0.423\frac{Q}{h^2}\lg\frac{2h}{r} \tag{2-15}$$

式中，h 为注水造成的水头高度，m；其余字母意义同上。

由式(2-15)求得的 K 值，其相对误差小于 10%。

2.1.4 渗水试验

试坑渗水试验是野外测定包气带非饱和岩(土)层渗透系数的简易方法。最常用的是试坑法、单环法和双环法，具体见表 2-6。

表 2-6 渗水试验方法

试验方法	装置示意图	优缺点	备注
试坑法	开关 试验层 10 cm	1. 装置简单； 2. 受侧向渗透的影响较大，试验成果精度差	当圆形坑底的坑壁四周有防渗措施时，$F=\pi r^2$，当坑壁无防渗措施时，$F=\pi r(r+2Z)$。 式中，r 为试坑底的半径；Z 为试坑中水层厚度
单环法	10cm 35.75cm	1. 装置简单； 2. 没有考虑侧向渗透的影响，试验成果精度稍差	
双环法	10cm 内环 外环	1. 装置简单； 2. 基本排除了侧向渗透的影响，试验成果精度较高	

1. 试验方法

1）试坑法

试坑法是在表层土中挖一试坑进行试验。坑深30～50cm，坑底面积30cm×30cm（或直径为37.75cm的圆形）。坑底离潜水位3～5 m。坑底铺设2cm厚的砂砾石层。试验开始时，控制流量连续均衡，并保持坑中水层厚（Z）为常数值（10cm）。当注入水量达到稳定并延续2～4h，试验即可结束。

当试验岩层为粗砂、砂砾或卵石层，控制坑内水层厚度2～5 cm时，且$(H_k+Z+l)/l\approx1$，则$K=\dfrac{Q}{F}=v$，可近似测定岩石的渗透系数K，H_k为毛细压力水头(m)。H_k值参阅表2-7。l为试验结束时水的渗入深度(m)。l值可在试验后开挖确定，或取样分析土中含水量确定，详见示意图2-17。

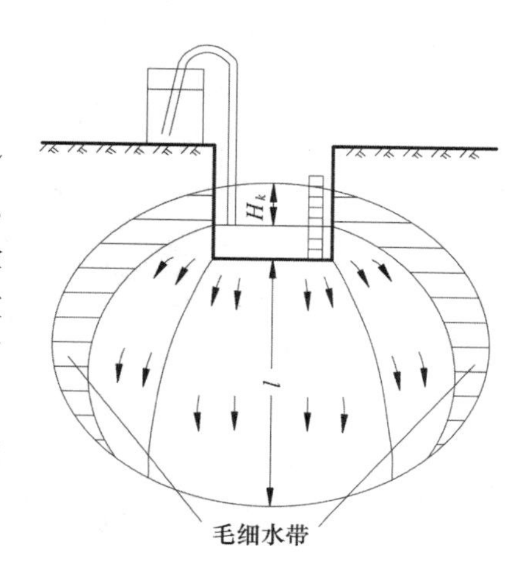

图2-17　黏性土中渗水土体浸润部分示意图

此法通常用于测定毛细压力影响不大的砂类土渗透系数，测定黏性土的渗透系数一般偏高。

表2-7　不同岩性毛细压力水头H_k表

岩石名称	H_k/m	岩石名称	H_k/m
重亚黏土（粉质黏土）	1.0	细粒黏土质砂	0.3
轻亚黏土（粉质黏土）	0.8	粉砂	0.2
重亚黏土（黏质粉土）	0.6	细砂	0.1
轻亚黏土（砂质粉土）	0.4	中砂	0.05

注：表中给出的H_k值往往偏小。

2）单环法

单环法是在试坑底嵌入一高为20cm、直径为37.70cm的铁环，该铁环圈定的面积为1000cm^2。在试验开始时，用Mariotte瓶控制环内水柱，保持在10cm高度上。试验一直进行到渗入水量Q固定不变时为止，就可按式(2-16)计算此时的渗透速度v：

$$v=\frac{Q}{F}=K \tag{2-16}$$

所得的渗透速度v即为该岩（土）层的渗透系数K。

此外，尚可通过系统地记录一定时间段（如30min）内的渗水量，求得各时间段内的平均渗透速度，据此编绘渗透速度历时曲线图。具体方法可参见图2-18。

渗透速度随时间延长而逐渐减小，并趋向于常数（呈水平线），此时的渗透速度即为所求的渗透系数K值。

3）双环法

双环法系在试坑底嵌入两个铁环，外环直径采用0.5m，内环直径采用0.25m。试验时往铁环内注水，用Mariotte瓶控制外环和内环的水柱都保持在同一高度（如10cm）。根据内环所取得的资料按上述方法确定岩（土）层的渗透系数。由于内环中水只产生垂向渗入，排除了侧向渗流带的误差，因此该法获得的成果精度比试坑法和单环法高。

2. 根据渗水试验资料计算岩（土）层渗透系数

当渗水试验进行到渗入水量趋于稳定时，可按式(2-17)较好地计算渗透系数K(cm/min)

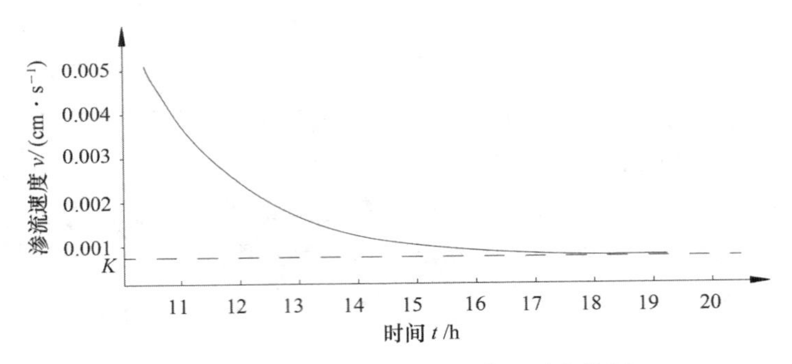

图 2-18　渗水试验中渗透速度历时曲线图

(已考虑了毛细压力的附加影响)：

$$K=\frac{Ql}{F(H_k+Z+l)} \tag{2-17}$$

式中　Q——稳定渗入水量，cm^3/min；

F——试坑(内环)渗水面积，cm^2；

Z——试坑(内环)中水层高度，cm；

H_k——毛细压力水头，cm；

l——试验结束时水的渗入深度，cm。

当渗水试验进行相当长时间后渗入水量仍未达到稳定时，K 按变量公式(2-18)计算：

$$K=\frac{V_1}{Ft_1a_1}[a_1+\ln(1+a_1)] \tag{2-18}$$

其中，

$$a_1=\frac{\ln(1+a_1)-\frac{t_1}{t_2}\ln\left(1-\frac{a_1V_2}{V_1}\right)}{1-\frac{t_1V_2}{t_2V_1}} \tag{2-19}$$

式中　V_1,V_2——经过 t_1 和 t_2 时间的总渗入量，即总给水量，m^3；

t_1,t_2——累积时间，d；

F——试坑(内环)渗水面积，m^2；

a_1——代用系数，由试算法求出。

3. 试坑渗水试验成果资料整理

(1) 试坑平面位置图；

(2) 水文地质剖面图与试验装置示意图；

(3) 渗透速度历时曲线；

(4) 渗透系数计算；

(5) 原始记录表格等。

2.2　地下水位、流向、流速的测定

2.2.1　地下水位测定

地下水静止水位系指天然状态下处于相对稳定状态的水位，即在一定时段内无明显的上

升或下降趋势。

测定水位可根据工程性质、施工条件以及量测精度选用水位计类型。

(1) 测钟：为直径 25～40mm、长 50～80mm 的金属圆筒制成，上端封闭连接测绳，精确度为 1～2cm，水位太深时，测钟接触水面时的声音难以听清，可选用其他水位计测定。测钟为勘探孔和观测孔量测水位的常用工具。

(2) 电池水位计：由电极、导线、微安电流表、干电池组成，精确度 1cm 左右，使用方便，适用于任何深度水位和任何孔径的勘探孔。

(3) 自动水位记录仪：采用钟表发条原理自动记录，可连续工作自记水位，精确度为 ±1.5cm，适用于孔径大于 89mm 的孔(井)。

2.2.2 地下水流向的测定

地下水流向可用三点法测定。沿等边三角形(或近似的等边三角形)的顶点布置钻孔，以其水位高程编绘等水位线图。则垂直等水位线并向水位降低的方向为地下水流向。三点间孔距一般取 50～150m。钻孔布置图见图 2-19。

此外，地下水流向的测定，尚可用人工放射性同位素单井法来测定。其原理是用放射性示踪溶液标记井孔水柱，让井中的水流入含水层，然后用一个定向探测器测定钻孔各方向含水层中的示踪剂分布，在一个井中确定地下水流向。

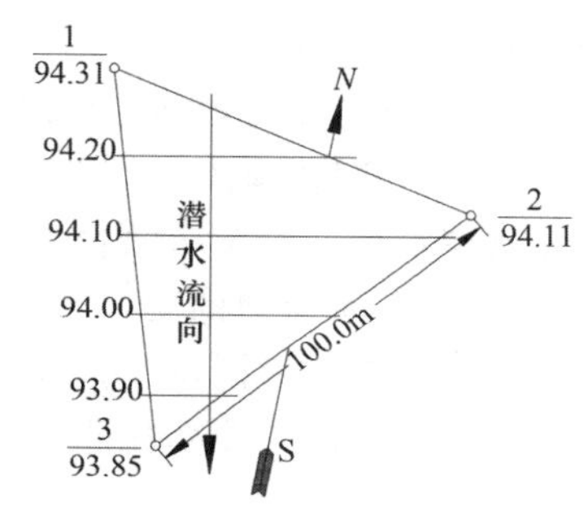

94.20—地下水位等值线；$\frac{1}{94.31}$——$\frac{孔号}{水位标高}$

图 2-19　测定地下水流向的钻孔布置略图

2.2.3 地下水流速的测定

1. 利用水力坡度，求地下水的流速

在等水位线图的地下水流向上，求出相邻两等水位间的水力坡度，然后利用公式(2-20)计算地下水流速：

$$v=KI \tag{2-20}$$

式中 v——地下水的渗透速度，m/d；

K——渗透系数，m/d；

I——水力坡度。

2. 利用指示剂或示踪剂，测定地下水的流速

利用指示剂或示踪剂来现场测定流速，要求被测量的钻孔能够代表所要查明的含水层，钻孔附近的地下水流为稳定流，呈层流运动。

根据已有等水位线图或三点孔资料，确定地下水流动方向后，在上、下游设置投剂孔和观测孔来实测地下水流速。为了防止指示剂(示踪剂)绕过观测孔，可在其两侧 0.5～1.0m 各布一辅助观测孔。投剂孔与观测孔的间距决定于岩石(土)的透水性。具体方法和孔位布置见图 2-20、表 2-8。

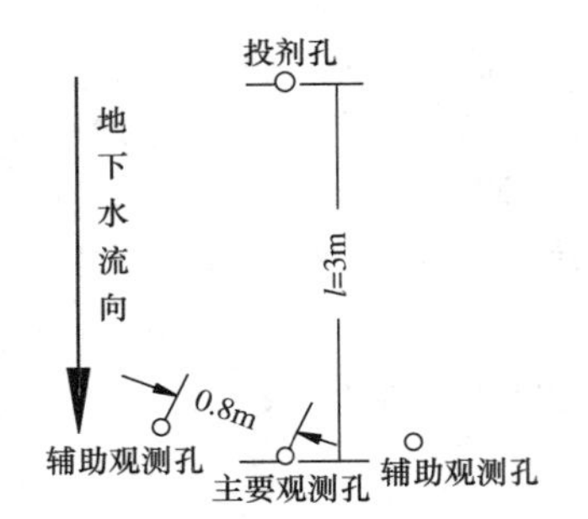

图 2-20　测定地下水流速的钻孔布置略图

表 2-8　投剂孔与观测孔间距

岩石性质	距离/m
粉土	1～2
细粒砂	2～5
含砾粗砂	5～15
透水性好的裂隙岩石	10～15
岩溶发育的石灰岩	>50

根据试验观测资料绘制观测孔内指示剂随时间的变化曲线，并选指示剂浓度高峰值出现时间（或选用指示剂浓度中间值对应时间）来计算地下水流速：

$$u=\frac{l}{t} \tag{2-21}$$

式中　u——地下水实际流速（平均），m/h；

l——投剂孔与观测孔距离，m；

t——观测孔内浓度峰值出现所需时间，h。

渗透速度按 $v=nu$ 公式换算得到，其中，n 为孔隙度。

此外，地下水流速的测定，尚可用人工放射性同位素单井稀释法于现场测定。水文地质示踪常用的人工放射性同位素有^{3}H，^{51}Cr，^{60}Co，^{52}Br，^{181}I，^{137}Cs 等。流速的测定是根据示踪剂投剂孔内不同时间的浓度变化曲线，用公式(2-22)计算可得到平均的实际流速 u（近似值）：

$$u=\frac{V}{st}\ln\left(\frac{C_0}{C}\right) \tag{2-22}$$

式中　C_0，C——时间 $T=0$ 和 $T=t$ 的浓度，μg/L；

t——观测时间，h；

s——水流通过隔绝段中心的垂向横截面面积，m^2；

V——隔绝段井孔水柱的体积，m^3。

单井法试验具体方法见示意图 2-21。

地下水实际流速测定方法参考表 2-9。

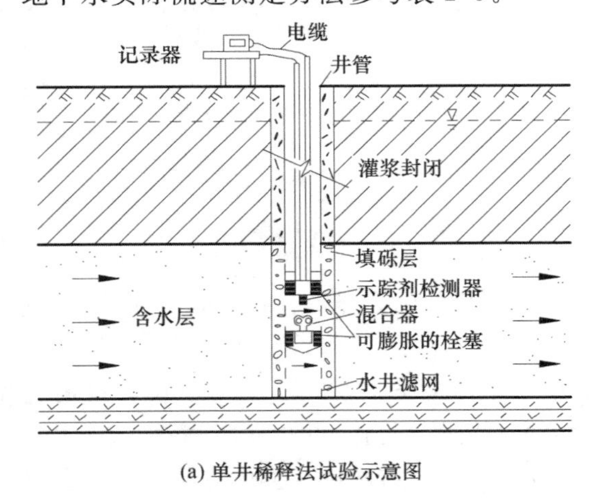

(a) 单井稀释法试验示意图

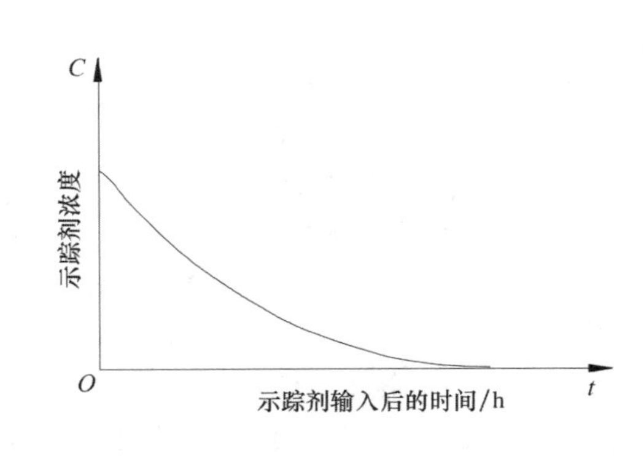

(b) 示踪剂随时间的冲淡曲线

图 2-21　单井法试验

表 2-9　　　　地下水实际流速测定方法

方法	原理	指示剂			基本操作方法	鉴　别	备　注
		名称	投放孔与观测孔的间距	投放数量			
化学法	通过化学分析确定盐分在观测孔出现的时间及其浓度变化	氯化钠	＞5m	10～15kg	投放指示剂的方法有二：(1)将装有指示剂溶液的圆筒(底部带锥形活门)放至预定深度松开底部活门，使溶液溢入孔内；(2)将带塞孔的圆筒(筒上部小孔接有胶管通地面)埋入预定深度，沿胶管将溶液注入井内。然后用不大于50cm^2的取样器从观测孔中取水样	用滴定法确定含氯量至水样变成棕红色，经摇晃颜色不褪为止	(1)所列各种方法以硝酸盐类作为指示剂比较好。其主要优点是，灵敏度高，干扰较少，试验简单，操作方便，重现性也较好，价格便宜，容易购买。但亚硝酸钠不稳定，具有一定毒性，硝酸钠毒性低，灵敏度稍低，需作NO_3^-本底含量校正。(2)检验NO_2^-，NO_3^-固体试粉的配制：分别研细100g硫酸钡(烘干)、75g柠檬酸、4g对氨基苯磺酸、2g α-萘胺，混合均匀，存放棕色瓶中保持干燥。检验NO_3^-时，需再混合10g硫酸锰、4g锌粉。比色标准溶液配制成NO_2^-或NO_3^-浓度为0.001mg/L。(3)用硝酸盐类作指示剂的方法，在试验前，须预先取1瓶观测点的水样，便于在试验中出现异常或有怀疑时进行对比
		氯化钙	3～5m	5～10kg			
		氯化铵	＜3m	3～5kg			
		亚硝酸钠	＞5m	使水中含NO_2^-＜1mg/L		检验NO_2^-含量方法：配制固体试粉，用0.5g试粉放入50mL的水样中与标准溶液比色；检验NO_3^-含量方法同上，但为NO_2^-和NO_3^-的总量，须减去NO_2^-的含量，即为NO_3^-的含量	
		硝酸钠	＞5m	使水中含NO_3^-＜5mg/L			
比色法	利用着色浓度的变化确定通过两孔的时间	碱性水：荧光黄、荧光红、伊红		每5m路径：松散岩层1～5g；岩溶裂隙岩层1～10g		用荧光比色器确定染料的存在及其浓度，或自配不同浓度的溶液装入比色管，定时取样比色，以确定染料的存在及其浓度	
		弱酸性水：刚果红、亚甲基蓝、苯胺蓝		10～30g 10～40g			
电解法	利用专门电测设备确定钻孔间电解质的运动及其在观测孔内出现的情况	氯化铵			投放指示剂的方法同前。观测孔内设有专门电极(与管子绝缘)，电路从电极处经电池、安培计和调节变阻器，最后到投放孔的套管上	在不同时间内测定电路内的电流强度．以电流强度的变化确定指示剂的存在及其浓度	
充电法	利用溶化的食盐，沿地下水流向扩散，使投放孔附近电场发生变化	食盐			食盐放入孔中含水层位置，将A电极置于井中，B电极插在离钻孔20H(H为含水层埋深)处，并使MN＝2～4H(N极设在水流上游)	地表观测到的等电位线由圆形渐变为似椭圆形，其长轴方向即为地下水流向	
放射性示踪原子法	通过仪器确定示踪剂经过观测孔的时间	氚(H^3)，碘(I^{131})，溴(Br^{82})，钠(Na^{23})，硫(S^{35})等	流速为10^{-2}～10^{-5}cm/s时，间距为0.5～1m	一般应使放射源强度达10～15mci(毫居里)	将示踪剂投入中心孔，然后在观测孔中用由一组Cr-M计数管作为探头和定标器(或计数计)组成的探测设备，定期将放射性计数记录下来	以放射强度随时间变化曲线最高值在时间坐标上的投影为示踪剂通过观测孔的时间	

2.3 毛细水上升高度测定

毛细水上升高度的测定可按试坑直接观测法和含水量分布曲线法选择进行。

2.3.1 试坑直接观测法

适用于毛细水上升高度较大的粉性土、黏性土，其方法是在试坑中观察坑壁潮湿变化情况，在干湿明显交界处为毛细水上升带的分界点，该点至地下水位的距离即毛细水上升高度。

2.3.2 含水量分布曲线法

(1) 塑限含水量法，适用于粉性土、黏性土，即自地面至地下水面每隔15～20cm取土试样测定天然含水量与塑限，并分别绘出其随深度的变化曲线，两线的交点到地下水面的高度，即为毛细水上升高度。

(2) 最大分子吸水量法，适用于砂土，对中、粗砂用高柱法测定，对粉细砂用吸水介质法测定。以最大分子吸水量与天然含水量曲线的交点至地下水面的距离为毛细水上升高度。

2.4 孔隙水压力测定

在饱和的地基土层中进行地基处理和基础施工过程中往往产生孔隙水压力的变化，而孔隙水压力对土体的变形和稳定性有很大影响，故对土体中孔隙水压力的量测是很重要的。

各项施工项目和测试目的可参见表2-10。

表2-10　施工项目及测试目的

施工项目	测试目的
加载预压地基	估计固结度以控制加载速率
强夯加固地基	控制强夯间歇时间和确定强夯深度
预制桩	控制打桩速率
工程降水	监测减压井压力、控制地面沉降
滑坡	监测与治理

2.4.1 孔隙水压力测定的方法及仪器的选择

孔隙水压力计应根据工程的测试目的、土层的渗透性质和测试期的长短等条件进行选择，其精度、灵敏度和量程必须满足要求。仪器类型及适用条件见表2-11。

表 2-11　　　　　　　　　　　　　　孔隙水压力计类型及适用条件

<table>
<tr><th colspan="2">仪器类型</th><th>适用条件</th></tr>
<tr><td colspan="2">立管式测压计
（敞开式）</td><td>渗透系数＞10^{-4}cm 的含水量</td></tr>
<tr><td colspan="2">水压式测压计
（液压式）</td><td>适用于渗透系数低的土层
量测精度＞2kPa
测试期＜1 个月</td></tr>
<tr><td rowspan="3">电测式测压计</td><td>振弦式</td><td>适用于各种土层
量测精度＜2kPa
测试期＞1 个月</td></tr>
<tr><td>差动变压式</td><td>适用于各种土层
量测精度＜2kPa
测试期＞1 个月</td></tr>
<tr><td>电阻式</td><td>适用于各种土层
量测精度＜2kPa
测试期＜1 个月</td></tr>
<tr><td colspan="2">气动测压计
（气压式）</td><td>适用于各种土层
量测精度＞10kPa
测试期＜1 个月</td></tr>
<tr><td colspan="2">孔压静力触探仪</td><td>适用于各种土层，不适用于进行长期观测</td></tr>
</table>

2.4.2　各种压力计类型的计算公式(表 2-12)

表 2-12　　　　　　　　　　　　　　各种压力计类型的计算公式

<table>
<tr><th>孔隙水压力计类型</th><th>计算公式</th><th>符　　号</th></tr>
<tr><td>液压式</td><td>$u=P_a+\rho_\omega h$</td><td rowspan="5">u——土中孔隙水压力，kPa；
P_a——压力表读数，kPa；
h——孔隙水压力计至压力表基准面高度，cm；
ρ_ω——水的密度，g/cm^3；
c，a——压力表标定常数；
K——孔隙水压力计的灵敏度系数，单位：振弦式，kPa/H_z^2；电阻应变式，kPa/$\mu\varepsilon$；
f_0——孔隙水压力计零压时的频率，Hz；
f——孔隙水压力计受压后的频率，Hz；
ε_1——孔隙水压力计量压后的测读数，$\mu\varepsilon$；
ε_0——孔隙水压力计受压前的初读数，$\mu\varepsilon$；
A_0——初读数，V；
A——测定值，V；
K——率定系数，kPa/V</td></tr>
<tr><td>气压式</td><td>$u=c+aP_a$</td></tr>
<tr><td>振弦式</td><td>$u=K(f_0^2-f^2)$</td></tr>
<tr><td>电阻式</td><td>$u=K(\varepsilon_1-\varepsilon_0)$</td></tr>
<tr><td>差动电阻式</td><td>$u=(A-A_0)K$</td></tr>
</table>

2.5 稳定流抽水试验计算水文地质参数

根据稳定流抽水试验资料，应用稳定流公式只能计算渗透系数 K 或导水系数 T。渗透系数 K 是指含水层透过水的能力，当水力坡度 $I=1$ 时，渗透系数在数值上等于渗透速度。渗透系数与含水层性质和液体的性质有关。导水系数 $T=KM$(M 为含水层厚度)。

2.5.1 稳定流抽水试验资料计算渗透系数

当单井抽水试验达到稳定时，可得到抽水稳定时的水位降深值 s 和抽水流量值 Q。一般情况下，单井稳定流抽水试验要求有三次降深(落程)，则得出相应的三组数据，即 $s_1, Q_1; s_2, Q_2; s_3, Q_3$。

2.5.1.1 应用裘布衣公式计算渗透系数

对于均质、等厚、无限边界含水层中的完整井，则

承压水

$$K=\frac{Q}{2\pi M s_{\mathrm{w}}}\ln\frac{R}{r_{\mathrm{w}}} \tag{2-23}$$

潜水

$$K=\frac{Q}{\pi(H_0^2-h_{\mathrm{w}}^2)}\ln\frac{R}{r_{\mathrm{w}}} \tag{2-24}$$

式中 K——含水层渗透系数，m/d；

Q——抽水稳定时，井中抽水流量，$\mathrm{m^3/d}$；

s_{w}——抽水稳定时，井中水位降深值，m；

R——含水层影响半径，m；

r_{w}——抽水井半径，m；

M——承压含水层厚度，m；

H_0——潜水含水层天然水位，m；

h_{w}——潜水含水层抽水稳定后井中水位，m。

对于不同水文地质条件、不同边界条件和不同井的结构条件等，可根据具体情况，正确选择合用的计算公式反求渗透系数 K。

2.5.1.2 应用三维流单井公式计算渗透系数

根据单井稳定流抽水试验资料用裘布衣公式计算渗透系数 K 常常偏小，这是因为裘布衣公式没有考虑井内的三维流问题。采用偏大的降深 s 进行计算的缘故。因此可以采用三维流单井公式(2-25)对裘布衣公式加以修正：

$$s=\frac{Q}{2\pi KM}\ln\frac{R}{r_{\mathrm{w}}}\pm\frac{Q^2}{g\pi^2 r_{\mathrm{w}}^4}\left(\frac{f}{6M^2D}Z^3+\frac{Z^2}{M^2}-\frac{fM}{24D}-\frac{1}{3}\right) \tag{2-25}$$

式中 D——抽水井直径，m；

f——滤水管的摩阻系数,层流时 $f=\frac{64}{R_e}$;

g——重力加速度,m/s²;

Z——滤水管口至含水层底板的距离,m;

其他符号同前。

为了使用方便,对式(2-25)两部分分别用 A,C 符号代替,即令

$$A=\frac{1}{2\pi KM}\ln\frac{R}{r_w}$$

$$C=\frac{1}{g\pi^2 r_w^4}\left(\frac{f}{6M^2 D}Z^3+\frac{Z^2}{M^2}-\frac{fM}{24D}-\frac{1}{3}\right)$$

于是得出如下形式:

$$s=AQ\pm CQ^2 \tag{2-26}$$

或

$$s=s_w\pm CQ^2 \tag{2-27}$$

式中 s_w——抽水井内水位降深值,m;

s——考虑三维流影响修正后的井内二维流水位降深值,m。

A,C 对于一定距离和一定深度来说都是常数,因此,s-Q 呈抛物线关系,A,C 用图解法求得。

再令 $\varepsilon=\frac{s}{Q}$,ε 为单位流量降深值,那么,s-Q 的抛物线式可简化成 ε-Q 的直线式(图 2-5):

$$\varepsilon=A+CQ \tag{2-28}$$

因此,A 便是直线的截距,C 是直线的斜率。

$$C=\frac{s_{i+1}/Q_{i+1}-s_i/Q_i}{Q_{i+1}-Q_i} \tag{2-29}$$

式中 s_i,s_{i+1}——分别为第 i 次、第 $i+1$ 次抽水时的井内水位下降值,m;

Q_i,Q_{i+1}——分别为第 i 次,第 $i+1$ 次抽水时井的出水量,m³/d。

根据单井抽水试验资料计算渗透系数 K 的方法如下:

1. 绘制 s_ω(或 Δh_w^2)-Q 曲线

根据稳定流抽水试验三次抽降和流量的资料,当承压水时,绘制 s_w-Q 曲线;当潜水时,绘制 Δh_w^2-Q 曲线,而 $\Delta h_w^2=H_0^2-h_w^2$。

实际工作中,s_w(或 Δh_w^2)-Q 曲线有三种类型,如图 2-23 所示。

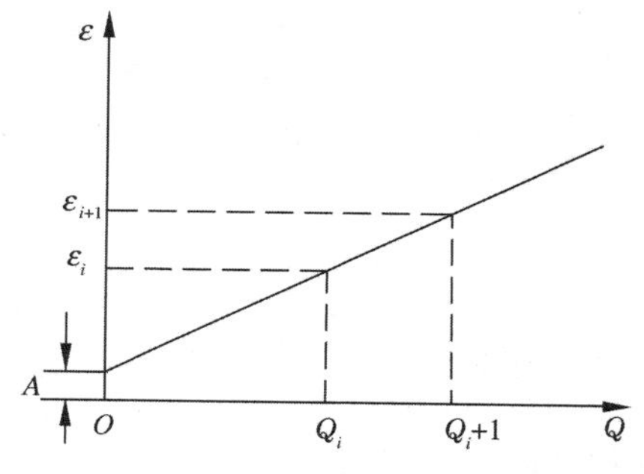

图 2-22 ε-Q 曲线图

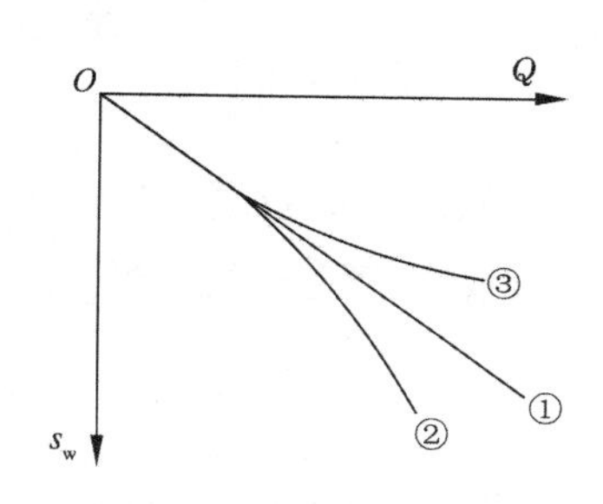

图 2-23 Q-s_w(或 Δh_w^2)关系曲线

2. 根据不同曲线类型,计算渗透系数 K

(1) 倾斜直线① Q-s_w(或 Δh_w^2)关系曲线呈直线时,这是地下水流直到井壁仍保持二维流的理想结果。因而式(2-26)中的 $C=0$,则利用抽水井的试验资料计算渗透系数 K 时,可采用下列公式:

承压水完整井

$$K=\frac{Q}{2\pi s_w M}\ln\frac{R}{r_w}$$

潜水完整井

$$K=\frac{Q}{\pi(H_0^2-h_w^2)}\ln\frac{R}{r_w}=\frac{Q}{\pi\Delta h_w^2}\ln\frac{R}{r_w} \tag{2-30}$$

裘布衣公式应用于潜水时应满足潜水降落漏斗水力坡度小于1/4。当潜水含水层的水位下降值 $s_w<\frac{1}{10}H$(H 为含水层厚度)时,为计算简便,可直接采用承压水公式,此时承压含水层的厚度 M,以潜水含水层的厚度 H_0 代换。

如果是非完整井,应选择非完整井公式计算。

(2) 曲线②,③,说明地下水是三维流,如果抽水井是完整井,渗透系数仍可用式(2-23)和式(2-30)计算,但需把曲线②,③按三维流公式(2-28)修正成直线,以求出相应的直线在纵轴上的截距 A 值。为此需绘制 ξ-Q 曲线(对承压水,$\varepsilon=\frac{s}{D}$;对潜水 $\varepsilon=\frac{\Delta h_w^2}{Q}$),求出 A 值(图 2-22),则渗透系数 K 可按下列公式求出:

承压水完整井

$$K=\frac{Q}{2\pi AM}\ln\frac{R}{r_w} \tag{2-31}$$

潜水完整井

$$K=\frac{1}{\pi A}\ln\frac{R}{r_w} \tag{2-32}$$

2.5.1.3 利用多孔稳定抽水试验资料计算渗透系数

此方法需要两个以上的观测孔资料,具体方法如下:

(1) 整理多孔抽水试验资料,绘制 s(或 Δh^2)-$\lg r$ 曲线,如图 2-24 所示(其中,$\Delta h^2=H_0^2-h^2$)。

(2) 根据 s(或 Δh^2)-$\lg r$ 直线段计算 K。

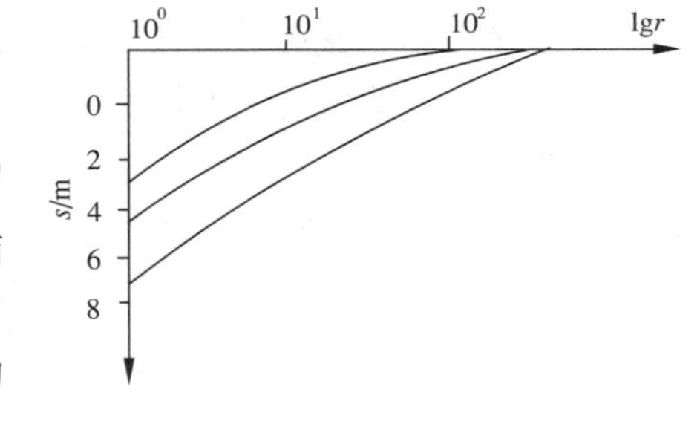

图 2-24 s(或 Δh^2)-$\lg r$ 关系曲线

承压水完整井

$$K=\frac{Q}{2\pi M(s_1-s_2)}\ln\frac{r_2}{r_1}=\frac{2.3Q}{2\pi M}\cdot\frac{1}{m_r} \tag{2-33}$$

式中 s_1,s_2——在 s-$\lg r$ 关系曲线上的直线段上任意两点的纵坐标值,m;

r_1,r_2——在 s-$\lg r$ 关系曲线上纵坐标为 s_1,s_2 的两点至抽水孔的距离,m;

m_r——直线段的斜率,即 $m_r=\frac{s_1-s_2}{\lg r_1-\lg r_2}$。

潜水完整井

$$K=\frac{Q}{\pi(\Delta h_1^2-\Delta h_2^2)}\ln\frac{r_2}{r_1}=\frac{2.3Q}{\pi}\frac{1}{m_r} \tag{2-34}$$

式中 $\Delta h_1^2,\Delta h_2^2$——$\Delta h_1^2$-$\lg r$ 关系曲线上的直线段上任意两点的纵坐标值,m;

$$\Delta h^2=H_0^2-h^2$$

H_0——抽水前含水层厚度，m；

h——抽水时观测孔中潜水含水层自底板算起的水柱高度，m；

r_1, r_2——在 $\Delta h-\lg r$ 关系曲线上纵坐标为 $\Delta h_1^2, \Delta h_2^2$ 的两点至抽水孔的距离，m；

m_r——直线段的斜率，即 $m_r=\dfrac{\Delta h_1^2-\Delta h_2^2}{\lg r_2-\lg r_1}$。

2.5.1.4 渗透系数计算公式的选用与经验参考值

渗透系数计算可根据条件按表 2-13—表 2-17 公式选用计算。渗透系数的经验数值可参考表 2-18—表 2-20。

表 2-13　　潜水非完整井(淹没过滤器井壁进水)

图　形	计算公式	适用条件
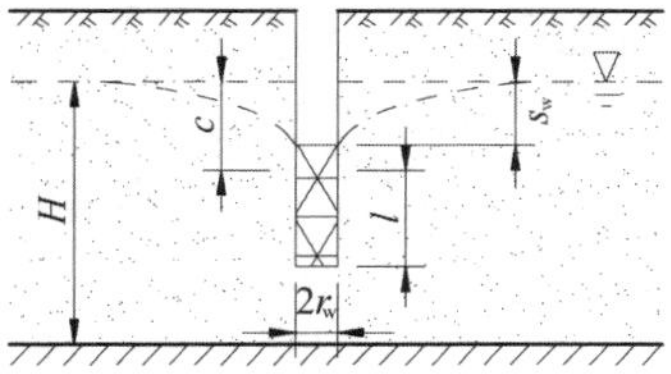	$K=\dfrac{0.366Q}{ls_w}\lg\dfrac{0.66l}{r_w}$	(1) 过滤器安置在含水层中部； (2) $l<0.3H$； (3) $c\approx0.3\sim0.4H$； (4) 单孔
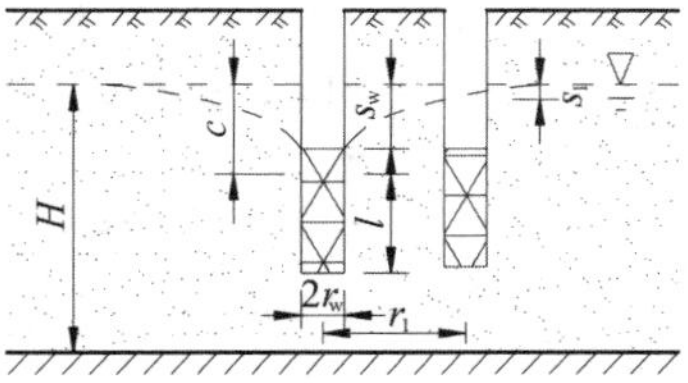	$K=\dfrac{0.16Q}{l(s_w-s_1)}\left(2.3\lg\dfrac{0.66l}{r_w}-\mathrm{arsh}\dfrac{l}{2r_1}\right)$	(1) 过滤器安置在含水层中部； (2) $l<0.3H$； (3) $c\approx0.3\sim0.4H$； (4) 有一个观测孔
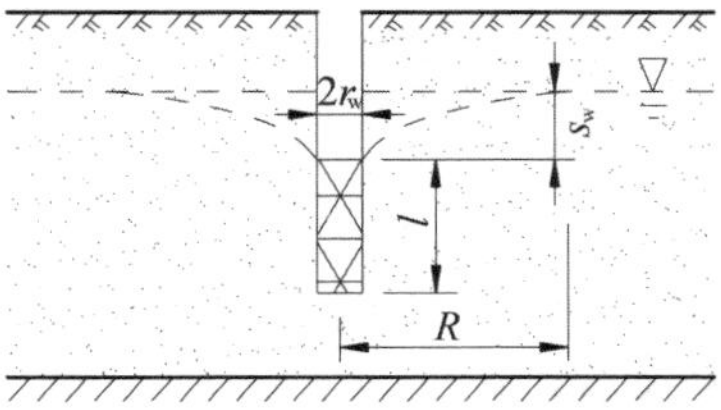	$K=\dfrac{0.366Q(\lg R-\lg r_w)}{(s_w+l)s}$	(1) 过滤器位于含水层中部； (2) 单孔
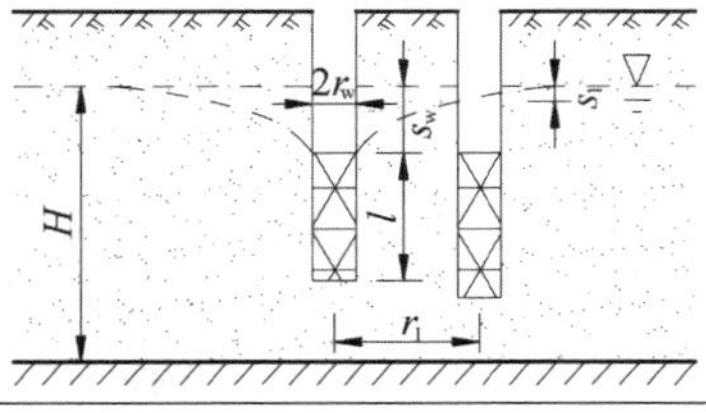	$K=\dfrac{0.366Q(\lg r_1-\lg r_w)}{(s_w-s_1)(s-s_1+l)}$	(1) 过滤器位于含水层中部； (2) 有一个观测孔
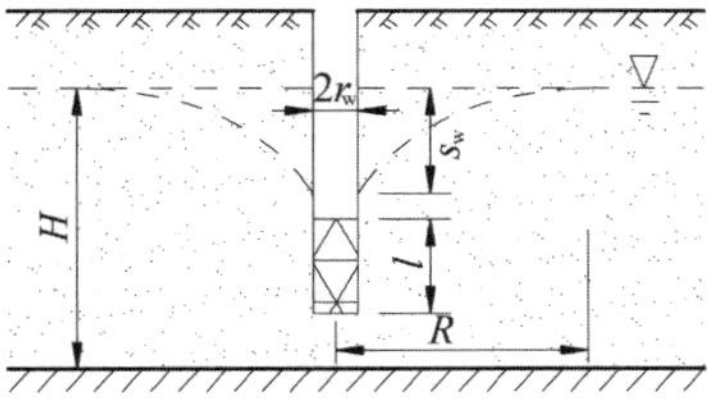	$K=\dfrac{0.73Q(\lg R-\lg r_w)}{s_w(H+l)}$	(1) 过滤器位于含水层下部； (2) 单孔

表 2-14　　潜水非完整井(非淹没过滤器井壁进水)

图形	计算公式	适用条件
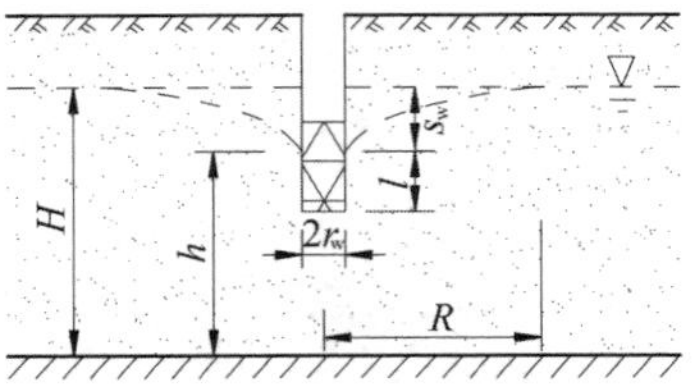	$K=\dfrac{0.73}{s_w\left(\dfrac{l+s_w}{\lg\dfrac{R}{r_w}}+\dfrac{l}{\lg\dfrac{0.66l}{r_w}}\right)}$	(1) 过滤器安置在含水层上部； (2) $l<0.3H$； (3) 含水层厚度很大
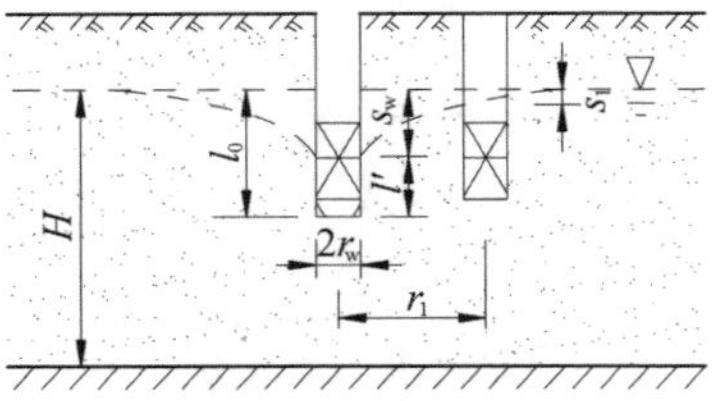	$K=\dfrac{0.16Q}{l'(s-s_1)}\left(2.3\lg\dfrac{1.6l'}{r_w}-\mathrm{arsh}\dfrac{l'}{r_1}\right)$ 式中，$l'=l_0-0.5(s+s_1)$	(1) 过滤器安置在含水层上部； (2) $l<0.3H$； (3) $s<0.3l$； (4) 一个观测孔 $r_1<0.3H$
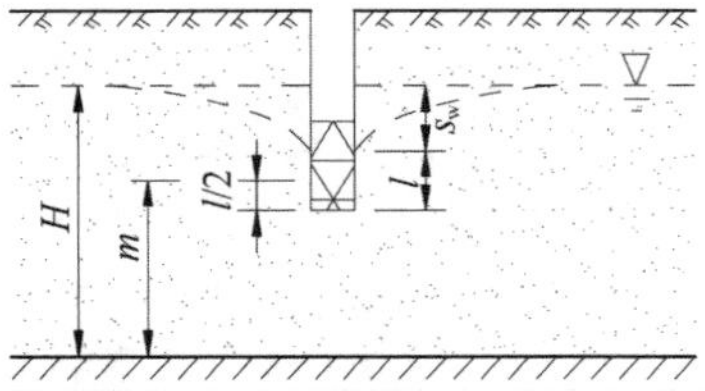	$K=\dfrac{0.73Q}{s_w\left[\dfrac{l+s_w}{\lg\dfrac{R}{r_w}}+\dfrac{2m}{\dfrac{1}{2a}\left(2\lg\dfrac{4m}{r_w}A\right)-\lg\dfrac{4m}{R}}\right]}$ 式中　m——抽水时过滤器长度的中点至含水层底的距离； A——取决于 l/m	(1) 过滤器安置在含水层上部； (2) $l>0.3H$； (3) 单孔
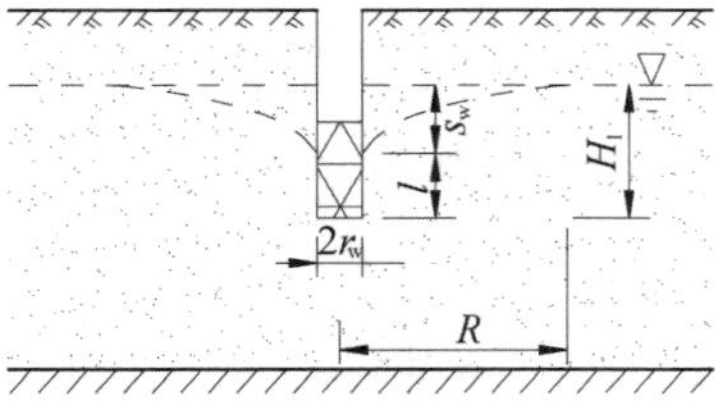	$K=\dfrac{0.366Q(\lg R-\lg r_w)}{H_1 s_w}$ 式中，H_1 为至过滤器底部的含水层深度	单孔
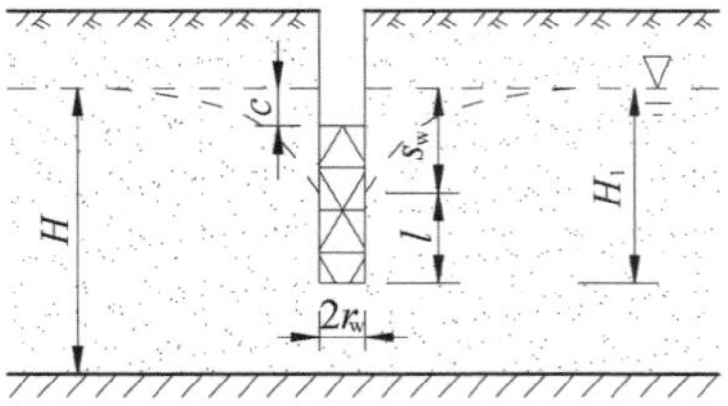	$K=\dfrac{0.366Q}{l s_w}\lg\dfrac{0.66l}{r_w}$	(1) 河床下抽水； (2) 过滤器安装在含水层上部或中部； (3) $c>\dfrac{l}{\ln\dfrac{l}{r_w}}$ (一般 $c<2\sim3\text{m}$)

表 2-15

潜水完整井

图形	计算公式	适用条件
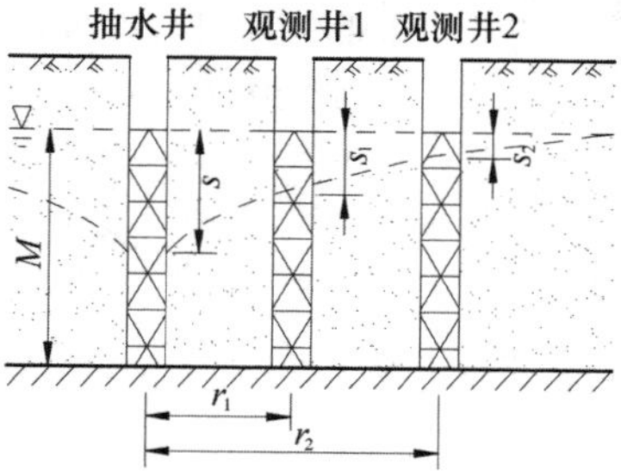	$K=\frac{0.732Q}{(2H-s)s}\lg\frac{R}{r}$	单孔(井)抽水
	$K=\frac{0.732Q}{(2H-s-s_1)(s-s_1)}\lg\frac{r_1}{r}$	有一个观测孔
	$K=\frac{0.732Q}{(2H-s_1-s_2)(s_1-s_2)}\lg\frac{r_2}{r_1}$	有两个观测孔

表 2-16

承压水非完整井、完整井

图形	计算公式	适用条件
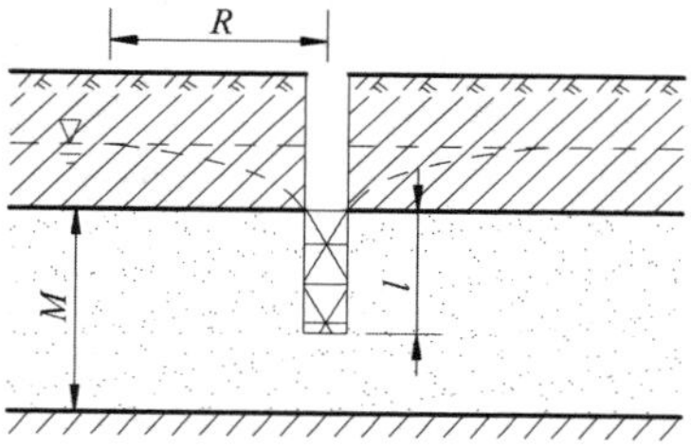	$K=\frac{0.366Q}{l}\lg\frac{\alpha l}{r}$ $\alpha=1.6$　占林斯基 $\alpha=1.32$　巴布什金	承压水或潜水,过滤器紧接含水层顶板(或底板)。$l/r\geqslant5$,$l<0.3M$
	$K=\frac{0.366Q}{Ms}\left[\frac{1}{2a}\left(2\lg\frac{4M}{r}-A\right)-\lg\frac{4M}{R}\right]$ $a=\frac{l}{M}$	承压孔,过滤器紧接含水层顶板。$l/r>5$,$l>0.3M$(马斯凯特公式)
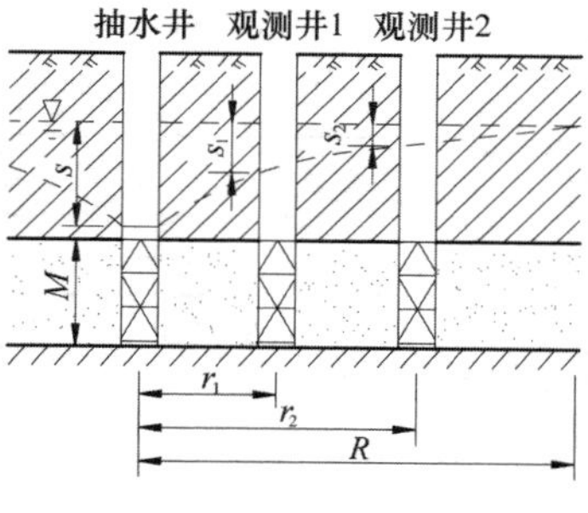	$K=\frac{0.366Q}{Ms}\lg\frac{R}{r}$	裘布衣公式 单孔(井)抽水
	$K=\frac{0.366Q}{M(s-s_1)}\lg\frac{r_1}{r}$	多孔抽水 有一个观测孔
	$K=\frac{0.366Q}{M(s_1-s_2)}\lg\frac{r_2}{r_1}$	有两个观测孔

表 2-17　　　　　　　　　　　　　**根据水位恢复速度计算渗透系数**

图形	计算公式	适用条件	说明
	$K=\dfrac{1.57r_w(h_2-h_1)}{t(s_1+s_2)}$	(1) 承压水层； (2) 大口径平底井或试坑	求得一系列与水位恢复时间有关的数值 K 后，则可做 $K=f(t)$ 曲线，根据此曲线，可确定近于常数的渗透系数值，如下图：
	$K=\dfrac{r_w(h_2-h_1)}{t(s_1+s_2)}$	(1) 承压水层； (2) 大口径球状井或试坑	
	$K=\dfrac{3.5r_w^2}{(H+2r)t}\ln\dfrac{s_1}{s_2}$	潜水完整井	
	$K=\dfrac{\pi r_w}{4t}\ln\dfrac{H-h_1}{H-h_2}$	(1) 潜水非完整井； (2) 大口径井底进水井壁不进水	

注：摘自《工程地质手册》。

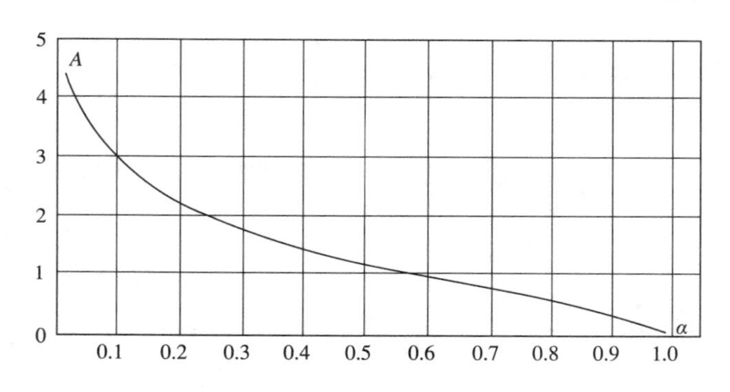

图 2-25　系数 A-α 曲线图

表 2-18　　　　　　　　　　　　　**渗透系数经验数值表**

土类	渗透系数 $K/(\mathrm{m\cdot d^{-1}})$	土类	渗透系数 $K/(\mathrm{m\cdot d^{-1}})$
砂质粉土	<0.05	细粒砂	1～5
黏质粉土	0.05～0.1	中粒砂	5～20
粉质黏土	0.1～0.5	粗粒砂	20～50
黄土	0.25～0.05	砾石	100～200
粉土质砂	0.5～1.0	漂砾石	20～150
		漂石	500～1000

表 2-19　　碎石渗透系数经验数值表

平均粒径 d_{50}/mm	25.0	21.0	14.0	10.0	5.8	3.0	2.5
不均一系数 $\eta(d_{50}/d_{10})$	2.7	2.0	2.0	6.3	5.0	3.5	2.7
渗透系数 $K/(\mathrm{cm \cdot s^{-1}})$	20.0	20.0	10.0	5.0	3.3	3.3	0.8

注:摘自《水文地质手册》。

表 2-20　　几种土的渗透系数经验数值表

土类	渗透系数 $K/(\mathrm{cm \cdot s^{-1}})$	土类	渗透系数 $K/(\mathrm{cm \cdot s^{-1}})$
黏土	$<1.2\times10^{-6}$	细砂	$1.2\times10^{-3}\sim6.0\times10^{-3}$
粉质黏土	$1.2\times10^{-6}\sim6.0\times10^{-5}$	中砂	$6.0\times10^{-3}\sim2.4\times10^{-2}$
黏质粉土	$8.0\times10^{-5}\sim6.0\times10^{-4}$	粗砂	$2.4\times10^{-2}\sim6.0\times10^{-2}$
黄土	$8.0\times10^{-4}\sim6.0\times10^{-4}$	砾砂	$6.0\times10^{-2}\sim1.8\times10^{-1}$
粉砂	$6.0\times10^{-4}\sim1.2\times10^{-3}$		

注:摘自《工程地质手册》。

2.5.2　利用多孔稳定流抽水试验资料计算影响半径

影响半径是利用单井抽水试验资料计算含水层渗透系数的原始数据之一。

利用稳定流抽水试验资料求影响半径必须有观测孔中的水位下降资料,其求法有两种。

1. 作图法

根据抽水试验资料作 s-lg$r$ 或 Δh^2-lg$r$ 曲线,如图 2-24 所示,由于裘布衣公式要求 s-lg$r$ 或 Δh^2-lg$r$ 成直线关系。作图时,延长 s-lg$r$ 或 Δh^2-lg$r$ 的直线段在横轴 lg$r$ 上的交点,便为理想的圆柱状含水层的半径 R。从“引用影响半径”的概念出发,我们知道它是不随抽水流量大小的变化而变化的一个常数值,所以抽水试验的各次下降求得的 R 值应一样。这样反映在作图时各次的 s-lg$r$ 或 Δh^2-lg$r$ 曲线直线段的延长线在横轴上应交于一点。该点在 lg$r$ 轴的截距,即为 R 值。如不能交于一点,则必须分析其原因,是否由于抽水过程中补给条件发生了变化。

2. 公式计算法

利用稳定流抽水试验观测孔的水位下降资料计算引用影响半径 R 的步骤:

(1) 作 s(或 Δh^2)-lg$r$ 曲线图;

(2) 在曲线的直线段上选取计算数据,采用相应公式

承压水完整井

$$\lg R=\frac{s_1\lg r_2-s_2\lg r_1}{s_1-s_2} \tag{2-35}$$

对于潜水完整井

$$\lg R=\frac{\Delta h_1^2\lg r_2-\Delta h_2^2\lg r_1}{\Delta h_1^2-\Delta h_2^2} \tag{2-36}$$

3. 影响半径计算公式的选用与经验参考值

根据表 2-21 计算公式确定影响半径,目前大多数只能给出近似值。其经验值可参照表 2-22。

表 2-21　　影响半径计算公式表

计算公式	适用条件	备注
$\lg R=\frac{s_1\lg r_2-s_2\lg r_1}{s_1-s_2}$	1. 承压水; 2. 两个观测孔	计算精度可靠(裘布衣公式)
$\lg R=\frac{s_1(2H-s_1)\lg r_2-s_2(2H-s_2)\lg r_1}{(s_1-s_2)(2H-s_1-s_2)}$	1. 潜水; 2. 两个观测孔	计算精度可靠(裘布衣公式)
$\lg R=\frac{s\lg r_1-s_1\lg r}{s-s_1}$	1. 承压水; 2. 一个观测孔	计算成果一般偏大
$\lg R=\frac{s(2H-s)\lg r_1-s_1(2H-s_1)\lg r}{(s-s_1)(2H-s-s_1)}$	1. 潜水; 2. 一个观测孔	计算成果一般偏大
$\lg R=\frac{2.73KMs}{Q}+\lg r$	1. 承压水; 2. 单孔抽水	计算成果一般偏大
$\lg R=\frac{1.366K(2H-s)s}{Q}+\lg r$	1. 潜水; 2. 单孔抽水	计算成果一般偏大
$R=10s\sqrt{K}$	1. 承压水; 2. 单孔抽水	概略计算(吉哈尔特经验公式)
$R=2s\sqrt{HK}$	1. 潜水; 2. 单孔抽水	概略计算(库萨金经验公式)
$R=\sqrt{\frac{12r}{\mu}\sqrt{\frac{QK}{\pi}}}$	1. 潜水; 2. 完整孔	(柯泽尼公式)
$R=2\sqrt{\frac{KHt}{\mu}}$	潜水	(威伯公式)
$R=\frac{Q}{2KHl}$	承压水	概略计算(凯尔瑞公式)

表中符号　s_1,s_2——观测孔水位降深,m;
r_1,r_2——观测孔至抽水孔的距离,m;
r——抽水孔(井)半径,m;
$H(M)$——潜水(承压水)含水层厚度,m;
K——渗透系数,m/d;
t——时间,d;
μ——给水度;
i——地下水水力坡度。

表 2-22　　松散岩层影响半径 R 经验值表

松散岩层名称	主要颗粒直径/mm	所占质量/%	影响半径 R/m
粉　砂	0.05～0.1	<70	25～50
细　砂	0.1～0.25	>70	50～100
中　砂	0.25～0.5	>50	100～200
粗　砂	0.5～1.0	>50	300～400
极粗砂	1.0～2.0	>50	400～500
小　砾	2.0～3.0		100～500
中　砾	3.0～5.0		600～1500
大　砾	5.0～10.0		1500～3000

2.5.3　工程实例

同济大学某系所进行的抽水试验场试验孔平面布置如图 2-26 所示，试验主孔和观测孔过滤器均安装在 67.7～90.8m 深度的细中砂，局部含砾中粗砂，厚为 23.1m 的承压含水层中，为承压完整井。主孔直径为 305mm，观测孔直径均为 152mm。根据多孔稳定流抽水试验资料，计算的含水层水文地质参数。

由三次稳定流抽水试验所得的 Q，s 值作 Q-s 曲线，为一直线形曲线，如图 2-27 所示。

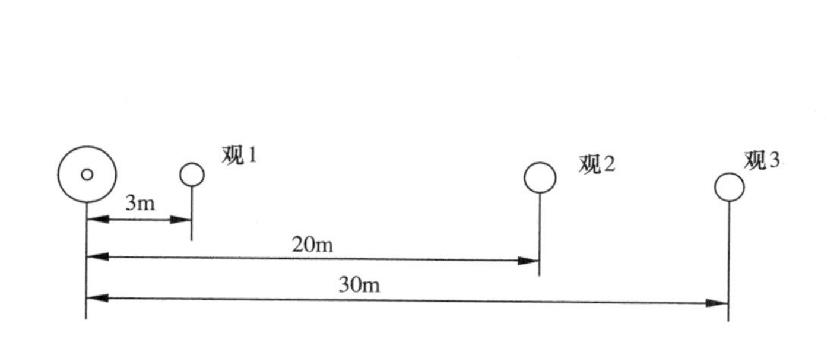

图 2-26　抽水试验钻孔平面布置图

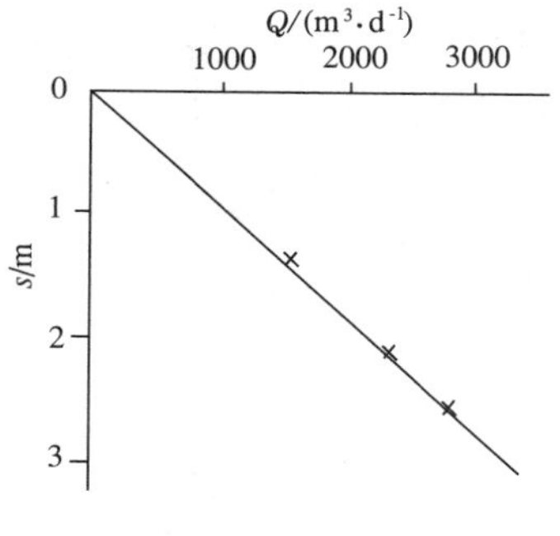

图 2-27　Q-s 曲线

其稳定流抽水试验资料见表 2-23。

表 2-23　　稳定流抽水试验资料

抽降次数	流量 $Q/(m^2 \cdot d^{-1})$	降深值/m			
		主孔 s_0	观 1 s_1	观 2 s_2	观 3 s_3
1	1570	1.385	0.52	0.36	0.31
2	1954	1.635	0.70	0.47	0.43
3	2384	2.22	0.81	0.61	0.50

1. 计算影响半径 R

（1）图解法求得 R=1030m，如图 2-28 所示。

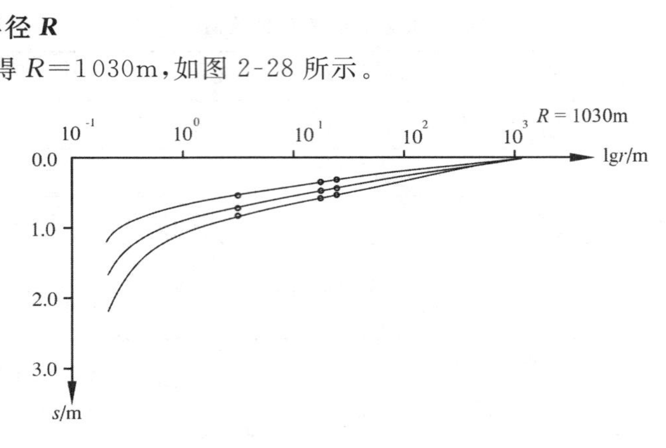

图 2-28 s-lg$r$ 曲线

（2）在图 2-28 各曲线的直线段上取值计算：

$$\lg R_1=\frac{s_1\lg r_2-s_2\lg r_1}{s_1-s_2}=\frac{0.52\lg 30-0.31\lg 3}{0.52-0.31}=2.9532\text{，则 } R_1=898\text{m}$$

$$\lg R_2=\frac{0.70\lg 30-0.43\lg 3}{0.70-0.43}=3.0697\text{，则 } R_2=1174\text{m}$$

$$\lg R_3=\frac{0.81\lg 30-0.50\lg 3}{0.81-0.50}=3.090\text{，则 } R_3=1230\text{m}$$

$$R=\frac{R_1+R_2+R_3}{3}=1100\text{m}$$

可见，该两方法所求 R 值接近。

2. 计算渗透系数 K

（1）根据单井稳定流抽水试验资料求 K：

$$K=\frac{Q}{2\pi Ms}\ln\frac{R}{r_0}$$

$$K_1=\frac{1570}{2\pi\times 23.1\times 1.385}\ln\frac{932}{0.152}=68.11\text{m/d}$$

$$K_2=\frac{1954}{2\pi\times 23.1\times 1.635}\ln\frac{932}{0.152}=71.81\text{m/d}$$

$$K_3=\frac{2384}{2\pi\times 23.1\times 2.22}\ln\frac{932}{0.152}=64.53\text{m/d}$$

$$K=\frac{K_1+K_2+K_3}{3}=68.15\text{m/d}$$

（2）根据多孔稳定流抽水试验资料求 K：

$$K=\frac{2.30Q}{2\pi M}\times\frac{1}{m_r}=\frac{2.30Q}{2\pi M}\times\frac{\lg r_2-\lg r_1}{s_1-s_2}$$

在图 2-28 各曲线的直线段取值计算：

$$K_1=\frac{2.30\times 1570}{2\pi\times 23.1}\times\frac{\lg 30-\lg 3}{0.52-0.31}=118.5\text{m/d}$$

$$K_2=\frac{2.30\times 1954}{2\pi\times 23.1}\times\frac{\lg 30-\lg 3}{0.7-0.43}=114.7\text{m/d}$$

$$K_3=\frac{2.30\times 2384}{2\pi\times 23.1}\times\frac{\lg 30-\lg 3}{0.81-0.50}=121.9\text{m/d}$$

$$K\approx 118.4\text{m/d}$$

比较该两种方法的计算结果，可见根据单井稳定流抽水试验资料求得的 K 值偏小，故有条件时应尽量利用多孔抽水试验资料。

2.6 非稳定流抽水试验计算水文地质参数的常规方法

2.6.1 计算承压含水层的导水系数、贮水系数和压力传导系数

导水系数 T 表示含水层导水能力的大小，它在数值上为含水层的渗透系数与厚度的乘积 $T=KM$；即是在单位水力坡度条件下，每单位时间通过宽度为 1m 的含水层厚度的过水断面渗流量。

贮水系数 μ^*（或弹性给水度 μ_s）表示承压含水层的贮水性，是由含水岩层和水的弹性性能所决定，它是指当水头变化一个单位时，从单位面积含水层（厚度为 M）释放或贮存的水的体积。它标志含水层在加压下（例如回灌时）的贮水的能力，或在减压下（例如抽水时）的释放水的能力。

压力传导系数 a 表示承压含水层中水头传导速度，$a=T/\mu^*$。

利用非稳定流抽水试验资料，可以计算导水系数 T，贮水系数 μ^* 和压力传导系数 a。当含水层厚度 M 已知，便可求出渗透系数 K。

在无垂向补给、均质各向同性、等厚、侧向无限延伸、产状水平的承压含水层中，根据泰斯公式可得

$$s(r,t)=\frac{Q}{4\pi T}\int_u^{\infty}\frac{e^{-u}}{u}\mathrm{d}u=\frac{Q}{4\pi T}W(u) \tag{2-37}$$

$$u=\frac{r^2\mu^*}{4Tt} \quad 或 \quad \frac{1}{u}=\frac{4Tt}{r^2\mu^*} \tag{2-38}$$

式中 $s(r,t)$——抽水影响范围内，任一点任一时刻的水位降深，m；

t——自抽水开始到计算时刻的时间，h；

r——计算点到抽水点的距离，m；

$W(u)$——井函数，可查 $W(u)$ 数值表；

其他符号同前。

2.6.1.1 求参方法

可以应用标准曲线对比法（配线法）、直线图解法和水位恢复法计算含水层导水系数 T，贮水系数 μ^* 和压力传导系数 a，如表 2-24 所示。这些方法都是以定流量、非稳定流抽水试验的资料为依据。

采用配线法的最大优点是能充分利用全部观测资料，减少个别观测资料引起的随机误差，可提高求参的精度。但该法也存在缺点，在 r 小、T 值大的情况下，实际曲线较陡部分常常出

现的抽水初期的 1～2min 内，不易测准，而容易观测的后期曲线又较平缓，在同理论曲线拟合时有较大的随意性，影响计算参数的精度。r 越小，实际曲线较陡部分越短，主要出现平滑段，所以利用主井资料求参误差大。改进办法：一方面要尽量利用抽水初期的观测资料进行拟合；另一方面，应在设计时按 T 大和 r 大的原则布置观测孔，使实际曲线较陡部分延伸到容易测定的区间(1min 以后)。

直线图解法的优点是：既可避免配线法的随意性，后期观测资料精度较高；又可充分利用所有观测资料，减少随机误差。

该法的缺点是：因满足条件 $u \leqslant 0.01$ 要有较长的抽水时间，而且距离 r 不同，满足这个条件的时间也不同，r 越大，需要的时间越长。尤其在 T 值较小而 r 较大时，需要的时间更长，所以为了提高求参精度，应按照导水性越大，r 越大而抽水时间越长的原则设计，不能随意缩短抽水时间。

此外，即使在满足条件 $u<0.01$ 以后，抽水时间越长，直线斜率仍缓慢增大，即如抽水时间不足。则因斜率和截距偏差，使所求的 T 值偏大，而 μ^* 值偏小。

利用水位恢复资料计算水文地质参数的优点是它可排除抽水过程中流量变化、抽水设备等影响因素的干扰，所得到的水位恢复过程的降深-时间曲线一般比较规则。因此，用主井水位恢复资料求参数，可提高计算精度。

表 2-24　应用泰斯公式计算承压含水层水文地质参数的方法

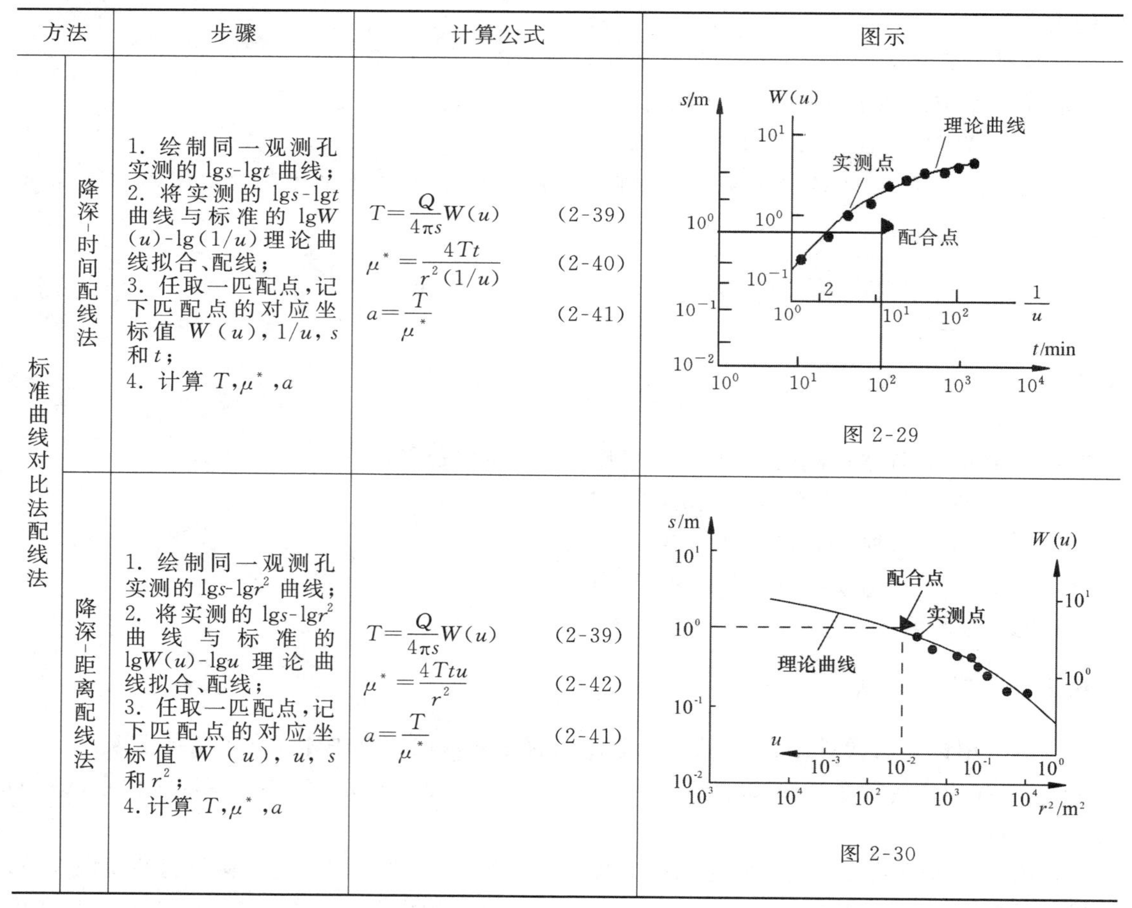

方法		步骤	计算公式	图示
标准曲线对比法配线法	降深-时间配线法	1. 绘制同一观测孔实测的 lgs-lgt 曲线； 2. 将实测的 lgs-lgt 曲线与标准的 lgW(u)-lg(1/u) 理论曲线拟合、配线； 3. 任取一匹配点，记下匹配点的对应坐标值 $W(u)$，$1/u$，s 和 t； 4. 计算 T，μ^*，a	$T=\frac{Q}{4\pi s}W(u)$ (2-39) $\mu^*=\frac{4Tt}{r^2(1/u)}$ (2-40) $a=\frac{T}{\mu^*}$ (2-41)	图 2-29
	降深-距离配线法	1. 绘制同一观测孔实测的 lgs-lgr^2 曲线； 2. 将实测的 lgs-lgr^2 曲线与标准的 lgW(u)-lgu 理论曲线拟合、配线； 3. 任取一匹配点，记下匹配点的对应坐标值 $W(u)$，u，s 和 r^2； 4. 计算 T，μ^*，a	$T=\frac{Q}{4\pi s}W(u)$ (2-39) $\mu^*=\frac{4Ttu}{r^2}$ (2-42) $a=\frac{T}{\mu^*}$ (2-41)	图 2-30

续表

方法		步骤	计算公式	图示
直线图解法	降深-时间直线图解法	1. 绘制同一观测孔实测的 s-lg$t$ 曲线； 2. 将 s-lg$t$ 曲线的直线部分延长，在零降深线（即横轴 lg$t$）上的截距得 t_0； 3. 求直线斜率 i。最好取和一个周期相对应的降深 Δs，则 $i=\Delta s$； 4. 计算 T, μ^*, a	$T=\dfrac{2.30Q}{4\pi\Delta s}$ (2-43) $\mu^*=\dfrac{2.25Tt_0}{r^2}$ (2-44) $a=\dfrac{T}{\mu^*}$ (2-41)	10^0 10^1 10^2 t/min 0 1 2 s/m Δs $\Delta \lg t=1$ 图 2-31
	降深-距离直线图解法	1. 绘制同一时间实测的 s-lg$r$ 曲线； 2. 将 s-lg$r$ 曲线的直线部分延长，在零降深线（即横轴 lg$r$）上的截距得 r_0； 3. 求直线斜率 i。最好取和一个周期相对应的降深 Δs，则 $i=\Delta s$； 4. 计算 T, μ^*, a	$T=\dfrac{2.30Q}{4\pi\Delta s}$ (2-45) $\mu^*=\dfrac{2.25Tt}{r_0^2}$ (2-40) $a=\dfrac{T}{\mu^*}$ (2-41)	10^0 10^1 10^2 r/m 0 1 2 s/m Δs $\Delta \lg r=1$ 图 2-32
水位恢复法		1. 绘制同一观测孔实测的 s'-lg(t/t') 曲线（其中，t_p 为抽水持续时间，t' 为水位恢复延续时间，$t=t_p+t'$，s' 为井中水位剩余降深）； 2. 求直线斜率 i。取和一个周期相对应的降深 Δs，则 $i=\Delta s$； 3. 计算 T, a, μ^*	$T=\dfrac{2.30Q}{4\pi\Delta s}$ (2-43) $a=0.44\left(\dfrac{r^2}{t_p}\right)10^{-(s_p-i)}$ (2-46) s_p 为停抽时刻的水位降深 $\mu^*=\dfrac{T}{a}$ (2-47)	10^0 10^1 10^2 $t/(t')$ 0 1 2 s/m Δs $\Delta \lg(t/t')=1$ 图 2-33

因此，在利用非稳定流抽水试验资料求水文地质参数时，应尽量同时采用多种方法求参，以便于进行分析、比较。

2.6.1.2 工程实例

同济大学抽水试验场（水文地质条件同本书“2.5.3 工程实例”）利用非稳定流抽水试验资料计算含水层水文地质参数。

1. lg*s*-lg*t* 配线法

观 2、观 3 的 lg$s$-lg$t$ 曲线如图 2-34 所示。

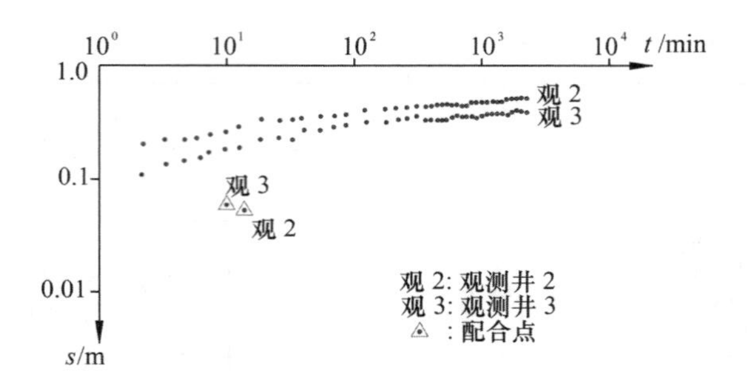

图 2-34　lg$s$-lg$t$ 曲线

与 $W(u)$-$1/u$ 标准曲线配线结果：

观 2：$W(u)=1, 1/u=10^3, s=0.061\text{m}, t=14.1\text{min}$；

$$T=\frac{Q}{4\pi s}W(u)=\frac{2\,384}{4\pi\times0.061}\times1=3.11\times10^3\,\text{m}^2/\text{d};$$

$$\mu^*=\frac{4Tt}{r^2(1/u)}=\frac{4\times3.11\times10^3\times14.1}{20^2\times10^3\times1\,440}=3.05\times10^{-4};$$

$$a=\frac{T}{\mu^*}=\frac{3.11\times10^3}{3.05\times10^{-4}}=1.02\times10^7\,\text{m}^2/\text{d}。$$

观 3：$W(u)=1, 1/u=10^2, s=0.062\text{m}, t=10\text{min}$；

$$T=\frac{2\,384}{4\pi\times0.062}\times1=3.06\times10^3\,\text{m}^2/\text{d};$$

$$\mu^*=\frac{4\times3.06\times10^3\times10}{30^2\times10^2\times1\,440}=9.44\times10^{-4};$$

$$a=\frac{3.06\times10^3}{9.44\times10^{-4}}=3.24\times10^6\,\text{m}^2/\text{d}。$$

2. 直线图解法

观 2、观 3 的 s-lg$t$ 曲线如图 2-35 所示。

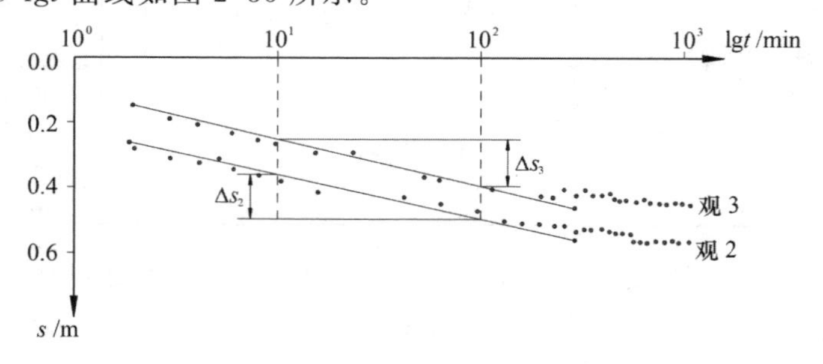

图 2-35　s-lg$t$ 曲线

观 2：

$$T=\frac{2.30Q}{4\pi\Delta s}=\frac{2.30\times2\,384}{4\pi\times(0.50-0.36)}=3.12\times10^3\,\text{m}^2/\text{d};$$

$$\mu^*=\frac{2.25Tt_0}{r^2}=\frac{2.25\times3.12\times10^3\times0.22}{20^2\times1\,440}=2.68\times10^{-3};$$

$$a=\frac{T}{\mu^{*}}=1.2\times10^{6}\ \mathrm{m^2/d}。$$

观 3：$$T=\frac{2.30\times2384}{4\pi\times(0.40-0.26)}=3.12\times10^{3}\ \mathrm{m^2/d}；$$

$$\mu^{*}=\frac{2.25\times3.12\times10\times0.12}{30^{2}\times1440}=6.5\times10^{-4}；$$

$$a=4.8\times10^{6}\ \mathrm{m^2/d}。$$

3. 水位恢复法

观 2、观 3 的 $s\text{-}\lg\frac{t_p+t'}{t'}$ 曲线如图 2-36 所示。

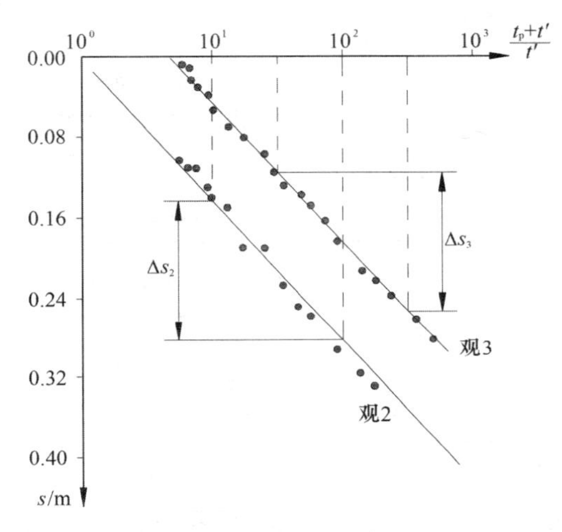

图 2-36　$s\text{-}\lg\frac{t_p+t'}{t'}$ 曲线

观 2：$$T=\frac{2.30Q}{4\pi\Delta s}=\frac{2.30\times2384}{4\pi\times(0.276-0.14)}=3.21\times10^{3}\ \mathrm{m^2/d}；$$

$$a=0.44\frac{r^{2}}{t_p}\times10^{\frac{s_p}{i}}=0.44\times\frac{20^{2}\times1440}{0.5\times1440}\times10^{\frac{0.58}{0.136}}=1.08\times10^{7}；$$

$$\mu^{*}=\frac{T}{a}=\frac{3.21\times10^{3}}{1.08\times10^{7}}=2.97\times10^{-4}\ \mathrm{m^2/d}。$$

观 3：$$T=\frac{2.30\times2384}{4\pi\times(0.242-0.11)}=3.31\times10^{3}\ \mathrm{m^2/d}；$$

$$a=0.44\times\frac{30^{2}}{0.5}\times10^{\frac{0.47}{0.132}}=2.88\times10^{6}；$$

$$\mu^{*}=\frac{T}{a}=\frac{3.31\times10^{3}}{2.88\times10^{6}}=1.15\times10^{-3}\ \mathrm{m^2/d}。$$

含水层水文地质参数汇总见表 2-25。

表 2-25　　含水层水文地质参数汇总表

计算方法			资料依据	含水层水文地质参数值			
				$K/(m \cdot d^{-1})$	$T/(m^2 \cdot d^{-1})$	$a/(m^2 \cdot d^{-1})$	μ^*
稳定流	单孔抽水			68.15	1.6×10^3		
	多孔抽水			118.4	2.7×10^3		
非稳定流	配线法	观 2			3.11×10^3	1.02×10^7	3.05×10^{-4}
		观 3			3.06×10^3	3.24×10^6	9.44×10^{-4}
	直线法	观 2			3.12×10^3	1.2×10^6	2.68×10^{-3}
		观 3			3.12×10^3	4.8×10^6	6.5×10^{-4}
	水位恢复法	观 2			3.21×10^3	1.08×10^7	2.97×10^{-4}
		观 3			3.31×10^3	2.88×10^6	1.15×10^{-3}
	平局值				3.15×10^3	5.52×10^6	1.0×10^{-3}
	变化范围				3.06×10^3 ～3.31×10^3	1.2×10^6 ～1.08×10^7	2.97×10^{-4} ～2.68×10^{-3}

2.6.2　计算越流系统的导水系数、贮水系数、越流系数和越流因素

越流系数 $\sigma=K'/M'$ 和越流因素 B 是表示弱透水层的越流特性。越流补给量的大小和弱透水层的渗透系数 K' 和厚度 M' 有关，即 K' 越大，M' 越小，则越流补给的能力就越大。

越流系数 σ 表示当抽水含水层和供给越流的非抽水含水层之间的水头差为一个单位时，单位时间内通过两含水层之间的单位面积的水量。

越流因素 B，其值为主含水层的导水系数和弱透水层的越流系数的倒数的乘积的平方根，即 $B=\sqrt{\frac{TM'}{K'}}$。弱透水层的渗透性愈小，厚度愈大，则越流因素 B 越大。

越流系统的各水文地质参数的确定，主要是根据定流量非稳定抽水试验资料，根据汉土斯-雅可布越流公式：

$$s=\frac{Q}{4\pi T}\int_u^{\infty}\frac{1}{y}e^{-y-\frac{r^2}{4B^2y}}dy=\frac{Q}{4\pi T}W\left(u,\frac{r}{B}\right) \tag{2-48}$$

$$u=\frac{r^2\mu^*}{4Tt}\quad 或\quad \frac{1}{u}=\frac{4Tt}{r^2\mu^*} \tag{2-49}$$

可以应用标准曲线对比法(配线法)、拐点法和切线法计算含水层导水系数 T、贮水系数 μ^*、压力传导系数 a 和越流因素 B 及越流系数 σ 等，如表 2-26 所示。

表 2-26　　应用汉土斯—雅可布公式计算越流系统水文地质参数方法

方法	步骤	计算公式	图示
降深时间配线法	1. 绘制同一观测孔实测的 lg$s$-lg$t$ 曲线； 2. 将实测的 lg$s$ 和 lg$t$ 曲线与 $W(u,r/B)$-$1/u$ 标准曲线拟合，在一组 r/b 标准曲线中找最优重和曲线； 3. 任取一匹配点，记下匹配点的对应坐标值 $1/u$，$W(u,r/b)$，t 和 s； 4. 计算 T，μ^*，a； 5. 已知 r/B 和 r，计算 B 和 σ	$T=\frac{Q}{4\pi[s]}[W(u,r/B)]$　(2-50) $\mu^*=\frac{4T[t]}{r^2[1/u]}$　(2-51) $a=\frac{T}{\mu^*}$　(2-41) $B=r/[r/B]$　(2-52) $\sigma=T/B^2$　(2-53)	图 2-37
拐点法	1. 绘制同一观测孔实测的 s-lg$t$ 曲线，用外推法确定最大降深 s_{max}，并计算拐点处降深 $s_p=s_{max}/2$； 2. 根据 s_p 确定拐点位置 p 及 t_p 值； 3. 作拐点 p 处曲线的切线，并求斜率 i_p； 4. 计算 $e^{(r/B)}K_0(r/B)=2.30(s_p/i_p)$，查汉土斯函数表，求出 r/B 和 $e^{(r/B)}$； 5. 计算 T，μ^*，B 和 σ； 6. 验证	$B=r/[r/B]$　(2-52) $T=\frac{2.30Q}{4\pi i_p}e^{-(r/B)}$　(2-54) $\mu^*=\frac{2Tt_p}{Br}$　(2-55) $a=\frac{T}{\mu^*}$　(2-41) $\sigma=T/B^2$　(2-53)	图 2-38
切线法	1. 绘制同一观测孔实测的 s-lg$t$ 曲线，并外推出 s_{max}； 2. 在 s-lg$t$ 曲线上任取一点 p，记下坐标 t_p 和 s_p； 3. 过点 p 作曲线的切线，并求出切线的斜率 i_p； 4. 计算出 $f(\delta)=2.30(s_{max}-s_p)/i_p$，查汉土斯函数表得 δ，e^{δ} 和 $w(\delta)$； 5. 计算 T，B，σ 和 μ^*，由 $K_0(r/B)=\frac{2\pi T}{Q}s_{max}$；查函数表得 r/B	$T=\frac{2.30Q}{4\pi i_p}e^{-\delta}$　(2-56) $B=r/[r/B]$　(2-52) $\sigma=T/B^2$　(2-53) $\mu^*=\frac{Tt_p}{B^2\delta}$　(2-57) $a=\frac{T}{\mu^*}$　(2-41)	图 2-39

2.6.3　计算潜水含水层的给水度、贮水系数、渗透系数和导水系数

给水度 μ 是指单位面积的潜水含水层柱体中，当潜水位下降一个单位时，所排出的重力水的体积。自由孔隙率，也称饱和差，是指单位面积的潜水含水层柱体中，当潜水位上升一个单位时，所需补充的水的体积。在一般情况下，给水度和自由孔隙率的数值是相同的。

博尔顿公式

抽水早期

$$s=\frac{Q}{4\pi T}W\left(u_a,\frac{r}{D}\right) \tag{2-58}$$

抽水中期

$$s=\frac{Q}{4\pi T}K_0\left(\frac{r}{D}\right) \tag{2-59}$$

抽水晚期

$$s=\frac{Q}{4\pi T}W\left(u_y,\frac{r}{D}\right) \tag{2-60}$$

$$u_d=\frac{r^2\mu^*}{4Tt},u_y=\frac{r^2u}{4Tt} \tag{2-61}$$

同理,可根据博尔顿公式应用配线法和直线图解法计算潜水含水层参数,如表 2-27 所示。

表 2-27　　应用博尔顿公式计算潜水含水层水文地质参数

方法	步骤	计算公式	图示
降深时间配线法	1. 绘制同一观测孔实测的 $\lg s$-$\lg t$ 曲线; 2. 将实测的 $\lg s$-$\lg t$ 曲线与标准的曲线族拟合,使实测曲线尽可能多地与某一条 A 曲线重合。任选一匹配点,记下一匹配点的对应坐标值 $W(u_d,r/D)$, $1/u_d$, s, t 和重合曲线的 r/D,计算 T, μ^*; 3. 使实测的 $\lg s$-$\lg t$ 曲线的剩余部分尽可能多地与 B 组曲线重合,r/D 值不变,任选匹配点取对应坐标值 $W(u_y,r/D)$, $1/u_y$, s, t 计算 T, μ; 4. 当 s/H_0 较大时 T 值变化,则需修正降深值 $s'=s-s^2/(2H_0)$; 5. 计算 B 组曲线变为泰斯曲线的时间 t_{wt},由于 $\alpha t_{wt}=\frac{1}{4}\left(\frac{r}{D}\right)^2\frac{1}{u_y}$;故可由 $\alpha t_{wt}-r/D$ 曲线求出 t_{wt}	$T=\frac{Q}{4\pi[s]}\left[W\left(u_d,\frac{r}{D}\right)\right]$ (2-62) $\mu^*=\frac{4T[t]}{r^2[1/u_a]}$ (2-63) $T=\frac{Q}{4\pi[s]}\left[W(u_y),\frac{r}{D}\right]$ (2-64) $\mu=\frac{4T(t)}{r^2[1/u_y]}$ (2-65) $\eta=\frac{\mu^*+\mu}{\mu_d}$ (2-66) $\frac{1}{\alpha}=\frac{4t}{\left[\frac{r}{D}\right]^2\left[\frac{1}{u_y}\right]}$ (2-67)	图 2-40
直线图解法	1. 绘制同一观测孔实测的 s-$\lg t$ 曲线; 2. 取 t_{wt} 以后的直线段利用直线图解法(步骤同表 2-19,应用泰斯公式直线图解法)求 T, μ, α	$T=\frac{2.30Q}{4\pi i}$ (2-43) $\mu=\frac{2.25Tt_0}{r^2}$ (2-44) $\alpha=\frac{T}{\mu^*}$ (2-41)	图 2-31

2.7 抽水试验计算水文地质参数的其他方法

2.7.1 根据抽水井的多次流量试验资料估算导水系数和井损常数

通常，在利用抽水井获得的抽水资料来估算含水层参数时，由于未考虑井损因素，故直接影响求参的结果。

这里介绍一种考虑了井损因素的估算导水系数和井损常数的方法。

2.7.1.1 基本原理

对承压含水层，泰斯公式的雅可布近似公式为

$$s=\frac{2.30Q}{4\pi T}\lg\frac{2.25Tt}{r^2\mu^*}\quad (u<0.01\text{ 时}) \tag{2-68}$$

式(2-68)中的水位下降值 s 仅仅归因于含水层的性质。故将此方程直接用于抽水井测得的 s 数据是不适宜的。抽水井中测得的水位下降值至少包括两个主要部分：一是影响漏斗内含水层的特性造成的水位降；二是主要由于流入井内紊流造成的井损失。后者很难估计，而且每个井都不同。

井损失部分可近似地由下式计算：

$$s'_{\mathrm{w}}=CQ^2 \tag{2-69}$$

式中 s'_{w}——井损失部分形成的水位降深值，m；

C——井损系数，$\mathrm{d^2/m^5}$；

Q——抽水量，$\mathrm{m^3/d}$。

因此，从方程(2-68)和方程(2-69)，对时间 t 抽水井内的水位总下降值 s_{g} 应为

$$\begin{aligned} s_{\mathrm{g}} &= s+s'_{\mathrm{w}} \\ &=\frac{2.30Q}{4\pi T}\lg\frac{2.25Tt}{r^2\mu^*}+CQ^2 \\ &=a(b+\lg t)Q+CQ^2 \end{aligned} \tag{2-70}$$

式中

$$a=\frac{2.30Q}{4\pi T};\quad b=\lg\frac{2.25T}{r^2\mu^*}$$

如果一个井用不同的流量 $Q_1,Q_2,\cdots,Q_n$ 进行 n 次抽水，而两次试验之间水位充分恢复，则对每一次抽水流量在相同时间 t 的总水位降可用一般式表示：

$$s_{\mathrm{g}j}=a(b+\lg t_j)Q+CQ^2$$

$$s_{\mathrm{g}j}/Q=A+CQ \tag{2-71}$$

式中 $A=a(b+\lg t_j)$；

$s_{\mathrm{g}j}$——第 j 时刻抽水井中的总水位降深，m；

t_j——第 j 时刻，$j=1,2,\cdots,m$。

式(2-71)为一直线方程式。即如果在 s_{g}/Q-Q 的曲线上，点绘在相同时刻、各次抽水的 $s_{\mathrm{g}j}/Q_j$ 与 Q_j 的点，则得一直线，该直线与 s_{g}/Q 轴的截距为 A，斜率为 C。同样，可以绘出若干条直线，每条直线的时间是不同的。所有的线都应该有相同的斜率 C，但在 s_{g}/Q 轴上的截距

应不相同，如图 2-41 所示的 $t_1, t_2, \cdots, t_m$ 直线。

设对相应时间 $t_1, t_2, \cdots, t_m$ 的直线截距分别为 $A_1, A_2, \cdots, A_m$，则

$$A_m - A_j = a(b+\lg t_m) - a(b+\lg t_j)$$
$$= a\lg\left(\frac{t_m}{t_j}\right) = \frac{2.30}{4\pi T}\lg\left(\frac{t_m}{t_j}\right)$$

式中，$j=1,2,\cdots,m$。

所以

$$T = \frac{2.30\lg(t_m/t_j)}{4\pi(A_m - A_j)} \tag{2-72}$$

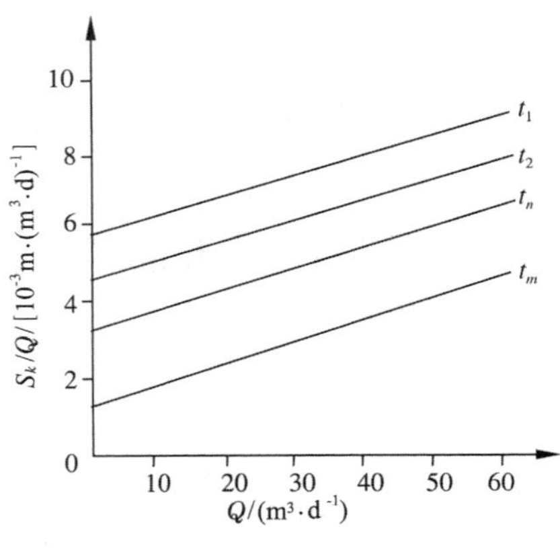

图 2-41　多次流量试验分析图

从式(2-71)和式(2-72)分别可得井损系数 C 和导水系数 T。

由式(2-70)可得贮水系数 μ^*：

$$\lg\mu^* = \lg\frac{2.25Tt}{r^2} + \frac{4\pi T}{2.30}\left(CQ - \frac{s_g}{Q}\right) \tag{2-73}$$

如果“r”被“r_w”替代，井的有效半径 r_c 将等于或大于井的实际半径 r_w，则方程式(2-73)变为

$$\lg\mu^* \leqslant \lg\frac{2.25Tt}{r_w^2} + \frac{4\pi T}{2.30}\left(CQ - \frac{s_g}{Q}\right) \tag{2-74}$$

式(2-74)可以用于估算贮水系数的范围，只要将试验中的任一实际的水位降 s_g 以及相应的 Q 和 t 代入式(2-74)即可。

2.7.1.2　应用步骤

1. 试验方法

(1) 以定流量 Q_1 连续抽水到某一段时间(例如，20～30min 足够)；

(2) 最好用连续记录装置对抽水井测定水位降(例如，t = 1,2,3,4,5,7,10,15,20,25,30min)；

(3) 停止抽水，至水位充分恢复；

(4) 分别以不同的抽水量 $Q_2, \cdots, Q_n$ 抽水，重复(1)至(3)的程序直至试验全部完成。

2. 分析

(1) 对应于不同 $t_1, t_2, \cdots, t_m$ 不同的出水量 $Q_1, Q_2, \cdots, Q_n$ 估算出水位降；

(2) 对每一相应的时间计算出 s_g/Q；

(3) 对每一 t 值计算方程式(2-71)的常数 A 和 C；

(4) 对不同的 t 值选择一对 A 值，其 C 值最密切符合；

(5) 将这些 A 和 t 值代入方程式(2-72)，计算导水系数；

(6) 用方程式(2-74)计算贮水系数范围。

由上述可知，含水层的导水系数和井损常数可用若干不同流量的、每一次都是在抽水井中短时间的抽水得到的水位降深读数来估算。上述讨论适用于各种含水层的限制条件。实际上大多数野外条件适于此法的应用范围，主要因为时间 t 值和井的有效半径 r_c 值都小。

考虑到实际上所打的每一个生产井不常有观测孔，因此，应用该法可以较简便地估算含水层的水文地质参数和井损系数。

2.7.1.3 工程实例

水文地质条件同本书“2.5.3 工程实例”，多次抽水试验资料如表 2-28 和表 2-29 所示。

表 2-28 多次抽水各时刻的降深值 s m

流量 $Q/(m^3 \cdot d^{-1})$	观测时间 t/min		
	10	40	150
1570	1.24	1.30	1.35
2335	1.92	2.0	2.06
2540	2.10	2.21	2.28
2757	2.36	2.46	2.53

表 2-29 多次抽水各时刻的 s_g/Q

流量 $Q/(m^3 \cdot d^{-1})$	观测时间 t/min		
	10	40	150
1570	0.79	0.83	0.85
2335	0.82	0.86	0.88
2540	0.83	0.87	0.90
2757	0.86	0.89	0.92

（1）分别对 t=10min，40min，150min 绘制 s_g/Q-Q 曲线，如图 2-42 所示的曲线①，②，③所示。

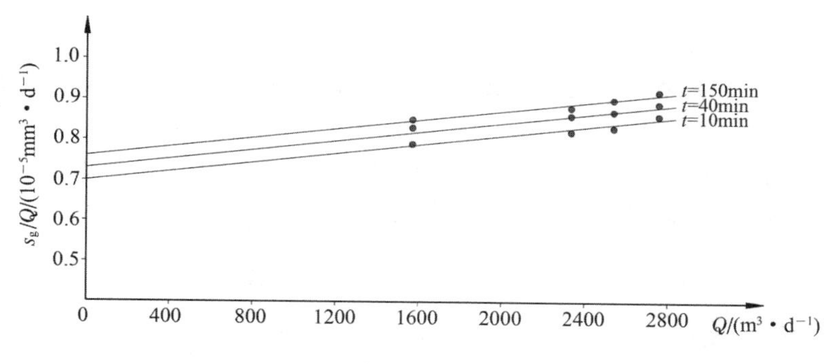

图 2-42 s_g/Q-Q 曲线

（2）计算导水系数 T

$$T_1=\frac{2.3\lg(40/10)}{4\pi(0.735-0.70)\times10^{-3}}=3.15\times10^3\,m^2/d$$

$$T_2=\frac{2.3\lg(150/10)}{4\pi(0.77-0.70)\times10^{-3}}=3.08\times10^3\,m^2/d$$

（3）计算井损系数 C

$$C=\frac{(0.79-0.70)\times10^{-3}}{1570}=5.73\times10^{-8}\,d^2/m^5$$

2.7.2 根据抽水试验资料用灵敏度分析方法计算导水系数和贮水系数

2.7.2.1 灵敏度分析

在模拟一个含水层系统时，研究人员必须确定出容许偏差，在不明显影响模拟结果条件下，实际系统的参数可以不同。这些容许偏差常常是根据引入系统中参数的变动和观察系统特征的变化来确定。而应用灵敏度分析可更有效地确定这些容许偏差。

在承压含水层中，根据泰斯公式，有

$$s=\frac{Q}{4\pi T}\int_{u}^{\infty}\frac{e^{-u}}{u}du \tag{2-37}$$

式中

$$u=\frac{r^{2}\mu^{*}}{4Tt} \tag{2-38}$$

所以对于一个含水层模型的解，可写成如下形式：

$$h=h(x,y,t;T,\mu^{*},Q)$$

式中，h 表示水头，m。

当考虑其中一个参数变化，例如，把 T 看作是变量，当 T 有一个增量 ΔT 时，则

$$h^{*}=h^{*}(x,y,t;T+\Delta T,\mu^{*},Q)$$

假设该含水层模型的解在解析上取决于参数 T 和 μ^{*}；而 T,μ^{*} 和 Q 均为自变量，则函数 $h^{*}(x,t,t;T+\Delta T,\mu^{*},Q)$ 可展开成泰勒级数，如果 ΔT 值很小，则第二项和高次项可忽略不计。

$$h^{*}(x,y,t;T+\Delta T,\mu^{*},Q)=h(x,y,t;T,\mu^{*},Q)+U_{T}\Delta T \tag{2-75}$$

$$U_{T}(x,y,t;T,\mu^{*},Q)=\frac{\partial h(x,y,t;T,\mu^{*},Q)}{\partial T} \tag{2-76}$$

对于导水系数灵敏度 $U_{T}(x,y,t;T,\mu^{*},Q)$，以下均用 U_{T} 表示。

如果灵敏度 U_{T} 和原始水头已知，则由于导水系数的改变量 ΔT 而产生的新水头可由式(2-75)计算。

同理，如果贮水系统 μ^{*} 的改变量 $\Delta\mu^{*}$，则变动的新水头可由下式得出：

$$h^{*}(x,y,t;T,\mu^{*}+\Delta\mu^{*},Q)=h(x,y,t;T,\mu^{*},Q)+U_{S}\Delta\mu^{*} \tag{2-77}$$

$$U_{S}(x,y,t;T,\mu^{*},Q)=\frac{\partial h(x,y,t;T,\mu^{*},Q)}{\partial S} \tag{2-78}$$

对于贮水系数灵敏度以 $U_{S}(x,y,t;T,\mu^{*},Q)$，以下均用 U_{s} 表示。

式(2-76)和式(2-78)表明，对于一个给定的模型，需要计算出 U_{T} 和 U_{S}。而对于各种变动下模型的反映，可以简单地从式(2-75)和式(2-77)简便地求出，而无须重新计算模型方程。

应用式(2-76)和式(2-78)所给的定义，可以从泰斯公式中求得灵敏度系数：

$$U_{T}=\frac{\partial s}{\partial T}=-\frac{s}{T}+\frac{Q}{4\pi T^{2}}\exp\left(-\frac{r^{2}\mu^{*}}{4Tt}\right) \tag{2-79}$$

$$U_{\mu^{*}}=\frac{\partial s}{\partial\mu^{*}}=-\frac{Q}{4\pi T\mu^{*}}\exp\left(-\frac{r^{2}\mu^{*}}{4Tt}\right) \tag{2-80}$$

如果 μ^{*} 和 T 分别随 $\Delta\mu^{*}$ 和 ΔT 的变化而变化，那么，从式(2-78)和式(2-80)中求出的 U_{T} 和 $U_{\mu^{*}}$ 可用在式(2-75)和式(2-77)中求出降深值。有资料表明，当 $\Delta\mu^{*}$ 和 ΔT 分别小于或等于 μ^{*} 和 T 的 20%时，式(2-75)和式(2-77)有效。

2.7.2.2 最小二乘法拟合

利用灵敏度分析的目的，是为了求得实际的抽水试验资料对泰斯方程的最小二乘法拟合，从而求得 μ^* 和 T 的最佳值。

用 ΔT 和 $\Delta\mu^*$ 改变的 T 和 μ^* 后，新的降深值 s^* 可按下式计算：

$$s^* = s + U_T \Delta T + U_S \Delta\mu^* \tag{2-81}$$

令 $s_c(t)$ 表示 t 时刻测得的实际降深。假设对 μ^* 和 T 能作出适当的估计，则 $s(t)$ 为用这些参数从泰斯公式中算出的降深。对于 μ 和 T 的初步估计值，可用 $\Delta\mu^*$ 和 ΔT 使之改变，应用式(2-81)计算新的降深值 s^*，借助于下列误差函数减至最小，得到与实际抽水试验资料拟合得更好的结果：

$$\begin{aligned} E(\Delta T, \Delta\mu^*) &= \sum_{i=1}^{n} [s_c(t_i) - s^*(t_i)]^2 \\ &= \sum_{i=1}^{n} [s_c(t_i) - s(t_i) - U_T(t_i)\Delta T - U_S(t_i)\Delta\mu^*]^2 \\ &= \sum_{i=1}^{n} [s_c(t_i) - s(t_i)]^2 - 2\Delta T \sum_{i=1}^{n} U_T(t_i)[s_c(t_i) - s(t_i)] \\ &\quad - 2\Delta\mu^* \sum_{i=1}^{n} U_{\mu^*}(t_i)[s_c(t_i) - s(t_i)] + \sum_{i=1}^{n} [U_{\mu^*}^2(t_i)\Delta\mu^{*2} + 2U_T(t_i)U_{\mu^*}(t_i)\Delta\mu^*\Delta T + U_T^2(t_i)\Delta T^2] \end{aligned} \tag{2-82}$$

t_i 表示任意时刻，在该时刻可取得一个降深的试验值。误差函数由所有实测值 s_c 与 s^* 之差的平方和来确定，必须注意灵敏度系数 U_T 和 U_{μ^*} 取决于 t_i。

取 ΔT 和 $\Delta\mu^*$ 的一阶导数并使其导数等于零，则误差为最小值，并解出 $\Delta T, \Delta\mu^*$ 的方程：

$$\frac{\partial E(\Delta T, \Delta\mu^*)}{\partial \Delta T} = -2\sum_{i=1}^{n} U_T(t_i)[s_c(t_i) - s(t_i)] + 2\Delta\mu^* \sum_{i=1}^{n} U_{\mu^*}(t_i)U_T(t_i) + 2\Delta T \sum_{i=1}^{n} U_T^2(t_i) = 0 \tag{2-83}$$

$$\frac{\partial E(\Delta T, \Delta\mu^*)}{\partial \Delta\mu^*} = -2\sum_{i=1}^{n} U_{\mu^*}(t_i)[s_c(t_i) - s(t_i)] + 2\Delta\mu^* \sum_{i=1}^{n} U_{\mu^*}(t_i) + 2\Delta T \sum_{i=1}^{n} U_{\mu^*}(t_i)U_T(t_i) = 0 \tag{2-84}$$

由式(2-83)可求得 ΔT：

$$\Delta T = \left\{ \sum_{i=1}^{n} \{U_T(t_i)[s_c(t_i) - s(t_i)]\} - \left\{ \sum_{i=1}^{n} [U_{\mu^*}(t_i)U_T(t^i)] \right\} \Delta\mu^* \right\} / \sum_{i=1}^{n} U_T^2(t_i) \tag{2-85}$$

由式(2-84)可求得 $\Delta\mu^*$：

$$\begin{aligned} \Delta\mu^* = &\left\{ \sum_{i=1}^{n} [U_T^2(t_i)] \sum_{i=1}^{n} \{U_{\mu^*}(t_i)[s_c(t_i) - s(t_i)]\} - \left\{ \sum_{i=1}^{n} [U_{\mu^*}(t_i)U_T(t_i)] \right\} \sum_{i=1}^{n} \{U_T(t_i)[s_c(t_i) \right. \\ &\left. - s(t_i)]\} \right\} / \left\{ \left[\sum_{i=1}^{n} [U_{\mu^*}^2(t_i)] \left[\sum_{i=1}^{n} [U_T^2(t_i)] \right] - \left\{ \sum_{i=1}^{n} [U_{\mu^*}(t_i)U_T(t_i)] \right\}^2 \right] \right\} \end{aligned} \tag{2-86}$$

从式(2-86)中可求得 $\Delta\mu^*$ 的最佳值(即最佳拟合结果)。将 $\Delta\mu^*$ 值代入式(2-85)中，可找出 ΔT 的最佳拟合值。

ΔT 和 $\Delta\mu^*$ 的值可以用来校正 T 和 μ^* 的第一次估算值。这个被改进后的 T 和 μ^* 值，又重新被用在最小二乘法程序中，以便求得 ΔT 和 $\Delta\mu^*$ 的新值，如此继续进行，直至 ΔT 和 $\Delta\mu^*$ 小至可忽略不计时，迭代终止。第 j 次迭代后的最佳值，可用下列方程求得：

$$T_j = T_{j-1} + \Delta T_{j-1} \tag{2-87}$$

$$\mu_j^* = \mu_{j-1}^* + \Delta\mu_{j-1}^* \tag{2-88}$$

应用灵敏度分析方法计算含水层水文地质参数程序框图如图 2-43 所示。

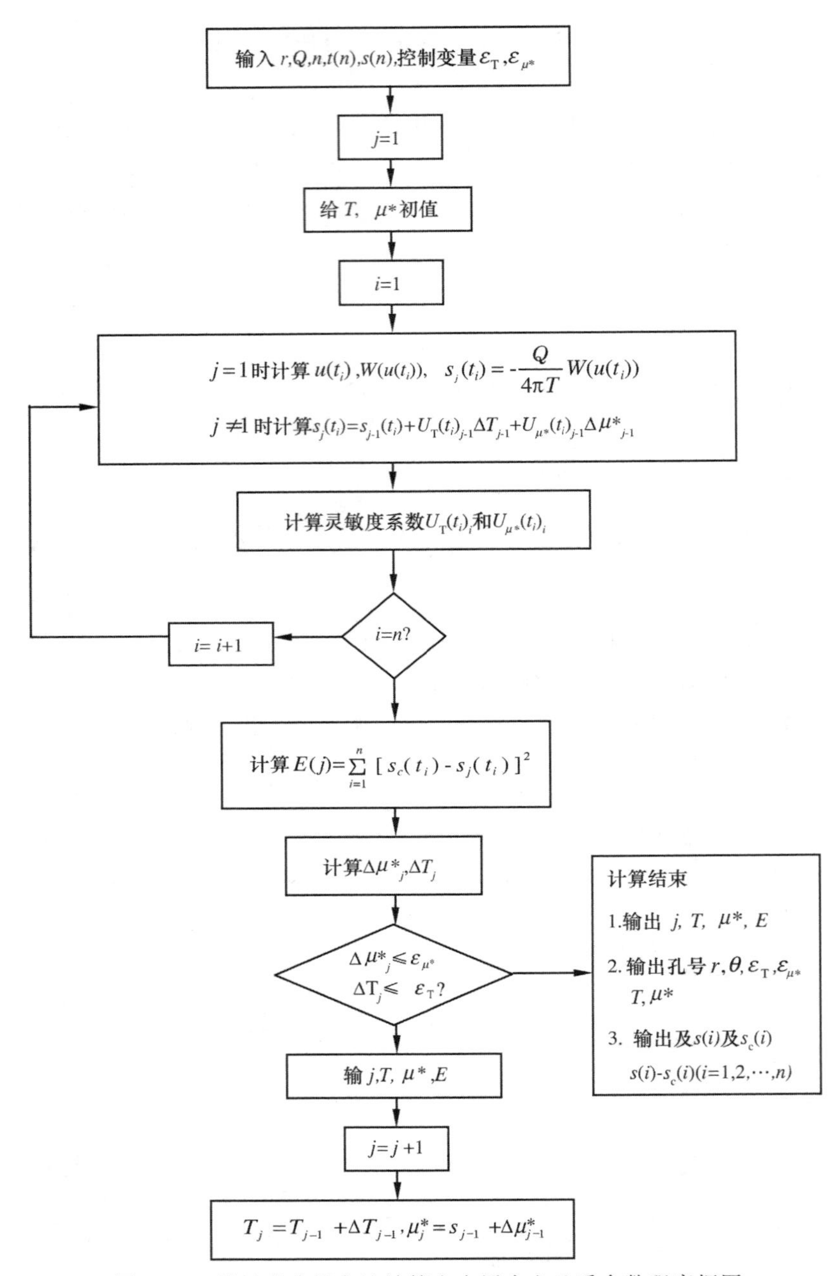

图 2-43　灵敏度分析方法计算含水层水文地质参数程序框图

如果 T 和 μ^* 的初始值特别差,程序可能不会收敛。已有资料表明,即使对于 μ^* 或 T 的初始值小于或大于两个数量级的情况下,也可获得好的收敛。

由上述可知,应用灵敏度分析、从最小二乘法判断中求得最佳的导水系数和贮水系数,从而使实际的抽水试验资料自动拟合泰斯公式,该法也可在更复杂的水文地质条件下应用。

2.7.3 应用数值法和最优化方法耦合模型优选水文地质参数

应用数值法反求水文地质参数时，关键的问题是要求得的一组参数能客观地代表所研究的实际含水层的水文地质特征。其检验的标准是，利用所建立的数学模型计算所得的各节点水位（水头）值应与实测的各节点水位（或水头）值误差最小。

当采用最小二乘法误差标准，则参数的识别问题可表述为如下的最优化问题：
目标函数

$$\min E(k_1^*,k_2^*,\cdots,k_n^*)=\sum_{i=1}^{J}\sum_{j=1}^{N}\omega_{ij}[H_j(t_i)-H_j^0(t_i)]^2 \tag{2-89}$$

约束条件

$$\alpha_i\leqslant k_i\leqslant\beta_i \quad (i=1,2,\cdots,n) \tag{2-90}$$

式中 E——目标函数；

$k_1^*,k_2^*,\cdots,k_n^*$——组最优参数；

J——观测时段总数；

N——观测点总数；

$H_j(t_i)$——t_i 时刻 j 节点的计算水位值；

$H_j^0(t_i)$——t_i 时刻 j 节点的实测水位值；

ω_{ij}——权因子，一般精度要求愈高时，ω_{ij} 取值愈大；

k_i——任一组中第 i 个参数；

α_i——第 i 个参数的下限；

β_i——第 i 个参数的上限。

求解上述最优化问题的方法很多，常用的试算法工作量大，因它在每次重复试算时缺少一个收敛准则，在调参过程中带有盲目性，且费时，尤其未知参数较多时反复调参所需延续时间较长。应用最优化方法优选参数可以克服试算法的缺点，最优化方法很多，这里介绍无约束最优化的直接方法之一——单纯形加速法。

2.7.3.1 单纯形加速法基本原理

单纯形加速法探寻最优解的基本原理是，在 E^n 中构成的 $n+1$ 个单纯形顶点上分别计算目标函数值 E，并进行比较，确定其最坏点、次坏点和好点，从它们之间的大小关系判断函数变化的大致趋势，分情况选择反射、延伸、压缩等步骤构成新的单纯形，直至单纯形顶点的函数值达到要求的极小值为止，则该组参数值即为寻求的一组最优参数值。在 E^n 中的单纯形是指具有 $n+1$ 顶点的多面体。若各个棱长彼此相等，则称正规单纯形。设在 n 维空间中给出点

$$K^0=(K_1^0,K_2^0,\cdots,K_n^0)^{\mathrm{T}}$$

使 K^0 为构造一个棱长为 α 的正规单纯形的一个顶点，令

$$p=\frac{\sqrt{n+1}+n-1}{n\sqrt{2}}\alpha \tag{2-91}$$

$$q=\frac{\sqrt{n+1}-1}{n\sqrt{2}}\alpha \tag{2-92}$$

其余 n 个顶点

$$K^i=(K_1^i,K_2^i,\cdots,K_n^i)^{\mathrm{T}}(i=1,2,\cdots,n) \tag{2-93}$$

按如下方式构造：

$$K_j^i=(K_j^0+q)\quad(j\neq i) \tag{2-94}$$

$$K_i^i=(K_i^0+p) \tag{2-95}$$

即

$$\left.\begin{aligned}K^1&=(K_1^0+p,K_2^0+q,\cdots,K_n^0+q)^{\mathrm{T}}\\K^2&=(K_1^0+q,K_2^0+q,\cdots,K_n^0+q)^{\mathrm{T}}\\&\vdots\\K^n&=(K_1^0+q,K_2^0+q,\cdots,K_n^0+p)^{\mathrm{T}}\end{aligned}\right\} \tag{2-96}$$

则 $K^0,K^1,\cdots,K^n$ 构成一个棱长为 α 的正规单纯形。

2.7.3.2 加速单纯形法的迭代步骤

(1) 给定初始点 K^0，构造初始单纯形。设其顶点分别为 $K^1,K^2,\cdots,K^n$，给定允许误差 $\varepsilon>0$，计算

$$E_i=f(K^2),(i=1,2,\cdots,n)。$$

令

$$E_l=f(K^l)=\min\{f(K^0),f(K^1),\cdots,f(K^n)\} \tag{2-97}$$

$$E_h=f(K^h)=\min\{f(K^0),f(K^1),\cdots,f(K^n)\} \tag{2-98}$$

称 K^l 和 K^h 分别为单纯形的最好点和最坏点。

若把最坏点 K^h 去掉，则剩下的 n 个顶点 $K^0,K^1,\cdots,K^{h-1},K^{h+1},\cdots,K^n$ 构成 $n-1$ 维空间中的单纯形。

它的中心是

$$K^f=\frac{1}{n}\left(\sum_{j=0}^{n}K^j-K^h\right) \tag{2-99}$$

(2) 反射：以 K^f 为中心将 K^h 反射为 K^r

$$K^r=K^f+\alpha(K^f-K^h) \tag{2-100}$$

其中，$\alpha>0$ 是反射系数，通常取 $\alpha=1$。

因为 K^h 是最坏点，通过反射。一般会有

$$E_r<E_h \tag{2-101}$$

从而得到比 K^h 好的点 K^r，如图 2-44(a)所示。

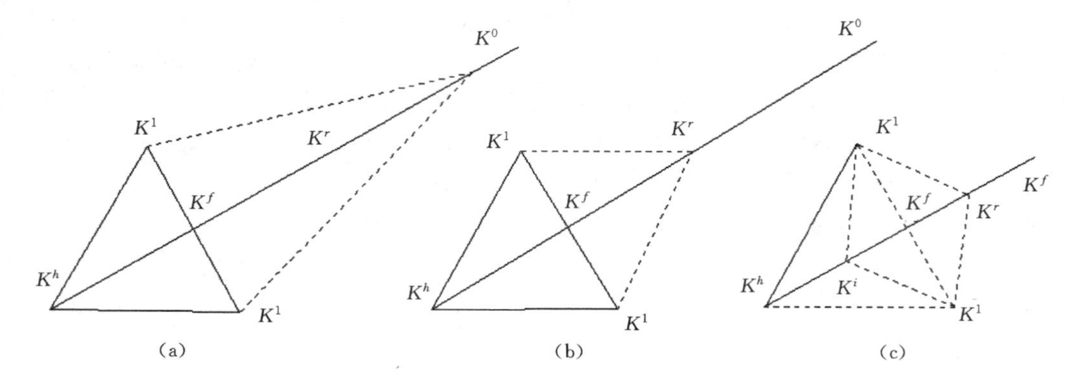

图 2-44 加速单纯形法迭代步骤示意图

(3) 延伸：经过反射不仅式(2-101)成立，而且进一步有

$$E_t < E_l \tag{2-102}$$

这表明 K^r 比 K^l 更好，因而反射方向是降低函数值的一个有效方向，则在这一方向时单纯形进行延伸，令

$$E^e = K^f + \gamma(K^r - K^f)$$

其中，$\gamma > 1$ 是延伸系数，通常 $\gamma = 2$。如果仍有

$$E_e < E_h \tag{2-103}$$

则以 K^e 替换 K^h，而其余 n 个顶点不变，构成新的单纯形，如图 2-44(a)所示，转向第(6)步。

如果式(2 -97)成立，而式(2-103)不成立，则应以反射点 K^r 替换 K^h 构成新的单纯形，如图 2-44(b)所示，转向第(6)步。

(4) 压缩：如果式(2-102)不成立，即反射点 K^r 并不比原单纯形的最好点 K^l 好，分两种情况：

① 若对于某个 $j \neq h$ 使得

$$E_r \leqslant E_j$$

即除最坏点 K^h 外，反射点 K^r 不比其余所有的顶点坏。这时仍以 K^r 替换 K^h，而构成新的单纯形，转向第 6 步。

② 若对每一个 K^h，都有

$$E_r > E_j$$

则反射的结果产生了一个新的坏点，则在这一方向对单纯形进行压缩。分两种情况，如图 2-44(c)所示。

第 1 种情况，若

$$E_r > E_h \tag{2-104}$$

即反射点比原单纯形的最坏点更坏，则弃案 K^r，对向量 $K^h - K^f$ 进行压缩，

$$K^e = K^f + \beta(K^h - K^f)$$

其中，$0 < \beta < 1$，是压缩系数，通常 $\beta = 0.5$。

第 2 种情况若式(2-104)不成立，则对向量 $K^h - K^f$ 进行压缩，得

$$K^c = K^f + \beta(K^r - K^f)$$

压缩后还要判别压缩点 K^c 是否比原单纯形的最坏点 K^h 还坏，即下式是否成立

$$E_c > E_h$$

若成立，则舍弃压缩点 K^c 转向第 5 步；否则要以 K^c 代替 K^h 构成新的单纯形，转向第 6 步。

(5) 减小棱长：将原单纯形的最好点 K^l 保持不动，其他的顶点向 K^l 压缩一半距离，即

$$K^i = \frac{1}{2}(K^i + K^l) \quad (i = 0, 1, 2, \cdots, n)$$

这样得到新的单纯形，其棱长为原单纯形棱长的一半，转向第 6 步。

(6) 判别

$$\left\{ \frac{1}{n+1} \sum_{i=0}^{n} (E_i - E_l)^2 \right\}^{1/2} \leqslant \varepsilon$$

是否成立，若成立，则停止，得 $K^* = K^l$，否则返回第 1 步。

2.7.3.3 应用

应用单纯形加速法与有限元程序拟合优选参数时，单纯形加速法为主程序，当确定寻优方向给定一组参数后，要调用子程序，如图 2-45 所示，判别由单纯形加速法各迭代步骤优选的各参数值是否符合各参数值要求的上、下限范围内，若符合则调用有限单元子程序计算各节点水位值，进而计算函数值 E，完成后再返回主程序，并比较单纯形各顶点函数值的大小，进而确定下一步寻查方向，直到找到最优顶点为止，即为一组最优参数。

当计算区的含水层参数分为若干区时，可分别对各区单独调参，最后再对全区综合协调调参。

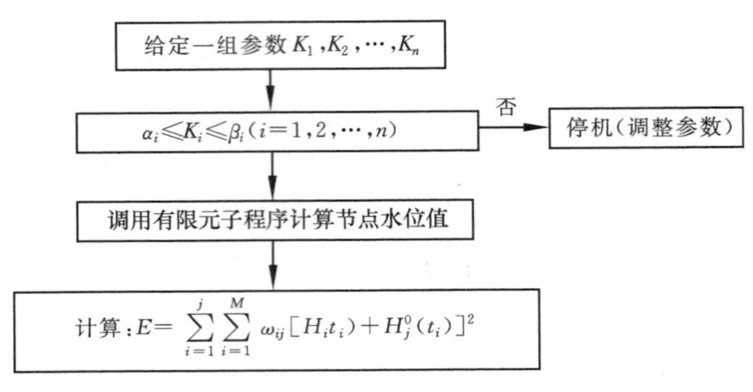

图 2-45 调参子程序框图

2.8 抽水试验实例

2.8.1 抽水试验数据采集与分析

（1）试验目的：通过现场多孔非稳定流及稳定流抽水试验，了解试验现场要求与步骤，掌握试验方法以及非稳定流和稳定流抽水试验的基本信息，最后通过不同的理论计算相关水文地质参数。

（2）试验场地抽水井和观测井平面布置如图 2-46 所示。

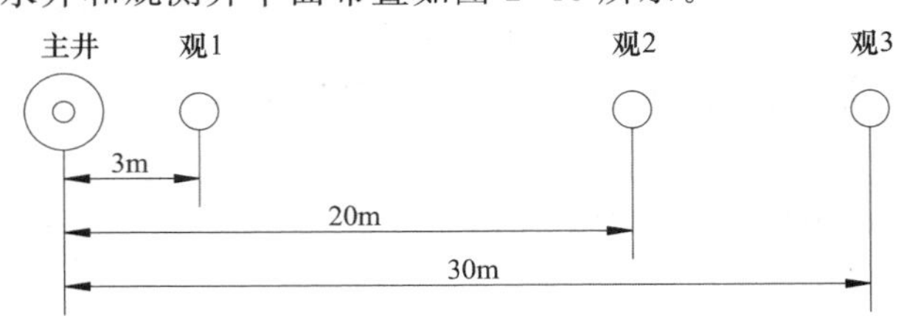

图 2-46 试验场地抽水井和观测井平面布置

（3）抽水试验现场工作要求：

① 各班人员必须严格职责，不得擅自离开岗位，需按时精确量测水位和水量。

② 各班须提前 15min 进行交接班：两班人员同时测量一次水位（在同一固定点进行），并共同校正测尺尺寸，每班中间至少要校正三次测尺尺寸。

③ 开始抽水前，先测天然静止水位埋深（精度要求至 mm，以下同）。

④ 抽水时：观测累计时间为 1′，2′，3′，4′，6′，8′，10′，15′，20′，25′，30′，40′，50′，60′，90′，120′……（以后每隔 30min 测量一次）；观测项目：主孔的水位埋深，流量（流量表及三角堰的水位）与观测孔的水位埋深。

⑤ 停泵时：观测恢复水位的累计时间为 20″，40″，1′，2′，3′，4′，6′，8′，10′，15′，20′，25′，30′，40′，50′，60′，90′，120′……（以后每隔 30min 测量一次）；观测项目：主孔及各观测孔水位。

⑥ 各值班组在现场要同时进行现场抽水资料整理，包括：

a. 主孔：Q-t，s-t 曲线，观测孔 s-t 曲线；

b. 各孔：s-lg$t$ 曲线；

c. 各孔：lg$s$-lg$t$ 曲线。

⑦ 抽水过程中如遇故障，应及时向值班老师报告，必要时及时停泵，或遇停电时均应马上观测各孔恢复水位。

⑧ 观测的记录不得任意改动，交班时需签上测量及记录者的姓名。

⑨ 如遇停电，务必把补偿器开关关掉（按一下红指示器即可），以免来电时损坏马达。

（4）编写抽水试验总结，内容包括：

① 抽水试验目的与要求；

② 抽水试验方法、过程；

③ 抽水试验的主要成果；

④ 抽水试验中的异常现象及处理，质量评价与结论。

（5）绘制抽水试验综合成果图。

（6）应用稳定流法和非稳定流法（配线法、直线法、水位恢复法等）求含水层水文地质参数。

（7）附抽水试验成果表（表 2-30）。

表 2-30　含水层水文地质参数汇总

<table>
<tr><th colspan="2" rowspan="2">计算方法</th><th rowspan="2">资料依据</th><th colspan="4">含水层水文地质参数值</th></tr>
<tr><th>$K/(m \cdot d^{-1})$</th><th>$T/(m^2 \cdot d^{-1})$</th><th>$a/(m^2 \cdot d^{-1})$</th><th>S</th></tr>
<tr><td rowspan="2">稳定流</td><td colspan="2">单孔抽水</td><td></td><td></td><td></td><td></td></tr>
<tr><td colspan="2">多孔抽水</td><td></td><td></td><td></td><td></td></tr>
<tr><td rowspan="10">非稳定流</td><td rowspan="2">配线法</td><td>观 2</td><td></td><td></td><td></td><td></td></tr>
<tr><td>观 3</td><td></td><td></td><td></td><td></td></tr>
<tr><td rowspan="2">直线法</td><td>观 2</td><td></td><td></td><td></td><td></td></tr>
<tr><td>观 3</td><td></td><td></td><td></td><td></td></tr>
<tr><td rowspan="2">水位恢复法</td><td>观 2</td><td></td><td></td><td></td><td></td></tr>
<tr><td>观 3</td><td></td><td></td><td></td><td></td></tr>
<tr><td rowspan="2">平均值</td><td></td><td></td><td></td><td></td><td></td></tr>
<tr><td></td><td></td><td></td><td></td><td></td></tr>
<tr><td rowspan="2">变化范围</td><td></td><td></td><td></td><td></td><td></td></tr>
<tr><td></td><td></td><td></td><td></td><td></td></tr>
<tr><td colspan="3">选用值</td><td></td><td></td><td></td><td></td></tr>
</table>

习题、思考题

1. 反映含水层水力性质的水文地质参数有哪些？

2. 抽水试验的主要任务是什么？

3. 什么是稳定流抽水试验？什么是非稳定流抽水试验？

4. 完整井与非完整井抽水试验有什么区别？

5. 抽水试验的资料如何整理及分析？

6. 压水试验的目的是什么？如何整理其试验资料？

7. 如何测定地下水的水位、流向及流速？

8. 根据稳定抽水试验资料，应用稳定流公式可以获得哪些参数？渗透系数有哪些计算方法？

9. 稳定流计算公式适用条件是什么？

10. 利用稳定抽水试验资料计算影响半径有哪些方法？

11. 根据非稳定抽水试验资料，可以获得哪些参数？适用条件是什么？

12. 如何根据抽水井的多次流量试验资料估算导水系数和井损常数？

13. 工程上如何准确选取恰当的抽水试验方法确定水文地质参数？

14. 请利用下列抽水试验实例数据进行思考、分析，然后应用灵敏度分析方法求含水层的水文地质参数。

(1) 编制应用灵敏度分析方法计算含水层参数的电算程序，并附框图说明。

(2) 用抽水试验实例数据(表 2-31)上机计算含水层参数。

表 2-31　　抽水试验实例数据

抽水井半径 r/mm		20		流量 Q/($m^3 \cdot d^{-1}$)	2592
时间 t/min	降深 s/m	时间 t/min	降深 s/m	时间 t/min	降深 s/m
1	0.160	300	0.566	930	0.617
2	0.228	330	0.569	960	0.617
3	0.285	360	0.575	990	0.619
4	0.293	390	0.580	1020	0.622
6	0.321	420	0.583	1050	0.624
8	0.341	450	0.585	1080	0.626
10	0.370	480	0.591	1110	0.627
15	0.387	510	0.595	1140	0.627
20	0.410	540	0.596	1170	0.625
25	0.422	570	0.597	1200	0.624
30	0.443	600	0.598	1230	0.625
40	0.454	630	0.598	1260	0.623
50	0.471	660	0.600	1290	0.624

续表

抽水井半径 r/mm		20	流量 Q/($m^3 \cdot d^{-1}$)		2592
时间 t/min	降深 s/m	时间 t/min	降深 s/m	时间 t/min	降深 s/m
60	0.484	690	0.602	1320	0.624
90	0.515	720	0.603	1350	0.625
120	0.531	750	0.605	1380	0.625
150	0.541	780	0.608	1410	0.626
180	0.547	810	0.610	1440	0.629
210	0.556	840	0.610	1470	0.629
240	0.560	870	0.613	1500	0.631
270	0.563	900	0.615	1530	0.632

3 地下水引起的工程地质问题与防治

在地下工程的勘察、设计、施工过程中，地下水问题始终是一个极为重要的问题。地下水既作为岩土体的组成部分，直接影响岩土的性状与行为，又作为地下建筑工程的环境，影响地下建筑工程的稳定性和耐久性。在地下工程设计时，必须充分考虑地下水对岩土及地下建筑工程的各种作用。施工时应充分重视地下水对地下工程施工可能带来的各种环境工程地质问题，进而采取相应的防治措施。

3.1 地下水的不良作用

3.1.1 地下水的潜蚀作用

潜蚀作用是由于地下水的流动引起土壤颗粒被冲蚀搬运，导致土层下部被掏空而形成空洞，这种现象称为潜蚀作用。

3.1.2 地下水孔隙水压力作用

在饱和土中，凡有应力场的微小变化，就会引起孔隙水压力的变化，孔隙水压力的变化往往会影响土体强度、变形和建筑物稳定性。例如，作用于滑坡上的孔隙水压力，直接影响滑坡的稳定性；在高层建筑深基坑开挖中，由于孔隙水压力的作用，也可能会导致坑底上鼓溃决。

3.1.3 地下水的渗流作用

地下水在渗流过程中受到土骨架的阻力作用，与此同时，土骨架必然受到一个反作用力。对单位体积内土颗粒所受到的渗流作用力称为渗透力。渗透力的作用方向与水流方向相同。在渗流过程中，若水自上而下渗流，则渗透力与重力方向相同，加大了土粒之间的压力；若水自下而上渗流，则渗透力的方向与重力方向相反，减少了土粒之间的压力。当渗透力大于或等于土的浮重度时，土颗粒处于悬浮状态，土的抗剪强度等于零，土颗粒能随渗流的水一起流动。

3.1.4 地下水的浮托作用

地下水对水位以下的岩土体有静水压力的作用，并产生浮托力。这种浮托力可以按阿基米德原理确定，即当岩土体的节理裂隙或孔隙中的水与岩土体外界的地下水相通，其浮托力应为岩土体的岩石体积部分或土颗粒体积部分的浮力。

3.2 潜蚀问题及防治

3.2.1 潜蚀作用类型

潜蚀作用分为两类：机械潜蚀和化学潜蚀。

机械潜蚀是指在动水压力作用下，土颗粒受到冲刷，将细颗粒冲走，使土的结构破坏。

化学潜蚀是水溶解土中的易溶盐分，使土颗粒间的胶结破坏，削弱了结合力，松动了土的结构。

机械潜蚀和化学潜蚀一般是同时进行的，潜蚀作用降低了地基土的强度，甚至在地下形成洞穴，以致产生地表塌陷，影响建筑物的稳定。在黄土地区和岩溶地区的土层中最易发生潜蚀作用。

3.2.2 产生潜蚀的条件

产生潜蚀的条件主要有两方面：一是适宜的土的组成；二是足够的水动力条件。

(1) 当土层的不均匀系数($\mu_u = \dfrac{d_{60}}{d_{10}}$，$d_{60}$为颗粒小于土总重60%的直径；$d_{10}$为颗粒小于土总重10%的直径)即$d_{60}/d_{10}$愈大时，愈易产生潜蚀，一般$d_{60}/d_{10}>10$时，易产生潜蚀。

(2) 两种相互接触的土层，当二者的渗透系数之比$K_1/K_2>2$时，易产生潜蚀。

(3) 当渗透水流的水力坡度$I>5$时，水流呈紊流状态，易产生潜蚀。但天然条件下这样大的水头是少见的，故根据工程实践提出产生潜蚀的临界水力坡度I_c可按下式计算：

$$I_c = (G_s - 1)(1 - n) + 0.5n \tag{3-1}$$

式中 G_s——土粒比重；

n——土的孔隙度，以小数计。

3.2.3 潜蚀的防治措施

潜蚀的防治措施主要有：

(1) 加固土层(如灌浆等)；

(2) 人工降低地下水的水力坡度；

(3) 设置反滤层。

反滤层是防止潜蚀的保护措施，可布置在渗流从土中逸出的地方，特别是直接布置在排水的出口处。反滤层一般用几种粗细不同的无黏性土的颗粒组成。通常这些层与渗流线正交，而且按颗粒大小顺序增加(图3-1)，若能正确地选择反滤层则可防止土中的潜蚀，甚至当渗流水力坡度很大的时候($I=20$或更大)，也可防治。反滤层的层数大多采用三层，也有

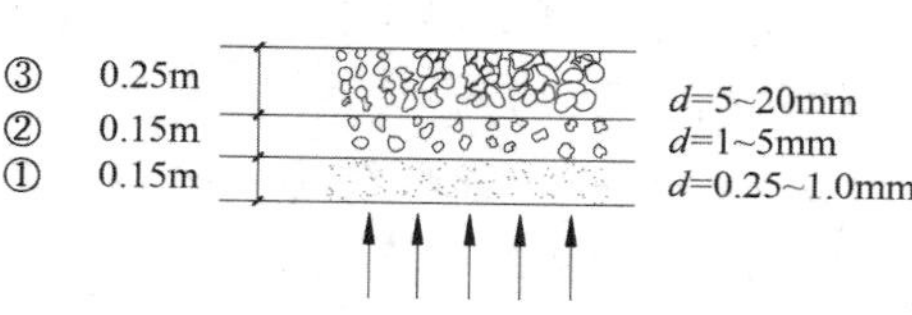

图3-1 反滤层构造

两层的，各层厚度通常为 15～20cm，这主要取决于施工条件和反滤层颗粒的粗细。当反滤层的铺填不均匀或质量难以保证时，每层的平均厚度应该稍大，以保证反滤层不被破坏。

3.3 管涌问题与防治

3.3.1 管涌

当基坑底面以下或周围的土层为疏松的砂土层时，地基土在具有一定渗透速度（或水力坡度）的水流作用下，其细小颗粒被冲走，土中的孔隙逐渐增大，慢慢形成一种能穿越地基的细管状渗流通路，从而掏空地基或坝体，使之变形、失稳，此现象即为管涌，如图 3-2 所示。

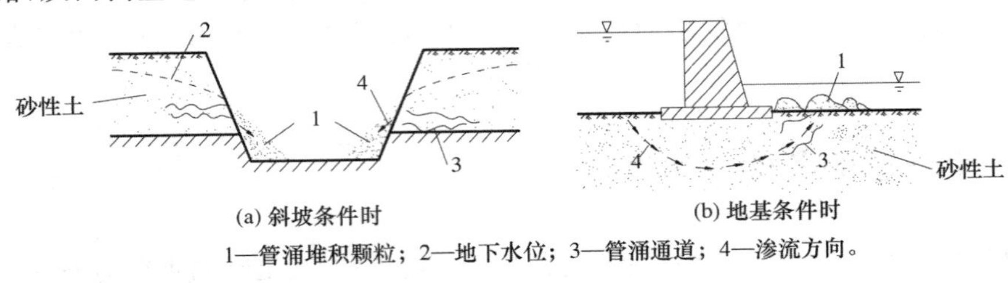

图 3-2 管涌破坏示意图

国内外学者对管涌现象进行了广泛的研究，得到了许多计算方法。这里仅介绍一种较简便可行的计算方法。

当符合下列条件时，基坑是稳定的，不会发生管涌现象：

$$I<I_c \tag{3-2}$$

式中，I 为动水坡度，可近似地按下式求得：

$$I=\frac{h_w}{l} \tag{3-3}$$

式中 h_w——墙体内外面的水头差，m；

l——产生水头损失的最短流线长度，m；

I_c——极限动水坡度，$I_c=\frac{G_s-1}{1+e}$； (3-4)

G_s——土粒比重；

e——土的孔隙比。

3.3.2 产生管涌的条件

管涌多发生在砂性土中，砂性土的特征是颗粒大小差别较大，往往缺少某种粒径，孔隙直径大且互相连通；其颗粒多由重度较小的矿物组成，易随水流移动，有较大和良好的渗流出路。具体包括：

(1) 土中粗、细颗粒粒径比 $D/d>10$；

(2) 土的不均匀系数 $d_{60}/d_{10}>10$；

(3) 两种互相接触土层渗透系数之比 $K_1/K_2>2\sim3$；

（4）渗流的水力坡度大于土的临界水力坡度。

3.3.3 管涌的防治措施

（1）增加基坑围护结构的入土深度（图 3-3），使地下水流线长度增加，降低动水坡度，对防止管涌现象的发生是有利的。

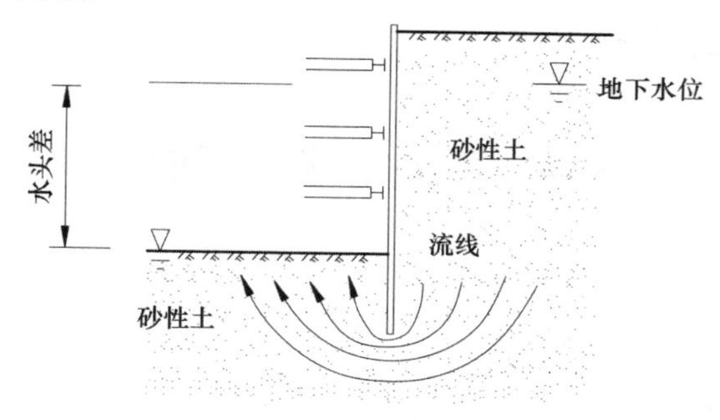

图 3-3 由地下水引起的管涌

（2）人工降低地下水位，改变地下水的渗流方向。

当基坑面以下的土为疏松的砂土层时，而且又作用着向上的渗透水压，如果由此产生的动水坡度大于砂土层的极限动水坡度时，砂土颗粒就会处于冒出状态，基坑底面丧失，要预防这种管涌现象（图 3-3），必须增加地下墙的入土深度，增加流线长度，从而降低了动水坡度，因而增加入土深度对防止管涌现象的发生是有利的。

3.3.4 管涌防治实例

某工程的基坑底在地面以下 6.5m，基坑底宽 12m，采用 1∶1.25 的边坡，坑底以下为黏性土及砂性土互层，采用二级轻型井点降水，如图 3-4 所示。在基坑挖至设计深度后，坑底逐渐隆起，在 24h 后坑底中心隆起量为 20cm，再过 24h 又隆起 30cm，3 天后隆起量累计为 1.5m，开始隆起时坑底无管涌流砂现象，到最后时才产生管涌流砂。在基坑隆起过程中，边坡及坡顶相应地下陷和向坑内滑动。

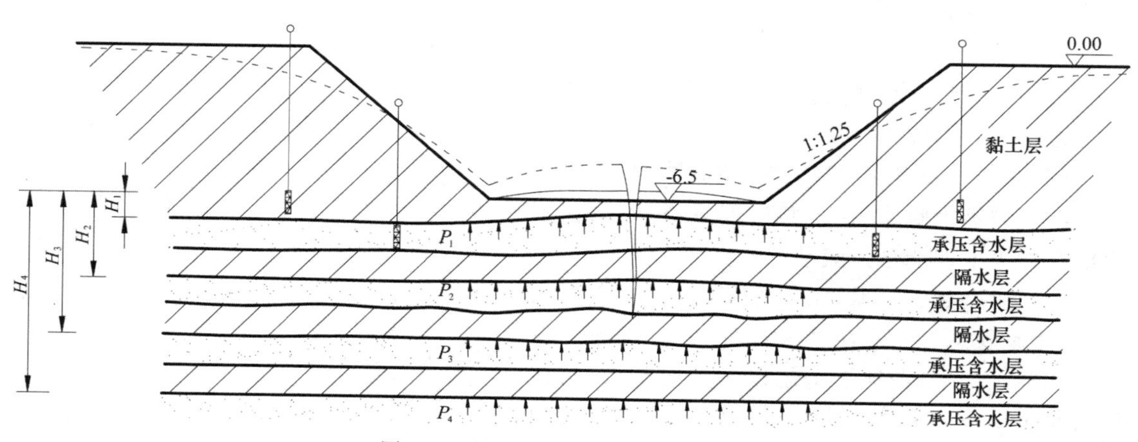

图 3-4 基坑开挖引起的管涌示意图

分析原因：井点深度不够，坑下面的承压含水层中的水压力将坑底土层顶起，使黏性土层裂开，然后发生管涌流砂。

处理办法：把井点加深到第 n 层砂性土中，使第 n 层中的承压水向上压力为

$$P_n < \sum_{i=1}^{n} H_i \gamma_i \tag{3-5}$$

式中　H_i——第 n 层承压水层顶面以上 i 层土的土层厚度；

r_i——H_i 厚度的土层的土容重。

3.4　流砂问题与防治

3.4.1　流砂

流砂是指含水饱和的松散细、粉砂（也包括一些砂质粉土、黏质粉土）在动水压力即水头差的作用下，产生的悬浮流动现象。它多发生在颗粒级配均匀而细的粉、细砂等砂性土中，有时在粉土中亦会发生。其表现形式是所有的颗粒同时从一近似管状通道中被渗透水流冲走。其发展的结果是使基础发生滑移和不均匀下沉，基坑坍塌，基础悬浮等，如图 3-5 所示。它的发生一般是突然性的，对工程的危害极大。

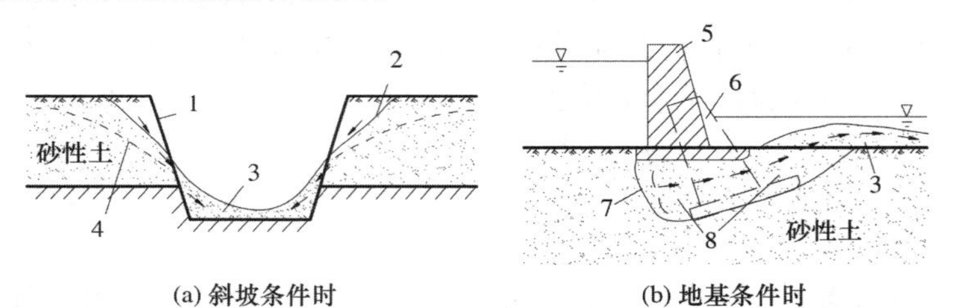

1—原坡面；2—流砂后坡面；3—流砂堆积物；4—地下水位；5—建筑物原位置；6—流砂后建筑物位置；7—滑动面；8—流砂发生区。

图 3-5　流砂破坏示意图

3.4.2　流砂成因

（1）由于水力坡度大，流速快，冲动土的细颗粒使之悬浮而造成；

（2）由于土颗粒周围附着亲水胶体颗粒，饱和时胶体颗粒吸水膨胀，使土粒密度减小，因而在不大的水冲力下即能悬浮流动；

（3）砂土在振动作用下结构被破坏，体积缩小，使土颗粒悬浮于水而随水流动。

实际工程中，在地下水位以下开挖基坑时，往往会发生地下水带着泥砂一起涌冒的现象，称为翻砂或涌砂现象[图 3-6(a)]，越挖涌得越厉害，有

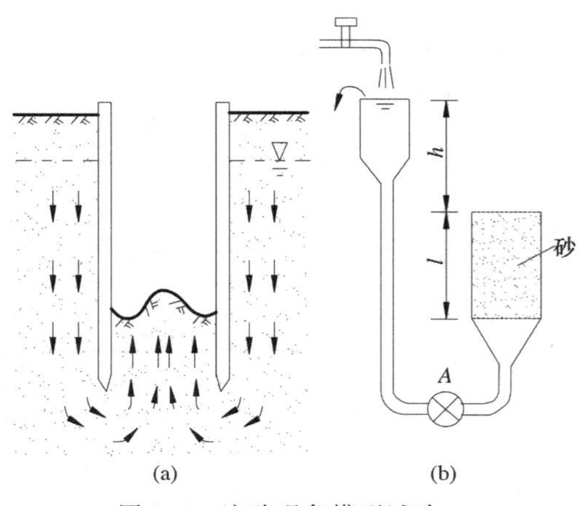

图 3-6　流砂现象模型试验

时坑壁的土也可由板桩缝隙中流出。流砂不仅给施工造成困难，而且破坏地基强度，危及邻近已建房屋的安全。这个现象可以用一个简单的模型试验来说明。如图 3-6(b)所示，打开阀门 A，使砂中有向上的水流，当向上渗流的水头坡度 $I=h/l\approx1$ 时，砂就失去稳定，放在砂表面的一块小石子就沉下去(因砂失去了承载力)；再把阀门 A 关起来，砂就恢复稳定状态。

3.4.3 产生流砂的条件

(1) 水力坡度较大，动水压力超过土粒重量能使土粒悬浮；

(2) 砂土孔隙度越大，越易形成流砂；

(3) 砂土的渗透系数越小，排水性能越差时，越易形成流砂；

(4) 砂土中含有较多的片状矿物，如云母、绿泥石等，易形成流砂。

上海地区根据钻孔资料和土工试验的分析，并和常易发生流砂地区的工程实践相验证，初步掌握该地区流砂现象的因素及其分布，这些因素是：

(1) 主要外因取决于该地区的地下水动水压力差值。随着开挖的加深，压力差值亦越大，就越易发生流砂现象。

(2) 土的颗粒组成中，黏粒含量小于 10%，粉、砂粒含量大于 75%。

(3) 土的不均匀系数小于 5，易发生流砂地区工程施工中取得的不均匀系数在 1.6～3.2。

(4) 土的含水量大于 30%。

(5) 土的孔隙率大于 43%(或孔隙比 e 大于 0.75)。

(6) 在黏性土层中夹有砂层时，黏质粉土或砂层的厚度应大于 25cm。

国外文献资料，也有类似的判别标准：天然孔隙度>43%～45%(e>0.75～0.80)，有效粒径 $d_{10}<0.1$mm 及不均匀系数 $\mu_u<5$ 的细砂，特别容易发生流砂现象。

在上海地区，地下水位平均在地面以下 0.7m 左右，当一般开挖深度大于 3m，土质符合上述条件时，易于产生流砂现象；当开挖深度≤4m 时，通常可采用板桩方式进行开挖。当开挖深度超过 4m 时，宜采用井点降水措施。

3.4.4 流砂现象的判断

在施工中所遇到的流砂现象有：

(1) 轻微的——板桩缝隙不密，有一部分的砂土随着地下水一起穿过缝隙而流入基坑，增加基坑的泥泞程度。

(2) 中等的——在基坑底部，尤其是靠近板桩的地方，常会发现有一堆细颗粒砂土缓缓冒起，仔细观察，可看到砂土堆中形成许多小小的排水槽，冒出的水夹带着一些砂土颗粒在慢慢地流动。

(3) 严重的——挖基坑时如发生上述现象而仍继续往下开挖，在某些情况下，流砂的冒出速度很快，有时会像开水初沸时的翻泡，此时基坑底部成为流动状态。

在上海地区发生流砂现象的实例很多，如 1949 年前沟渠工人曾在上海福建路七浦路排沟管时遇见流砂，但仍继续用铅桶作工具掏泥和水，坑底液化严重，工人立足困难，半身陷在流砂中，只好草草竣工。又如上海叶家宅路泵站，因挖掘较深，同时板桩的长度又不够，因此发生流砂现象，沟槽下部完全液化，使工程无法进行，结果沟槽不能达到设计的深度，不得不将其提高60cm。中途泵站施工采用沉井法，挖掘下去时，流砂现象严重，沉井自动很快下沉，无法用人力控制，以致沉井发生倾斜，结果未能挖至设计标高，也只好勉强竣工。

图3-7表示在挖掘狭而长的沟槽时的情况。这种现象固然也是受动水压力的影响所致，但是在涌流作用下，越靠近板桩边缘的部分，流砂现象越严重，同时在实际施工中常发生板桩附近地面的沉降现象。这就说明了沟槽宽度很小，而在邻近地区内槽外流来的水，接近沟槽逐渐集中进入槽内，所以越靠近桩边，水流越急。其水流的流量可由下式估算：

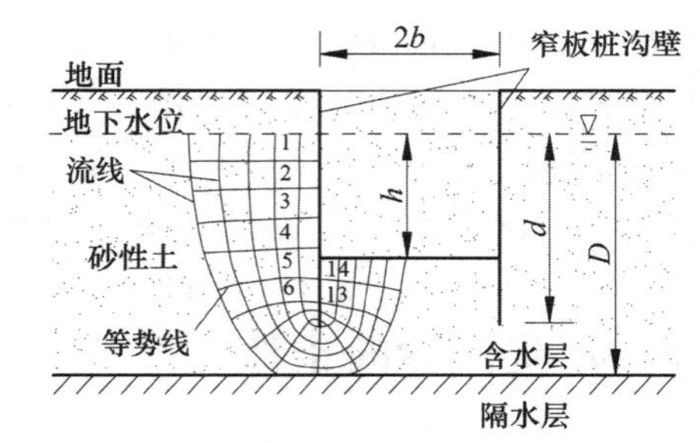

h—地下水位至沟槽底的距离；d—地下水位至板桩的距离；D—地下水位至含水层底板的距离。

图3-7　板桩挖土时流砂现象示意图

$$q=bKI \tag{3-6}$$

式中　b——沟槽宽度的一半，m；

K——渗透系数，m/d；

I——水力坡度。

式中仅在d远远小于D时才准确，若板桩入土更深，则d与D的比例越小，需乘以折减系数，折减系数如表3-1所示。

表3-1　折减系数

d/D	0.1	0.2	0.3	0.4	0.5	0.6	0.7	0.8	0.9	1.0
q的折减系数/%	5	10	15	20	25	30	40	50	65	100

在计算板桩长度以防止流砂现象时，除考虑式(3-4)中的临界值外，还要用流网法来计算，见实例。

在实际工程中，还要考虑一个大于1的安全系数，因为在透水性较好的土中，常会使土粒移动。

在黏土和粉质黏土中，由于不会发生渗流或渗流量很小，一般不会发生流砂现象；同样，在砾石中，由于它的高透水性而允许大量的抽汲，因而自然地形成较长的渗流路径，所以也不易发生流砂现象。因此，流砂现象大多在具有相当高的渗透性的粉细砂中发生，这种细颗粒的砂土由于受渗流水压力的影响而易形成较陡的降落曲线，迫使水流向基槽流动。因此在这种土中挖掘，必须采用各种有效措施。

[实例]　某一沟槽用板桩施工，如图3-7所示，砂粒比重$G_s=2.8$，孔隙比$e=0.8$，$\gamma_w=1g/cm^3$，$h=21m$，组成流网时流径数$n=15$，若沿沟槽长度$L=1$时，试求是否会产生流砂现象。

[解]　由式(3-4)求临界水力坡度I_c：

$$I_c=\frac{G_s-1}{1+e}=\frac{2.8-1}{1+0.8}=1$$

按流网组成的水力坡度：$I=\frac{h}{nL}=\frac{21}{15\times1}=1.4>1$

由此可知将会发生流砂现象。

3.4.5 基坑坑底流砂

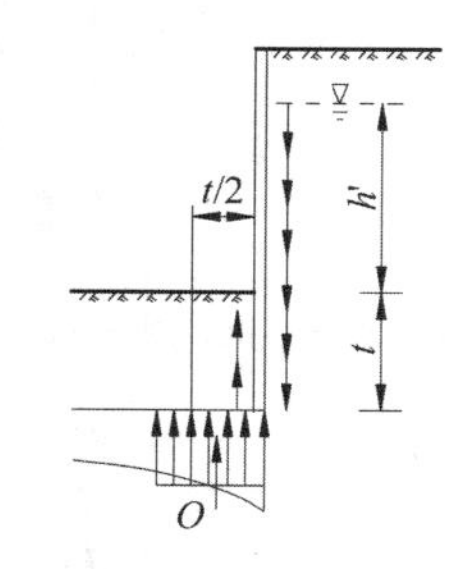

图 3-8 基坑内排水流砂现象

图 3-8 为流砂验算示意图，分析图 3-8，由于在基坑内边沟排水而出现水头差 h'，产生由高处向低处的渗流，水经过板桩下端之前渗流的流向大致向下，流过板桩下端之后而向上到达坑底表面后通过边沟进入集水井，再用水泵抽走。因此，坑底下的土处于浸没在水中状态，其有效重量为有效重度 γ'，当向上的渗流力或动水压力 i 达到能够抵消土粒的有效重度 γ' 时，土粒变为流砂或翻腾状态，要避免这种现象，应满足下列条件式：

$$\gamma' \geqslant K_s i \tag{3-7}$$

式中，K_s 为安全系数，视挡水结构的性质和土质而定，一般地，$K_s=1.5 \sim 2.0$。

根据试验表明，流砂现象首先发生在离坑壁大约等于板桩深度一半的范围内，由于板桩是临时结构，为简化计算，可近似地取最短路径，而紧贴板桩位置的路线最短，可用来求得最大渗流力：

$$j = i\gamma_w = \frac{h'}{h'+2t}\gamma_w$$

故条件式应为

$$\gamma' \geqslant K_s \frac{h'}{h'+2t}\gamma_w$$

也可改写为

$$t \geqslant \frac{K_s h' \gamma_w - \gamma' h'}{2\gamma'} \tag{3-8}$$

式中，t 为板桩入土深度；其他符号含义同前。

如坑底以上土层为粗粒硬石层、松散填土或多裂隙土等，在坑壁一侧水流经此层的水头损失很小，可略而不计，则条件可简化为

$$t \geqslant \frac{K_c h' \gamma_w}{2\gamma'} \quad 或 \quad K_c \leqslant \frac{2\gamma' t}{h' \gamma_w} \tag{3-9}$$

式中，h'/t 为板桩背后的动水坡降。h'/t 增大到 K_c 小于 1 时，流砂就冒出。当 $K_s=1$ 时的 h'/t 称为极限动水坡降。在决定板桩的埋入深度时，宜取安全系数 $K_s=1.2 \sim 1.5$。

3.4.6 沉井井底流砂

沉井在砂性土层中采用排水下沉时，如降水深度不够或井点失效，则沉井刃脚下面的砂性土在动水压力作用下发生流砂（图 3-9），并引起周围地面沉降和土体的水平位移。

沉井在砂性土层中采用不排水下沉，如井内水位标高比沉井外面的水位低很多时，也会产生较大的动水压力，造成井底涌砂，并导致四周地面沉陷和土体位移。

因井底流砂，在井周产生的沉降范围一般可达(1～3)H，H 是井深。沉降幅度一般随水土流失量而定。长时间的流失，可产生灾害性的沉降。应特别指出：当砂性土上覆盖着较硬黏土层时，在流砂发生后，黏土层下面开始被淘空，随着流砂时间的延长，有可能发生突然的大面积塌陷。

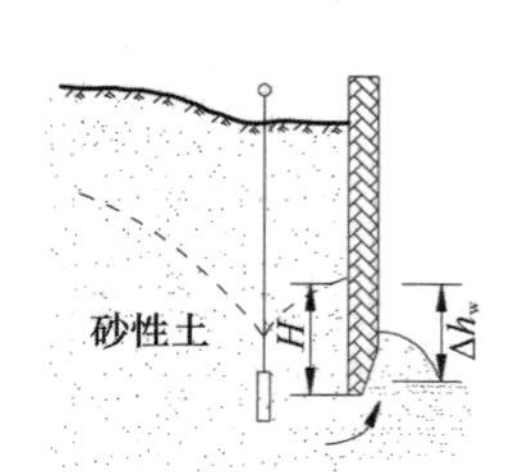

(a) 排水下沉，因井底深度不够，井底发生流砂

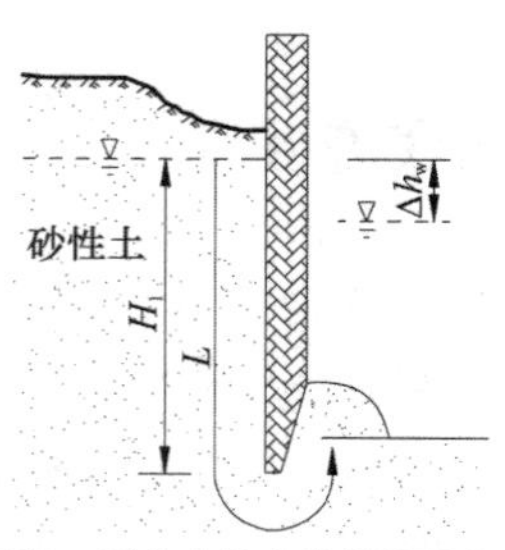

(b) 不排水下沉，因井内外水位相差很多，井底发生流砂

图 3-9 井底流砂引起土体移动

井底发生流砂：$\frac{\Delta h_{w}}{H}>\frac{r'}{r_{w}}$。

井底产生流砂不仅影响邻近浅基础建筑，也能影响有桩基的建筑，在有桩基建筑物附近的含水砂性土层中进行沉井施工时，引起建筑物桩基位移和柱子倾斜的主要原因是由于沉井下沉过程中井周土体向井底移动，而不是井点降水引起的土体固结。如果井底发生流砂，则四周土体可能发生大幅度流动，近旁即使是较深桩基的建筑物，也会受到很大的危害。

3.4.7 流砂的防治

前文已谈到，当地下水的动水压力大于土粒的浮容重或地下水的水力坡度大于临界水力坡度时，就会产生流砂。这种情况的发生常常是由于在地下水位以下开挖基坑、埋设地下管道、打井等工程活动而引起的，所以流砂是一种工程地质现象。流砂在工程施工中能造成大量的土体流动，致使地表塌陷或建筑物的地基破坏，给施工带来很大困难，或直接影响建筑工程及附近建筑物的稳定，因此，必须进行防治。

在可能产生流砂的地区，如其上面有一定厚度的土层，应尽量利用上面的土层作为天然地基，也可用桩基穿过流砂层，将上部荷载传给下部稳定土层，应尽可能地避免开挖。如必须开挖，可用以下方法处理流砂：

1. 人工降低地下水位

人工降低地下水位，使地下水位降至可能产生流砂的地层以下，然后开挖，见图 3-10。

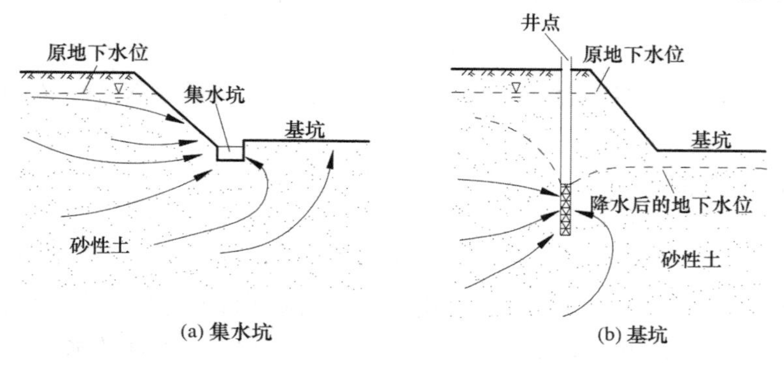

图 3-10 井点降水防止流砂现象

降水防治流砂现象的原理：当开挖基坑时，地表以下土层受到向上的地下水渗透力的作用。对砂性土层而言，当渗流的水力坡度增大到一定程度时，砂性土会呈流土破坏形式，即呈流态状涌出坡面。产生流砂时的渗流水力坡度(临界水力坡度)也可采用太沙基提出的临界水

力坡度 I_c：

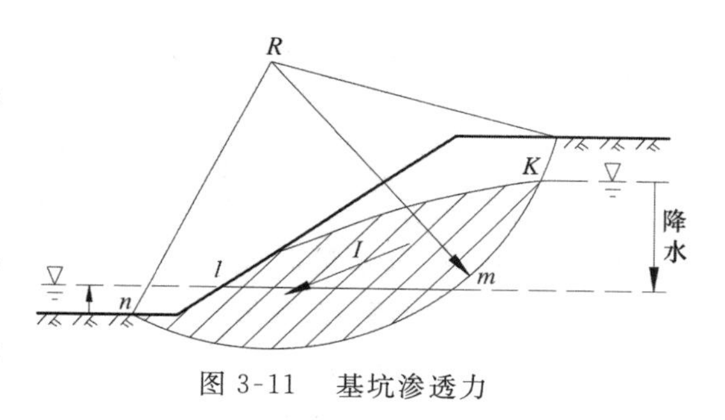

图 3-11　基坑渗透力

$$I_c=(1-n)(G_s-1) \tag{3-10}$$

式中　n——孔隙率；

G_s——土粒比重。

对均匀的砂性土，$I_c=0.8\sim1.2$。在实际工程中应该有一定的安全度；对不均匀的粉砂土，容许渗流水力坡度 $I=1/3$。当水力坡度超出容许范围时，采用井点降水是防治流砂现象产生的直接有效的措施。井点降水降低了坑内、外的渗流水头差，把渗流水力坡度控制在容许范围之内，从而防范了流砂现象的产生，如图 3-11 所示。简单的集水坑并不能减小渗流水力坡度，而井点降水不但降低了渗流水力坡度，还可改变渗流方向，使地下水仅流向降水井管。

2. 打板桩

在土中打入板桩，它一方面可以加固坑壁，同时延长了地下水的渗流路程以减小水力坡度，减小地下水流速。

3. 冻结法

用冷冻方法使地下水结冰，然后开挖。

4. 水下挖掘

在基坑(或沉井)中用机械在水下挖掘，避免因排水而造成产生流砂的水头差，为了增加砂的稳定，也可向基坑中注水并同时进行挖掘。此外，处理流砂的方法还有化学加固法、爆炸法及加重法等。在基槽开挖的过程中如局部地段出现流砂时，可立即抛入大块石等，也能克服流砂的活动。

3.5　砂土液化问题与防治

3.5.1　液化

饱和松散的砂(包括某些粉土)受到振动时，如果孔隙水来不及排出，体积减小的趋势将使孔隙水压力不断增高，有效应力逐渐减小。当有效应力降低为零时，土便丧失抗剪强度，成为液体状态，这就是常说的液化现象。

液化可在饱和砂层中任何部位发生，既可在地面，也可在地面以下某一深度处，取决于砂的状态和振动情况，有时上部的砂层本来不液化，但由于下部砂层发生液化，超静水压力随着水的向上流动而消散，这时如果水力坡度太大，向上水流可能使上部砂层发生渗流破坏而失稳，或即使达不到失稳，但也会使上部砂层的承载能力大为下降。

饱和砂层发生液化时，通常可在地面上看到喷水冒砂或沿地裂缝涌水的现象。喷水可高达数米，随水流上冒的砂粒则在喷冒口周围形成“火山口”状堆积，其直径可达数米。这种喷水冒砂现象一般在强震后数秒钟内开始出现，并可延续到地震振动停止后几十分钟至数小时，甚至十余小时。然而，也有发生液化而不出现喷水冒砂现象的情况。例如，当发生液化的饱和砂层位于地面下较深处而厚度又比较薄时，向上排放的孔隙水和砂粒不足以喷出地面，只在上覆土层中形成“砂脉”。这种潜伏在地面以下的液化通常不产生明显的宏观危害。

砂类土液化使地基土丧失承载力，并伴随有一定的活动性，往往给工程建筑造成灾害性的破坏。

例如：1964 年 6 月 16 日日本新潟地震，由于砂土液化，地基丧失承载力，使工程建筑物遭到广泛的破坏，许多构筑物下沉大于 1m，并有一公寓倾斜达 80°。液化时，有地下水从地面裂缝冒出，同时，汽车、房屋和其他物体下沉到液化的砂土中，而有的地下构筑物则被浮托到地面，港口设施等也遭到严重破坏。

荷兰西南海边，1861—1947 年间先后发生过 229 次砂土液化事件，总面积达 250 万 m^2，移动液体的体积达到 2 500 万 m^3，海岸原来地面坡度为 10°～15°，液化后地面坡度坍塌为 3°～4°。

新疆某水库，坝高 3.5～7.1m，1959 年建成，1961 年 4 月库区发生 9 度以上的地震。1962 年10 月又发生第二次地震，使坝基下砂质粉土（厚仅数十厘米）发生液化，从坝下挤出，导致坝基毁坏。又如 1966 年邢台地震 8 度区砂从地层裂缝喷出，水工闸门普遍下降。

又如唐山地震中发现地基液化的地层至少有四种情况（图 3-12）。从平面分布看有片状和带状。从垂直剖面看有浅层液化与深层液化。片状和浅层液化多出现在河流冲积扇地区，而带状和深层液化出现在填平的古河道的下游。这些土层的分布情况，对工程危害性并不相同。所以认真分析土层的分布，对保证设计的正确性有很重要的意义。

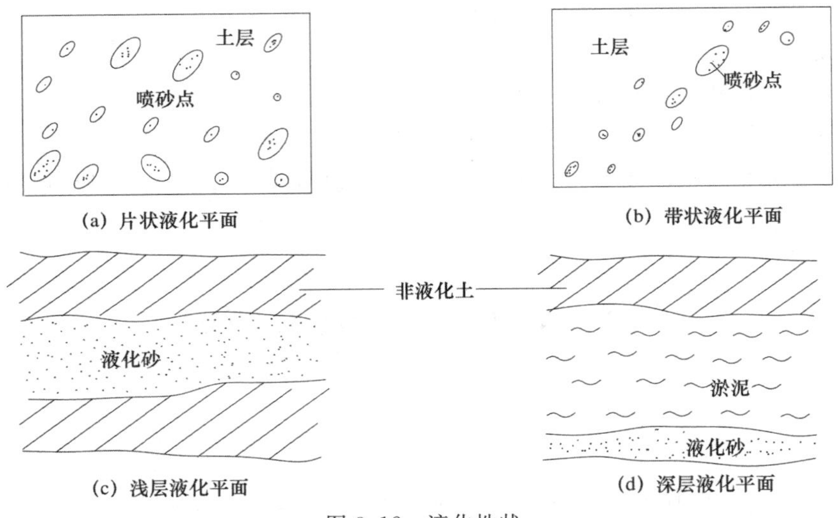

图 3-12　液化性状

震害调查统计表明，平原地区的地震震害中有半数以上是由于液化造成的。以海城、唐山地震为例，由于地基液化造成严重损坏的建筑物数目约占地基基础震害总数的 54%。地基液化可使房屋倾斜、倒塌、地坪隆起、开裂，路基滑移纵裂，岸坡滑动，并使有些浅埋地下的轻量构筑物（如管道）托出地面。总之，位于液化地区内的各种工程设施几乎无一可幸免于难。

然而，值得注意的是，场地一旦发生液化，一方面固然会造成上述各种危害，但另一方面会使地面运动减弱，这是因为液化层对剪切波自下而上的传递起一定的阻隔作用，并且由于液化及相随的喷水冒砂消耗比较多的能量，使分配到地面运动的能量减少，从而缩短地面运动的振动历时。这就是为什么发生液化场地的宏观烈度往往并不比同一震中距离内未发生液化场地的宏观烈度高，甚至反而有所降低。认识地震液化在宏观危害中不利和有利的这一双重作用，对提高地基抗震设计水平是有重要意义的。在工程应用中，首先必须判别地基是否会发生液化，然后再考虑采取什么对策措施。

3.5.2 产生液化的因素

从砂土液化的本质而言，人们开始的认识是密砂不容易液化，而松砂则容易液化。因此认为砂土的密度是关键问题。对不同密度砂剪切时的变化进行了研究，发现松砂在剪切时体积发生收缩，而密砂在剪切时会发生膨胀（剪胀性），于是提出临界孔隙比的概念，即当孔隙比 e 等于临界孔隙比时，砂受剪时，体积既不发生收缩也不发生膨胀。当砂土的孔隙比低于临界孔隙比时，就不会发生液化；只有当砂土的孔隙比高于临界孔隙比时，受振时发生收缩，孔隙水压力上升，粒间有效应力减小，使砂土的强度降低甚至丧失，则会发生液化。

对砂土液化进行大量的试验研究后，发现仅按"临界孔隙比"评价是片面的，孔隙比小于临界孔隙比的砂，在某些条件下也会发生液化。因此孔隙比大小不是液化的唯一因素。砂土、粉土液化的发生既与其土质特性（内因）有关，也与液化前该土体所处的应力条件以及使之发生液化的动力作用特性等外部因素有关，是上述因素综合作用的结果。

1. 砂土、粉土的特性（包括土的类别、颗粒组成及密实度）

一般条件下，因饱和粉、细砂比中、粗砂透水性差，受震（振）时易于液化。根据已经发生液化现场的土工分析统计资料（图 3-13）来看，一般认为特别容易发生液化的砂土的平均粒径 d_{50}＝0.075～0.2mm；颗粒大小越均匀，不均匀系数 μ_u＞5，较之级配良好的砂土易于液化；土中黏土颗粒具有抑止液化的作用，故纯净的砂较之含有某些数量黏粒的砂易于液化。海城、唐山地震中大面积已液化饱和粉土的土工分析统计资料表明，粉土中黏粒含量≤10％的砂质粉土更易于液化。因此，黏粒含量已被国家规范定为判别粉土液化性能的一个重要指标。

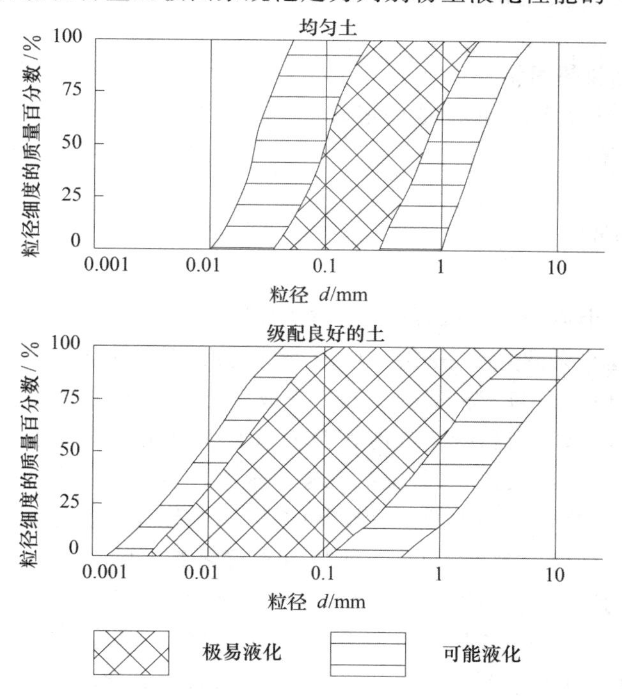

图 3-13　砂的颗粒组成与液化可能性的关系

土工分析与现场观测表明，液化的敏感性在很大程度上取决于砂土或粉土的密度（D_r 或 e）。上述易于液化砂土的颗粒组成条件也说明这一问题。临界孔隙比的概念说明密实度是引起液化的重要因素之一。按我国《水力发电工程地质勘察规范》(GB 50287—2016),认为当饱和砂土的相对密度 D_r 小于表 3-2 的数值,地震时可能发生液化。日本新潟 1964 年地震时,烈度 7 度区 $D_r \leqslant 0.5$ 地段液化很普遍,而在 $D_r \geqslant 0.7$ 地段则未发生液化。

表 3-2　可能发生液化的相对密度 D_r 指标

设计烈度	6	7	8	9
D_r	0.65	0.70	0.75	0.80～0.85

2. 液化前砂土、粉土所处的起始应力条件

天然砂土或粉土由于地面有无超载、先期压力和埋深不同,地下水位不同,使其土体处于不同的起始应力状态。当砂土、粉土所处围压增大,液化的可能性就减小,或发生液化所需的动力作用强度也就增大。在我国邢台地震时,该地一村庄下面埋藏砂层与周围地区相同,但因该村庄填土 2～3m 厚,未发生液化,而其周围地区广泛液化。在日本新潟地震时,当地有 2.75m厚的填土区是稳定的,而无填土区则液化严重。室内试验资料也证明这一点。

3. 动力作用的特性

对类别和密实度一定的砂土或粉土,起始应力状态也一定时,要使之产生液化就必须使动力作用的强度超过某一临界值。对地震来说,可用地面最大加速度作为指标。一般经验,当地面最大加速度为 $0.1g$(g 为重力加速度,$1g=980\mathrm{cm/s^2}$)则可能发生液化。现场观测和室内外的实验资料还表明,土在动力作用下液化的产生还与应力应变的变化频率及振动延续时间有关。如阿拉斯加地震时,由砂坡液化而产生的滑坡多产生在地震后 90s,如地震延续时间只 45s,则不发生液化,也不发生滑坡现象。室内试验表明,液化要振动频率达一定数值后才发生。

4. 竖向有效应力和超固结

综合以上因素可以看到,要正确地评定砂土和粉土液化,就必须很好地研究上述这些因素和它们之间的相互关系。

3.5.3　液化势判别

如前所述,影响砂土或粉土的因素是多方面的,目前已发展了多种综合考虑这些因素的判别液化的方法,归纳起来有两大类:一类是以地震现场的宏观调查及现场试验为依据的方法;另一类是以计算地震剪应力与实验室确定的砂土或粉土在相应动力作用下的抗剪强度相比较的方法。由于当前受取原状饱和砂土或饱和粉土和室内液化试验等条件的限制,应用于工程实际的判别常以前者为主,并已纳入有关的规范。根据产生液化的各主要影响因素,通过某种或几种现场试验取得能综合反映土的工程性状的参数,与地震经验相结合,找出有关因素相互关系的规律性,用以进行液化判别,这是一种简便并行之有效的方法。标准贯入试验、静力触探试验及剪切波速试验等都能提供这种参数,其中标准贯入是许多国家惯用的一种土工现场试验方法。一些国家,尤其是中国、日本和美国,通过标准贯入试验进行地震现场调查,发表过大量论文。所以用标准贯入法进行砂土和粉土液化的判别,有比较充分的条件。

1. 判别砂类土液化可能性的方法

液化是否发生与上述多种因素有关,比较复杂(实际上还有一些因素未提到,如场地微地形、地貌特征、历史地震背景等),不确定性较大。因此,判别只能是一种估计,预测土层在一定假设条件下是否发生液化的总趋势。

判别可分两步进行，先初判，确定有没有可能液化；如可能，才进一步做必要的勘探试验工作，确定液化势。这样可节省勘探试验工作量而避免浪费。

根据经验，初判可按下列几条进行：

(1) 在第四纪晚更新世(Q_3)或更早地质年代形成的土层，可判定为不液化土层，因为年代老的沉积层经长期固结作用，抗液化性能较好。在我国几次大震中发生液化的都是全新世(Q_4)的洪积、冲积层，没有晚更新世或更早的。

(2) 在抗震设防烈度为 7 度、8 度和 9 度地区，黏粒含量分别大于 10%，13%和 16%的粉土(少黏性土)可判定为不液化土层。这是根据大量液化实例资料统计得出的数据。

(3) 上覆黏性土层厚度 d_u 和地下水位深度 d_w 落在图 3-14 所示界线以下的土层可不考虑液化影响。这也是根据震害调查资料统计得出的准则，其中含一定安全系数。

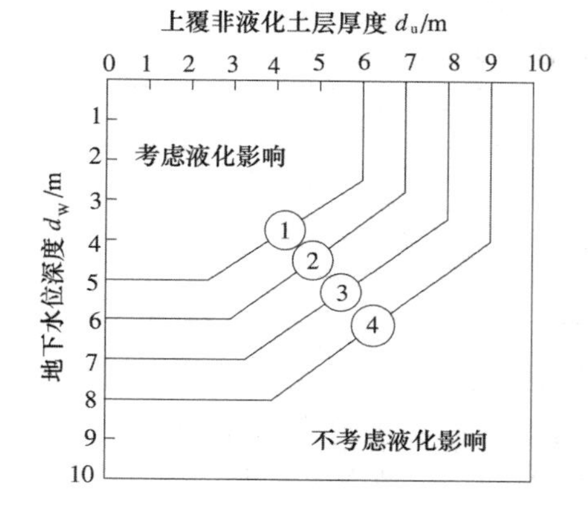

曲线	适用烈度	
	砂土	粉土
①	/	7度
②	7度	8度
③	8度	9度
④	9度	/

图 3-14　按土层深度及地下水位初判是否需要考虑液化影响

注：(1) 计算 d_w 时，应扣除淤泥、淤泥质土厚度；

(2) d_w 应按历年平均最高水位采用；

(3) 基础埋置深度 $d>2$m 时，应从 d_u，d_w 中各扣除(d-2)以后再查图。

上面已经简单介绍了根据砂土的颗粒分布曲线可作粗略的估计，但由于影响砂土液化的因素是多方面的，因此单纯按颗粒分布曲线来评定是不全面的，下面介绍几个能综合考虑这些因素的评价方法。

2. 我国《建筑抗震设计规范》判别砂土、粉土液化的方法

我国国家标准《建筑抗震设计规范》(GB 50011—2010)在前抗震规范 GB 50011—2001、GBJ 11—89 、TJ 11—78 的编制、修订工作基础上，特别是分析总结了我国 1975 年海城地震(震级 $M=7.3$)和 1976 年唐山地震($M=7.8$)时大范围的粉土液化的现场勘察资料和大量研究文献，确定了进一步考虑近震与远震影响，并同时适用于饱和砂土和饱和粉土液化的标准贯入试验判别式。而且该规范总体采用初步判别与进一步判别两步骤作法，则不仅使液化判别建立在可靠的基础上，并可大量节省勘察工作量及缩短工期。其具体判别方法和内容为：

(1) 饱和的砂土或粉土，当符合下列条件之一时，可初步判别为不液化或不考虑液化影响：

① 当抗震设防烈度为 6 度时，一般情况下可不考虑，但对液化沉陷敏感的国家重点抗震城市的生命线工程的建筑可按 7 度考虑；

② 地质年代为第四纪晚更新世(Q_3)及其以前时，可判为不液化土；

③ 粉土的黏粒(粒径小于 0.005mm 的颗粒)含量百分率,在设防烈度 7 度、8 度和 9 度分别不小于 10%,13%和 16%时,可判为不液化土;

④ 采用天然地基的建筑,当上覆非液化土层厚度和地下水位深度符合下列条件之一时,可不考虑液化影响:

$$d_u > d_0 + d_b - 3 \tag{3-11}$$

$$d_w > d_0 + d_b - 3 \tag{3-12}$$

$$d_u + d_w > 1.5d_0 + 2d_b - 4.5 \tag{3-13}$$

式中 d_u——上覆非液化土层厚度(m),计算时宜将淤泥和淤泥质土层扣除;

d_w——地下水位深度(m),宜按建筑使用期内年平均最高水位或近期内年最高水位采用;

d_b—— 基础埋置深度(m),不超过 2m 时应采用 2m;

d_0——液化土特征深度(m),可按表 3-3 采用。

表 3-3　液化土特征深度 d_0　m

饱和土类别	设防烈度		
	7	8	9
粉　土	6	7	8
砂　土	7	8	9

(2) 当初步判别认为需进一步作液化判别时,应采用标准贯入试验判别法。即当地面以下 20m 深度范围内的饱和砂土或饱和粉土的标准贯入锤击数实测值(未经杆长修正)N 小于按下式计算的液化判别标准贯入锤击数临界值 N_{cr}时,应判为液化土。

$$N_{cr} = N_0\beta[\ln(0.6d_s + 1.5) - 0.1d_w]\sqrt{\frac{3}{\rho_c}} \tag{3-14}$$

式中 N_0——液化判别标准贯入锤击数基准值,按表 3-4 采用;

d_s——饱和土标准贯入点深度,m;

d_w——意义同式(3-12);

ρ_c——黏粒含量百分率,当小于 3 或为砂土时,均采用 3;

β——调整系数,设计地震第一组取 0.80,第二组取 0.95,第三组取 1.05。

表 3-4　液化判别标准贯入锤击数基准值 N_0

设计基本地震加速度 g	0.10	0.15	0.20	0.30	0.40
液化判别标准贯入锤击数基准值	7	10	12	16	19

(3) 对存在液化砂土层、粉土层的地基,应探明各液化土层的深度和厚度,按式(3-15)计算每个钻孔的液化指数 I_{1e},并按表 3-5 确定地基的液化等级,作为预估液化危害性及采取工程措施的依据。

$$I_{1e} = \sum_{i=1}^{n}\left(1 - \frac{N_i}{N_{cri}}\right)d_i w_i \tag{3-15}$$

式中 N_i,N_{cri}——所考虑土层的第 i 点标准贯入锤击数实测值和液化临界值,当$\left(1-\frac{N_i}{N_{cri}}\right)$为负值时取零;

d_i——第 i 个试验点所代表的土层厚度(m),可采用与该标准贯入试验点相邻的上、下两标准贯入试验点深度差的一半,但上界不高于地下水位深度,下界不深于液化深度;

w_i——i 土层单位土层厚度的层位影响权函数值(m^{-1}),当该层中点深度不大于 5m 时采用 10,等于 20m 时采用零值,5~20m 时按线性内插法取值,如图 3-15 所示;

n——所考虑深度范围内每一个钻孔标准贯入点的总数。

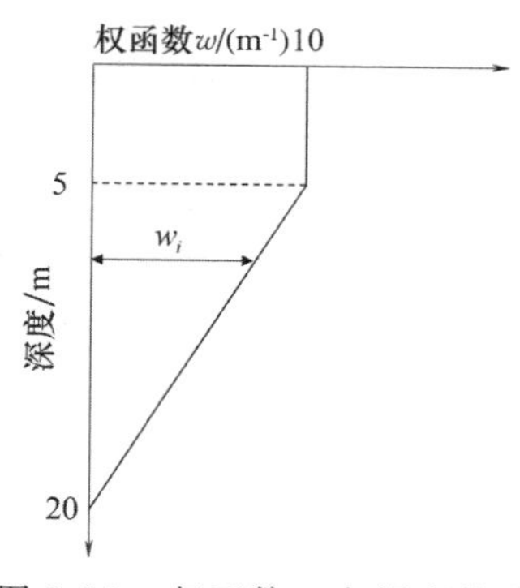

图 3-15　权函数 w 与深度关系

应该指出,表 3-5 液化等级的划分只是一般性地反映了浅基础建筑的震害,并没有较多地考虑具体建筑物的特殊性。

表 3-5　　地基液化等级

液化指数	液化等级
$0<I_{le}\leqslant 6$	轻微
$5<I_{le}\leqslant 18$	中等
$I_{le}>18$	严重

3. 推荐采用静力触探判别砂土液化的方法

我国《岩土工程勘察规范》[GB 50021—2001(2016 版)]的条文中推荐采用静力触探判别砂土液化的方法,该判别方法为铁道部科学研究院等提出,并已在国际专业会议上得到推荐应用的方法。该法主要根据唐山地震不同烈度地区 125 份试验资料,用判别函数法统计分析得出,适用饱和砂土和饱和粉土的液化判别。具体规定是:当实测计算比贯入阻力 p_s 或实测计算锥尖阻力 q_c 小于液化比贯入阻力临界值 p_{scr} 或液化锥尖阻力临界值 q_{ccr} 时,应判别为液化土,并按下列公式计算:

$$p_{scr}=p_{s0}\alpha_w\alpha_u\alpha_p \tag{3-16}$$

$$q_{ccr}=q_{c0}\alpha_w\alpha_u\alpha_p \tag{3-17}$$

$$\alpha_w=1-0.065(d_w-2) \tag{3-18}$$

$$\alpha_u=1-0.05(d_u-2) \tag{3-19}$$

式中　p_{scr},q_{ccr}——饱和土静力触探液化比贯入阻力临界值及锥尖阻力临界值(MPa);

p_{s0},q_{c0}——地下水深度 $d_w=2$m、上覆非液化土层厚度 $d_u=2$m 时,饱和土液化判别比贯入阻力基准值和液化判别锥尖阻力基准值(MPa),可按表 3-6 取值;

α_w——地下水位埋深修正系数,地面常年有水且与地下水有水力联系时,取 1.13;

α_u——上覆非液化土层厚度修正系数,对深基础,取 1.0;

d_w——地下水位深度(m);

d_u——上覆非液化土层厚度(m),计算时应将淤泥和淤泥质土层厚度扣除;

α_p——与静力触探摩阻比有关的土性修正系数,可按表 3-7 取值。

表 3-6　　比贯入阻力和锥尖阻力基准值 p_{s0}，q_{c0}

设防烈度	7	8	9
p_{s0}/MPa	5.0～6.0	11.5～13.0	18.0～20.0
q_{c0}/MPa	4.6～5.5	10.5～11.8	16.4～18.2

表 3-7　　土性修正系数 α_p 值

土类	砂土	粉土	
静力触探摩阻比 R_f	$R_f \leqslant 0.4$	$0.4 < R_f \leqslant 0.9$	$R_f > 0.9$
α_p	1.00	0.60	0.45

对该判别式经在海城地震区，7 度、8 度、9 度三个烈度区计 9 个场地、21 个静力触探孔的资料检验，判别成功率为 91%。分析认为误判点(2 个孔)主要与地形等因素有关。

用该式如将粉土按极细砂考虑进行判别，较为保守。

4. 我国《岩土工程勘察规范》中列出的依据土层的剪切波速判别液化的方法

用剪切波速判别地面下 15m 范围内饱和砂土和粉土的地震液化，可采用以下方法：

当实测的剪切波速值 v_s 分别大于按式(3-20)计算的临界剪切波速值 v_{scr} 时，可初步判别为不液化或不考虑液化影响：

$$v_{scr}=v_{s0}(d_s-0.0133d_s^2)^{0.5}\left[1.0-0.185\left(\frac{d_w}{d_s}\right)\right]\left(\frac{3}{\rho_c}\right)^{0.5} \tag{3-20}$$

式中　v_{scr}——饱和砂土或饱和粉土液化剪切波速临界值(m/s)；

v_{s0}——与烈度、土类有关的经验系数，按表 3-8 取值；

d_s——砂层或粉土层剪切波速测点深度(m)；

d_w——地下水深度(m)。

表 3-8　　与烈度、土类有关的经验系数 v_{s0}

土类	v_{s0}/(m·s^{-1})		
	7 度	8 度	9 度
砂土	65	95	130
粉土	45	65	90

规范规定，单一的判别不宜下肯定液化与否的结论。故上述每一方法的判别结果均应与其他方法特别是地形地貌等宏观条件综合评定。

5. 最大孔隙水压力法

水利水电科学研究院在我国参加第五届国际土力学及基础工程会议上提出一篇报告《砂基和砂坡的液化研究》。文中建议用振动台(竖向振动)上的三轴仪来进行室内试验研究，设土体在砂基中某一点处的最大和最小主应力为 σ_1，σ_3，则在室内三轴仪中使侧向压为 σ_3，垂直向压力为 σ_1，试验时三轴仪放在能作竖向振动的振动台上，则垂直向压力就可在规定的 $\sigma_1 \pm \Delta\sigma_1$ 范围内变化，其中 $\Delta\sigma_1=\sigma_1\dfrac{\alpha}{g}$($\alpha$ 为振动加速度)，测定在 σ_3 及 $\sigma_1 \pm \Delta\sigma_1$ 的动荷载下出现的最大

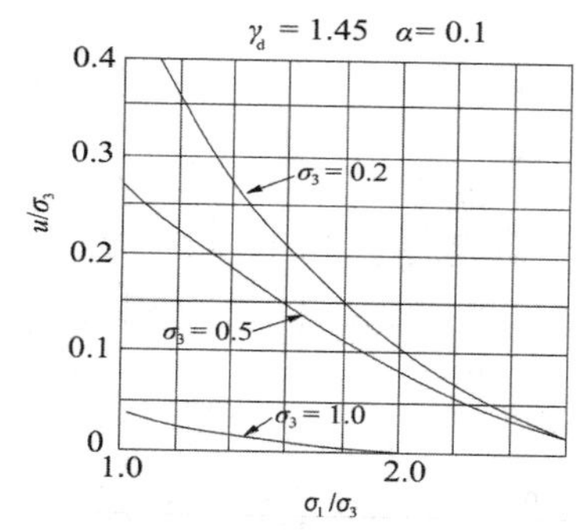

图 3-16 不同应力状态与孔隙水压力

孔隙水压力 u(不排水试验),u 也就是应力状态为 σ_1,σ_3 的某点遭受动力荷载时所可能产生的最大孔隙水压力。由此即可以用土力学的方法验算砂基在该动力荷载作用下的稳定性。

图 3-16 即为某种淤泥质细砂($D_{50}=0.06$mm,不均匀系数 $\mu_u=1.4$)在动力作用下不同应力状态时的最大孔隙水压力的实测数据。从图 3-16 可看出,侧向压力 σ_3 越小,在动力荷载下产生的最大孔隙水压力越大,u/σ_3 值随着 σ_1/σ_3 值的增大而减小。

6. 应力比较简化法

该方法的实质是比较砂土中由振动作用产生的剪应力与产生液化所需的剪应力(即在相应动力作用下,砂土抗剪强度),判别可能产生液化的范围。为此目的,就必须解决:①砂土在动荷载作用下不同深度处的剪应力值——通过实测或理论计算;②不同应力状态下,在同样动力作用下产生液化所需的剪应力——对发生液化地区及未发生液化地区进行实地分析,或通过室内试验来测定。室内试验方法主要有振动三轴试验及反复单纯剪切试验。解决这两个问题是比较繁重的,这里介绍美国西特(Seed H. B.)提出的一个简化的方法:

(1) 确定地震时产生的剪应力的简化计算法

$$\tau_{av}\approx 0.65\frac{\gamma h}{g}\alpha_{max}\cdot\gamma_d \tag{3-21}$$

式中 τ_{av}——土层中地震产生的实际剪应力是随时间变化的,τ_{av} 为平均剪应力;

γ——所研究深度以上土体的重度;

h——所研究土体的埋深;

α_{max}——地震地面最大加速度;

γ_d——动应力衰减系数,其值小于 1,随土的类别及深度而变化,见图 3-17。

从图 3-17 可见,在上部 9.00~12.00m 深度内 γ_d 变化范围不大,可取用虚线平均值。

当深度为:3m,$\gamma_d=0.98$;6m,$\gamma_d=0.95$;9m,$\gamma_d=0.92$;12m,$\gamma_d=0.85$。如此引起误差一般小于 5%。

根据式(3-21),只要地震地面最大加速度已知,土的重度已测定,即可计算出不同深度处由于地震而产生的平均剪应力 τ_{av}。

(2) 产生液化所需的剪应力的简化计算法

在一定反复周数的剪应力作用下产生液化的剪应力值可以用分析地震区砂土产生液化的应力条件来加以确定,也可以用专门的试验室方法来确定。

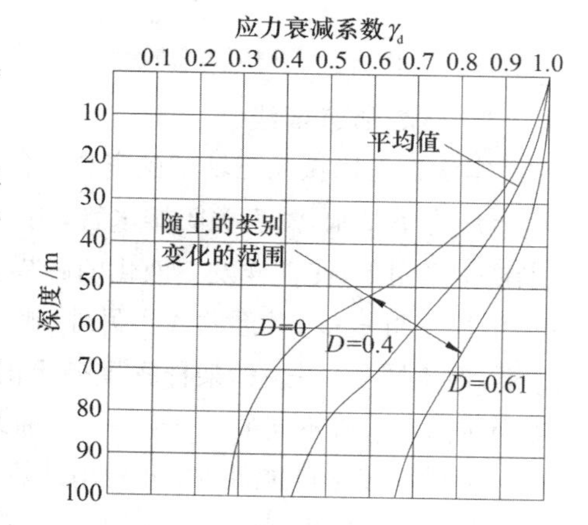

图 3-17 动力衰减系数与深度关系

根据前人积累的资料,现场条件下产生液化的剪应力比 $\frac{\tau_d}{\sigma'_0}$ 与室内三轴试验产生液化的应力比 $\frac{\Delta\sigma_1}{2\sigma_3}$ 的关系为

$$\frac{\tau_d}{\sigma'_0}=\left(\frac{\Delta\sigma_1}{2\sigma_3}\right)_{50}\cdot C_r\frac{D_r}{50} \tag{3-22}$$

式中　τ_d——产生液化的水平面上剪应力；

σ'_0——起始正向应力；

$\sigma_1+\Delta\sigma_1$——定周数周期变化的垂直应力；

σ_3——使土样固结的初始围压，即侧向压力；

C_r——用室内三轴试验数据以求得现场产生液化的剪应力比的一个修正系数，见图 3-18；

$\left(\frac{\Delta\sigma_1}{2\sigma_3}\right)_{50}$——三轴试验产生液化的应力比，试验时控制砂样相对密度 $D_r=50\%$。

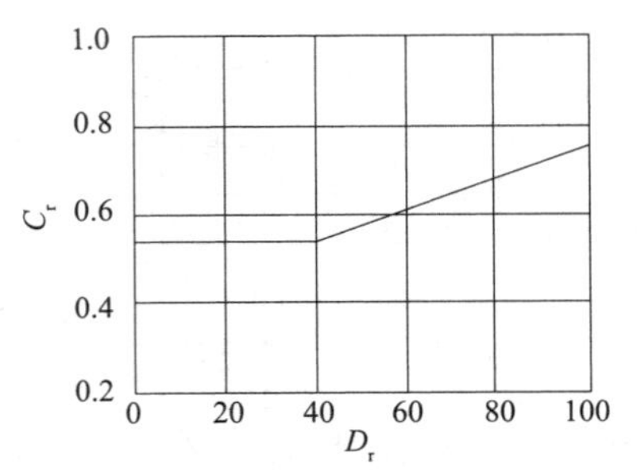

图 3-18　剪应力修正系数与相对密度关系

图 3-19 为用平均粒径 d_{50} 表示的不同粒径的和相对密度为 50% 的砂样的一些试验成果，两曲线尽管是由不同研究者提出，但这些成果还是相当一致的，因此可以利用图 3-19，按引起砂土液化所需的剪应力，近似地与砂土相对密度 D_r 成正比关系，根据式(3-22)推算 $\frac{\tau_d}{\sigma'_0}$。

比较式(3-21)及式(3-22)计算所得的 τ_{av} 及 τ_d，$\tau_d<\tau_{av}$ 处即为液化可能发生的范围(图 3-20)。

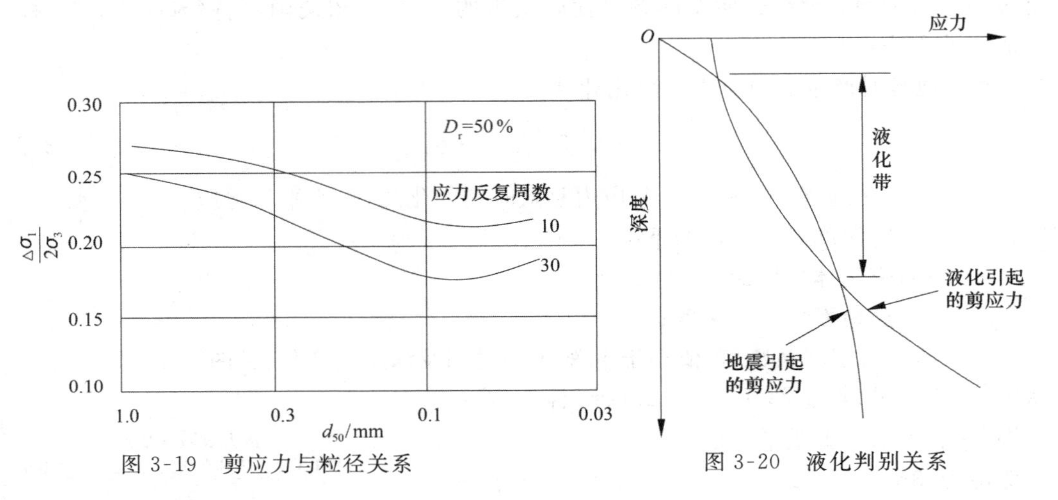

图 3-19　剪应力与粒径关系

图 3-20　液化判别关系

7. 临界加速度法

本法也是以振动三轴试验资料为依据。试验时，先使饱和砂样(其密度与原状土相等)在围压 σ_3 应力下排水，然后关闭排水管，用一定的振动加速度使砂样受振，逐渐加大振动加速度，找到在 σ_3 作用下，使砂样发生液化的临界加速度 a_c；然后重新制备砂样，变更 σ_3，再测定临界加速度，可得一组 σ_3-a_c 关系曲线。另外，找出不同 σ_1，σ_3 作用上的临界加速度 a_c，找出在同样侧压力 σ_3 下，但不同($\sigma_1-\sigma_3$)的某种密度砂土的临界加速度。可得侧压力为 σ_3 时($\sigma_1-\sigma_3$)$-a_c$ 关系曲线，不同的 σ_3，有不同的($\sigma_1-\sigma_3$)$-a_c$ 曲线。

在判别液化可能性时，可利用计算方法或试验方法，找出砂基内各点在设计荷载下的有效主应力 σ_1，σ_3；根据($\sigma_1-\sigma_3$)-a_c 曲线，确定各点相应 a_c 值，把 a_c 值相等的各点连接成 a_c 等值线。如工程所在的地震加速度为 a'_c，则凡是 $a_c\leqslant a'_c$ 的部分，即为由于地震而发生液化危险的范围。

以上六种方法，除最大孔隙水压力法、临界加速度法要进行室内振动三轴试验、工作量比较大外，其余方法都是比较简便的，因此可作为初步判别液化可能性手段。当要专门研究时，可进行室内振动三轴试验。

3.5.4 抗液化措施

抗液化措施主要分为两类：

一类是将可液化土层全部或部分处理(加密或挖除换土)，或者是采用桩基或深基础将建筑物荷载穿过可液化土层传到下面非液化土层上。这类方法比较彻底，但费用较高，应视具体情况(如建筑物的重要性和重量、可液化土层的液化危害系数、厚度和位置深浅等)慎重决定是否采用。用振冲法、强夯等加密可液化饱和砂层可取得良好效果。

另一类是不作地基处理，着重增加上部结构的整体刚度和均衡对称性(包括避免采用对不均匀沉降敏感的结构形式)以及加强基础的整体性和刚性(如采用箱基、筏基或交叉条形基础)，提高建筑物均衡不均匀沉降的能力，减少地基液化可能造成的危害。

震害调查表明，可液化土层直接位于基础底面以下和可液化土层同基础底面之间有一层非液化土层，两种情况不大相同，后一种情况震害大大减轻。因此，如果靠近地表有一定厚度的非液化土层而建筑物荷载又不是特别重，应尽量利用上面这层非液化土层作为持力层，采用浅基础方案。同理，提高地面设计标高，利用填土增加作用于可液化土层上的覆盖压力也是一种防止液化的有效措施。

总之，选择合理的抗液化措施十分重要，既要保证必要的安全度，又要防止造成浪费。应结合地基液化等级和建筑物具体情况全面综合考虑，可参照以往工程经验，也可参照建筑抗震设计规范中的有关规定进行选择。

3.6 孔隙水压力问题

3.6.1 孔隙水压力对土体强度的影响

在饱和的软黏土地基中，凡有应力场的微小变化，首先就引起孔隙水压力的变化。根据有效应力原理，其变化关系可按下式表示：

$$\begin{cases}\sigma=\sigma'+u \\ \Delta u=B[\Delta\sigma_3+A(\Delta\sigma_1-\Delta\sigma_3)]\end{cases} \tag{3-23}$$

式中 σ——总应力，kPa；

σ'——有效总应力，kPa；

$\Delta\sigma_1$，$\Delta\sigma_3$——大、小总应力的增量，kPa；

A，B——孔隙压力系数，其中 B 与土的饱和度有关，完全饱和时 $B=1$，完全干燥时 $B=0$；A 与土的应力历史有关，可以是正值，也可以是负值，超固结比越高，A 越小。

因此，应力场发生变化后，可以产生正的孔隙水压力(u)，也可能产生负的孔隙水压力，因为土颗粒骨架上有效法向应力等于总应力与孔隙水压力二者之差。所以在不排水条件下孔隙水压力的变化主要影响骨架上有效法向应力的大小，而对作用在骨架上的剪应力大小无影响。

$$\tau=\frac{\sigma'_1-\sigma'_3}{2}\sin2\alpha=\frac{(\sigma_1-u)-(\sigma_3-u)}{2}\sin2\alpha=\frac{\sigma_1-\sigma_3}{2}\sin2\alpha \tag{3-24}$$

在给定的总应力下，土体中形成正孔隙水压力将降低其抗剪切的能力。从图 3-21 可以看出，如果初始应力状态用摩尔圆 A 表示，在不排水条件下产生某一正孔隙水压力时，有效应力摩尔圆向左移动，靠向强度包线，土越接近破坏状态，当它相切时，土体就发生破坏，如摩尔圆 B。如果产生负孔隙水压力时，摩尔圆向右移动，离开强度包线的距离越远，相当于骨架上法向应力增了。产生负孔隙水压力的情况，在实际工程中常会遇到，掌握它的变化规律具有重要的意义。

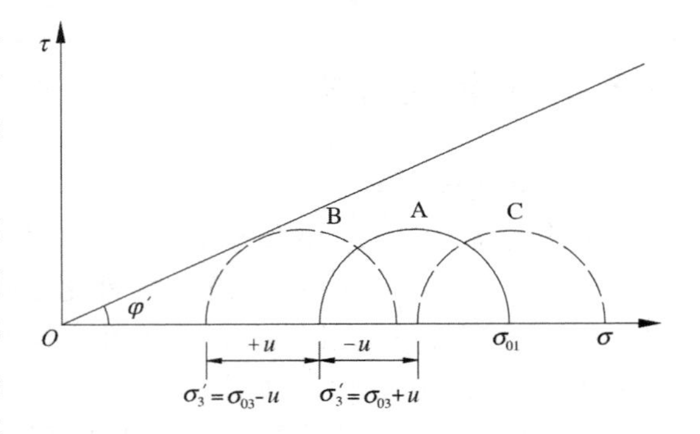

图 3-21　孔隙水压力对强度的影响

图 3-22 表示在饱和软黏土中采样试验过程中应力变化概念的例子。图 3-22(a)表示现场原位的应力状态，假定静止土压力系数 $k_0=1$，则原位固结应力 $p'_0=\gamma'Z$；初始孔隙压力 $u_0=\gamma_w Z$，总应力 $P=\gamma Z$，如果采样技术丝毫不引起土的扰动，将土样取到地面，作用在土样四周的力全部解除。总应力变化等于 $-P=-\gamma Z$，转化为孔隙水压力 $\Delta u=-\gamma Z$。土样内总的孔隙水压力为 $u=u_0+\Delta u=\gamma_w Z-\gamma Z=-\gamma' Z$，这时根据有效应力原理，土骨架上的有效应力，得：

$$\sigma'=\sigma-u=0-(-\gamma'Z)=\gamma'Z=P'_0$$

这一计算表明，土样从地下取出的瞬时，虽然周围应力排除，但骨架上的有效应力没有变化。图 3-22(b)、图 3-22(c)表示在三轴室内施加围压时的应力状态。

上述概念在基坑工程中具有重要的意义。基坑开挖到设计标高时，坑底土经历一个卸荷过程。开挖初期可以认为有效应力仍旧保持未挖土之前的状态。随着时间增加，土体回弹，孔隙水压力降低，有效应力减少，强度降低，所以基坑施工时要求坑底土尽量加以保护，减少扰动，在最短的时间里铺设垫层和浇筑底版。

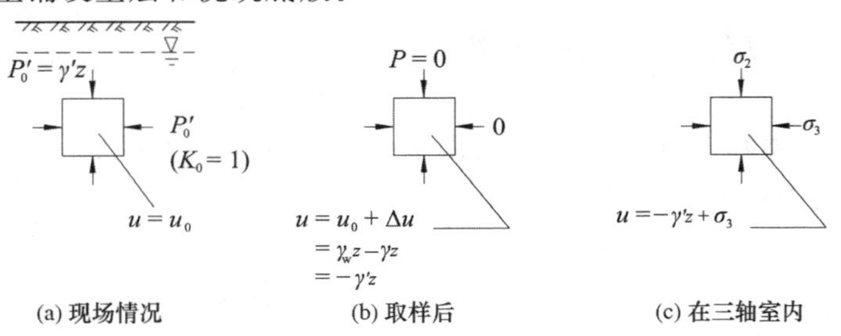

图 3-22　不排水条件下采样过程中应力变化

3.6.2　饱和软黏土基坑的瞬时稳定性和长期稳定性

在基坑稳定性分析中，必须考虑土的抗剪强度会受荷载类型和时间的影响。分析应力和强度的相对变化就成为稳定性研究中第一步，也许是最重要的一个步骤。通过这一步骤，工程师得到贯穿整个工程各个阶段稳定性变化的清晰概念。

图 3-23 表示在饱和软黏土地基上一个填方工程，土中 a 点的应力状态在图 3-24(a)和图

3-24(b)中进行了描述。a 点的剪应力随着填土荷载增加而增加，并在竣工时达到最大值。初始孔隙水压力等于静水压力 $\gamma_w h_0$。由于软黏土的渗透性很低，假定在施工过程中不排水，超孔隙水应力不消散。也就是说，软黏土是在不排水条件下受荷。孔隙水压力随着填土高度而增大，如图 3-24(b)所示。图中孔隙水压力系数 A 是任意假定值。除非 A 具有较大的负值，否则孔隙水应力总是正值。填方竣工时，土的抗剪强度仍保持与施工开始时的不排水抗剪强度一样，见图 3-24(c)。

竣工以后，即在时间 t_1，总应力保持常数，而超孔隙水压力则由于固结而消散，并在完全固结时(t_2)为零。固结使孔隙水压力下降，孔隙比减小和有效应力与抗剪强度增加。只要孔隙水压力已知，任何时间土的抗剪强度就可根据有效应力指标 c'，ϕ' 估算而得。

因此，竣工时的稳定性，应该采用总应力法和不排水强度来分析，而长期稳定性应该用有效应力法和有效应力参数来分析。从图 3-24(d)可以清楚看出，施工结束时，地基处于最危险状态，若渡过这一阶段，地基的安全系数随时间而增加。

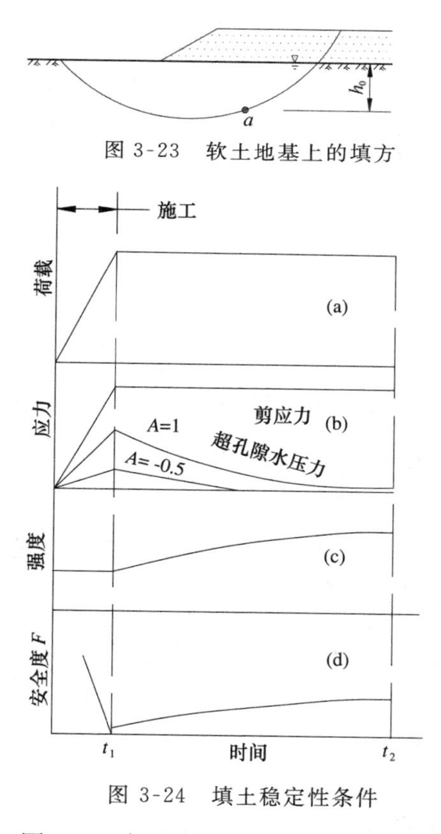

图 3-23 软土地基上的填方

图 3-24 填土稳定性条件

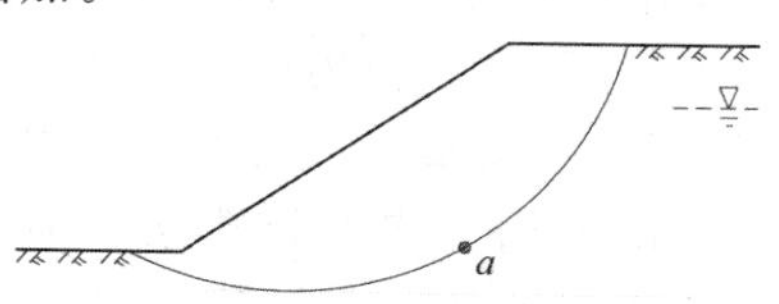

图 3-25 软土中挖方

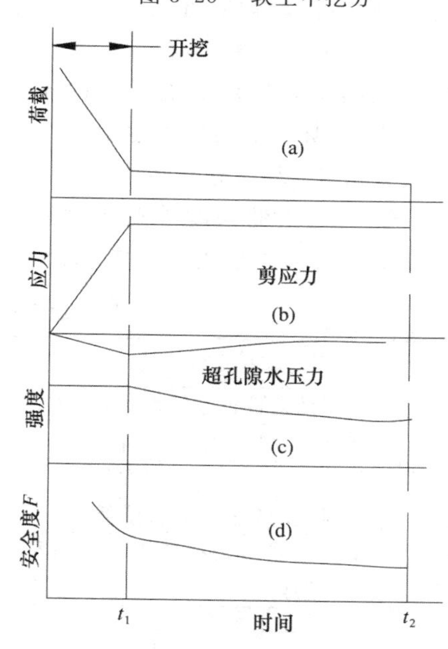

图 3-26 开挖稳定性条件

图 3-25 表示在饱和软黏土中挖方的情况。土中 a 点的应力状态在图 3-26 中进行了描述，挖土使 a 点的平均上覆压力减少，引起孔隙水压力下降，并出现负的超孔隙水压力。

若孔隙水压力系数 $B=1$，则孔隙水压力的变化为

$$\Delta u = \Delta\sigma_3 + A(\Delta\sigma_1 - \Delta\sigma_3) \tag{3-25}$$

在挖方边坡中，小主应力 σ_3 要比大主应力 σ_1 下降得多，于是 $\Delta\sigma_3$ 为负值，在大多数情况下 Δu 为负值。施工结束时，边坡中 a 点的剪应力达到最大值，由于负的超孔隙水压力，a 点的抗剪强度仍等于施工前的抗剪强度。随后伴随着软黏土有膨胀，负超孔隙水压力逐渐消散，土的

抗剪强度也随之下降。在开挖后较长一段时间里，负超孔隙水压力消散至零，土的强度降至最低值。

因此，不难理解，与填土情况相反，基坑竣工时的稳定性优于长期稳定性，稳定安全度随着时间而降低。

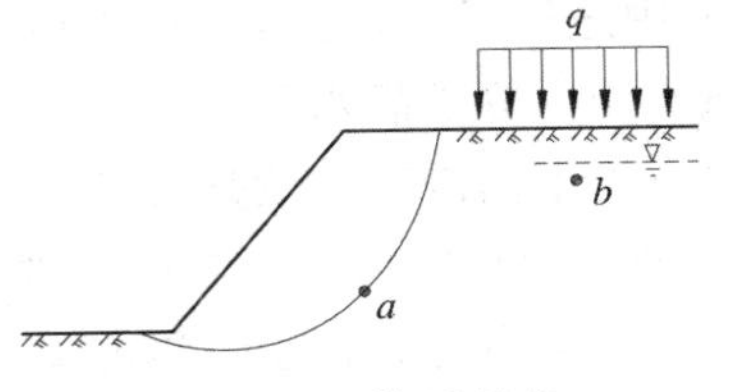

图 3-27 临近超载

图 3-27 表示在坡顶超载对基坑稳定的影响。在坡顶附近大面积堆荷，建造重型建筑物或打桩等工程活动时所引起的超孔隙水压力，将沿着辐射向排水而消散。水从 b 至 a 流动，使 a 点的孔隙水压力慢慢增大。

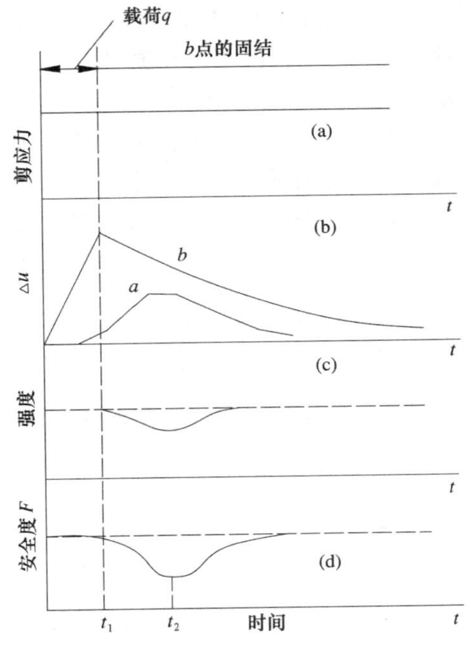

图 3-28 变荷载作用稳定性条件

基坑边坡的稳定性条件如图 3-28 中所示。假设荷载离边坡有一定距离，故荷载并不影响滑动圆弧上的应力状态，并且剪应力随时间保持为常数，如图 3-28(a)所示。荷载使 b 点孔隙水压力增加，随着辐射向排水，跟着 a 点的超孔隙水压力也慢慢增加至最大值，孔隙水压力上升使 a 点的抗剪强度和安全度下降。可以看到，在某一中间时间 t_2 时，安全度达到最小值。这种情况，使边坡潜伏着很大的危险性，因为，不管边坡具有足够的瞬时稳定性和长期稳定性，破坏仍有可能发生。

根据上述分析，基坑稳定性与荷载条件，孔隙水压力、有效应力、土的强度等变化过程有密切关系。归纳得到的经验列于表 3-9 中，供参考。

表 3-9　　提高地基及基坑稳定性的措施

荷载条件	稳定性变化	提高基坑稳定性注意事项
软土地基加载(加荷)	施工结束阶段稳定性最低，随着时间的延长稳定性提高	控制加载速率，使孔隙水压力有足够的消散时间，地基可采用砂井等排水措施
开挖基坑(卸载)	施工结束阶段，稳定性较高，随着时间的延长稳定性降低	保护坑底土不受扰动，开挖到设计标高后，立即铺设垫层，不允许基坑长期暴露
坡顶有限距离内超载	最危险状态是在施工结束后某一时期内	合理布置堆荷区，不允许在坡顶附近进行打桩、爆破等工程活动

3.7 渗流问题

3.7.1 地下水渗流作用下围护基坑稳定性

在饱和软黏土中开挖基坑时，都需要进行维护，围护结构通常采用板桩、地下连续墙、胶板桩或具有止水措施的钻孔灌注桩。由于地下水位很高，在围护结构周围流线和等势线很集中，如图 3-29 所示，因此很容易造成基坑底部的渗流破坏，所以设计围护结构插入深度时，必须考虑抵抗破坏的能力，具有足够的渗流稳定安全度。

具有维护结构的基坑平面渗流计算图如图 3-30 所示。假定 3—3′和 7—7′为等势线，则地基被分为Ⅰ，Ⅱ两段。第Ⅰ段与闸坝地基渗流计算中的进出口段有相同的形式。而第Ⅱ段相当于长为 $2S_2$ 平面底板渗流阻力的一半(图3-31)。这两种情况由流体力学的解给出阻力系数值如图 3-32 所示。其中，ξ_1 表示第Ⅰ段阻力系数，根据参数$\dfrac{S_1}{T_1}$由$\dfrac{T_2}{b}=0$ 的一条曲线确定；ξ_2 为第Ⅱ段阻力系数，根据参数$\dfrac{S_2}{T_2}$及$\dfrac{T_2}{b}$确定。由此可知由板桩一侧渗入基坑流量为

$$q=Kh\,\frac{1}{\xi_1+\xi_2} \tag{3-26}$$

围护结构端部 3 点或 7 点的水头为

$$h_F=h\,\frac{\xi_2}{\xi_1+\xi_2} \tag{3-27}$$

基坑板底出口平均水力坡度为

$$I_F=\frac{h_F}{S_2} \tag{3-28}$$

发生渗流稳定时临界水力坡度 $I_c=I=I_F$，则维护结构的插入深度应为

$$S_2 \geqslant h_F \tag{3-29}$$

对于空间三维渗流计算可按平面情况计算再作修正，对于圆形基坑：

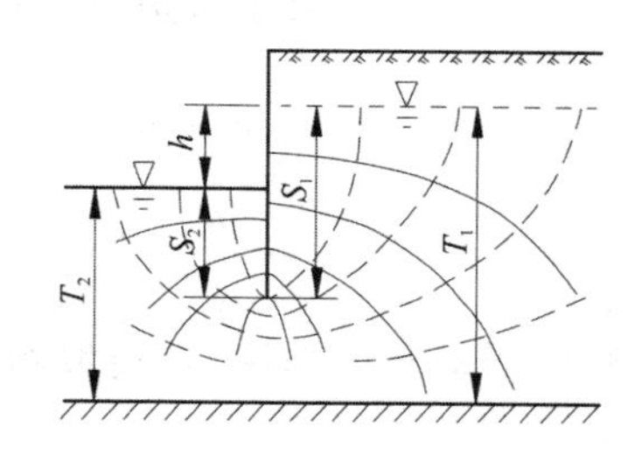

图 3-29　地下水流线和等势线图

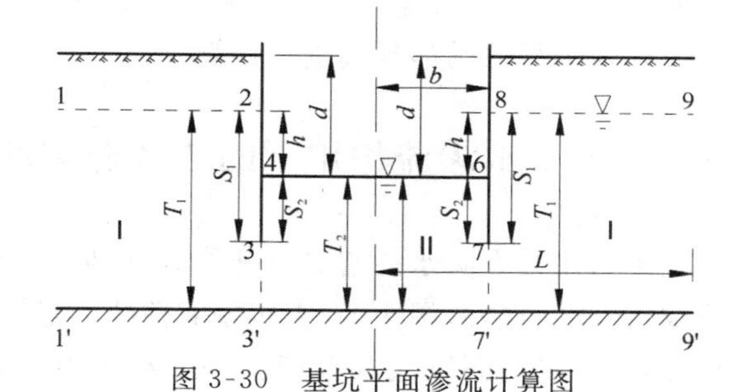

图 3-30　基坑平面渗流计算图

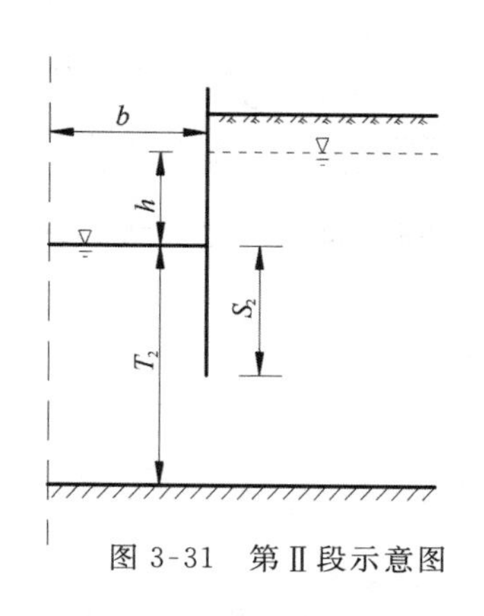

图 3-31　第Ⅱ段示意图

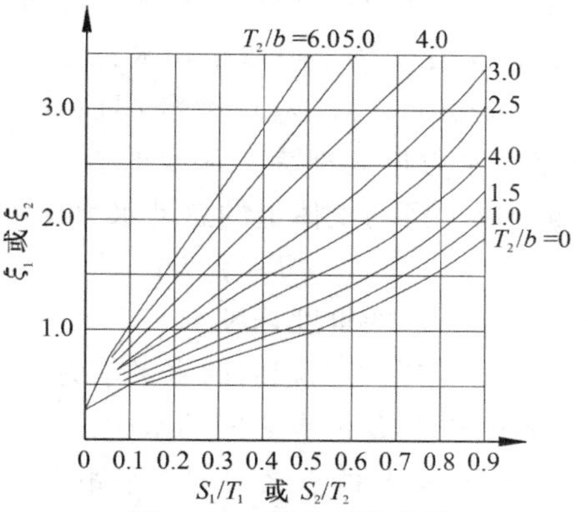

图 3-32　阻力系数曲线

$$q=0.8Kh\frac{1}{\xi_1+\xi_2} \tag{3-30}$$

$$h_F=1.3h\frac{\xi_2}{\xi_1+\xi_2} \tag{3-31}$$

式中，q 为绕过单位长度板桩的渗流量。

因此基坑的总渗流量应为 $Q=2\pi Rq$，R 为圆形基坑的半径。

对于正方形基坑：

$$q=0.75Kh\frac{1}{\xi_1+\xi_2} \tag{3-32}$$

$$h'_F=1.3h\frac{\xi_2}{\xi_1+\xi_2} \tag{3-33}$$

$$h''_F=1.7h\frac{\xi_2}{\xi_1+\xi_2} \tag{3-34}$$

式中　q——绕过单位长度板桩的渗流量，m^2/d；

l——基坑边长的一半，m；

h'_F，h''_F——分别为基坑一边的中点及角点处的端部的水头，m。

计算表明，角点处具有更高的水头值，因此在角点处容易发生渗流失稳。所以角点处围护结构的插入深度应该比中部更深一些。

对于其他形式的基坑，如长方形基坑，对断边角点的水头可用正方形基坑计算，而长边中点处的水头，当基坑长宽比接近或大于 2 时，可按平面渗流计算，不修正；对于多边形基坑，可简化成等效半径的圆形基坑进行计算。

3.7.2　地下水渗流作用下的边坡稳定性

在不采用井点降水的情况下开挖基坑，坡面内有渗流时，由于动水力作用，对边坡的稳定性造成不利的影响。图 3-33 表示浸润曲线通过边坡的情况，地下水自上而下流动会产生一个动水力，动水力的作用，促使土体向下滑动。动水力可通过流网分析来进行计算，但在实用上可取平均水力坡度来计算。

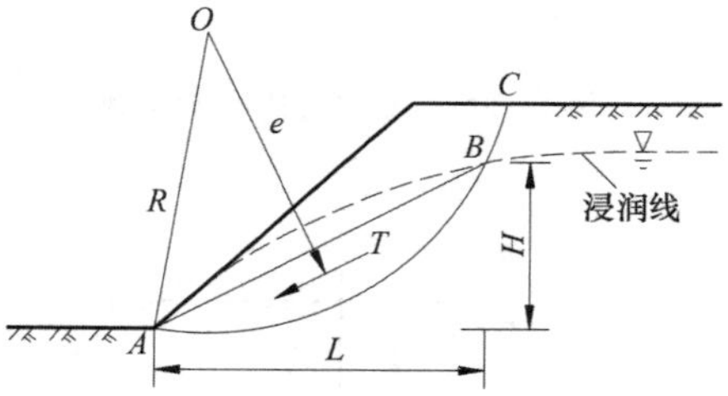

图 3-33　渗流力对稳定性的影响

图 3-33 中，A、B 两点为浸润曲线与滑动面的交点，则平均水力坡度即为 AB 线的斜率。因此，作用在浸润曲线以下滑动土体上的总动水力 T 可表示为

$$T=\gamma_w IA \tag{3-35}$$

式中　γ_w——水的重度，kN/m^3；

I——作用于面积内的水平水力坡度，$I=H/L$；

H——A，B 两点之间的水位差，m；

L——A，B 两点之间的水平距离，m；

A——浸润曲线以下，滑动面以上土体的面积，m^2。

渗流力 T 向下，增加一个滑动力矩 Te，e 为渗流力 T 至圆心 O 的距离。T 的作用点位置，

可假定作用在面积 A 的形心处，方向与 AB 线平行。因此，边坡的稳定性计算公式可改写为

$$F_s = M_{抗滑}/(M_{滑动} + Te) \tag{3-36}$$

式中 $M_{抗滑}$——抗滑力；

$M_{滑动}$——滑动力；

Te——滑动力矩。

3.8 坑底突涌和井底土体位移问题与防治

地表以下充满于两个稳定隔水层之间承受静水压力的含水层中的重力水称为承压水。它的形成过程与所在地区的地质发展史关系密切，在地下工程中也是产生环境地质问题的主要因素之一。

3.8.1 基坑突涌

当基坑之下有承压水存在，开挖基坑减小了含水层上覆不透水层的厚度，当它减小到一定程度时，承压水的水头压力能顶裂或冲毁基坑底板，造成突涌。

1. 突涌的形式

(1) 基底顶裂，出现网状或树状裂缝，地下水从裂缝中涌出，并带出下部的土颗粒。

(2) 基坑底发生流砂现象，从而造成边坡失稳和整个地基悬浮流动。

(3) 基底发生类似于"沸腾"的喷水现象，使基坑积水，地基土扰动。

2. 基坑突涌产生条件

如图 3-34 所示，由基坑开挖后不透水层的厚度(H)与承压水头压力的平衡条件可知，H 应为：

$$H = \frac{\gamma_w}{\gamma'} \cdot h \tag{3-37}$$

$$H > \frac{\gamma_w}{\gamma'} \cdot h \tag{3-38}$$

式(3-38)成立，基坑不发生突涌。

$$H < \frac{\gamma_w}{\gamma'} \cdot h \tag{3-39}$$

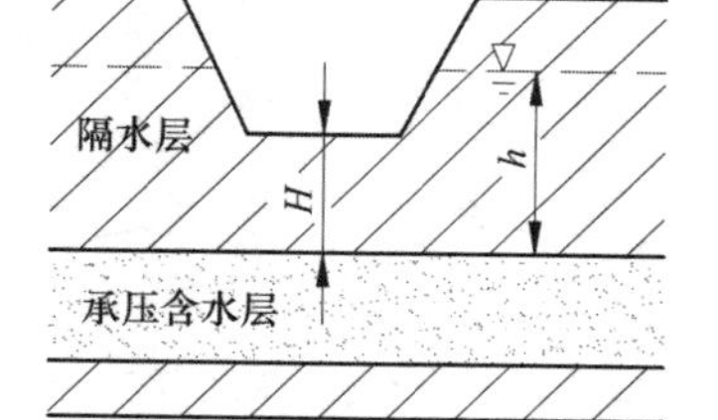

图 3-34 基坑底最小透水层厚度

式(3-39)情况下，有可能发生突涌。

式中 H——基坑开挖后不透水层厚度，m；

γ'——土的浮重度，kN/m^3；

γ_w——水的重度，kN/m^3；

h——承压水头高于含水层顶板的高度，m。

3. 突涌的防治措施

当 $H < \frac{\gamma_w}{\gamma'} \cdot h$，则应用减压井降低基坑下部承压水头，防止由于承压水压力引起基坑突

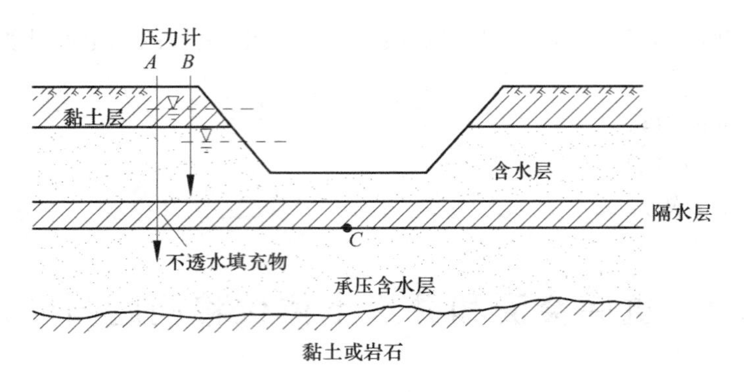

图 3-35 基坑下存在承压水层情况

涌。在减压井降水过程中，应对孔隙水压力进行监测，要求承压含水层顶板 A 点的孔隙水压力应小于总应力的 70%，见图 3-35。当基坑开挖面很窄时，此条件可放宽一些，因为土的抗剪强度对抵抗坑底隆起起到一定的作用。

3.8.2 井底土体位移

当沉井排水下沉接近设计深度时，如果井底以下不透水层厚度不足，就可能被下面承压含水砂层中的承压水顶破，如图 3-36 所示。其后果是井底大量涌入泥砂，沉井突沉，并导致沉井四周地面产生大幅度大范围的沉降；当沉井采用不排水下沉时，如果井内水深不足，或封底的素混凝土厚度不足以平衡承压水压力，则井底以下不透水层底面上的向上压力大于向下压力，也会导致井底被顶破而产生井底涌砂，因而导致井周的地面产生大范围大幅度的下沉。出现上述问题的主要原因是在做沉井施工组织设计前，未得到足够钻探深度的地质资料，不了解沉井开挖深度以下大于 1.3 倍开挖深度范围的工程地质和水文地质条件。判断井底有限厚度隔水层在承压含水层中水压力作用下的稳定性(图 3-37)，可按下式分析。

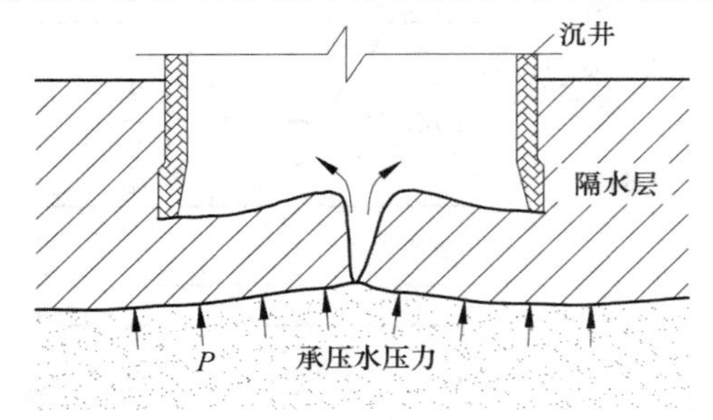

图 3-36 井底承压水引起土体移动

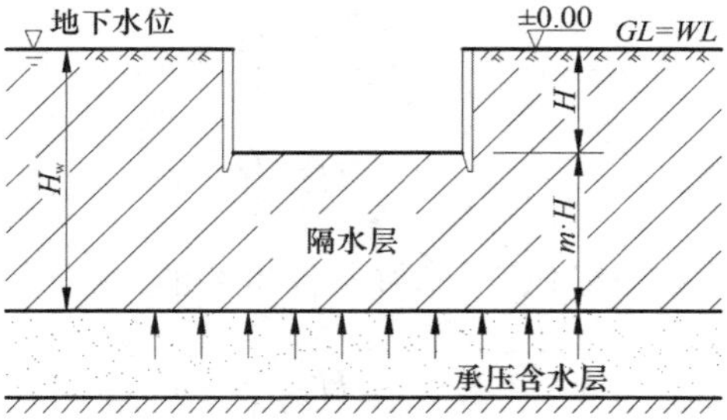

图 3-37 井底有限厚度隔水层的沉井

设承压水位稳定在 ±0.00 标高，则有如下平衡方程：

$$c \cdot u \cdot (mH) + F \cdot \gamma_s \cdot (mH) \geqslant F \cdot \gamma_w \cdot H_w$$

由于土的受拉力学性能很差，一般不考虑土的内聚力 c 的作用，所以井底土体的平衡条件是：

$$F \cdot \gamma_s \cdot (mH) \geqslant F \cdot \gamma_w \cdot H_w$$

$$\gamma_s \cdot (mH) \geqslant \gamma_w \cdot H_w$$

因为 $H_w = H + mH = H \cdot (1+m)$，

则

$$\gamma_s \cdot (mH) \geqslant \gamma_w \cdot H \cdot (1+m) \tag{3-40}$$

从式(3-37)中得 m：

$$m \geqslant \frac{\gamma_w}{\gamma_s - \gamma_w} \tag{3-41}$$

式中 F——沉井的底部面积，m^2；

γ_s——井底不透水黏土层的重度，kN/m^3；

u——沉井刃脚及底梁踏面的内壁周长，m；

γ_w——水的重度，kN/m^3；

H_w——井底不透水层下面承压含水砂层中的承压水头高度，m；

H——沉井挖土深度，m。

假定 $\gamma_w = 10kN/m^3$，$\gamma_s = 18kN/m^3$，井底隔水土层不被承压水顶破的平衡条件，可以用式(3-41)表示：

$$m \geqslant \frac{10}{18-10} = 1.25$$

3.8.3 基底抗承压水层的基坑稳定性

如果在基底下的不透水层较薄，而且在不透水层下面具有较大水压的承压含水层时，当上覆土重不足以抵挡下部的水压时，基底就会隆起破坏，墙体就会失稳，如图 3-38 所示。所以在地下墙设计、施工前必须查明地层情况及承压含水层水头情况、底鼓的稳定验算可按以下规则进行。

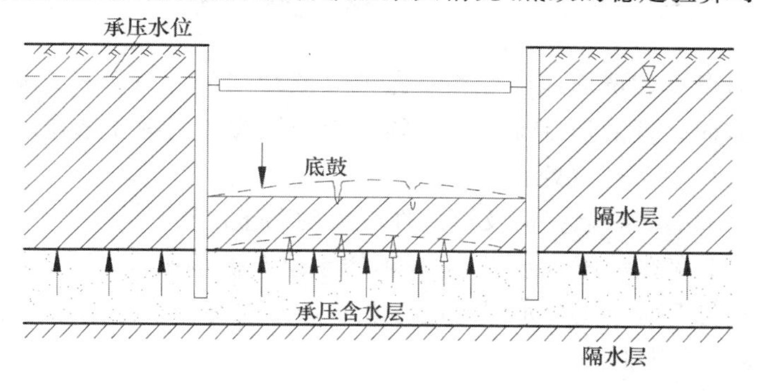

图 3-38 承压水产生的基底隆起

先考虑上覆土层重量与承压水的水压力平衡，此时的安全系数取 1.1～1.3。当不满足此条件时，对有空间效应的小型基坑或较窄的条形基坑，可考虑上覆土层重量及其支护壁的摩擦力与水压力的平衡，土与支护壁间的摩擦系数根据具体工程的条件根据试验审定，土作用于支护壁上正压力可采用主动土压力，这是偏于安全的，安全系数可取 1.2。若还不能满足稳定条件，则应采取一定的措施以防止基坑的失稳，常见的有下面两种：

(1) 用隔水挡墙隔断含水层；

(2) 用深井点降低承压水头。

当基坑底面下的黏土层(隔水层)厚度不足以抵抗承压水的向上压力时，常采用深井点降低承压水头，以确保坑底的稳定，见图 3-39。在这种情况下，坑底稳定的条件是：

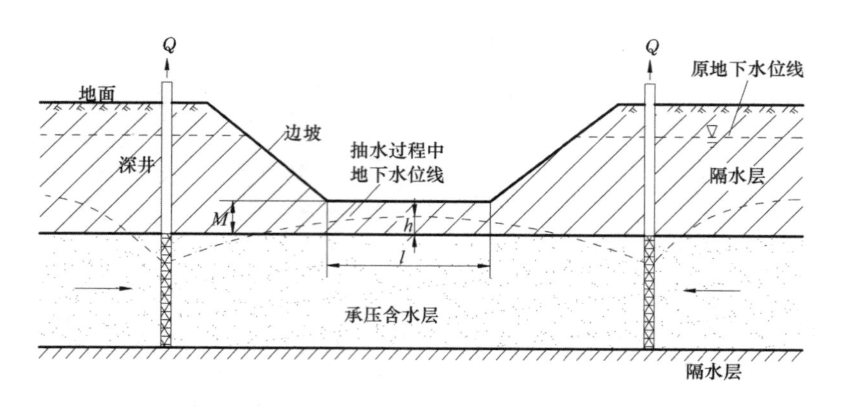

图 3-39　深井降水

$$\gamma_w h \leqslant M\gamma \tag{3-42}$$

式中　M——坑底以下不透水黏土层厚度，m；

γ——坑底以下不透水黏土层容重，kN/m^3；

γ_w——水的容重，kN/m^3；

h——降低承压水位后，坑底黏土层中存在的承压水头高度，m。

3.8.4　坑底突涌的防治

1. 加固范围的确定

当遇到基坑突涌问题时，如因环境条件不能采用降水法处理，则可采用地基加固的方法解决。

在经过深入地质调查和坑周地层位移对保护对象影响的计算分析之后，针对基坑地基的薄弱处预先进行可靠而合理的地基加固。必须加固的位置和范围要选在以下可能引起突发性灾害性事故的地质或环境条件之处：

(1) 液性指数大于 1.0 的触变性及流变性较大的黏土层。

(2) 基坑底面以下存在承压含水层，坑底不透水层有被承压水顶破之险。

(3) 在基坑底面与下面承压含水层之间存在不透水层与受压透水层互层的过渡性地层。

(4) 基坑承受偏载的条件；

① 坑周地面和地下水位高程有较大差异；

② 坑周挡墙外侧有局部的松土或空洞；

③ 基坑立面挡墙外侧超载很大；

④ 基坑内外地层软硬悬殊；

⑤ 部分挡墙受邻近工地打桩、压浆等施工活动引起附加压力。

(5) 含丰富地下水的砂性土层及废弃地下室管道等构筑物内的贮水体。

(6) 地下水丰富且连通流动大水体的卵砾石地层或旧建筑垃圾层。

(7) 基坑周围外侧存在高耸桅塔、易燃管道、地下铁道及隧道等对沉降很敏感的建筑设施。

针对上述困难和风险较大问题，按具体的工程地质和水文地质条件以及施工条件，预测基坑周围地层位移，当经过精心优化挡墙与支撑体系结构设计及开挖施工工艺后，预测周边地层位移仍大于保护对象的允许变形量时，则必须考虑在计算分析所显示的基坑地基薄弱部分，预先进行可靠而合理的地基加固，对于风险性特大处的地基加固的安全系数应适当提高，并采取在开挖施工中跟踪注浆等加固方法以可靠地控制保护对象的差异沉降。对于有管涌和水土流失危险的地方，则更须预先进行可靠的预防性地基处理。地基加固的部位、范围、加固后介质性能指标及加固方式选择均应经计算分析，还要明确提出检验加固效果的规定。加固方式的选择可参考下述有代表性的类型。

2. 抵抗坑底承压水的坑底地基加固

坑底被承压水顶破而发生涌砂、隆起是基坑工程中最大危险事故之一。当坑底地基不能满足抗承压水安全要求时，必须采取安全可靠的地基处理措施，应用方法有以下三种：

(1) 采用化学注浆法或高压三重旋喷注浆法，在开挖前于基坑周围地下墙墙底平面以上做成封住基坑周围地下墙墙底平面，并与坑周地下连续墙结成整体的不透水加固土层，此加固层底面以上土重与其下面承压水压力相平衡，使基坑工程安全地完成，如图 3-40、图 3-41 所示，其验算公式见式(3-43)。

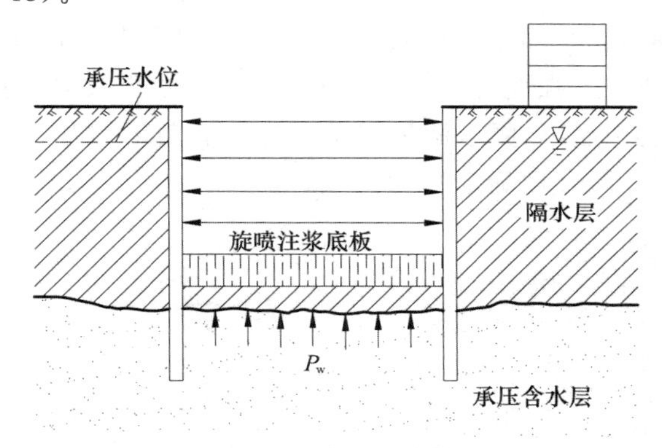

图 3-40　旋喷桩加固土体抗承压水

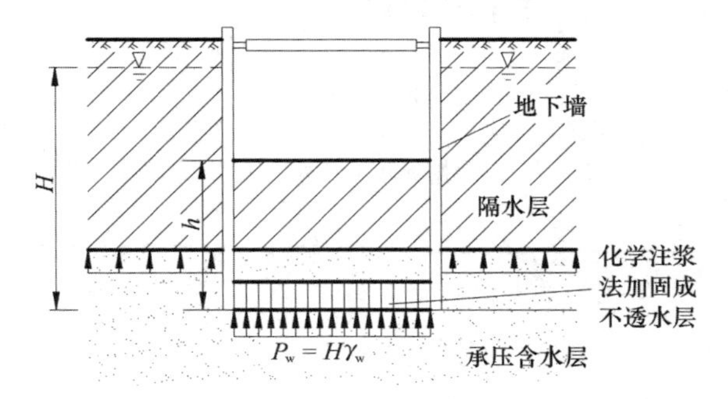

图 3-41　化学注浆法加固土体抗承压水

$$h \cdot \gamma_{cp} \geqslant H \cdot \gamma_w \tag{3-43}$$

式中　h——坑底至加固底面高度；

γ_{cp}——加固层底面以上土层平均重度；

$H\gamma_w$——承压水压力。

上海合流污水治理一期工程中，彭越浦泵站进水总管的条形深基坑邻近居民多层建筑，其长度 160m，宽 5.8m，深 15m，坑底不透水层仅 5m，不能承受其下 16t/m^2 的承压水压力，后采用该法得以安全完成该基坑工程。荷兰鹿特丹市地铁区间隧道基坑工程中，也用此法解决了承压水问题。

(2) 在基坑外侧或内侧以深井点降低承压水水压,同时在附近建筑物旁边地层中用回灌水法以控制地层沉降保护建筑设施。当基坑处于空旷地区可不用回灌水措施,如图 3-42 所示。

(3) 基坑外设防水帷幕。在地下水位以下的松散砂、砾或渗透性较大的地层中,进行基坑开挖前,必须根据地层透水性和流动性,在排桩式挡墙或密水性较差的挡墙外侧,采用搅拌桩、旋喷桩、水泥系列或化学注浆法,做成防水帷幕,严防挡墙缝隙水土流失和挡墙底部管涌。防水帷幕在坑底以下的插入深度务必满足抗管涌的安全要求,如图 3-43 所示。

(4) 坑内降水预固结地基法。在市区建筑设施密集地区,对密封良好的围护墙体基坑内的含水砂性土或软弱黏性土夹薄砂层等可适宜降水的地层,合理布设井点,在基坑开挖前超前降水,将基坑地面至设计基坑底面以下一定深度的土层疏干并排水固结,以便于开挖土方,更着重于提高挡墙被动区及基坑中土体的强度和刚度,并减少土体流变性,以满足基坑稳定和控制土体变形要求。在开挖前开始降水的超前时间,按降水深度及地层渗透性而定。在上海夹薄砂层的淤泥质黏土层中,水平渗透系数为 10^{-4}cm/s,垂直渗透系数$\leqslant 10^{-6}$cm/s,当在此地层中的降水深度为 17～18m,自地面挖至坑底的时间为 30d 时,超前降水时间$\geqslant$28d。实践说明降水固结的软弱黏土夹薄砂层强度可提高 30%以上,对砂性土效果则更好。大量工程总结资料可证明适宜降水的基坑土层,以降水法加固是最经济有效的方法。为提高降水加固土体的效果,降水深度要经过验算而合理确定,如图 3-44 所示。

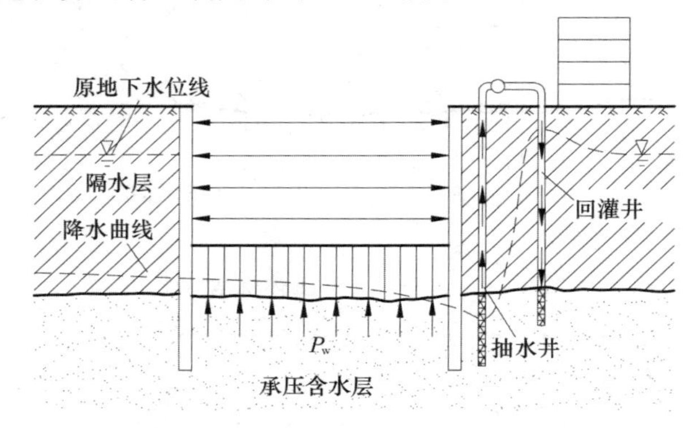

图 3-42 井点降水降低承压水位稳定坑底示意图

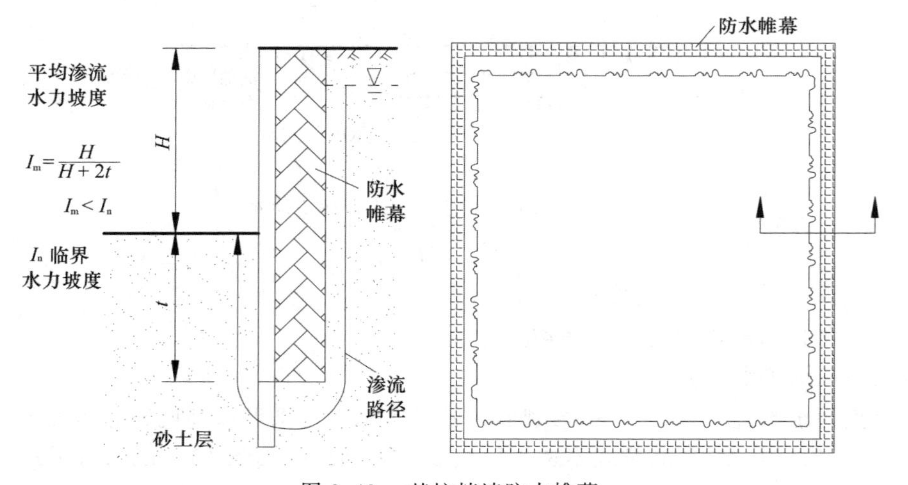

图 3-43 基坑挡墙防水帷幕

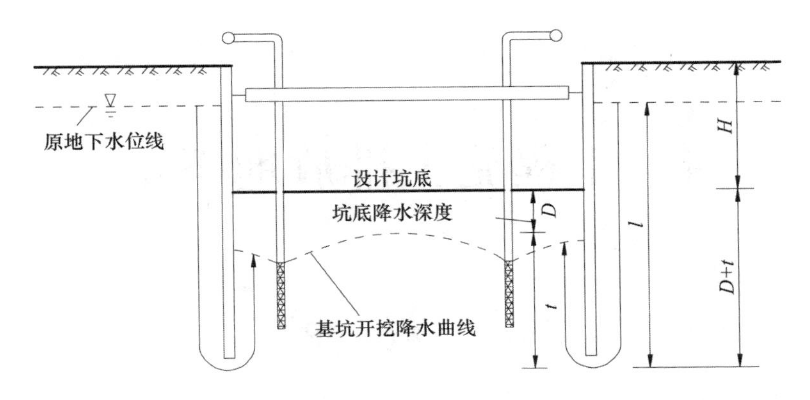

图 3-44　基坑降水预固结地基示意图

习题、思考题

1. 地下水的不良作用有哪些？
2. 产生潜蚀的条件有哪些？如何防止潜蚀的产生？
3. 产生管涌的条件有哪些？如何防止管涌的产生？
4. 产生流砂的条件有哪些？如何防止流砂的产生？
5. 什么是砂土液化？产生液化的因素有哪些？如何防止液化的产生？
6. 土体中的孔隙水压力影响土体强度的机理是什么？
7. 饱和软黏土基坑的瞬时稳定性和长期稳定性有什么特征？
8. 地下水渗流对基坑及边坡稳定性有哪些影响？
9. 基坑突涌的形式有哪些？如何进行防治？

4 工程施工排放地下水

4.1 概　况

工程施工排放地下水一般采用明沟加集水井的施工方法，常应用于一般工程之中。其设备的设置费用和保养费用均比井点排水低，同时也能适合于各种土层。然而，这种方法由于集水井通常设置在基坑内部以吸取流向基坑的各种水流(如边坡和坑底渗出的水，雨水等)，最后将导致细粒土边坡面被冲刷而塌方。但尽管如此，如果能仔细地施工以及采用支撑系统，所抽水量能及时排除基坑内的表面水，明挖排水未尝不是一种经济的方法。明挖适用于密砂、粗砂、级配砂、硬的裂隙岩石和表面径流来自黏土时较好。但若在松散砂、软黏质土、软岩石时，则将遇到边坡稳定问题。

4.2 常用的明排水方法

4.2.1 普通明沟和集水井排水法

1. 分层开挖排水(图 4-1)

在开挖基坑的周围一侧或两侧，或基坑中部逐层设置排水明沟，每隔 20.00～30.00m 设一集水井，使地下水汇流于集水井内，再用水泵排出基坑外。随挖土深度加深排水沟和集水井，保持沟底低于基坑底 0.30～0.50m，使水流畅通。一侧设排水沟应设在地下水的上游。一般小面积基坑(槽)排水沟深 0.30～0.60m，底宽等于或大于0.40m，水沟的边坡为 1∶1～1∶1.5，沟底设有 0.2%～0.5%的纵坡，使水流不致阻塞。集水井的截面为 0.60m×0.60m～0.80m×0.80m 为宜，井底保持低于沟底 0.40～1.00m，井壁用竹笼、木板加固。抽水应连续进行，直到基础完成，回填土后才停止。

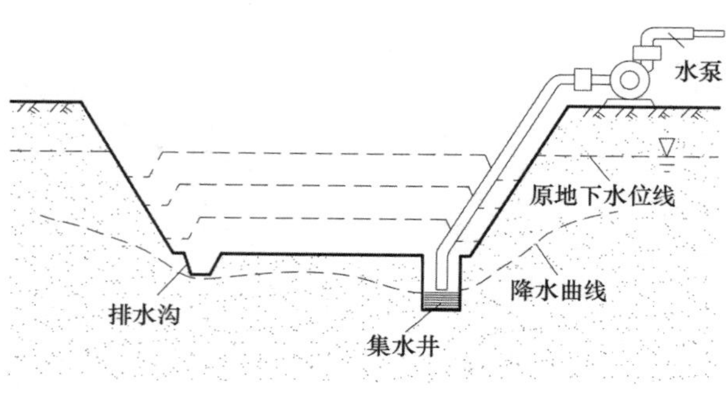

图 4-1　分层开挖排水

2. 双层土井排水(图 4-2)

利用水泥混凝土管,直径一般为 80～100cm,分节沉入土中;以离心水泵抽汲土井中水,以降低基坑外侧和坑下水位。

通常用一层即可,要求降深较大时采用双层。

管节最下面一节滤水管四周凿成间距 15～20cm 梅花孔,以利进水。

梅花孔孔径外大内小,塞以麻袋布之类,管内放砂石滤料,以利透水并防土颗粒随水抽走。

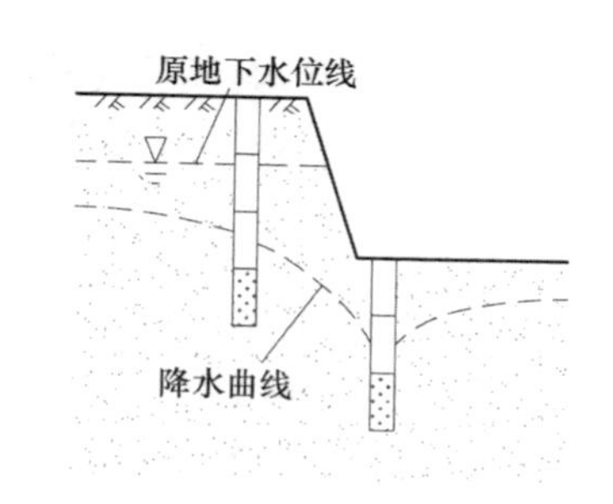

图 4-2　双层土井排水

3. 基坑中央集水井

在四周不打板桩,或放坡明挖,或仅用不入土的支撑情况下沿坑侧开沟,极易导致坡脚塌陷或板桩下端土层流失刷空,为此,采用基坑中央设置渗水井的办法效果最好(图 4-3)。

此法可在施工过程中,一直到基础浇筑完成,最后快速封没,不渗不漏。

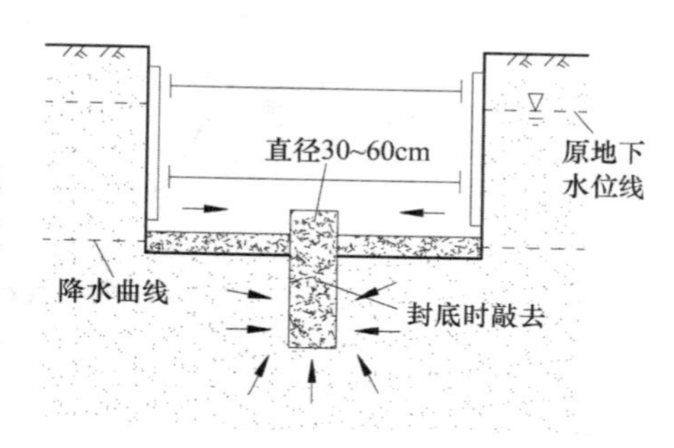

图 4-3　基坑中央集水排水

4. 适用范围

上述三种方法适用于一般基础及中等面积基础群和建筑物、构筑物基坑(槽)排水。施工方便,设备简单,成本低,管理较易,应用最广。

4.2.2　分层明沟排水法

1. 分层明沟排水法

在基坑(槽)边坡上设置 2～3 层明沟及相应集水坑,分层阻截上部土体中的地下水。排水沟和集水井设置方法及尺寸,基本与“普通明沟和集水井排水法”相同,应注意防止上层排水沟地下水流向下层排沟冲坏边坡造成塌方(图 4-4)。

2. 适用范围

分层明沟排水法适用于基坑深度较大,地下水位较高以及多层土中上部有透水性较强的土。可避免上层地层中地下水冲刷土的边坡造成坍方,减少边坡高度和水泵扬程,但挖土面积增大,土方量增加。

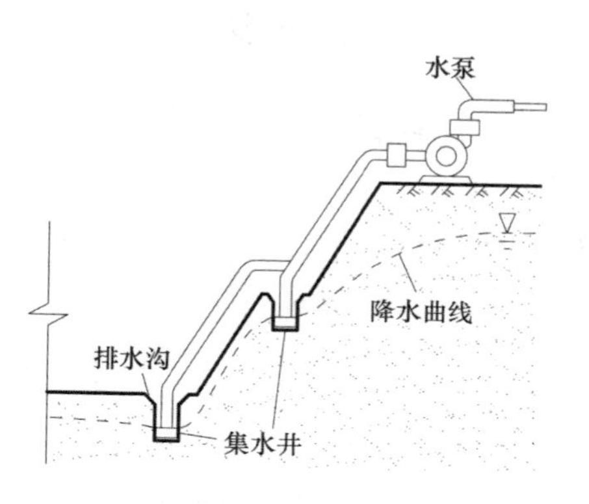

图 4-4　分层明沟排水

4.2.3　深沟降水法

1. 深沟降水法

如图 4-5 所示,在建筑物内或附近适当部位或地下水上游开挖纵长深沟作为主沟,自流或用泵将地下水排走。在建筑物、构筑物四周或内部设支沟与主沟连通,将水流引至主沟排出,排水主沟的沟底应较最深基坑底低 1.00～2.00m。支沟比主沟浅 0.50～0.70m,通过基础部位用碎石及砂子作盲沟，以后在基坑回填前分段回填黏土截断，以免地下水在沟内流动破坏地基土体。深沟亦可设在厂房内或四周的永久性排水沟位置，集水井宜设在深基础部位或附近。

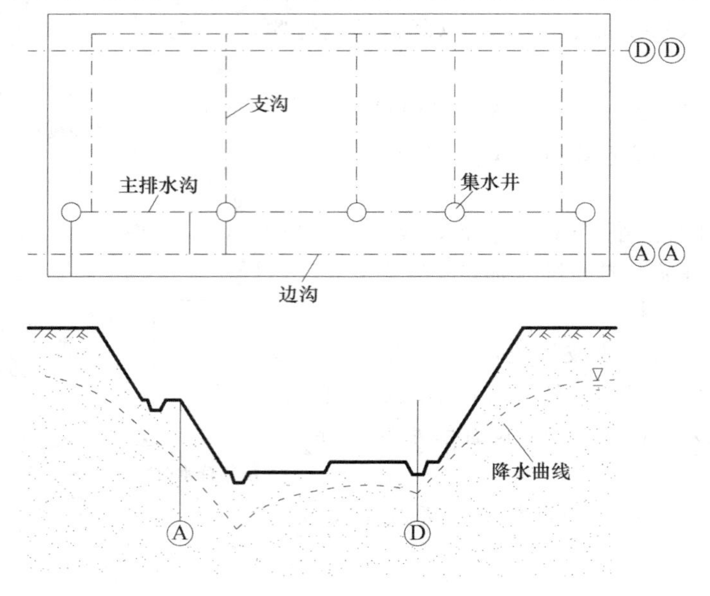

图 4-5　深沟降水

2. 适用范围

深沟降水法适用于深度大的大面积地下室、箱形基础及基础群施工降低地下水位。

分多次排水为集中降水，可解决大面积深基坑降水问题。

4.2.4　综合降水法

1. 综合降水法

如图 4-6 所示，在深沟集水的基础上，再辅以分层明沟排水，或在上部设置轻型井点分层截水等方法同时使用，以达到综合排除大量地下水的作用。

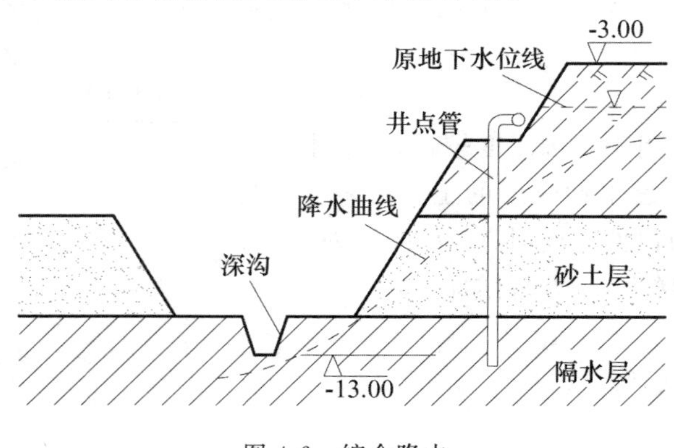

图 4-6　综合降水

2. 适用范围

综合降水法适用于土质不均，基坑较深，涌水量较大的大面积基坑排水。

排水效果较好，但费用较高。

4.2.5 利用工程集水、排水设施降水法

1. 利用工程集水、排水设施降水法(图 4-7)

选择厂房内深基础先施工,作为工程施工排水的总集水设施,或先施工建筑物周围或内部的正式渗排水工程或下水道工程,利用其作为排水设施,在基坑(槽)一侧或两侧设排水明沟或渗水盲沟,将水流引入渗排水系统或下水道排走。

2. 适用范围

利用工程集水、排水设施降水法适用于较大型地下设施(如基础、地下室、油库等)等工程的基础群及柱基排水。

本法利用永久性设施降水,省去大量挖沟工程和排水设施,费用最省。

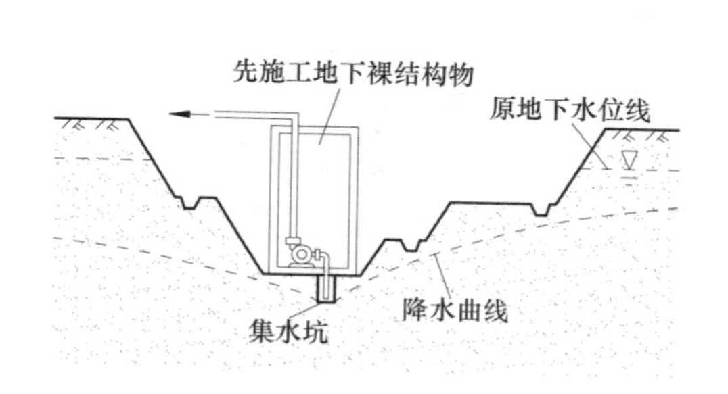

图 4-7 利用工程集水、排水施工降水

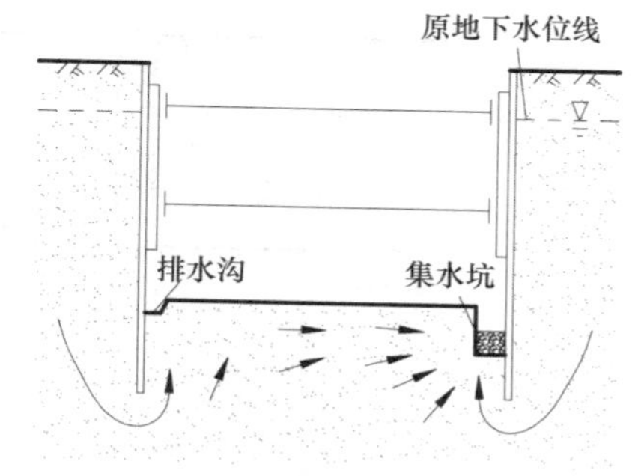

图 4-8 板桩支撑集水井排水

4.2.6 板桩支撑集水井排水法

板桩支撑集水井排水法(图 4-8):

开挖基坑采用板桩支撑时,一般沿板桩的基坑边缘开小型侧沟,亦称汇水沟,将水流入聚水井(或称集水井)。

利用离心水泵从集水井抽汲排除。井内放置砾石、块石滤层,井深可视水量大小酌定,一般在 0.60~1.00m。有时可布置在基坑边线外以利操作。

4.3 基坑明排水的计算

4.3.1 公式计算法

在工业或民用建筑施工时,常常会遇到由于地下水位离地面很近,基坑开挖受地下水的影响而造成施工不便。或由于地下水位过高对建筑施工不利,因此需要采取排水措施以降低地下水位,基坑排水的形式和尺寸各不相同,很难确定一个普遍通用的公式。一般尽量简化条件,以便确定出形式简单基坑的近似流量计算。

1. 窄长式基坑排水计算公式

所谓窄长式基坑是指基坑的长度 B 与基坑的宽度 C 的比值大于 10 的这种类型基坑。即

$$\frac{B}{C}>10 \tag{4-1}$$

(1) 地下水向窄长式基坑流动时,可认为地下水是由两侧渗入的,按裘布衣公式可得:

$$\text{潜水 } Q=KB\frac{H_0^2-H_w^2}{R} \tag{4-2}$$

为精确计算必须考虑基坑两端宽度方向上的流量。因此可将水流分为两部分(图 4-9)。二侧的流量仍按式(4-2)计算,两端可分别近似看作为半径等于 $C/2$ 的半个水井,两端合起来就相当于一个水井的作用。因此

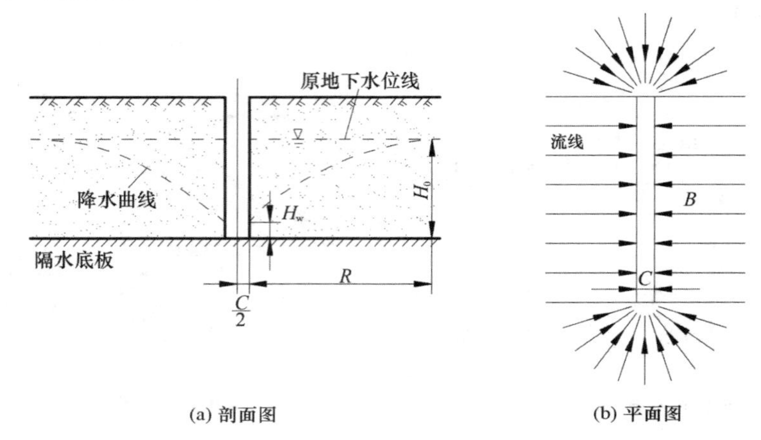

图 4-9 完整型窄长式基坑降水情况示意图

$$\text{潜水 } Q=KB\frac{H_o^2-H_w^2}{R}+\frac{\pi K(H_o^2-H_w^2)}{\ln R-\ln\dfrac{C}{2}} \tag{4-3}$$

$$\text{承压水 } Q=2KBM\frac{H_o-H_w}{R}+\frac{2\pi K(H_o-H_w)}{\ln R-\ln\dfrac{C}{2}} \tag{4-4}$$

式中 C——窄长式基坑宽度,m;
B——窄长式基坑长度,m;
Q——抽水量,m^3/d;
K——渗透系数,m/d;
H_o——原始地下水位,m;
H_w——集水井内水位,m;
R——影响半径,m;
M——承压含水层的厚度,m。

(2) 如两侧补给条件不同,则两侧应分别计算,然后求其和(图 4-10),$Q=Q_1+Q_2$,此多见于潜水含水层。

$$\text{潜水 } Q_1=KB\frac{H_1^2-H_{w1}^2}{2l_1} \tag{4-5}$$

$$Q_2 = KB\frac{H_2^2 - H_{w2}^2}{2l_2} \tag{4-6}$$

式中　l_1, l_2——补给边界到基坑的距离，m；

H_{w1}, H_{w2}——基坑两侧壁处的水位，m；

其他符号含义同前。

(3) 如有两条平行的完整排水渠道(图 4-11)。其计算可分别按渠Ⅰ和渠Ⅱ为一侧进水考虑：

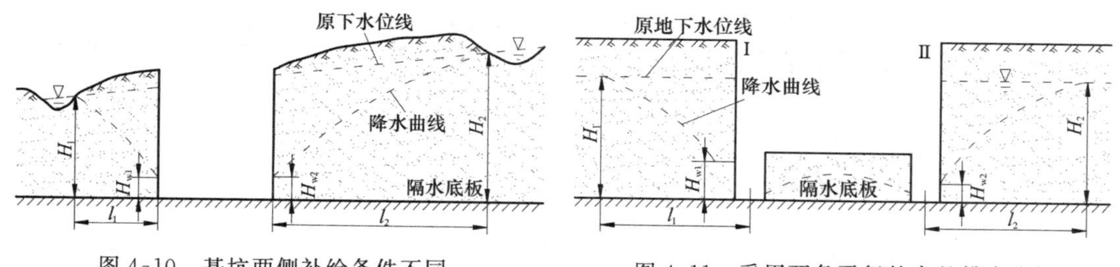

图 4-10　基坑两侧补给条件不同　　图 4-11　采用两条平行的完整排水沟渠

渠Ⅰ
$$Q_{\mathrm{I}} = KB\frac{H_1^2 - H_w^2}{2l_1} \tag{4-7}$$

渠Ⅱ
$$Q_{\mathrm{II}} = KB\frac{H_2^2 - H_w^2}{2l_2} \tag{4-8}$$

式中，B 为 基坑长度(m)；其他符号含义同前。

式(4-8)中 H_w 比含水层厚度小得多，常可忽略不计，这样计算工作可进一步简化。同样方法可得承压水公式。

2. 非窄长式——长方形、正方形或其他不规则形基坑计算公式

所谓非窄长式基坑指的是基坑的长与宽之比小于 10 的那些基坑。即

$$\frac{B}{C} < 10 \tag{4-9}$$

(1) 地下水向非窄长式的基坑流动时的流量计算方法，无论是长方形、正方形或不规则形的均可采用“大井法”来进行计算，所设想的“大井”的引用半径由下列公式确定：

① 长方形基坑：

$$R_0 = \eta\frac{C+B}{4} \tag{4-10}$$

表 4-1　**η 值表**

C/B	0	0.2	0.4	0.6	0.8	1.0
η	1.0	1.12	1.16	1.18	1.18	1.18

② 不规则的基坑：

$$R_0 = \sqrt{\frac{F}{\pi}} \tag{4-11}$$

式中　F——不规则基坑的面积，m^2；

R_0——大井的引用半径，m；

η——系数，由表 4-1 查得。

(2) 隔水底板水平的完整大井计算方法

① 基坑挖穿潜水含水层的计算公式：

潜水含水层如图 4-12(a)所示。

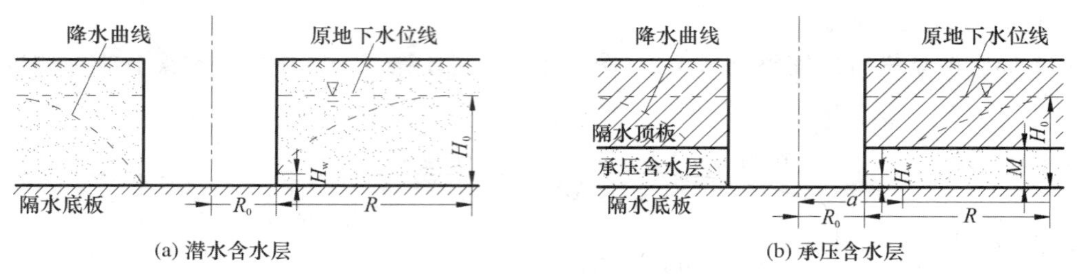

图 4-12 完整型非窄长式基坑降水情况示意图

$$Q=\frac{\pi K(H_0^2-H_w^2)}{\ln\dfrac{R+R_0}{R_0}} \tag{4-12}$$

② 基坑挖穿承压含水层的计算公式：

承压水含水层如图 4-12(b)所示。此时为排掉位于承压含水层基坑中的水，地下水位必然下降到承压含水层中。在范围 a 以外是承压流，从 a 到基坑中心是无压水流，根据水流连续性原理，在稳定流条件下承压水流和无压水流的流量相等（假设水是不可压缩的，水的密度 ρ=常数），$Q_{潜}=Q_{压}$。

$$Q_{潜}=\frac{\pi K(M^2-H_w^2)}{\ln\dfrac{a}{R_0}} \tag{4-13}$$

$$Q_{压}=\frac{2\pi KM(H_0-M)}{\ln\dfrac{R+R_0}{a}} \tag{4-14}$$

两式相等，消去 $\ln a$ 得

$$Q=\frac{\pi K(2MH_0-M^2-H_w^2)}{\ln\dfrac{R+R_0}{R_0}} \tag{4-15}$$

设基坑排水时 $H_w=0$，$s=H_0$，可得

$$Q=\frac{\pi KM(2s-M)}{\ln\dfrac{R+R_0}{R_0}} \tag{4-16}$$

式中，s 为水位降深，m；其他符号含义同前。

③ 潜水含水层中不完整基坑（基坑未打穿含水层）的计算公式：

潜水含水层中的不完整基坑如图 4-13(a)所示。

$$q=q_{\mathrm{I}}+q_{\mathrm{II}}=\frac{\pi Ks^2}{\ln\dfrac{R+R_0}{R_0}}+\frac{2\pi KsR_0}{\dfrac{\pi}{2}+2\operatorname{arcsh}\dfrac{R_0}{T+\sqrt{T^2+R_0^2}}+0.515\dfrac{R_0}{T}\ln\dfrac{R+R_0}{4T}} \tag{4-17}$$

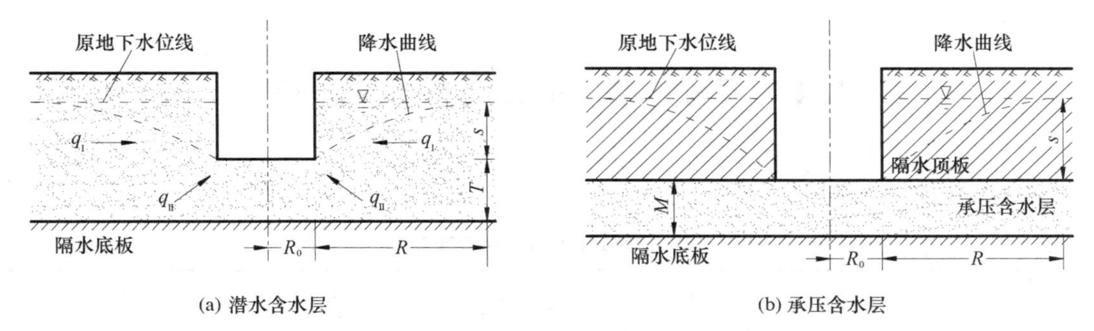

图 4-13　非完整型非窄长式基坑降水情况示意图

式中　$q_{\rm I}$——自坑壁二侧流入基坑的单位宽度流量，m^2/d；

$q_{\rm II}$——自坑底流入基坑的单位宽度流量，m^2/d；

T——自坑底至隔水底板的含水层厚度，m；

其他符号含义同前。

$Q=q\cdot B=B(q_{\rm I}+q_{\rm II})$为流入基坑的总流量（$m^3/d$）。

④ 承压含水层中不完整基坑的计算公式：

承压含水层中的不完整基坑如图 4-13(b)所示。基坑底刚打穿隔水层顶板

$$Q=\frac{2\pi KsR_0}{\frac{\pi}{2}+2\mathrm{arcsh}\frac{R_0}{M+\sqrt{M^2+R_0^2}}+0.515\frac{R_0}{M}\ln\frac{R+R_0}{4M}} \tag{4-18}$$

式中符号含义同前。

4.3.2　渗水量的估算法

若工程规模不大，在中等水头的情况下，可采用单位面积上渗水量的估算法，按表 4-2 的数据可作为预估渗入基坑的水量，亦即估算抽水机容量和台数的参考依据。

表 4-2　　基坑中每 $1m^2$ 面积上的渗水量

基坑的地质条件	从每平方米面积上渗出水量 /($m^3\cdot d^{-1}$)	基坑的地质条件	从每平方米面积上渗出水量 /($m^3\cdot d^{-1}$)
细粒砂	0.16	粗粒砂	0.30～3.0
中粒砂	0.24	有裂纹的岩石	0.15～0.25

注：1. 按本表资料估算排水设备时，如果在围堰内施工，则应计算经围堰渗入基坑的水量，将表列渗水量乘以 1.1～1.3 的修正系数。

2. 根据估算的渗水量，考虑一定的安全系数，选择水泵。

4.4 基坑(槽)排水沟常用截面积

基坑(槽)排水沟常用截面积见表 4-3。

表 4-3　　基坑(槽)排水沟常用截面积

图示	基坑面积/m^2	截面符号	粉质黏土			黏土		
			地下水位以下的深度/m					
			4	4～8	8～12	4	4～8	4～12
	1000 以下	a	0.5	0.7	0.9	0.4	0.5	0.6
		b	0.5	0.7	0.9	0.4	0.5	0.6
		c	0.3	0.3	0.3	0.2	0.3	0.3
	5000～10000	a	0.8	1.0	1.2	0.5	0.7	0.9
		b	0.8	1.0	1.2	0.5	0.7	0.9
		c	0.3	0.4	0.4	0.3	0.3	0.3
	10000 以上	a	1.0	1.2	1.5	0.6	0.8	1.0
		b	1.0	1.5	1.5	0.6	0.8	1.0
		c	0.4	0.4	0.5	0.3	0.3	0.4

4.5 水泵所需功率的计算公式

水泵所需功率 N 按下式计算：

$$N=\frac{K_s QH}{102\eta_1\eta_2} \tag{4-19}$$

式中 H——包括扬水、吸水以及由各种阻力所造成的水头损失在内的总高度，m；

K_s——安全系数，一般取 $K=2$；

η_1——水泵效率，0.4～0.5；

η_2——动力机械效率，0.75～0.85；

其他符号含义同前。

为防止机械故障等因素，工地宜有备用泵，确保正常施工。

4.6 常用离心泵的主要性能

常用离心泵的主要性能见表 4-4。

表 4-4 常用离心泵的主要性能

型号		流量 /($m^3 \cdot h^{-1}$)	总扬程 /m	吸水扬程 /m	电动机功率 /kW	重量/kg	
B	BA					B	BA
1.5 B17	1.5 BA-6	6～14	20.3～14.0	6.6～6.0	1.7	17	30
2B31	2BA-6	10～30	34.5～24.0	8.7～5.7	4.5	37	35
2B19	2BA-9	11～25	34.5～24.0	8.0～6.0	2.8	19	36
3B33	3BA-9	30～55	35.5～28.8	7.0～3.0	7.0	40	50
3B19	3BA-13	32.4～52.2	21.5～15.6	6.5～5.0	4.5	23	41
4B20	4BA-18	65～110	22.6～17.1	5	10.0	51.6	50

注：2B19 表示进口直径为 2 英寸(50mm)，总扬程为 19m(最佳工作时)的单级离心泵。

习　题

1. 明排水还是降水如何进行选择？需要考虑哪些因素？
2. 常用的明排水方法有哪些？其适用条件是什么？
3. 常用的降水方法有哪些？其适用条件是什么？
4. 基坑明排水量如何确定？

5 工程地下水井点降水方法

随着社会经济的发展，工业化和都市化程度的提高，城市人口的增长和人类活动的增加，地面空间显得越来越紧张。为了充分利用有限的土地，人们不得不将视角转向高层空间和地下空间。近年来，大量高层建筑的涌现，地下工程如地铁、地下商业街、地下电厂、泵房等纷纷上马正是这种发展趋势的必然结果。

在高层建筑和地下工程的构筑中，深基坑工程占了极大的比例，它已越来越成为一种优选的施工方法。但是，在深基坑工程的施工中，几乎每年都有因流砂、管涌、坑底失稳、坑壁坍塌而引起的工程事故，造成周围地下管线和建筑物不同程度的损坏，在人员和经济上造成不可估量的损失。采用井点降水可以防范这类工程事故，是目前市政开挖工程施工的一项重要的配套措施。

井点降水技术已有百余年的发展史，最早是在开挖时设一些简单的集水坑，后来又出现了滤水井，采用水泵把井内的水抽出。实践表明，当有效粒径 d_{10} 小于 0.10mm 时，降水所需的时间急剧增加；当 d_{10} 小于 0.05mm 时，这种简单的方法就不能达到降水的目的。后来发现在降水管周围形成一定的真空度可以突破这一界线，于是在 1925—1930 年出现了真空泵井点，即轻型井点，20 世纪 30 年代又出现电渗井点。由于降水深度的不断增加，先后出现了多级井点和喷射井点、深井井点。

在深基坑工程开挖施工中，用井点降水来降低地下潜水位或承压水位，已成为一种必要的工程措施。井点降水在避免流砂、管涌和底鼓，保持干燥的施工环境，提高土体强度与基坑边坡稳定性方面都有着显著的效果。在实际工程中，它已越来越被人们所广泛使用。

软土地区最常用的是轻型井点，其次是喷射井点。电渗井点也先后在一些实际工程中得到应用。

在地下水位以下的深基础，或较大的地下构筑物施工时，主要问题是地下水的涌入和流砂的产生以及基坑边坡失稳等，往往会造成施工的困难，影响工程的进度和质量。因此，要排除地下水，稳定土体，安全施工，可用人工降低地下水位的方法解决。

人工降低地下水位常用井点排水的方法。它是在基坑的周围埋下深于基坑底的井点或管井。以总管连接降水(或每个井单独降水)，使地下水位下降形成一个降落漏斗，并降低到坑底以下 0.50～1.00m，从而保证可在干燥无水的状态下挖土，不但可防止流砂、基坑边坡失稳等问题，且便于施工。

井点降水一般有：轻型井点、喷射井点、管井井点、电渗井点和深井泵等。可按土的渗透系数，要求降低水位的深度、设备条件以及工程特点，参考表 5-1 所列范围选用。另外，图 5-1 直观地描述了在各种不同颗粒的土层中采用的各种降水方法。

上海地区过去进行过野外降水试验，分析其结果并结合土的特性，总结出较适宜的降水方法，列于表 5-2 和表 5-3 供参考。

表 5-1 各种井点的适用范围

井点类别	土层渗透系数 /(m·d^{-1})	降低水位深度 /m	井点类别	土层渗透系数 /(m·d^{-1})	降低水位深度 /m
一级轻型井点	0.10～80.00	3.00～6.00	管井井点	20.00～200.00	3.00～5.00
二级轻型井点	0.10～80.00	6.00～9.00	喷射井点	0.10～50.00	8.00～20.00
电渗井点	<0.10	5.00～6.00	深井泵	10.00～80.00	>15.00

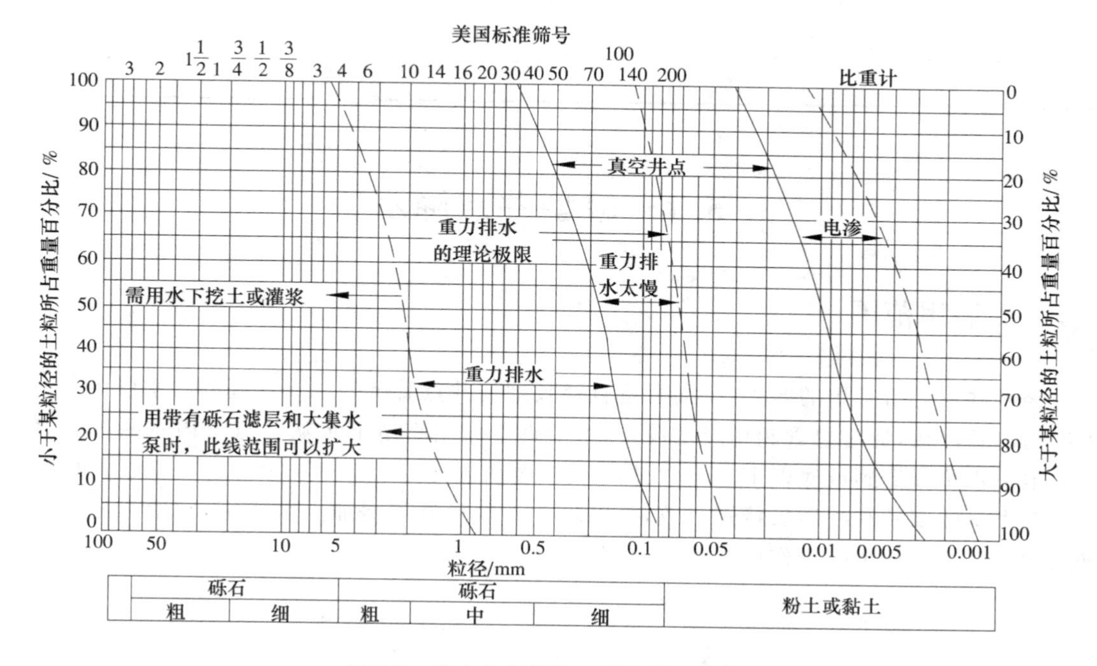

图 5-1 按土的颗粒级配确定降水方法

表 5-2 上海地区土的近似渗透值和降水方法的关系

土的名称	渗透系数 /(m·d^{-1})	土的有效粒径 /mm	采用的降水方法	备注
黏　　土 粉土黏土 黏质粉土	0.001 0.001～0.05 0.05～0.10	<0.003	电渗法	此类排水问题不大，一般用明排水，挖掘较深的基坑可用电渗
砂质粉土 粉　　砂	0.10～0.50 0.50～1.00	0.003～0.025	真空法、喷射井点	上海地区多半在这些土层内降水
细　　砂 中　　砂 粗　　砂	1.00～5.00 5.00～20.00 20.00～50.00	0.10～0.25 0.25～0.50 0.50～1.00	普通井点或喷射井点	
砾　　石	≥50.00		多层井点或深井法	有时需水下挖掘

表 5-3　　挖土深度和降水方法的关系

挖土深度/m	土名			
	粉质黏土、砂质粉土、粉砂	细砂、中砂	粗砂、砾石	大砾石、粗卵石(含有砂粒)
<5	单层井点(真空法、电渗法)	单层普通井点	井点;表面排水;用离心泵自竖井内降水	
5～12	多层井点、喷射井点(真空法、电渗法)		多层井点	
12～20		喷射井点		
>20		深井或管井		

5.1　轻型井点降水

5.1.1　适用范围

轻型井点是沿基坑的四周或一侧，将直径较细的井点管沉入深于坑底的含水层内，井点管上部与总管连接，通过总管利用降水设备，由于真空作用将地下水从井点管内不断抽出，使原有的地下水位降低到坑底以下。本法适用于渗透系数为 0.10～80.00m/d 的土层，而对土层中含有大量的细砂和粉砂层特别有效，可以防止流砂现象和增加土坡稳定，且便于施工，如土壁采用临时支撑还可减少作用在其上的侧向土压力。

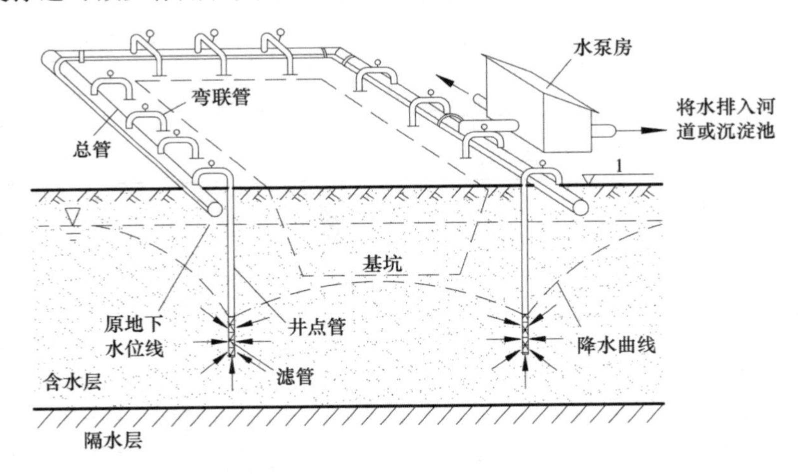

图 5-2　轻型井点降低地下水位示意图

轻型井点分机械真空泵和水射泵井点两种。这两种轻型井点的主要差别是产生真空的原理不同。

5.1.2 主要设备

轻型井点系统由井点管、连接管、集水总管及降水设备等组成。轻型井点降低地下水位如图 5-2 所示。

1. 井点管

采用直径 38～55mm 的钢管，长度为 5.00～7.00m。井点管的下端装有滤管(过滤器)，其构造如图 5-3 所示。滤管直径常与井点管直径相同，长度为1.00～1.70m，管壁上钻直径 12～18mm 的孔呈梅花形分布。管壁外包两层滤网，内层为细滤网，采用 30～50 孔/cm 的黄铜丝布或生丝布，外层为粗滤网，采用 8～10 孔/cm 的铁丝布或尼龙丝布。为避免滤孔淤塞，在管壁与滤网间用铁丝绕成螺旋形隔开，滤网外面再围一层 8 号粗铁丝保护网。滤管下端放一锥形铸铁头。井点管的上端用弯管接头与总管相连。

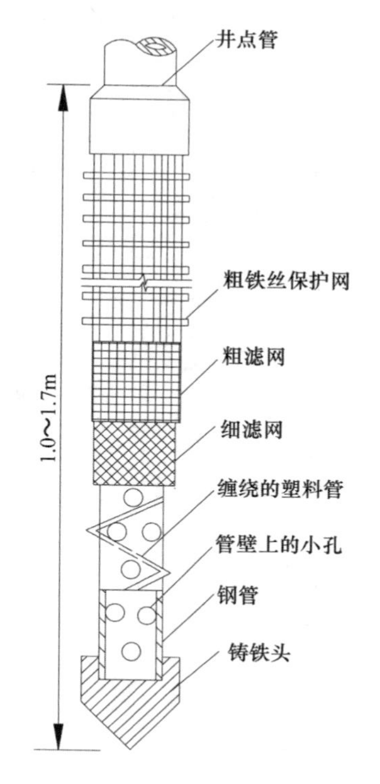

图 5-3 滤管构造

2. 连接管与集水总管

连接管用胶皮管、塑料透明管或钢管制成，直径为 38～55mm。每个连接管均宜装设阀门，以便检修井点。集水总管一般用直径为 100～127mm 的钢管分节连接，每节长 4.00m，一般每隔 0.80～1.60m，设一个连接井点管的接头。

3. 降水设备

通常由 1 台真空泵、2 台离心泵(1 只备用)和 1 台气水分离器组成一套降水机组，其工作原理如图 5-4 所示。井点系统设备技术性能见表 5-4 和表 5-5。

表 5-4 井点降水设备性能表

项　目	V_5 型真空泵井点	S-1 型水射泵井点
降水深度/m	6	8
井点管：口径×长度/(mm×mm)	50×6 000	50×6 000
根数(根)	70	75
集水总管：口径×长度/(mm×mm)	125×100 000	100×100 000
集水总管上接管间距/m	0.8	0.8
真空度/mm	750	750
配套电机设备	V5 型真空泵 1 台、 B 型或 BA 型离心泵 1 台	3LV-9 型离心泵 2 台
额定功率/kW	11.5	15
主机外形尺寸(长×宽×高)/(mm×mm×mm)	2 400×1 400×2 000	2 300×1 000×1 350
质量/kg	1 800	800

表 5-5　　上海型井点系统设备技术性能表

指标		单位	说明
地下水位下降深度		m	5.5～6.0
离心水泵	型号		B 型或 BA 型
	生产率	m^3/b	20
	扬程	m	25
	抽吸真空高度	m	7
	吸口直径	mm	50
	电动机功率	kW	2.8
	电动机转速	r/min	2 900
往复式真空泵	型号		V5 型(W6 型)
	生产率	m^3/min	4.4
	真空度(水银柱高度)	mm	747
	电动机功率	kW	5.5
	电动机转速	r/min	1 450
井点管连接管和集水总管规格	外形尺寸(长×宽×高)	mm×mm×mm	2 600×1 300×1 600
	质量	kg	1 500
	井点滤管数量	根	100
	集水总管直径	mm	127
	每节长度	m	1.6～4
	每套节数	节	25
	总管上接管间距	m	0.8
	弯联管数量	根	100
	冲射管用冲管数量	根	1

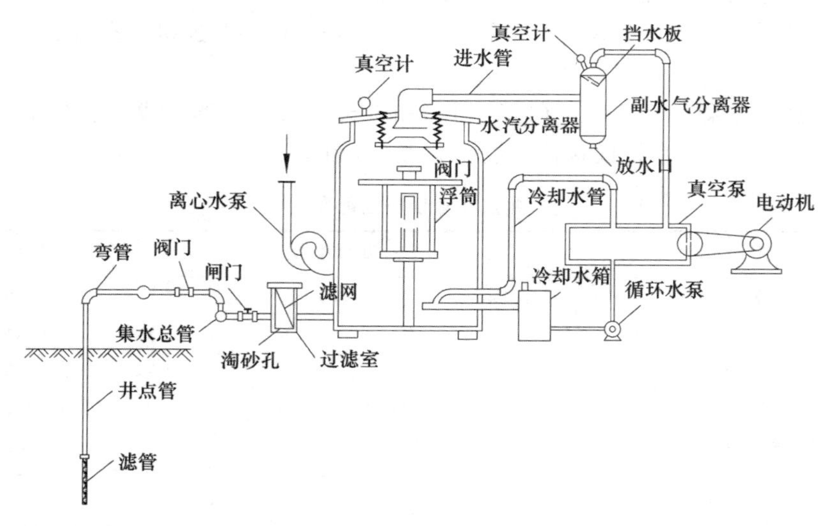

图 5-4　机械真空泵井点设备

由 1 台机械真空泵在集水箱内产生真空，将地下水通过滤管、井管、集水管和过滤室等部件吸入集水箱。箱内呈低压状态，当箱内浮筒上升到一定高度时，离心泵开动将水排出箱外。

水射泵轻型井点设备比较简单，只需 2 台离心泵与喷射器即可(图 5-5)。水射泵井点的原理如图 5-5(a)所示。图 5-5(b)是水力喷射器，采用离心泵驱动工作水运转。当水流通过喷嘴时，由于流速突然增大而在井点周围产生真空，把地下水吸出，水箱内的水呈 1 个大气压的天然状态。这类井点是 20 世纪 70 年代后发展起来的，耗电量较小，其降水深度大于机械真空泵井点，降水漏斗曲线比真空泵井点曲线陡，影响范围也相应减小。水射泵技术性能见表 5-6。

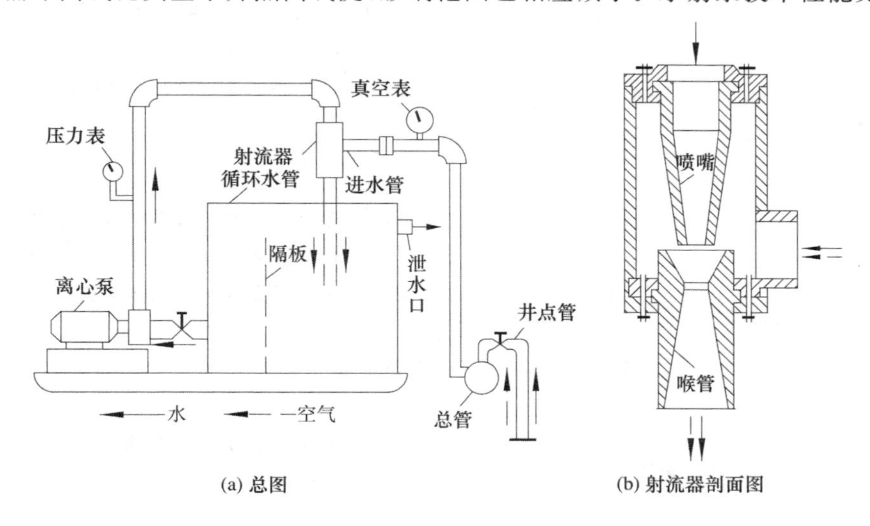

图 5-5　射流泵井点设备工作简图

表 5-6　水射泵技术性能表

项目	型号			项目	型号		
	QJD-60	QJD-90	JS-45		QJD-60	QJD-90	JS-45
抽吸深度/m	9.5	9.6	10.26	工作水压力/($N \cdot mm^{-2}$)	≥0.25	≥0.25	≥0.25
排水量/($m^3 \cdot h^{-1}$)	60	90	45	电动机/kW	7.5	7.5	7.5

5.1.3　井点布置

井点系统的布置，应根据基坑平面形状与大小、土质、地下水位高低与流向、降水深度等要求而定。

1. 平面布置

当基坑或沟槽宽度小于 6m，且降水深度不超过 5m 时，可用单排线状井点，布置在地下水流的上游一侧，两端延伸长度以不小于槽宽为宜。如宽度大于 6m 或土质不良，则用双排线状井点。当基坑面积较大时宜采用环状井点，有时亦可布置成 U 形，以利挖土机和运土车辆出入基坑。井管距离基坑壁一般可取 0.7～1.0m，以防局部发生漏气。井点管间距一般用 0.8～1.6m，由计算或经验确定。为了充分利用泵的抽水能力，集水总管标高宜尽量接近地下水位线，并沿抽水流方向有 0.25%～0.5%的上仰坡度，在确定井点管数量时，应考虑在基坑四角部分适当增加。

井点系统平面布置图见表 5-7。

表 5-7　　**井点系统平面布置图**

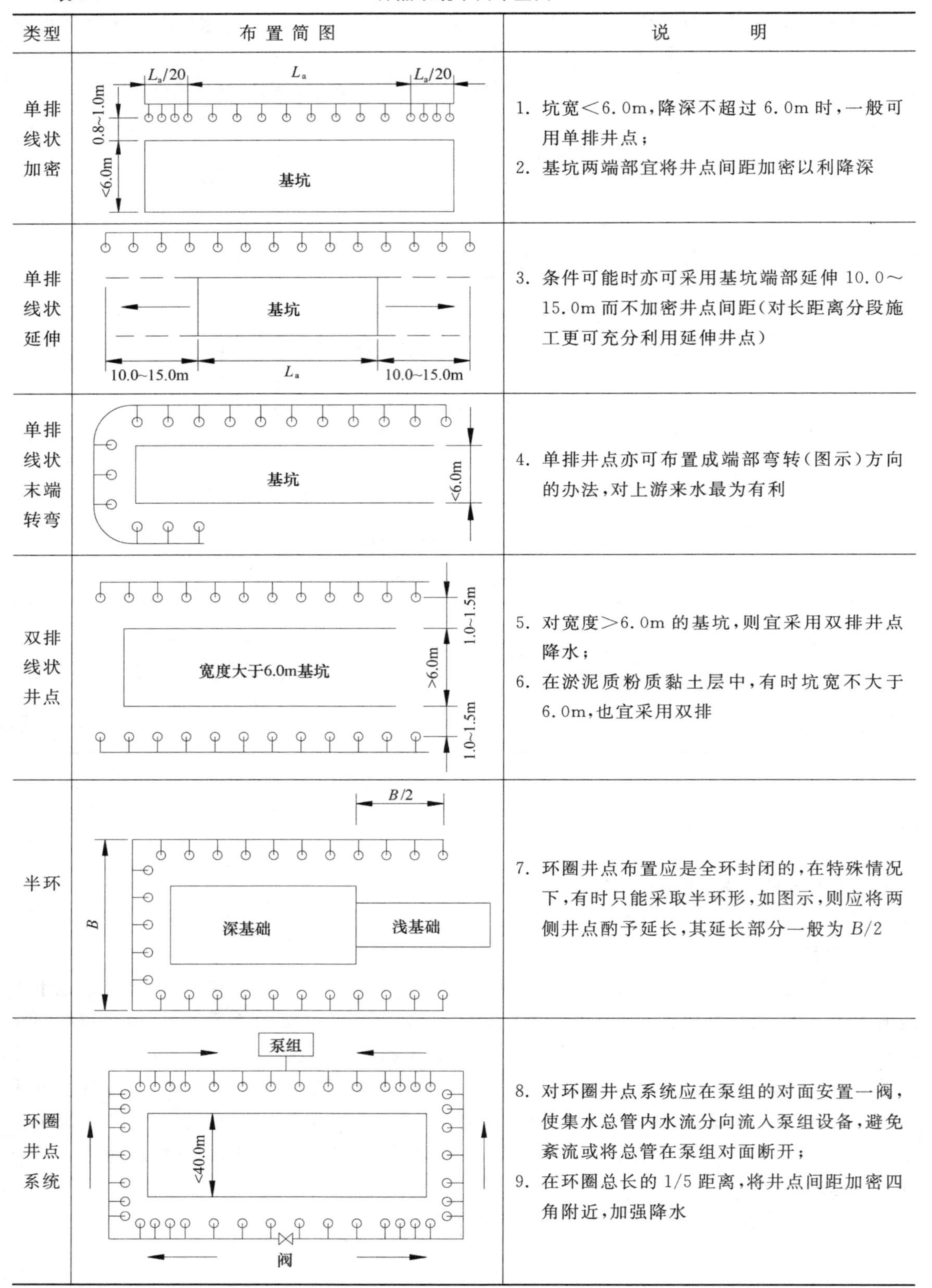

类型	布置简图	说　　明
单排线状加密	$L_a/20$　L_a　$L_a/20$ 0.8~1.0m <6.0m 基坑	1. 坑宽＜6.0m,降深不超过 6.0m 时,一般可用单排井点; 2. 基坑两端部宜将井点间距加密以利降深
单排线状延伸	基坑 10.0~15.0m　L_a　10.0~15.0m	3. 条件可能时亦可采用基坑端部延伸 10.0～15.0m 而不加密井点间距(对长距离分段施工更可充分利用延伸井点)
单排线状末端转弯	基坑 <6.0m	4. 单排井点亦可布置成端部弯转(图示)方向的办法,对上游来水最为有利
双排线状井点	宽度大于6.0m基坑 1.0~1.5m >6.0m 1.0~1.5m	5. 对宽度＞6.0m 的基坑,则宜采用双排井点降水; 6. 在淤泥质粉质黏土层中,有时坑宽不大于 6.0m,也宜采用双排
半环	$B/2$ B 深基础　浅基础	7. 环圈井点布置应是全环封闭的,在特殊情况下,有时只能采取半环形,如图示,则应将两侧井点酌予延长,其延长部分一般为 $B/2$
环圈井点系统	泵组 <40.0m 阀	8. 对环圈井点系统应在泵组的对面安置一阀,使集水总管内水流分向流入泵组设备,避免紊流或将总管在泵组对面断开; 9. 在环圈总长的 1/5 距离,将井点间距加密四角附近,加强降水

续表

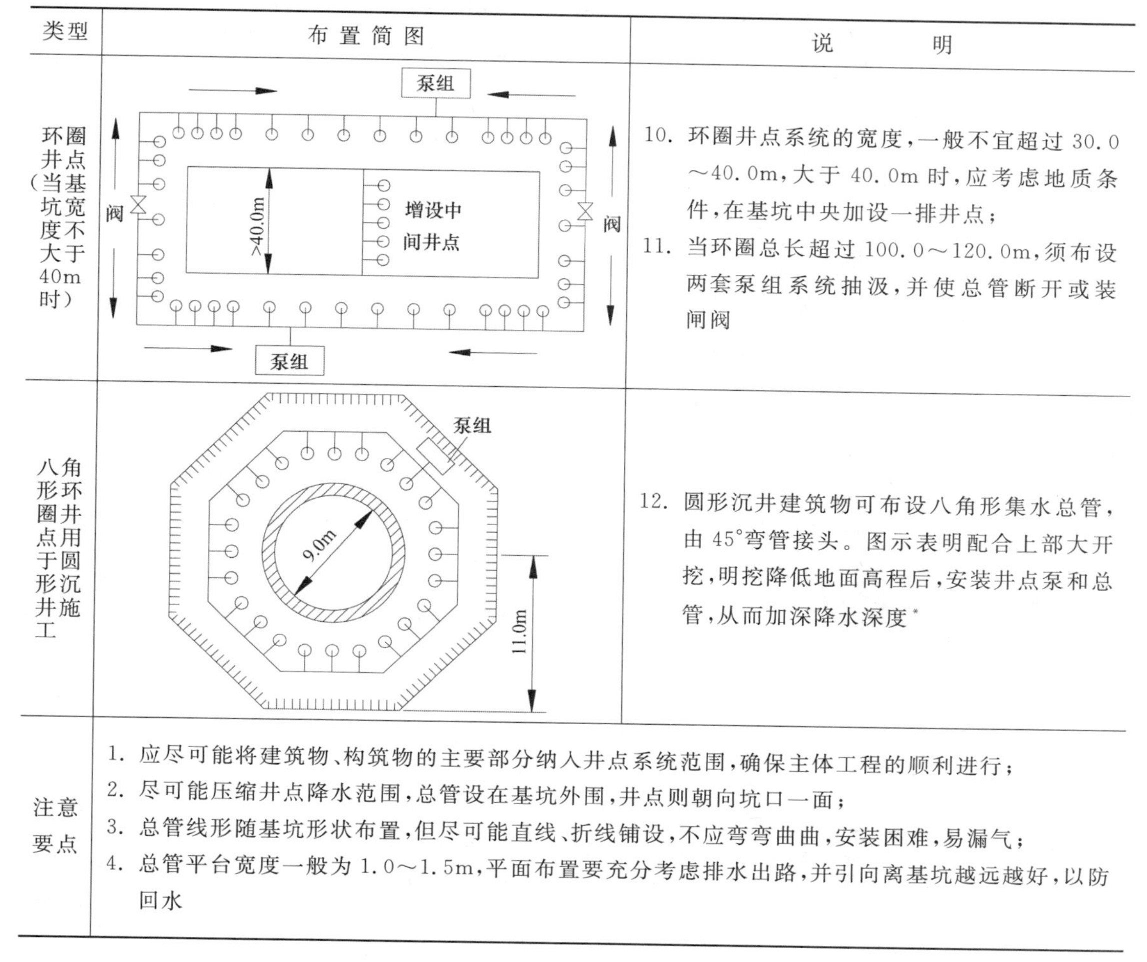

类型	布置简图	说　　明
环圈井点（当基坑宽度不大于40m时）	泵组 阀 >40.0m 增设中间井点 阀 泵组	10. 环圈井点系统的宽度，一般不宜超过30.0～40.0m，大于40.0m时，应考虑地质条件，在基坑中央加设一排井点； 11. 当环圈总长超过100.0～120.0m，须布设两套泵组系统抽汲，并使总管断开或装闸阀
八角形环圈井点用于圆形沉井施工	泵组 9.0m 11.0m	12. 圆形沉井建筑物可布设八角形集水总管，由45°弯管接头。图示表明配合上部大开挖，明挖降低地面高程后，安装井点泵和总管，从而加深降水深度
注意要点	1. 应尽可能将建筑物、构筑物的主要部分纳入井点系统范围，确保主体工程的顺利进行； 2. 尽可能压缩井点降水范围，总管设在基坑外围，井点则朝向坑口一面； 3. 总管线形随基坑形状布置，但尽可能直线、折线铺设，不应弯弯曲曲，安装困难，易漏气； 4. 总管平台宽度一般为1.0～1.5m，平面布置要充分考虑排水出路，并引向离基坑越远越好，以防回水	

2. 高程布置

轻型井点的降水深度，在管壁处一般可达6.0～7.0m。井点管需要的埋设深度（不包括滤管）可按下式计算：

$$H \geqslant H_1 + \Delta h + IL \tag{5-1}$$

式中 H_1——井点管埋设面至基坑底面的距离，m；

h——降低后的地下水位至基坑中心底的距离，一般为0.5～1.0m；

I——地下水降落坡度，环状井点为1/10，单排井点为1/5～1/4；

L——井点管至基坑中心的水平距离，m。

此外，确定井管埋设深度时，还要考虑井管一般需要露出地面0.2m左右。

根据上述算出的H值，如小于降水深度6m时，则可以用一级井点；H值稍大于6m时，如降低井点管的埋置面后（要事先挖槽）可满足降水要求时，仍可采用一级井，当一级井点系统达不到降水深度要求时，可采用二级井点，即先挖去第一级井点所疏干的土，然后再在其底部装置第二级井点。

井点系统统高程布置图见表5-8。

表 5-8　　　　　　　　　　　　**井点系统高程布置图**

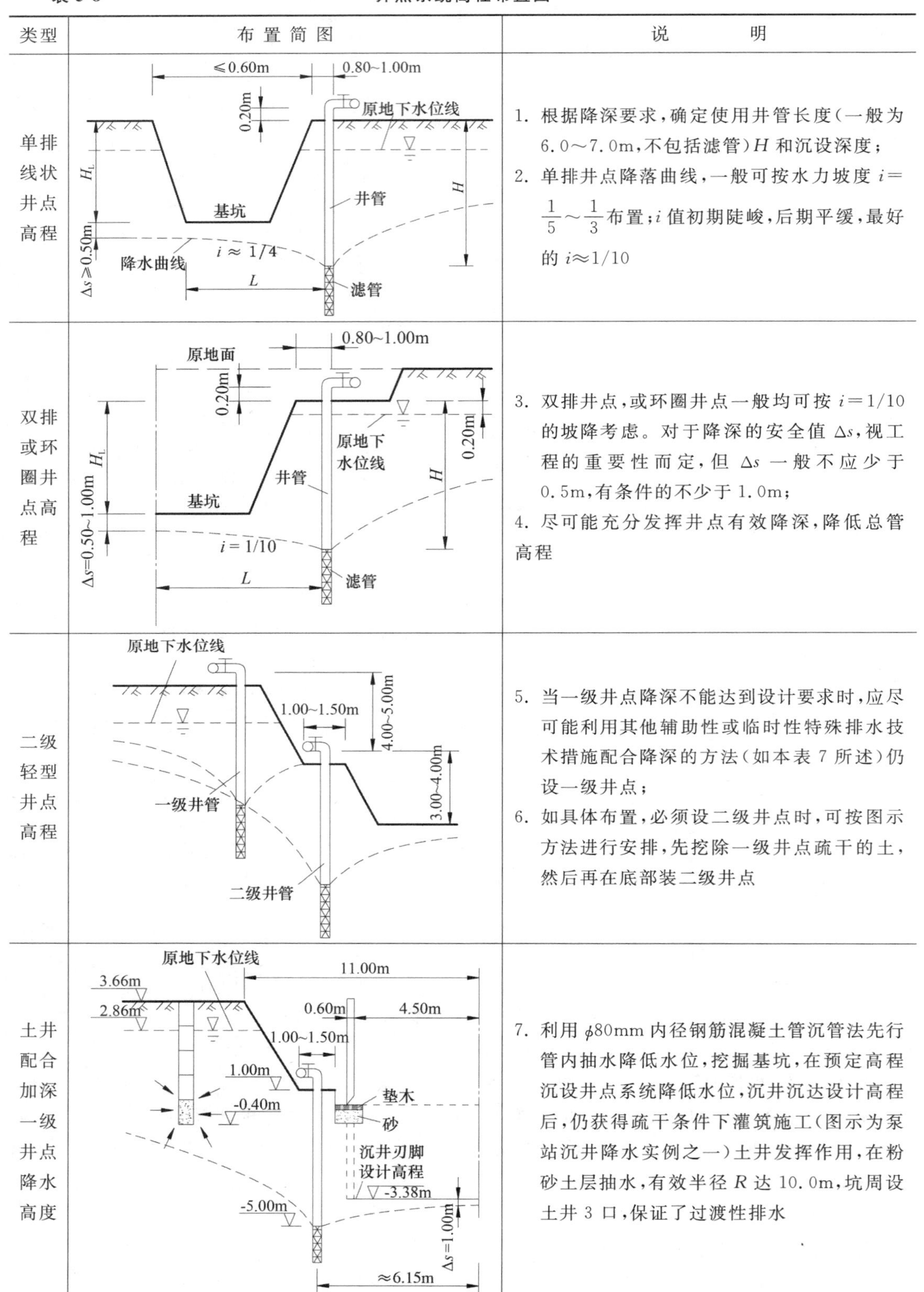

类型	布置简图	说明
单排线状井点高程		1. 根据降深要求，确定使用井管长度（一般为 6.0～7.0m，不包括滤管）H 和沉设深度； 2. 单排井点降落曲线，一般可按水力坡度 $i=\frac{1}{5}\sim\frac{1}{3}$ 布置；i 值初期陡峻，后期平缓，最好的 $i\approx1/10$
双排或环圈井点高程		3. 双排井点，或环圈井点一般均可按 $i=1/10$ 的坡降考虑。对于降深的安全值 Δs，视工程的重要性而定，但 Δs 一般不应少于 0.5m，有条件的不少于 1.0m； 4. 尽可能充分发挥井点有效降深，降低总管高程
二级轻型井点高程		5. 当一级井点降深不能达到设计要求时，应尽可能利用其他辅助性或临时性特殊排水技术措施配合降深的方法（如本表 7 所述）仍设一级井点； 6. 如具体布置，必须设二级井点时，可按图示方法进行安排，先挖除一级井点疏干的土，然后再在底部装二级井点
土井配合加深一级井点降水高度		7. 利用 ϕ80mm 内径钢筋混凝土管沉管法先行管内抽水降低水位，挖掘基坑，在预定高程沉设井点系统降低水位，沉井沉达设计高程后，仍获得疏干条件下灌筑施工（图示为泵站沉井降水实例之一）土井发挥作用，在粉砂土层抽水，有效半径 R 达 10.0m，坑周设土井 3 口，保证了过渡性排水

续表

类型	布置简图	说明
注意事项	1. 井点系统集水总管的高程，最好是布设在接近地下水位的高程，或略高于天然地下水位以上20mm左右； 2. 井点泵(离心泵)轴心高度应尽可能与集水总管在同一高程上；要防止地面雨水径流，坑四周围堰阻水； 3. 在同一井点系统中，无论为线状、环形布置中的各根井管长度，须相同。使各井管的滤管顶部能在同一高程上(最大相差一般不容许大于10mm)，以防高差过大，影响降水效果； 4. 井点泵组系统、集水总管都应设置在比较可靠的地点、平台上。一般井点泵装置地点要以垫木铺垫或夯实整平	

5.1.4 井点管的埋设与使用

轻型井点的施工，大致分为以下几个过程：准备工作、井点系统的埋设、使用及拆除。

准备工作包括井点设备、动力、水源及必要的材料准备、排水沟的开挖、附近建筑物的标高观测以及防止附近建筑物沉降措施的实施。

埋设井点管的程序是：先排放总管，再埋设井点管，用弯联管将井点管与总管接通，然后安装降水设备。

井点管的埋设一般用水冲法进行，并分为冲孔与埋管(图5-6)两个过程。

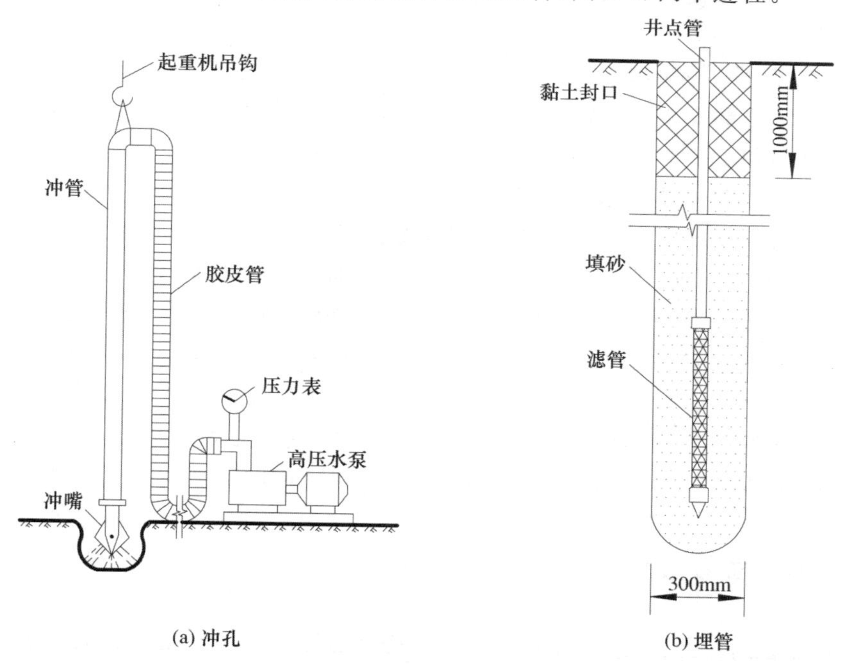

图5-6　井点管的埋设

冲孔时，先用起重设备将直径50～70mm的冲管吊起并插在井点的位置上，然后开动高压水泵，将土冲松。冲孔时冲管应垂直插入土中，并作上下左右摆动，以加剧土体松动，边冲边沉。冲孔直径一般为300mm，以保证井管四周有一定厚度的砂滤层。冲孔深度宜比滤管底深

0.50m 左右，以防冲管拔出时，部分土颗粒沉于孔底而触及滤管底部。各种土层冲孔所需水流压力见表 5-9。

表 5-9　　各种土层冲孔所需水流压力表

土壤名称	冲水压力/MPa	土壤名称	冲水压力/MPa
松散的细砂	0.25～0.45	可塑状态的黏土	0.60～0.75
软塑状态的黏土、粉质黏土	0.25～0.50	砾石夹黏性土	0.85～0.90
密实的腐殖土	0.50	硬塑状态的黏土、粉质黏土	0.75～1.25
密实的细砂	0.50	粗砂	0.80～1.15
松散的中砂	0.45～0.55	中等颗粒的砾石	1.00～1.25
黄土	0.60～0.65	硬黏土	1.25～1.50
密实的中砂	0.60～0.70	密实的粗砾	1.35～1.50

注 1. 埋设井点冲孔水流压力，最可靠的数字是通过试冲，表列值可供施工预估配备高压泵及必要时的空气压缩机性能之用。

2. 根据国产轻型井点的最小间距 80cm(井点管中心至中心)，要求冲孔位置不宜过近，以防两孔冲通(一般冲孔直径在 30cm 左右)。轻型井点间距宜采用 0.80～1.60m。

3. 借助于冲管沉设井点过程中，当冲孔达预定深度(为井点管长加滤管长，再加约 50cm)后，须尽快减低水压，拔起冲管的同时，向孔内沉入井点管，并快速填入砂滤层填料。

井孔冲成后，立即拔出冲管，插入井点管，并在井点管与孔壁之间迅速填灌砂滤层，以防孔壁塌土。砂滤层的填灌质量是保证轻型井点顺利工作的关键。一般宜选用干净粗砂，填灌均匀，并填至滤管顶上 1.00～1.50m，以保证水流畅通。井点填砂后，须用黏土封口，以防漏气。

井点系统的使用注意事项：

(1) 井点系统全部安装完毕后，需进行试抽，以检查有无漏气现象。开始降水后一般不要停抽。时抽时止，滤网易堵塞，也易抽出土颗粒，使水混浊，并引起附近建筑物由于土颗粒流失而沉降开裂。正常的排水是细水长流，出水澄清。

(2) 井点运行后要求连续工作，应准备双电源。真空度是判断井点系统良好与否的尺度，应经常观测，一般应不低于 400～500mm 水银柱高。如真空度不够，通常是由于管路漏气，应及时修复。井点管淤塞，可通过听管内水流声，手扶管壁感到振动，夏、冬季用手摸管子冷热、湿干等简便方法检查。如井点管淤塞太多，严重影响降水效果时，应逐个用高压水反冲洗或拔出重新埋设。

(3) 地下构筑物竣工并进行回填土后，方可拆除井点系统。拔出井点管多借助于倒链、起重机等，所留孔洞用砂或土填塞，对地基有防渗要求时，地面以下 2.00m 应用黏土填实。

5.1.5 井点降水参数计算

轻型井点计算的目的，是求出在规定的水位降低深度时每昼夜排出的地下水流量，确定井点管数量与间距，选择降水设备等。

井点计算由于受水文地质和井点设备等许多不易确定因素的影响，要求计算结果十分精确是不可能的，但如能仔细地分析水文地质资料和选用适当的数据和计算公式，其误差可保持在一定范围内，能满足工程上的应用要求。一些工程经验丰富的地区和单位，掌握了一定的规律，时常参照过去实践中积累的资料，不一定通过计算，而按一般常用的间距进行布置。但是对于多层井点系统、渗透系数很大的或非标准的井点系统，仔细地进行完整的计算就显得很必要。

在井点排水计算前必须弄清以下两大问题：

1. 所需水文地质资料

(1) 含水层性质—承压水、潜水；

(2) 含水层厚度；

(3) 含水层的渗透系数 K 和影响半径 R；

(4) 含水层的补给条件，地下水流动方向，水力坡度；

(5) 原有地下水埋藏深度，水位高度和水位动态变化资料；

(6) 井点系统的性质——完整井、非完整井。

2. 建筑工程对降低地下水位的要求

(1) 建筑工程的平面布置、范围大小，周围建筑物的分布和结构情况；

(2) 建筑物基础埋设深度、设计要求的水位下降深度；

(3) 由于井点排水引起土层压缩变形的允许范围和大小。

5.1.5.1 单井排水量

1. 单井排水量计算公式

井点系统排水量是以水井理论为基础进行计算的。水井根据井底是否达到隔水层，分为完整井与非完整井；根据地下水有无压力，又分为承压井和无压井。按表 5-10 所列公式进行计算。

表 5-10　单井地下水涌水量计算公式

地下水类别	水井类别	测水量计算公式	剖面示意图	附注
无压水	完整型	$Q=1.366\dfrac{K(H^2-h^2)}{\lg R-\lg r}$	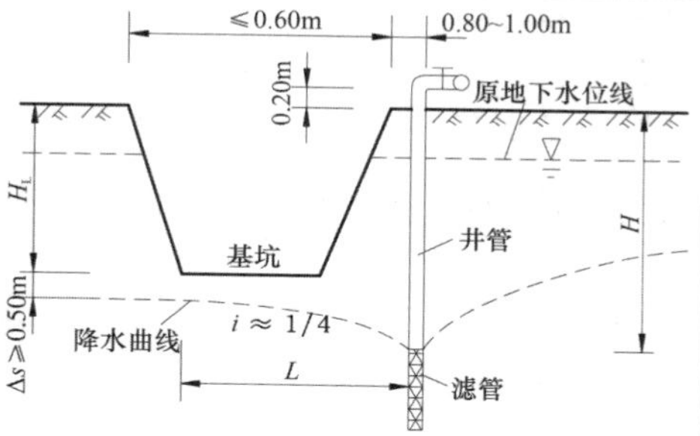 ≤0.60m；0.80~1.00m；0.20m；原地下水位线；H_L；H；基坑；井管；$\Delta s\geqslant 0.50$m；$i\approx 1/4$；降水曲线；L；滤管	H—含水层厚度 S—井中水位下降 h—井中水位深度 K—渗透系数 R—影响半径 r—井的半径
无压水	非完整型	$Q=1.366\dfrac{K(H_0^2-h_0^2)}{\lg R-\lg r}$	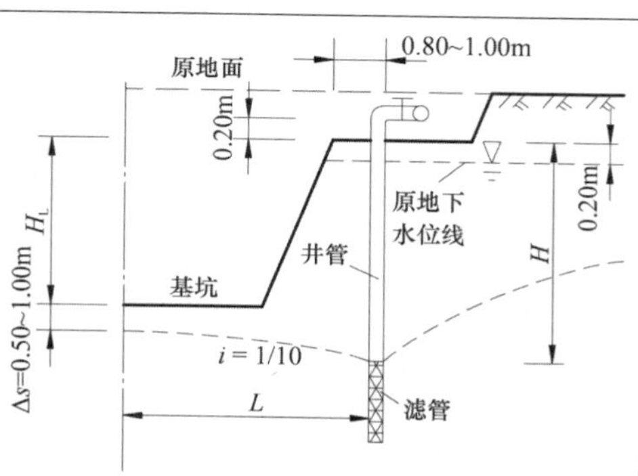 0.80~1.00m；原地面；0.20m；H_L；0.20m；原地下水位线；井管；H；基坑；$\Delta s=0.50$~1.00m；$i=1/10$；L；滤管	H—有效带深度 h—井中水位到有效带距离 其余符号意义同上

续表

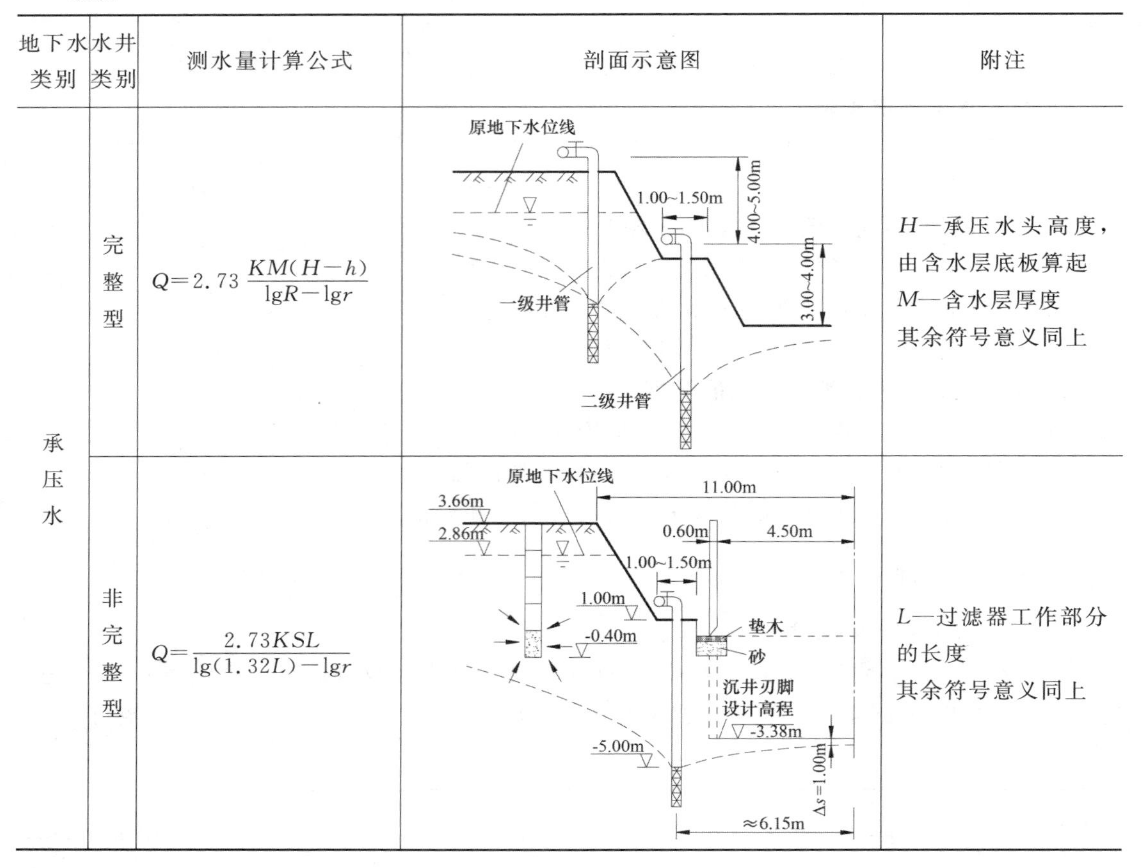

地下水类别	水井类别	测水量计算公式	剖面示意图	附注
承压水	完整型	$Q=2.73\dfrac{KM(H-h)}{\lg R-\lg r}$	原地下水位线；1.00~1.50m；4.00~5.00m；3.00~4.00m；一级井管；二级井管	H—承压水头高度，由含水层底板算起 M—含水层厚度 其余符号意义同上
	非完整型	$Q=\dfrac{2.73KSL}{\lg(1.32L)-\lg r}$	原地下水位线；11.00m；3.66m；2.86m；0.60m；4.50m；1.00~1.50m；1.00m；-0.40m；垫木；砂；沉井刃脚设计高程；-3.38m；-5.00m；$\Delta s=1.00$m；≈6.15m	L—过滤器工作部分的长度 其余符号意义同上

计算各种水井的流量时，还要先确定土层的渗透系数 K 和降水影响半径 R。

2. 渗透系数 K 值的确定

凡属软土地区深基坑开挖工程，在其工程地质勘察报告的土工试验资料部分，均应有渗透系数资料，在井点排水时可直接用于计算。也可通过现场降水试验，取得单井的排水量及水位下降值资料后，利用有关公式进行计算求得渗透系数。

(1) 根据固结系数 C_V 求渗透系数 K 值。

由土的固结试验求得该土样的固结系数 C_V，如下式所示

$$C_V=\frac{K(1+e)}{\alpha_V\gamma_w}$$

从而得出

$$K=\frac{C_V\alpha_V\gamma_w}{1+e} \tag{5-2}$$

式中 V_V——固结系数，cm^2/s；

α_V——压缩系数，cm^2/s；

γ_w——水的容量，kN/m^3；

e——孔隙比。

(2) 根据颗分曲线的有效粒径 d_{10} 求渗透系数 K 值。

$$K=C(d_{10})^2 \tag{5-3}$$

式中　d_{10}——有效颗径，mm；

C——根据室内试验与当地经验的统计相关而得的取值。

必须指出，室内试验所求的数据仅能参考。

（3）通过室内渗透试验求渗透系数 K 值。室内渗透试验如图 5-7 所示，可估算土样或岩样的渗透系数。

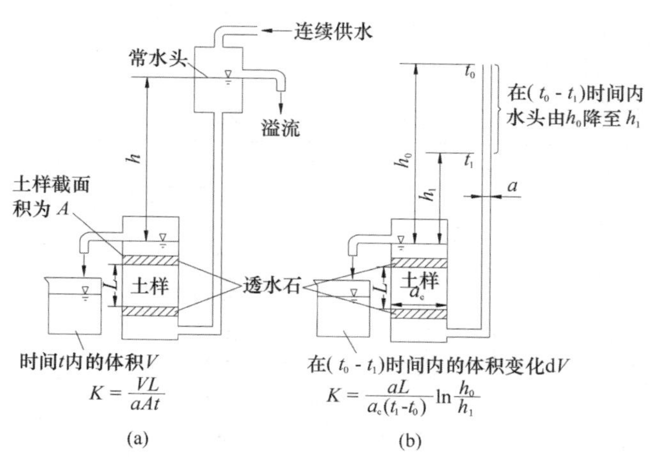

图 5-7　室内渗透试验

① 常水头渗透试验求渗透系数为

$$K=\frac{VL}{hAt} \tag{5-4}$$

式中　V——在时间 t 时水的体积，m^3；

L——渗透路径长度，m；

h——水头差，m；

A——土样水平面积，m^2。

② 变水头渗透试验求渗透系数为

$$K=\frac{aL}{a_c(t_1-t_0)}\ln\frac{h_0}{h_1} \tag{5-5}$$

式中　a_c——土样断面积，m^2；

a——测压管断面积，m^2；

h_0——初始水头，m；

h_1——t_1 时刻的水头，m；

其余符号含义同前。

该方法的缺点是土样可能被扰动，会使颗粒方向和孔隙有明显的变化，从而影响到渗透系数的准确性；另外，用泥浆钻进的土样也是一个影响因素。但可用室内的渗透试验与当地的现场降水试验建立起一些相关关系，从而减少野外试验，降低工程费用。

（4）利用降水试验资料求渗透系数 K 值。

在进行降水试验时，先根据当地水文地质特征，如地质构造、含水层厚度及性质、地下水流向等，在典型的地点布置一降水井（主井）及若干个观测井，组成试验网。

观测井在与地下水流向平行或垂直线上布置，如图 5-8 所示。观测井的距离可参考表 5-11。

主井直径不小于 200～250mm，以便安放降水井管，观测井的直径不小于 50～75mm。主井与观测井都装有滤管。降水应连续进行，形成稳定的降落曲线后，再降水 6～8h 才停止降水，此时要连续测量水位，查明水位恢复情况，直至水位完全恢复为止。最后进行资料整理，绘制降落曲线横断面图和降落漏斗平面图；根据观测井水位降深值 h_1，h_2，以及距离 r_1，r_2 和主井的排水量 Q，对于无压完整井可代入下式，求得 K 值：

$$K=\frac{Q(\ln r_2-\ln r_1)}{\pi(h_2^2-h_1^2)}\quad (\mathrm{m/d}) \tag{5-6}$$

式中符号含义如图 5-8 所示。

表 5-11　观测井与主井的距离

土的名称	每条直线上钻孔间距/m			最后一孔与主井间距/m	
	主孔－1# 孔	1# 孔－2# 孔	2# 孔－3# 孔	最　小	最　大
粉质黏土	2～3	3～5	5～8	10	16
砂	3～5	5～8	8～12	16	25
砾石	5～10	10～15	15～20	30	45

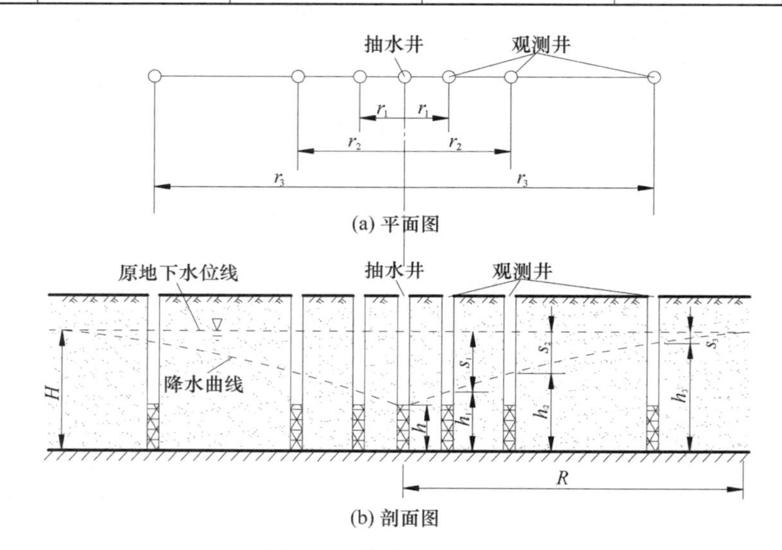

图 5-8　抽水试验示意图

对承压完整井的降水试验，可代入下式：

$$K=\frac{Q(\ln r_2-\ln r_1)}{2\pi M(s_1-s_2)}\quad (\mathrm{m/d}) \tag{5-7}$$

(5) 渗透系数 K 的参考数值参见表 5-12。

表 5-12　土层的渗透系数参考值

名称	渗透系数 $K/(\mathrm{m\cdot d^{-1}})$	名称	渗透系数 $K/(\mathrm{m\cdot d^{-1}})$
黏　　土	＜0.005	中砂	5.00～20.00
粉质黏土	0.005～0.10	均质中砂	35.00～50.00
黏质粉土	0.10～0.50	粗砂	20.00～50.00
黄土	0.25～0.50	圆砾	50.00～100.00
粉砂	0.50～1.00	卵石	100.00～500.00
细砂	1.00～5.00	无填充物的卵石	500.00～1000.00

(6) 影响渗透系数 K 值的因素

由渗透公式可知，渗透系数与排水量 Q 成正比，排水量 Q 又是决定采用设备型号的根据，但渗透系数若无当地经验或试验数据，则影响到工程的成败。

① 当地的水文地质条件，在沉积土中特别要注意有否水平薄层粉砂或砂层，含水层中有否混杂或夹有黏土，在降水试验时还要考虑邻近是否有降水或深井降水、水流流向、地层构造等。

② 在试验室内测渗透系数 K，应注意土样的代表性，若有薄层粉砂，则应再作水平向的渗透系数试验；另外，在砂土中一般因取原状土很难具有代表性，从而会影响到渗透系数的准确性。

③ 室内不同季节温度的变化，也会影响结果；同样，若土样含有盐分，也会使试验成果受到影响。

3. 影响半径 R 值的确定

确定井的影响半径最可靠的方法也是降水试验。在资料整理时，可根据降水试验资料，绘制 s-lg$r$ 曲线或(H^2-h^2)-lg$r$ 曲线，而后将各个观测孔的水位值用平滑曲线连接起来，并延长与原地下水位相交(相切)，即可得影响半径。也可以通过降水试验测得 Q 与 s 值，代入有关计算公式反求 R 值。

影响半径也可按土层特征(表 5-13)与经验公式计算结果对照比较后确定。常用公式有：

对于潜水井，常用库萨金公式

$$R=1.95s\sqrt{HK} \tag{5-8}$$

对于承压水井，常用吉哈尔特公式

$$R=10s\sqrt{K} \tag{5-9}$$

式中 s——原地下水位到井内动水位的距离，m；

H——含水层厚度，m；

K——土层的渗透系数，m/d。

表 5-13 降水影响半径的经验数据

土的种类	粉细砂	细砂	中砂	粗砂	极粗砂	小砾石	中砾石	大砾石
粒径/mm	0.05～0.1	0.1～0.25	0.25～0.5	0.5～1.0	1.0～2.0	2.0～3.0	3.5～5.0	5.0～10.0
所占质量/%	<70	>70	>50	>50	>50			
R/m	25～50	50～100	100～200	200～400	400～500	500～600	600～1500	1500～3000

5.1.5.2 井点系统排水量

井点系统是由许多井点同时降水，各个单井水位降落漏斗彼此发生干扰，因而使各个单井的排水量比计算的单井排水量要小，但总的水位降低值确是大于单个井点降水时的水位降低值，这种情况对于以疏干为主要目的的基坑施工是有利的。

1. 无压完整井环形井点系统

无压完整井环形井点系统(图 5-9)基坑内总的排水量 Q 计算公式为

$$Q=\frac{\pi K(2H-s')s'}{\ln R'-\ln r_0} \tag{5-10}$$

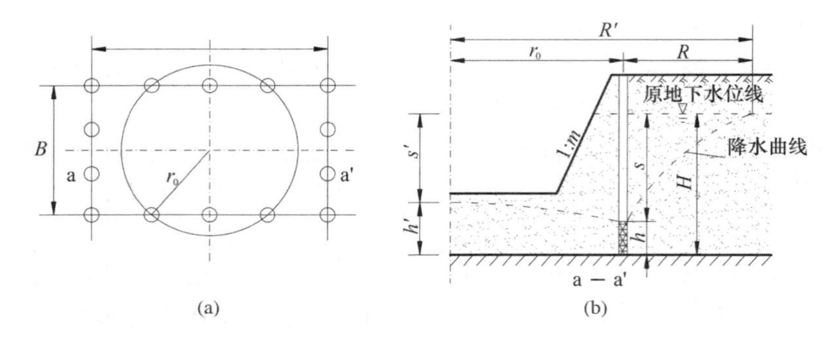

图 5-9　无压完整井(基坑)涌水量计算图

无压完整井环形井点系统中任一单井的排水量计算公式 Q' 为

$$Q'=\frac{\pi K(2H-s)s}{n\ln R'-\ln(rnr_0^{n-1})} \tag{5-11}$$

如基坑呈不规则形状，井点系统也呈不规则分布，则可按任意排列的井点系统(图 5-10)中任一单井排水量计算公式为

$$Q'=\frac{\pi K(2H-s)s}{n\ln R'-\ln(r_1 r_2\cdots r_n)} \tag{5-12}$$

式中　r_0——井群的引用半径，m；

R'——井群的引用影响半径($R'=R+r_0$)，m；

s'——基坑底的水位降深，m；

Q'——井点系统中任一单井的排水量，m^3/d；

r——某一井的半径，m；

n——井数；

s——某一井中的水位降深，m；

$r_1,r_2,\cdots,r_n$——基坑内任意点至各井点管的水平距离(m)，如计算某一单井的排水量，则 r_1 改用过滤器半径 r。

其他符号意义如图 5-10 所示。

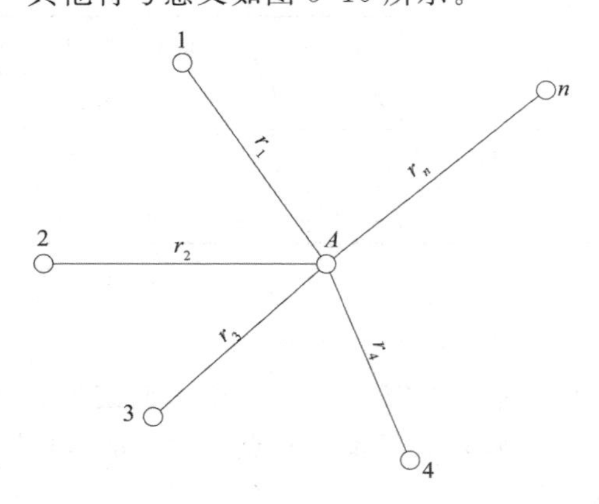

图 5-10　相互作用的井点群

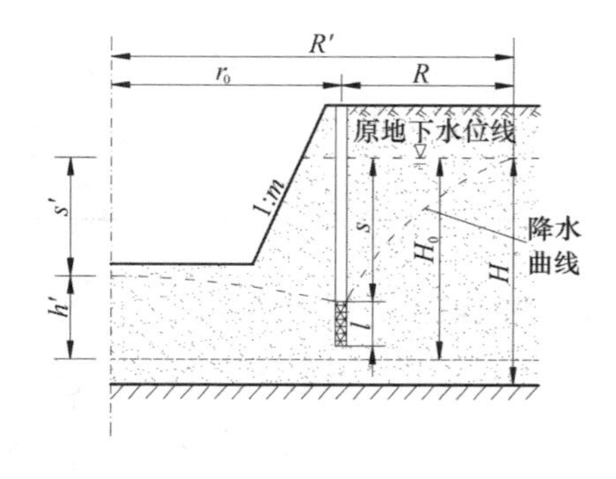

图 5-11　无压非完整井(基坑)涌水量计算图

如井点系统布置成矩形，为了简化计算，也可用式(5-11)计算排水量，但式中的 r_0 应为井点系统的引用半径。

对矩形基坑，根据长度 A 与宽度 B 之比，可将其平面形状化成一个引用半径为 r_0 的圆井按下式进行计算。

当 $A/B<2\sim3$ 时，
$$r_0=\sqrt{\frac{F}{\pi}} \tag{5-13}$$

当 $A/B>2\sim3$ 时或基坑呈不规则形状时，$r_0=\dfrac{P}{2\pi}$ (5-14)

式中 F——井点系统包围的基坑面积，m^2。

P——不规则基坑的周长，m。

2. 无压非完整井点系统(图 5-11)

为了简化计算，仍可采用式(5-10)和式(5-11)，但式中 H 应换成有效深度 H_0，H_0 系经验数值，由表 5-14 查得。当算出的 H_0 大于实际含水层 H 的厚度时，则仍取 H 值。

表 5-14 有效深度 H_0 值

$\frac{s}{s+l}$	0.2	0.3	0.5	0.8
H_0	$1.3(s+l)$	$1.5(s+l)$	$1.7(s+l)$	$1.85(s+l)$

3. 承压完整井井点系统见图 5-12，其基坑内总排水量计算公式为

$$Q=\frac{2\pi KMs'}{\ln R'-\ln r_0} \tag{5-15}$$

承压完整井环形井点系统中任一单井排水量计算公式为

$$Q'=\frac{2\pi KMs}{n\ln R'-\ln(rnr_0^{n-1})} \tag{5-16}$$

任意排列的完整井点系统中任一单井排水量计算公式为

$$Q'=\frac{2\pi KMs}{n\ln R-\ln(r_1r_2\cdots r_n)} \tag{5-17}$$

式中，M 为承压含水层厚度，m。其他符号含义同前并参见图 5-12 所示。

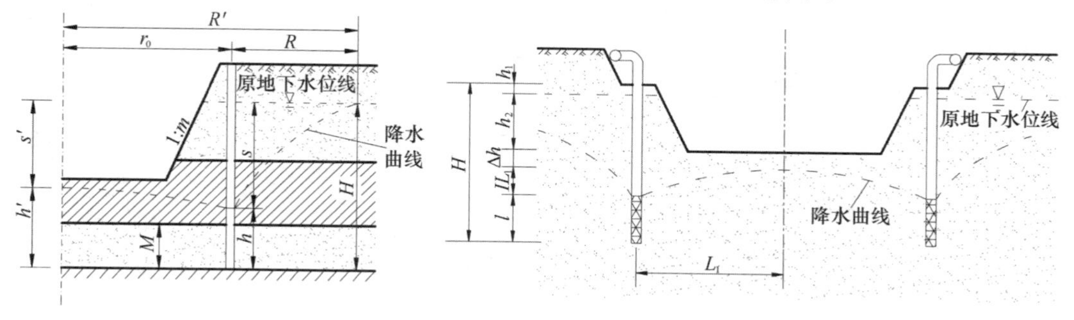

图 5-12 承压完整井(基坑)涌水量计算图

图 5-13 井点管的埋设深度

5.1.5.3 井点管埋置深度

确定井点管的埋置深度见图 5-13

$$H=h_1+h_2+\Delta h+I\cdot L_1+l \tag{5-18}$$

式中 H——井点管埋置深度，m；

h_1——地下水位至基坑底面的距离，m；

h_2——井点管埋设面至地下水位的距离，m；

Δh——降水后地下水位至基坑底面的安全距离，m；

I——降水曲线坡度，一般可取 1/10；

L_1——井点管中心至基坑中心的水平距离，m；

l——滤水管长度，m。

5.1.5.4 井点管数量与间距

单根井点管出水量由下式确定：

$$q=65\pi dl\sqrt[3]{K}\quad (m^3/d) \tag{5-19}$$

式中 d——滤水管直径，m；

l——滤水管长度，m；

K——渗透系数，m/d。

井点管最少数量由下式确定：

$$n=1.1\frac{Q}{q}\quad（根） \tag{5-20}$$

井点管最大间距为

$$D=\frac{L}{n}\quad (m) \tag{5-21}$$

式中 L——总管长度，m；

1.1——考虑堵塞等因素的井点管备用系数。

求出的管距应大于 $15d$（井管太密影响降水效果），并应符合总管接头的间距（0.80m，1.20m，1.60m 等）。

井点管数与间距确定后，必须校核是否满足降水要求。

5.1.5.5 环型排列的完整井点系统的基坑内任意点水头高度

1. 潜水井群

基坑内任意点水头高度：

$$h'=\sqrt{H^2-\frac{Q}{\pi K}[n\ln R'-\ln(rnr_0^{n-1})]} \tag{5-22}$$

基坑中心水头高度：

$$h'_0=\sqrt{H^2-\frac{Q}{\pi K}[\ln R'-\ln r_0]} \tag{5-23}$$

2. 承压水井群

基坑内任意点水头高度：

$$h'=H-\frac{Q}{2\pi KM}[n\ln R'-\ln(rnr_0^{n-1})] \tag{5-24}$$

基坑中心水头高度：

$$h'_0=H-\frac{Q}{2\pi KM}[n\ln R'-\ln r_0] \tag{5-25}$$

5.1.5.6 任意排列的完整井点系统的基坑内任意点水头高度

1. 潜水完整井群

基坑内任意点水头高度：

$$h'=\sqrt{H^2-\frac{Q}{\pi K}\left[\ln R'-\frac{1}{n}(r_1r_2\cdots r_n)\right]} \tag{5-26}$$

2. 承压水完整井群

基坑内任意点水头高度：

$$h'=H-\frac{Q}{2\pi KM}\left[\ln R'-\frac{1}{n}\ln(r_1r_2\cdots r_n)\right] \tag{5-27}$$

式中 h'——过滤器外壁或坑底任意点的动水位高度，对完整井算至井底，对非完整井算至有效深度(m)；

$r_1,r_2,\cdots,r_n$——基坑内任意点至各井点管的水平距离(m)。核算过滤器外壁处动水位高度时，可将 r_1 改用井半径 r。

得基坑底的水位降深：

$$s'=H-h' \tag{5-28}$$

如核算结果不能满足降水要求，则可调整井点管的埋置深度直至满足要求为止。

5.1.6 滤网和砂料的选择

5.1.6.1 滤网和填砂的重要性

滤水管的滤网选择对井点降水效果有直接影响。在细砂层中，如仅用滤网而不填砂，水流进入滤水管会产生很大的压力损失。填砂不好，或滤网孔眼过大，抽吸地下水带走土粒，造成构筑物地基承载力降低和滤水管阻塞，弯连管、总管不能畅流。

5.1.6.2 滤水管的填砂条件

1. 不必填砂

(1) 当渗透系数 $K>10.00$m/d；

(2) 滤水管上的滤网，适合：

$$d_c\leqslant 2d_{50}$$

式中 d_c——滤网间隙的净距(滤孔净宽)；

d_{50}——天然土体颗粒 50%的直径。

(3) 疏干地带的含水层无隔水层隔绝。

违反上述情况之一时，必须进行填砂。

2. 必须填砂及砂粒要求

大颗粒的砂粒填料，应适合天然土体的颗粒组成，须符合下式关系：

$$5d_{50}\leqslant D_{50}\leqslant 10d_{50} \tag{5-29}$$

式中，D_{50} 为填砂颗粒 50%的直径。

井点砂粒填料，尽量采用同一种类砂粒，其不均匀系数：

$$\mu_u = \frac{D_{60}}{D_{10}} \leqslant 5 \tag{5-30}$$

式中 D_{60}——颗粒小于土体总重 60%的直径；

D_{10}——颗粒小于土体总重 10%的直径。

3. 砂填层厚度要求

（1）粉砂或砂质粉土，应有较厚的砂填层，其填砂断面要大，至少应有 30cm 直径。注意填砂时防止钻孔缩颈。如图 5-14 所示。

井点管埋设时特别注意的是遇到饱和的高压缩性软黏土层时，应防止产生如图 5-14 所示的钻孔缩颈现象。黏土层部位未能形成砂滤层，则隔水的黏土层以上的含水层中的地下水在井点管工作后就不能被抽吸出来，这一问题的存在是由于施工疏忽或工期太紧而赶工等原因造成的。因此，井点管施工必须注意井点管的埋设质量。

（2）粉细砂，渗透系数在 5.00m/d 以上，砂填层直径可小一点，但一般不应小于 20～25cm 的直径。亦应防止钻孔缩颈现象。

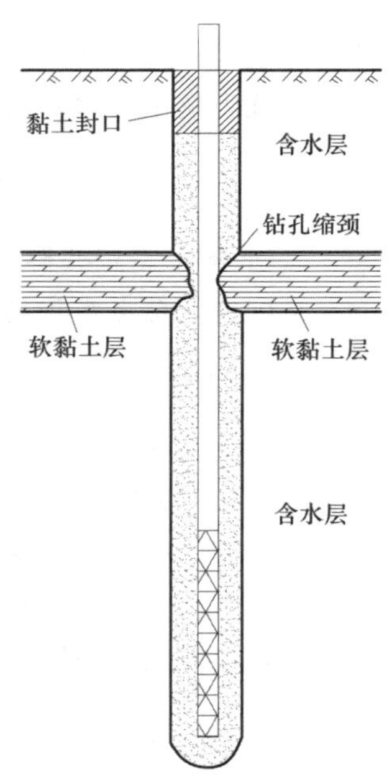

图 5-14 钻孔缩颈现象

5.1.6.3 常用滤网类型及规格

常用滤网类型有方织网、斜织网和平织网见表 5-15；方织网滤网规格见表 5-16；平织网滤网规格见表 5-17。

表 5-15 **常用滤网类型表**

		滤网类型	最适合的网眼孔径/mm		说明
			在均一砂中	在非均一砂中	
滤网选择	类型和孔径	方织网	$2.5 \sim 3.0d_{cp}$	$3.0 \sim 4.0d_{50}$	d_{cp}——平均粒径； d_{50}——相当于过筛量 50%的粒径
		斜织网	$1.25 \sim 1.5d_{cp}$	$1.5 \sim 2.0d_{50}$	
		平织网	$1.50 \sim 2.0d_{cp}$	$2.0 \sim 2.5d_{50}$	
常用滤网类型简图	方织网	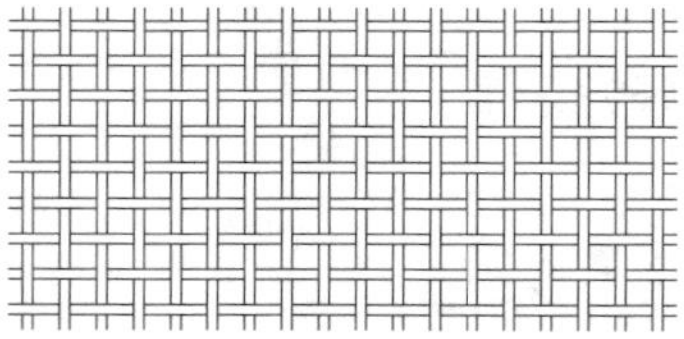			
	斜织网				
	平织网	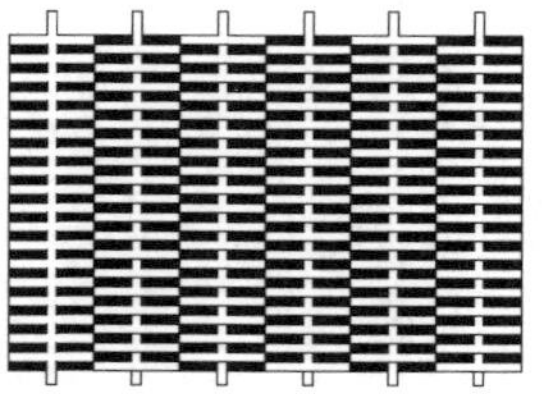			关于常用滤网的规格以及详细资料参见表 5-14和表 5-15。用途选择见表 5-17 后注述

表 5-16　常用方织网滤网规格表

	网号或 2.5cm² 中线的数量	1cm² 中线的数量	横线与纵线的直径/mm	d_c(按网眼内径计算)/mm	重量/(kg·m⁻³)
方织网规格	8	3	0.50	3.13	1.10
	10	4	0.50	2.32	1.34
	12	5	0.45	1.86	1.38
	15	6	0.40	1.41	1.32
	18	7	0.35	1.14	1.22
	20	8	0.35	0.99	1.36
	25	10	0.30	0.76	1.19
	28	11	0.25	0.69	0.96
	30	12	0.25	0.63	1.03
	32	13	0.23	0.59	0.93
	35	14	0.20	0.55	0.77
	40	16	0.16	0.47	0.73
	45	18	0.15	0.43	0.55
	50	20	0.15	0.35	0.63
	55	22	0.14	0.33	0.59
	60	24	0.14	0.29	0.65
	网宽(1.00～5.00m)				

表 5-17　常用平织网滤网规格表

	网号或 2.5cm² 中纵线与横线的数量	1cm² 中纵线与横线的数量	线的直径/mm		(按横线间网眼内径算)/mm	重量/(kg·m⁻³)
			纵线	横线		
平织网规格	6/40	2.5/16	0.60	0.65	0.65	6.70
	6/70	2.5/28	0.70	0.40	0.34	3.80
	7/70	3/28	0.60	0.40	0.34	3.75
	10/75	4/30	0.55	0.37	0.32	3.56
	10/90	4/35	0.45	0.30	0.27	2.69
	12/90	5/36	0.45	0.30	0.27	3.00
	14/100	3.5/40	0.45	0.28	0.23	2.95
	16/100	6/40	0.40	0.28	0.23	2.90
	16/130	6/52	0.38	0.22	0.17	2.30
	18/130	7/52	0.33	0.22	0.17	2.30
	18/140	7/56	0.30	0.20	0.16	2.00
	20/160	8/64	0.28	0.18	0.14	2.00
	(网宽 1.00～3.50m)					

注:1. 在细砂中宜采用平织网,中砂宜采用斜织网,粗砂、砾石则采用方织网。
2. 各种网均由耐水锈材料制成,如铜、青铜等。
3. 上海的轻型井点滤网:内网——每厘米 30 孔的铜丝布;外网——每厘米 5 孔的铁丝布(大部分已改用尼龙丝布亦很好)。滤水管与滤网间以梯铁丝隔开。

5.1.6.4 管井回填粒料规格与缠丝间距

管井回填粒料规格与缠丝间距,见表 5-18。

表 5-18　　填粒料规格与缠丝间距

地层名称	粒料规格/mm	缠丝间距/mm
细、中砂	2～4	0.75～1.0
粗砂、砾砂	4～6	2.0
砾、卵石	8～15	3.0

5.2　喷射井点降水

5.2.1　适用范围

当基坑开挖较深，降水深度要求大于 6.00m，而且场地狭窄，不允许布置多级轻型井点时，宜采用喷射井点降水。其一层降水深度可达 10.00～20.00m。适用于渗透系数为 3.00～50.00m/d的砂土层中。

5.2.2　主要设备及工作原理

喷射井点分为喷水井点和喷气井点两种，其设备主要由喷射井点、高压水泵(或高压气泵)和管路系统组成(图 5-15)，前者以压力水为工作源，后者以压缩空气为工作源。

喷射井点的构造可分为同心式和并列式(外接式)两种[图 5-16(a)、(b)]，但其工作原理是相同的。同心式喷射井管分内、外管两部分，内管下装有喷射井点的主要部件喷射器(图 5-16(c))，并与滤管相接(图 5-17)。喷射器主要由喷嘴、混合室、扩散室组成。它的构造由五个参数决定，即喷嘴直径 d，混合室长度 L_4，扩散室锥度 ϕ(或扩散室长度 L_5)和喷嘴末端至混合室始端的距离 L_2。这五个参数均应互相适应，尤其是喷嘴与混合直径的比例。比例适宜，井点就能发挥最大的工作效率，反之效率将急剧下降。目前喷射器设计主要通过试验的经验值与理论计算相结合的方法确定。

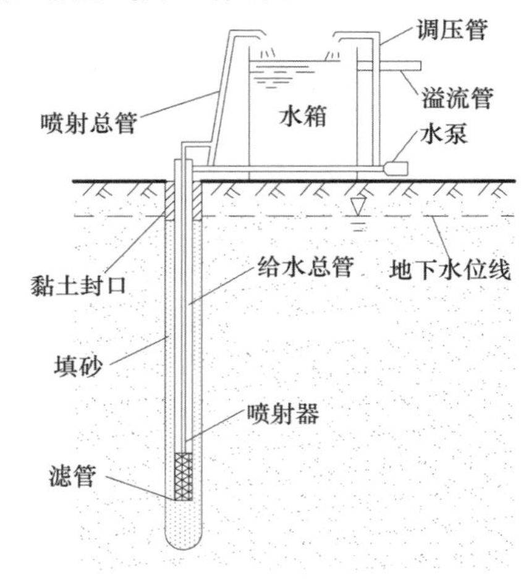

图 5-15　喷射井点工作示意图

当喷射井点工作时，高压泵输入的工作水流，经内外管之间的环形空间到达喷嘴，在喷嘴处由于过水截面突然缩小，使工作水流速骤增到极大值(30.00～60.00m/s)，水流冲入混合室，同时在喷嘴附近造成负压，形成真空。在真空吸力作用下，地下水经吸入管被吸入混合室，与工作水混合，然后进入扩散室。这种使水流从动能逐渐转变为位能的能量交换，即水流速度相对变小，而水流压力相对增大，把地下水连同工作水一起扬升沿着井管流入水箱。其中一部分水可重新用于高压工作水，余下部分水用低压泵排走。如此循环作业，使地下水逐渐下降到设计要求的降水深度。

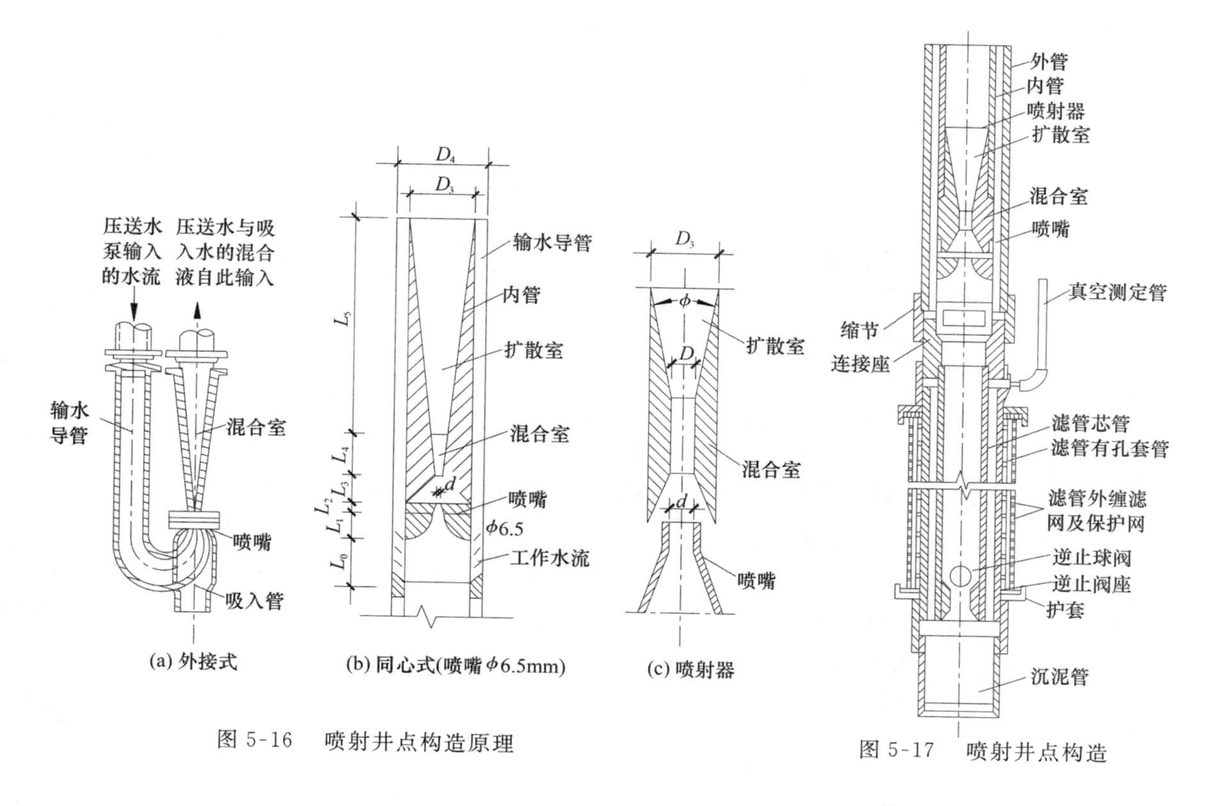

图 5-16　喷射井点构造原理

图 5-17　喷射井点构造

5.2.3 扬水装置构造的设计

（1）根据基坑涌水量和井点布置，确定喷射井点所需的单井排水量 Q_0 和所需的扬程。

（2）根据所需的扬程 H，按下式确定喷射井点的工作水压力 P_1：

$$P_1=\frac{0.1H}{\beta}\quad (\mathrm{N/mm^2}) \tag{5-30}$$

式中，β 为扬程与工作水压力之比值，参照表 5-19 采用。

表 5-19　经验参数

渗透系数 $K/(\mathrm{m\cdot d^{-1}})$	β	α	M	r
$K<1$	0.225	0.8	1.8	4.5
$1\leqslant K\leqslant 50$	0.25	1.0	1.0	5.0
$K>50$	0.30	1.2	2.5	5.5

（3）根据单井排水量 Q_0，由下式确定喷射井点的工作水流量 Q_1：

$$Q_1=\frac{Q_0}{\alpha}\quad (\mathrm{m^3/d}) \tag{5-31}$$

式中，α 为吸入水流量与工作水流量之比，参照表 5-19 采用。

(4) 由工作水流量 Q_1 及工作水压力 P_1 确定喷嘴直径 d_1：

$$d_1 = 19\sqrt{\frac{Q\times 10^{-6}}{v_1\times 3\,600}}\quad (\mathrm{mm})\tag{5-32}$$

$$v_1 = \phi\sqrt{2gH} = \phi\sqrt{2gP_1\times 10} = \phi\sqrt{20gP_1}\tag{5-33}$$

式中 v_1——工作水在喷嘴出口处流速，m/s；

ϕ——喷嘴流速系数，取近似值 0.95；

P_1——工作水压力，N/mm^2；

g——重力加速度，取 9.8m/s。

(5) 由喷嘴直径 d_1，按下式确定混合室直径 D：

$$D = Md_1\quad (\mathrm{mm})\tag{5-34}$$

式中，M 为混合室直径与喷嘴直径之比，参照表 5-19 采用。

(6) 由喷嘴直径 d_1 按下式确定混合室长度 L_4：

$$L_4 = rd_1\quad (\mathrm{mm})\tag{5-35}$$

式中，r 参照表 5-19 采用。

(7) 考虑收缩角为 7°～8°时能量损失最少，故扩散室长度 L_5 取：

$$L_5 = 8.5\left(\frac{D_3}{2} - \frac{D}{2}\right)\quad (\mathrm{mm})\tag{5-36}$$

式中 D_3——喷射井点内管直径，mm；

D——混合室直径，mm。

(8) 根据工作水流量 Q_1 及允许最大流速 $v_{max} = 1.5\sim 2\mathrm{m/s}$，确定喷射井点内管两侧进水孔高度 L_0：

$$L_0 = \frac{Q_1\times 10^{-6}}{2\alpha\cdot v_{max}\times 3\,600}\quad (\mathrm{mm})\tag{5-37}$$

式中，α 为两侧进水孔宽度，mm。

(9) 喷嘴颈缩部分的长度 L_3 及喷嘴圆柱形部分长度 L_2，根据构造要求而定：

$$L_3 = 2.5d_1\quad (\mathrm{mm})\tag{5-38}$$

$$L_2 = (1.0\sim 1.5)d_1\quad (\mathrm{mm})\tag{5-39}$$

(10) 喷射井点内管直径 D_3 和外管直径 D_4，设计时可先假定一个数值进行试算，然后按下两式进行复核修正：

$$D_3 = \sqrt{\frac{4Q_0 + Q_1\times 10^{-6}}{\pi v_{max}\times 3\,600}}\quad (\mathrm{mm})\tag{5-40}$$

$$D_4 = \sqrt{\frac{4Q_0\times 10^{-6}}{\pi v_{max}\times 3\,600}}\quad (\mathrm{mm})\tag{5-41}$$

喷射井点所采用的高压水泵，其功率一般为 55kW，流量为 160.00m^3/h，扬程为 70m。每台泵可带动 30～40 根井点管。

5.2.4 喷射井点的布置与施工注意事项

(1) 喷射井点的管路布置、井点管的埋设方法等，与轻型井点基本相同。

(2) 井管间距一般为2.00～3.00m，冲孔直径为400～600mm，深度应比滤管底深1.00m以上。为防止喷射器磨损，成孔宜采用套管法，加水及压缩空气排泥，当套管内含泥量经测定小于5%时，方可下井管。井点孔口地面以下0.50～1.00m深度范围内应采用黏土封口。

(3) 下井管时，水泵应先运转，每下好一根井管，立即与总管接通(不接回水管)，并及时进行单根试抽排泥，并测定其真空度(地面测定不应小于93.3kPa)，待井管出水变清后停止。

(4) 全部井管下沉完毕，再接通回水总管。经试抽使工作水循环进行后再正式工作。

(5) 扬水装置(喷嘴、混合室、扩散室等)的尺寸、轴线等，应加工精确。

各套进水总管应用阀门隔开，各套回水管也应分开。为防止产生工作水反灌，在滤管下端应设逆止球阀。

(6) 工作水应保持清洁，防止磨损喷嘴和水泵叶轮。

5.3 管井井点降水

5.3.1 适用范围

适用于轻型井点不易解决的含水层颗粒较粗的粗砂—卵石地层，渗透系数较大、水量较大且降水深度较深(一般为8.00～20.00m)的潜水或承压水地区。

5.3.2 管井井点系统主要设备

(1) 井管。井管由井壁管和过滤器两部分组成(图5-18)。井管由直径为200～350mm的铸铁管、混凝土管、塑料管等材料制成。过滤器部分可在实管上穿孔垫肋后，外缠锌铅丝制成(图5-19)。也可用钢筋焊接骨架，包某一种织网规格的滤网(图5-20)。

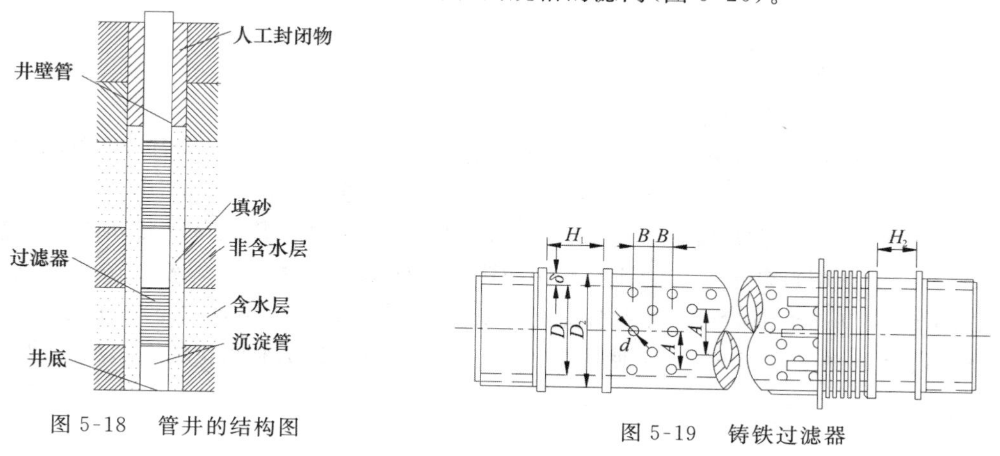

图5-18　管井的结构图

图5-19　铸铁过滤器

(2) 水泵。当水位降深要求在 7.00m 以内时，可用离心式水泵；若降深大于 7.00m，可采用不同扬程和流量的深井潜水泵或深井泵。

5.3.3 管井施工方法

(1) 井点布置。基坑总涌水量确定后，再验算单根井点极限涌水量，然后确定井的数量。采取沿基坑周边每隔一定距离均匀设置管井。管井之间用集水总管连接。

(2) 管井成孔方法。可根据土质条件和孔深采用 CZ-22 型冲击或旋转钻机水压钻探成孔。如管井深度在 15.00m 以内时，也可用长螺旋钻机水压套管法成孔。钻孔直径一般为 500～600mm，当孔深到达预定深度后，应将孔内泥浆掏净后，下入 300～400mm 由实管和花管组成的铸铁管或水泥砾石管，为了保证井的出水量，且防止粉细砂涌入井内，在井管的周围应回填粒料。其厚度不得小于 100mm。回填粒料的粒径以含水层颗粒 $d_{50}\sim d_{60}$（系筛分后留在筛上的重量为 50%～60%时筛孔直径）的 8～10 倍最为适宜。其大致规格见表 5-18。

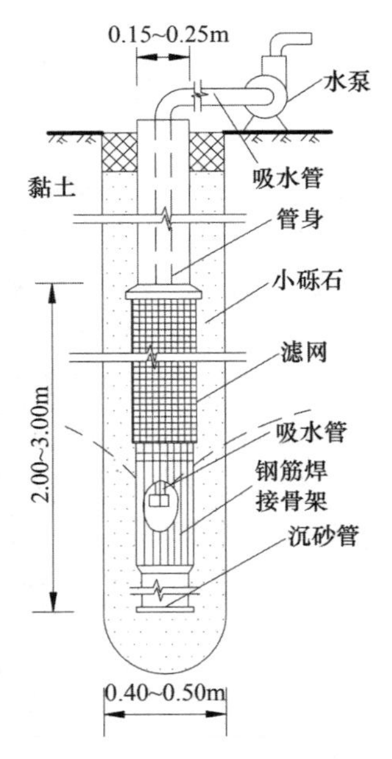

图 5-20　管井井点构造图

(3) 洗井回填料后，如使用铸铁管时，应在管内用活塞拉孔洗井或用空压机洗井。如用其他材料的井管，应用空压机洗井至水清为止。

5.4 电渗井点降水

5.4.1 适用范围

在饱和黏土中，特别是淤泥和淤泥质黏土中，由于土的透水性较差，持水性较强。用一般轻型井点和喷射井点降水效果较差，此时宜增加电渗井点来配合轻型或喷射井点降水，以便对透水性差的土起疏干作用，使水排出。

5.4.2 工作原理

电渗井点排水是利用井点管（轻型或喷射井点管）本身作阴极，沿基坑外围布置，以钢管（直径 50～75mm）或钢筋（直径 25mm 以上）作阳极，垂直埋设在井点内侧，阴阳极分别用电线等连接成通路，并对阳极施加强直流电电流（图 5-21）。应用电压比降使带负电的土粒向阳极移动（即电泳作用），带正电荷的孔隙水则向阴极方向集中产生电渗现象。在电渗与真空的双重作用下，强制黏土中的水在井点管附近积集，由井点管快速排出，使井点管连续降水，地下水位逐渐降低。而电极间的土层，则形成电幕，由于电场作用，从而阻止地下水从四面流入坑内。

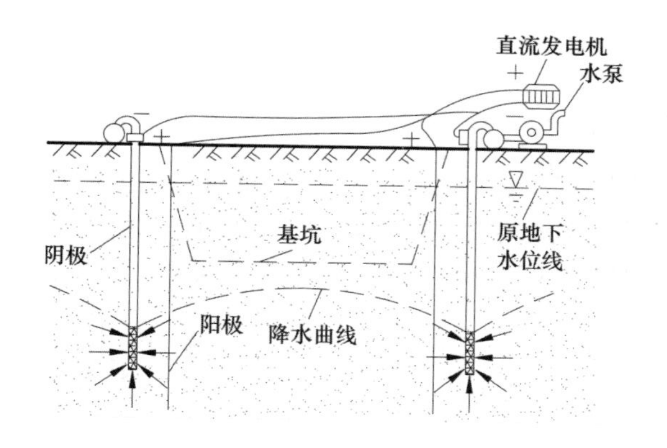

图 5-21　电渗井点布置示意图

5.4.3　施工要点及注意事项

(1) 电渗排水井点管，可采用套管冲枪成孔埋设。

(2) 阳极应垂直埋设，严禁与相邻阴极相碰。阳极入土深度应比井点管深 50cm，外露地面以上 20～40cm。

(3) 阴阳极间距一般为 0.80～1.50m，当采用轻型井点时为 0.80～1.00m；采用喷射井点时为 1.20～1.50m，并成平行交错排列。阴阳极的数量宜相等，必要时阳极数量可多于阴极。

(4) 直流发电机可用直流电焊机代用，其功率按下式计算：

$$P = \frac{UJF}{1000} \tag{5-42}$$

式中　P——电焊机功率，kW；

U——电渗电压，一般为 45～65V；

J——电流密度，宜为 0.5～1A/m^2；

F——电渗面积，m^2，F=导电深度×井点周长。

(5) 为防止电流从土表面通过，降低电渗效果，通电前应将阴阳极间地面上的金属和其他导电物体处理干净，有条件时涂一层沥青绝缘。另外，在不需要通电流的范围内(如渗透系数较大的土层)的阳极表面涂二层沥青绝缘，以减少电耗。

(6) 在电渗降水时，应采用间歇通电，即通电 24h 后停电 2～3h，再通电，以节约电能和防止土体电阻加大。

5.5　回灌井点

由于井点降水作用，使地下水位降低，黏性土含水量减少，并产生压缩、固结，使浮力消减，从而使黏性土的孔隙水压力降低，土的有效应力相应增大，土体产生不均匀沉降，而影响邻近建筑物的安全。为了尽量减少土层的沉降量，目前国内外均采用降水与回灌相结合的办法。

5.5.1 工作原理

回灌井点施工原理是在降水区与邻近建筑物之间的土层中埋置一道回灌井点，采用补充地下水的方法(图 5-22)，使降水井点的影响半径不超过回灌井点的范围，形成一道隔水屏幕，阻止回灌井点外侧建筑物下的地下水流失，使地下水位保持不变。

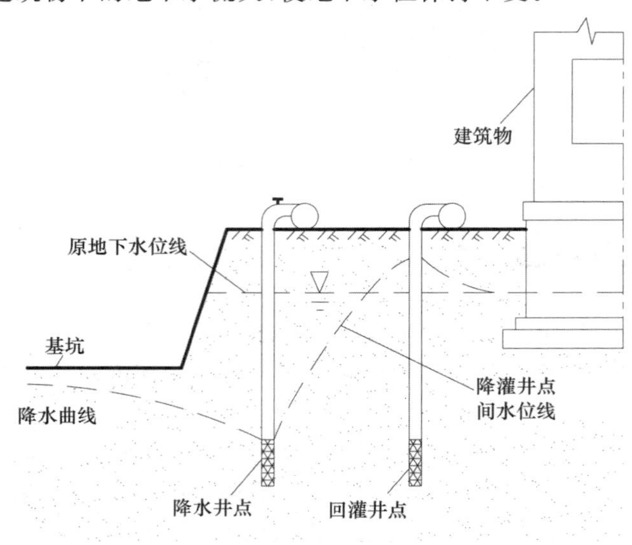

图 5-22 回灌井点布置示意图

5.5.2 施工要点和注意事项

(1) 回灌水宜采用清水，回灌水量和压力大小，均需通过水井理论进行计算，并通过对观测井的观测资料来调整。

(2) 降水井点和回灌井点应同步起动或停止。

(3) 回灌井点的滤管部分，应从地下水位以上 0.50m 处开始直到井管底部。也可采用与降水井点管相同的构造，但必须保证成孔和灌砂的质量。

(4) 回灌与降水井点之间应保持一定距离。回灌井点管的埋设深度应根据透水层的深度来决定，以确保基坑施工安全和回灌效果。

(5) 应在降灌水区域附近设置一定数量的沉降观测点及水位观测井，定时进行观测和记录，以便及时调整降灌水量的平衡。

5.6 井点降水监测

在重要的工程中，除沉设井点外，还要布置许多监测仪器设备。

5.6.1 流量观测

流量观测很重要，一般可用流量表或堰箱，若发现流量过大而水位降低缓慢甚至降不下去时，应考虑改用流量较大的离心泵，反之，则可改用小泵以免离心泵无水时泵体发热并节约电力。例如上海轻型井点原用 Φ75mm 的离心泵，后发现流量不大而改用 Φ50mm 的离心泵，功率由 7.5kW 降为 3kW。但在某些工程施工中却发现水降不下去，又改用 Φ75mm 的离心泵。

5.6.2 地下水位观测

井点系统位置和间距可按设计需要布置，可用井点管作观测井。在开始降水时，每隔 4～8h 观测一次，以观测整个系统的降水机能，3d 后或降水达到预定标高前，每日观测 1～2 次，地下水位降到预期标高后，可数日或一周测一次，但若遇下雨或暴雨时，须加密观测。

5.6.3 孔隙水压力观测

设置孔隙水压力测点是为了了解在降水期间，地层中孔隙水压力的变化，从而估计地基强度、变形和边坡的稳定性。

孔隙水压力观测通常每天一次以上，在发现异常现象时，如基坑施工过程中边坡发现裂缝，或基坑附近建筑物沉降较大或产生裂缝等现象时，须加密观测，每日不少于 2 次。

5.6.4 地面沉降及分层沉降观测

观测降水工程的水准点应设置在井点影响范围以外，以便作为降水过程中对附近地面及建筑物沉降的基准点。另外，在降水影响范围或降水工程附近的建筑物，亦应布置沉降观测点。若遇降水较深且土层较多时，可增设分层标(即分层观测沉降的水准点)，以便了解各土层的沉降量，从而校核沉降计算。沉降观测次数与孔隙水压力观测次数相同，但应避免在日中和强风时观测。

5.6.5 土压力观测

观测地基反力和侧向土压力，观测次数与孔隙水压力和沉降观测点相同。

其他如应变计、混凝土压力计、电阻温度计、测静水压力计、高精度测斜仪等，应视设计的要求而采用。

5.7 井点降水设计案例

5.7.1 喷射井点降水设计实例

上海市长江口某工程沉井断面如图 5-23 所示，该场地地面标高为＋3.75m，沉井刃脚处绝对标高为－13.70m，该处位于夹有多层粉砂薄层的淤泥质黏土层中。地下水水位在自然地面以下 2.05m 处，经勘察查明土层为：

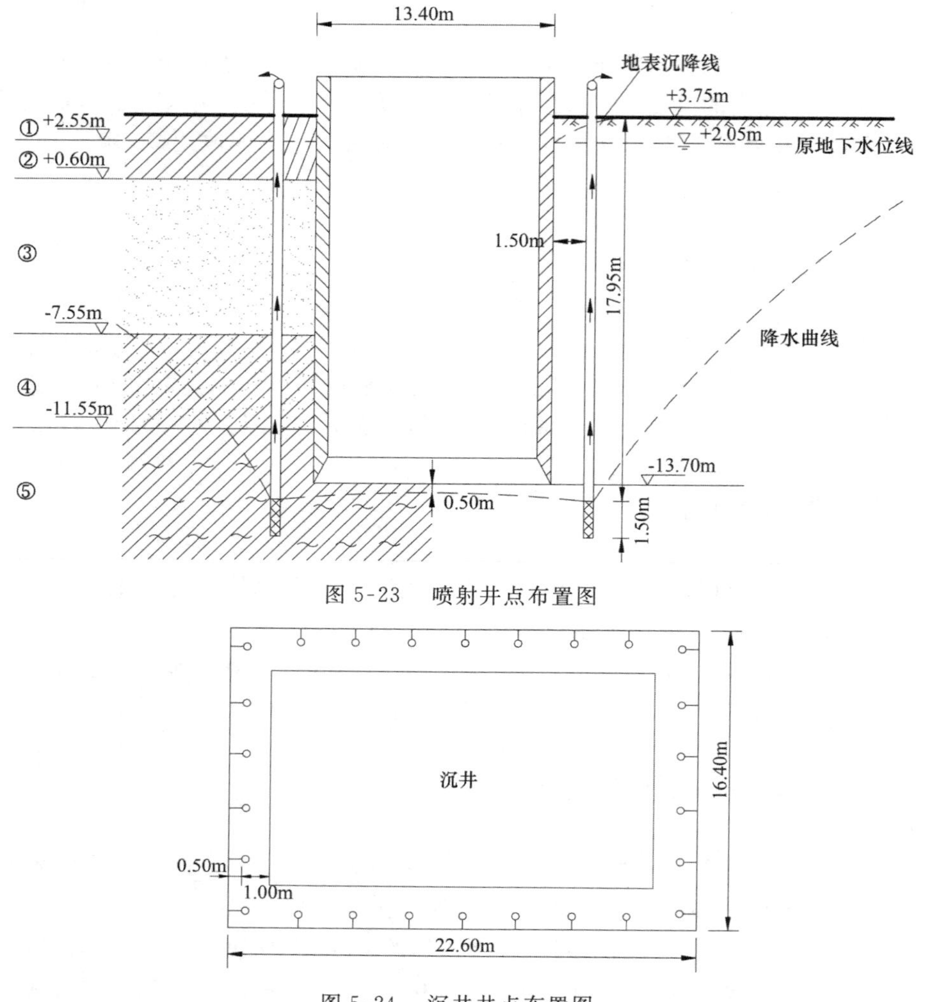

图 5-23　喷射井点布置图

图 5-24　沉井井点布置图

第①层在标高＋3.75～＋2.50m 之间为褐黄色粉质黏土；

第②层在标高＋2.50～＋0.60m 之间为灰色淤泥质黏土，渗透系数为 1.50×10^{-7} cm/s，可视为不透水层；

第③层在标高＋0.60～－7.55m 之间为灰色粉砂层；其渗透系数为 3.00～4.50×10^{-4} cm/s，为本区的承压含水层；

第④层在标高－7.55～－11.55m 之间为灰色黏质粉土夹粉砂层，渗透系数为 5.32×10^{-5} cm/s；

第⑤层在标高－11.55m 以下为灰色淤泥质黏土，夹薄层粉砂，渗透系数为 1.02×10^{-7} cm/s。

根据场地的地质与水文地质条件，为了防止流砂涌入井内，决定采用喷射井点。

根据上述条件，须以环圈形式布置井点，并备有配套降水设备。井点系统布置见图 5-23 和图 5-24，该沉井的井点为承压完整井，土的渗透系数采用第③层和第④层的加权平均值 K ＝0.39m/d，试设计并布置喷射井点系统。

1. 井点系统布置

井点管呈长方形布置，总管距沉井边缘 1.50m，沉井平面尺寸为 13.40m×19.60m。水力坡度 I 取 1/10。

（1）井点系统总管长度

$$[(19.60+1.50\times2)+(13.40+1.50\times2)]\times2=78.00\text{m}$$

（2）喷射井点管埋深

$$H=17.45+IL_1+\Delta h=17.45+\frac{1}{10}\times\frac{16.40+0.5}{2}=18.77\text{m}$$

取喷射井点管长度为 18.00m。

（3）滤水管长度选用 $l=1.50\text{m}$，ϕ38mm

（4）在埋设喷射井点时，冲孔直径为 600mm，冲孔深度比滤水管底深 1.00m，即 18.80 +1.50+1.0=21.3m，井点管与滤水管和孔壁间用粗砂填实，作为砂滤层，距地表 1.00m 处用黏土封实（图 5-25），以防漏气。

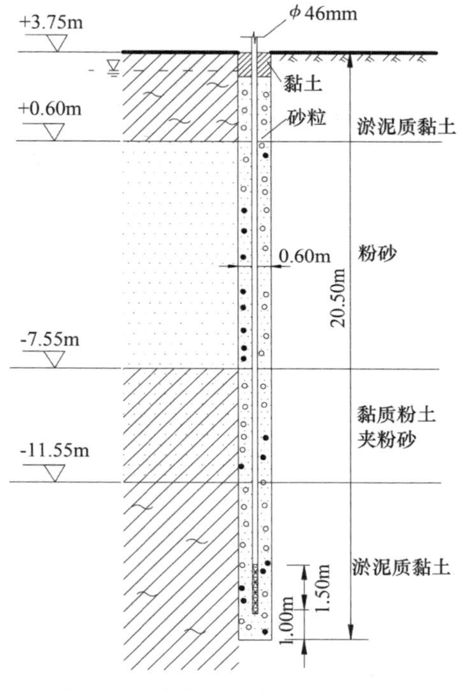

图 5-25　喷射井点管施工示意图

2. 基坑排水量计算

（1）基坑中心处要求降低水位深度 s'

$$s'=13.70+2.05+0.50=16.25\text{m}$$

（2）地下水位以下井管长度，即井管内水位下降深度 s

$$s=16.25+\frac{1}{10}\times\frac{16.4}{2}=17.07\text{m}$$

（3）承压水位在标高 2.05m 处，第③层粉砂层的顶板标高为+0.60m，承压水头高度为1.45m。含水层厚度为 10.95m。

（4）影响半径 R

$$R=10s\sqrt{K}=10\times17.07\times\sqrt{0.39}=106.60\text{m}$$

（5）引用半径 r_0

$$r_0=\sqrt{\frac{F}{\pi}}=\sqrt{\frac{22.60\times16.40}{3.14}}=10.86\text{m}$$

（6）基坑总排水量 Q

$$Q=\frac{2\pi KMs}{\ln R-\ln r_0}=\frac{2\times3.14\times0.39\times12.15\times17.07}{\ln(106.60+10.86)-\ln10.86}$$

$$=213.45\text{m}^3/\text{d}$$

3. 单根井点管的出水量 q

$$q=65\pi dl\cdot\sqrt[3]{K}=65\times3.14\times0.038\times1.5\times\sqrt[3]{0.39}=8.50\text{m}^3/\text{d}$$

4. 求井点管数 n 及间距 D

$$n=1.1\frac{Q}{q}=1.1\times\frac{213.45}{8.50}=27.6\text{ 根}$$

实际采用 28 根井点管(图 5-24)。

$$D=\frac{(22.60+16.40)\times 2}{28.00}=2.8\text{m}$$

注意:在井点系统降水期间,应加强地面沉降观测,防止由于地面沉降而引起的环境问题。(按此喷射井点设计方案降水,在沉井施工过程中,降水效果很好,完全满足了设计要求。)

5.7.2 管井井点降水设计实例

有一个三孔箱形钢筋混凝土涵洞,共 19 节,全长 316.00m,在基坑开挖施工过程中,根据地形高程和水文地质条件,分段设计管井井点排水,其中一段的地面高程为 3.20m,基坑底的设计高程为 5.90m,基坑底的开挖宽度 18.00m,上口宽 41.00m,在基坑的两侧各设一排管井,管井离基坑上口沿 1.00m,(图 5-26,图 5-27),二排管井井点的间距为:41.00+1.00+1.00=43.00m。

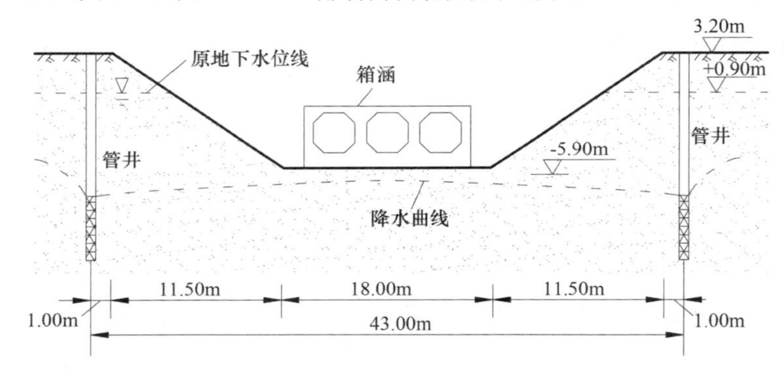

图 5-26 管井井点降水示意图

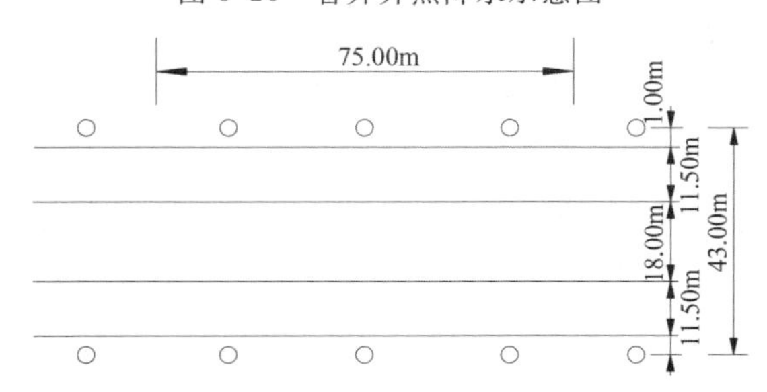

图 5-27 井点平面分布图

该工程段的水文地质条件:上部 7.00～10.00m 范围内粉质黏土和黏质粉土,下部为厚层粉砂土,基坑底部大致位于该两土层的分界线上,渗透系数 $K=2.60\text{m/d}$。

计算时取基坑长 75.00m 为一计算单元,二排管井的间距为 43.00m,管井的滤水管直径为 0.34m。

1. 基坑的引用半径 r_0

$$r_0=\sqrt{\frac{F}{\pi}}=\sqrt{\frac{75.00\times43.00}{3.14}}=32.04\text{m}$$

2. 管井水位下降深度 s

$$h_1=3.20-2.30=0.90\text{m};$$
$$h_2=0.90+5.90=6.80\text{m};$$
$$\Delta h=0.50\text{m}。$$

水力坡度 I 取 0.3，$L_1=\frac{43}{2}=21.50\text{m}$，$IL_1=0.3\times21.50=6.45\text{m}$

$$s=h_1+h_2+\Delta h+IL_1=0.9+6.80+0.50+6.45=14.65\text{m}$$

取 $s=15.00\text{m}$。

3. 有效带深度 H_0

管井为不完整井，含水层厚度较大，用有效带深度 H_0 计算(查表 5-14)。

$$\frac{s}{s+l}=\frac{15.00}{15.00+4.00}=0.79$$

查表(5-14)得 $H_0=1.85(s+l)=1.85\times(15.00+4.00)=35.15\text{m}$

式中，l 为管井中水位稳定后，滤水管的淹没深度取 $l=4.00\text{m}$(图 5-28)。

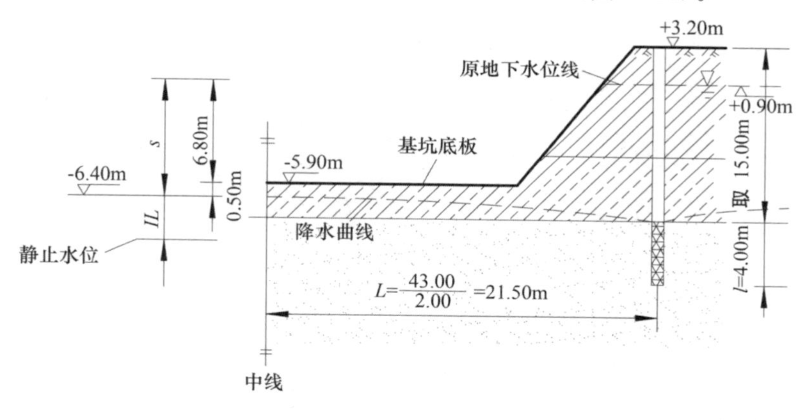

图 5-28　管井降水计算示意图

4. 求影响半径 R，基坑中心水位下降深度 s'

$$s'=6.80+0.50=7.30\text{m}$$

$$R'=r_0+R=\sqrt{\frac{F}{\pi}}+1.95s'\sqrt{H_0K}$$

$$=32.04+1.95\times7.30\times\sqrt{35.15\times2.60}=168.12\text{m}$$

5. 管井系统总的出水量 Q

$$Q=\pi K\frac{(2H_0-s')s'}{\ln R'-\ln r_0}=3.14\times2.60\times\frac{(2\times35.15-7.30)\times7.30}{\ln168.12-\ln32.04}=2\,266.12\text{m}^3/\text{d}$$

6. 求单井最大出水量 q

取管井的滤水管直径为 0.34m

$$q=65\pi dl\sqrt[3]{K}=65\times3.14\times0.34\times4\times\sqrt[3]{2.60}=381.88\text{m}^3/\text{d}$$

7. 需要管井数量

$$n=1.1\frac{Q}{q}=1.1\times\frac{2266.12}{381.88}=6.5\text{ 个}$$

现场实际使用 $n=6$ 个，两排布置，每排 3 个管井，井距 25.00m，排列如图 5-27 所示。

8. 验算基坑中心 A 点处的降水深度，先计算各井至 A 点的距离(图 5-30)。

$$r_1=r_3=r_4=r_6=33.00\text{m}$$

$$r_2=r_5=21.50\text{m}$$

$$\frac{1}{n}\ln(r_1,r_2,\cdots,r_n)=\frac{1}{6}(2\ln21.50+4\ln33.00)=3.35369$$

自有效带起计算的水位高程 h'_A(图 5-29)用式(5-25)计算

$$h'_A=\sqrt{H_0^2-\frac{nq}{\pi K}\left[\ln R'-\frac{1}{n}\ln(r_1,r_2,\cdots,r_n)\right]}=\sqrt{35.15^2-\frac{6\times381.88}{3.14\times2.60}(\ln168.02-3.35369)}=27.18\text{m}$$

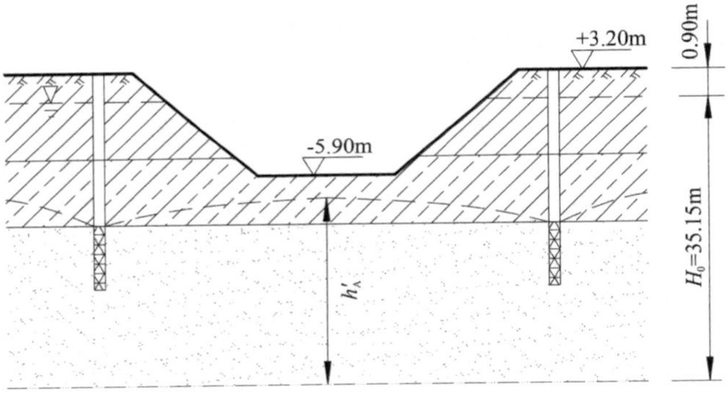

图 5-29 井点中心点降水深度

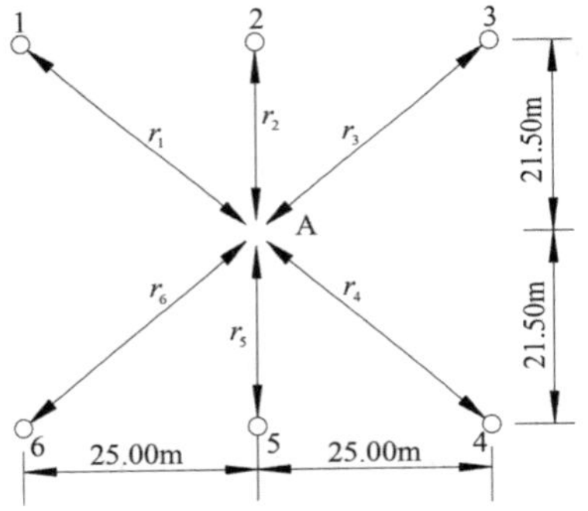

图 5-30 井点平面图

h'_A 顶点的高程：

原地下水面高程 3.20－2.30＝0.90m

有效带深度的高程－(35.15－0.90)＝－34.25m

则 h'_A 顶点的高程－(34.25－27.18)＝－7.07m

h'_A 顶点水位在基坑下 7.07－5.90＝1.17＞0.50m

所以满足降水要求

若 $h'_A=\sqrt{35.15^2-\frac{6\times381.88}{3.14\times2.60}[\ln(168.12+32.04)-3.35369]}=26.27\text{m}$

基坑底下 A 点的最高水位高程为 34.25－26.27＝－7.98m

离基坑底深 7.98－5.90＝2.08＞0.50m，满足降水要求。

9. 计算管井深度

$$H=2.30+15.00+4.00=21.30\text{m}$$

施工时实际管井深度为 27.00m。

10. 选用的管井潜水泵

管井潜水泵：扬程 18.00m，大于 15.00+2.30=17.30m。

流量 50.00m^3/h，大于$\frac{381.88}{24}=15.91m^3/h$，因此要调节出水闸门，使之适应井的出水量，如水泵采用 25.00m^3/h 更为合适。

5.8 井点降水常见问题与处理对策

5.8.1 轻型井点

轻型井点降水中的常见问题、产生原因、预防措施及处理方法，如表 5-20 所示。

表 5-20 轻型井点降水常见问题、预防措施及处理方法

常见问题	产生原因	预防措施及处理方法
真空度失常（真空度很小，真空表指针剧烈抖动，抽出水量很少；真空度异常大，但抽不出水；地下水位降不下去，基坑边坡失稳，有流砂现象）	1. 井点设备安装不严密，管路系统大量漏气。 2. 降水机组零部件磨损或发生故障 3. 井点滤网、滤管、集水总管和滤清器被泥沙淤塞，或砂滤层含泥量过大等，以致降水机组上的真空表指针读数异常大，但抽不出地下水。 4. 土层渗透系数太小，井点类别选择不当，或井点滤管埋设的位置和标高不当，处于渗透系数较小的土层中	1. 井点管路安装必须严密，空运转时的真空度应大于93kPa；可根据漏气声音逐段检查，在漏气点根据情况或拧紧螺栓，或用白漆（必要时加麻丝）嵌堵缝隙或管子丝扣漏气部位。 2. 在安装前应将井点系统全部管路的管内铁锈、淤泥等杂物除净，并加防护。 3. 井点冲孔深度应比滤管底端深 0.5m 以上，冲孔直径应不小于 30cm。单根井点埋设后要检查它的渗水能力，一套井点埋设后要及时试抽，全面检查管路接头安装质量。井点出水情况和降水机组运转情况，发现漏气和“死井”等问题应立即处理。 4. 井点管因淤塞而抽不出水的检查方法有：手摸井管时冬天不暖夏天不凉；井点顶端弯头不呈现潮湿；用短钢管一端触在井管弯头上，另一端俯耳细听，无流水声；通过透明的塑料弯联管察看，不见有水流动；向井点管内灌水，水不下渗。 5. 基坑未开挖前，可用高压水冲洗井点滤管内淤积泥砂，必要时拔出井点，洗净井点滤管后重新水冲下沉
水质浑浊（抽出的地下水始终不清，水中含砂量较多；基坑附近地表沉降较大）	1. 井点滤网破损。 2. 井点滤网和砂滤规格太粗，失去过滤作用，土层中的大量泥砂随地下水被抽出。 3. 滤层厚度不足，主要是施工质量不好引起	1. 下井点管前必须严格检查滤网，发现破损或包扎不严密应及时修补。 2. 井点滤网和砂滤料应根据土质条件选用，当土层为亚砂土或粉砂时，一般可选用 60～80 目的滤网，砂滤料可选中粗砂。 3. 对始终抽出浑浊水的井点，必须停止使用
井点降水局部异常（基坑局部边坡有流砂堆积或发现滑裂险情）	1. 失稳边坡一侧有大量井点管淤塞，或真空度太小。 2. 基坑附近有河流或临时挖掘的积存有水的深水沟，这些水向基坑渗漏补给，使动水压力增高。 3. 基坑附近地面因堆料超载或机械振动等，引起地表裂缝和塌陷，如果同时又有地表水向裂缝渗漏，则流砂堆积或滑裂险情将更严重	1. 井点管路安装必须严密，空运转时的真空度应大于 93kPa。 2. 在水源补给较多的一侧，加密井点间距，在基坑开挖期间禁止邻近边坡挖沟积水。 3. 基坑附近地面避免堆料超载，并尽量避免机械振动过剧。 4. 封堵地表裂缝，把地表水引向离基坑较远处，找出水源予以处理，必要时用水泥灌浆等措施堵塞地下空洞裂隙。 5. 在失稳边坡一侧，增设降水机组，以分担部分井点管，提高这一段井点抽汲能力。 6. 在有滑裂险情边坡附近卸载，防止险情加剧，造成井点严重位移而产生的恶性循环

5.8.2 喷射井点

喷射井点降水的常见问题、产生原因、预防措施及处理方法，如表 5-21 所示。

表 5-21　　喷射井点降水常见问题、预防措施及处理方法

常见问题	产生原因	预防措施及处理方法
扬水器失效（压差不正常；井点附近常有涌水冒砂、局部土层较湿或边坡局部不稳定）	1. 喷嘴被杂物堵塞，当关闭该井点时压力表指针基本不动或上升很小。 2. 喷嘴磨损严重，甚至穿孔漏水，喷嘴夹板焊缝开裂；当关闭该井点时压力表指针上升很大	1. 严格检查扬水器质量，重点是同心度和焊缝质量，并作性能测定，地面测定的真空度不宜小于 93kPa。 2. 井点管和总管内必须除净铁屑、泥砂和焊渣等杂物，并加防护。 3. 工作水要保持清洁，井点全面试抽 2d 后，应更换清水，以后视水质浑浊程度定期更换清水；工期水压力要调节适当，能满足降水要求即可，以减轻喷嘴磨耗程度。 4. 喷嘴堵塞时应速将堵塞物排除，通常是先关闭该井点，松开管卡，将内管上提少许，敲击内管，使堵塞物振落到下部的沉淀管。如果堵塞物卡得过紧，振落不下，则可将内管全部拔出，排除堵塞物。 5. 喷嘴夹板焊缝开裂或磨损穿孔漏水时，则应将内管全部拔出，更换喷嘴
井点堵塞（工作水压力正常，但井点真空度超过附近正常井点很多；向被堵塞的井点内管中灌水，水渗不下去；基坑边坡土体潮湿，甚至出现边坡不稳或流砂）	1. 井点四周填砂滤料后，未及时单井试抽，致使井管内泥砂沉淀下来，把滤管的芯管吸口淤塞。 2. 在冲孔下井点管过程中，孔壁坍塌或缩孔，或土层中遇硬黏土夹层而在冲孔时未处理，致使滤网四周不能形成良好砂滤层，使滤网被淤泥堵塞	1. 在沉设井点管、灌填砂滤料、接通进水总管后，单井应及时试抽。 2. 在成层土层中，井点滤管应设在透水性较大的土层中，必要时可扩大砂滤层直径，适当延伸冲孔深度或增设砂井。 3. 冲孔应垂直，孔径应不小于 400mm，孔深应大于井点底端 1m 以上。拔冲管时应先将高压水阀门关闭，防止把已成孔壁冲塌。 4. 当滤管内被泥砂淤积时，可先提起井点内管少许，通过井点内外管之间的环形空间进水冲孔，由内管排水；或反之，通过内管进水，由环形空间排水，使反冲的压力水把淤积的泥砂冲散成浑水排出。 5. 当淤泥堵塞滤网或砂滤层时，可通过井点内管压水，使高压水带动泥浆从井点孔滤层翻出地面，翻孔时间约 1h，停止压水后，悬浮的砂滤料逐渐沉积在井点滤管周围，重新组成滤层。 6. 如果滤管埋设深度不当，应根据具体增设砂井，提高成层土层垂直渗透能力，或在透水性较好的含水层中另设井点滤管，或拔出井点管重新埋设
一般故障（井点周围翻冒水；工作水压力升不高，致使井点真空度很小；井点回水连接短管爆裂；循环水池水位不断下降）	1. 扬水器失效，井点内管底座安装不严密，或使用过程中因管卡松动，内管上移造成底座部位漏水，井点内管及外管的接头漏水，工作水压力过低等因素均可能发生井点倒灌水。 2. 井泵负担过多的井点，或循环水池内泥砂沉淀过多堵塞水泵吸水口，以致工作水量不足，水压力升不高，使井点真空度很小。 3. 井点管操作不慎引起短管爆裂。 4. 循环水池位置离基坑太近，当地面发生沉陷时影响循环水池开裂漏水，如果井点倒灌水或工作水循环系统中有大量漏水时，工作水的漏失量超过井点抽出水量，水池水位也不断下降	1. 严格检查扬水器质量，重点是同心度和焊缝质量，并作性能测定，地面测定的真空度不宜小于 93kPa。对于井点安装，应在井点管组装前认真检查内管底座部位的支座环等质量，组装后在地面上对每根井点进行泵水试验，使用时要把内管顶部的管卡拧紧，防止内管上移，并要根据井点埋深保证必要的工作水压力。 2. 发现井点倒灌水，应立即关闭该井点及查清倒灌水原因并作处理。根据该井点关闭时工作水压力表指针上升数值大小和先易后难顺序，依次检查处理。 3. 水泵流量不足时增开水泵，清理循环时池中的沉积泥砂应在维持井点连续降水的条件下进行，并查明泥砂大量沉积原因。 4. 短管爆裂时，应立即关闭该井点，换上备用的回水连接短管。按先开回水阀门，后开进水阀门；关井点时，先关进水阀门，后关回水阀门的井点开启程序操作。 5. 循环水池开裂漏水时，应对水池进行加固和堵漏，必要时改用循环水箱。如果循环水池水位下降系工作水循环管路系统或井点倒灌水引起的，应根据具体情况处理

5.8.3 管井井点

管井井点降水常见问题、产生原因、预防措施及处理方法，如表5-22所示。

表5-22　　管井井点降水常见问题、预防措施及处理方法

常见问题	产生原因	预防措施及处理方法
地下水位降不下去(井泵的排水能力有余，但井的实际出水量很少)	1. 洗井质量不良，砂滤层含泥量过高，孔壁泥皮在洗井过程中尚未破坏掉，孔壁附近土层在钻孔时遗留下来的泥浆没有除净，结果使地下水向井内渗透的通道不畅，严重影响单井集水能力。 2. 水文地质资料与实际情况不符，井点滤管实际埋设位置不在透水性较好的含水层中。 3. 井深、井径和垂直度不符合要求，井内沉淀物过多，井孔淤塞	1. 在井点管四周灌砂滤料后应立即洗井，一般在抽筒清理孔内泥浆后，用活塞洗井，或用泥浆泵冲清水与拉活塞相结合洗井，借以破坏深井孔壁泥皮，并把附近土层内遗留下来的泥浆吸出。然后立即单井试抽，使附近土层内未吸净的泥浆依靠地下水不断向井内流动而清洗出来。 2. 需要疏干的含水层均应设置滤管；滤网和砂滤料规格应根据含水土层土质颗粒分析选定。 3. 在土层复杂或缺乏确切水文地质资料时，应按照降水要求进行专门钻探，对重大降水工程应做现场降水试验。在钻孔过程中，应对每一个井孔取样，核对原有地质资料。在下井点管前，应复测井孔实际深度，结合设计要求和实际水文地质情况配置井管和滤管。 4. 在井孔内安装或调换水泵前，应测量井孔的实际深度和井底沉淀物的厚度。如果井深不足或沉淀物过厚，需对井孔进行冲洗，排除沉渣
地下水位降深不足(观测孔水位未降低到设计要求)	1. 基坑局部地段的井点根数不足。 2. 井泵型号选用不当，井点排水能力太低。 3. 单井排水能力未能充分发挥。 4. 水文地质资料不确切，基坑实际涌水量超过计算涌水量	1. 按照实际水文地质资料计算降水范围总涌水量，管井单位降水能力、降水时所需过滤部分总长度、井点根数、间距及单井出水量。复核井点过滤部分长度、井点进出水量及特定点降深要求。 2. 选择井泵时应考虑到满足不同降水阶段的涌水量和降深要求。 3. 改善和提高单井排水能力。根据含水层条件设置必要长度的滤水管，增大滤层厚度。 4. 在降水深度不够的部分增设井点根数。 5. 在单井最大集水能力的许可范围内，更换排水能力较大的井泵。 6. 洗井不合格时应重新洗井，以提高单井滤管的集水能力

5.9 井点降水对环境的影响及防范措施

井点管埋设完成开始降水时，井内水位下降，周围含水层的水不断流向滤水管。在无承压水等特殊环境条件的情况下，经过一段时间之后，在井点周围形成漏斗状的弯曲水面。这个漏斗状水面渐趋稳定，一般需要几天时间。降水漏斗范围内的地下水位下降后，就必然会造成地面沉降。由于漏斗形成的降水面所产生的沉降是不均匀的，这类不均匀沉降的发展需要有一定的时间，在实际工程中，由于滤网和砂滤层结构不良，把土层中的黏粒、粉粒甚至细砂带出地面的情况是屡见不鲜的，这种现象会使周围地面很快地产生不均匀沉降，造成地面建筑和地下管线不同程度的损坏。这种现象可以通过提高降水效果来把其影响减少到最低程度。

5.9.1 降水井点附近的地面变形

美国曾在加州圣克拉拉流域用16口不同深度的井进行大约190次抽汲和回灌试验，作了垂直位移和水平位移的测量。这些井的深度不同，从浅的(5.00～10.00m)水量小(每分钟25L)的井到很深的(500.00～700.00m)水量很大(每分钟700L)的井都有。含水层主要为粉土和黏土夹砾石，在短期降水时(2h或不到2h)，各个水井周围的地面上一般可以量测到：垂直变形量在1～100μm，水平变形在每一米横向距离中可达15μm之多。进行短期降水试验过程中，水井周围地面的微小变化几乎是随着降水的进行立刻就有反应的。由于地面的变形是快速而近乎弹性，所以由此观测到的位移可能是粗颗粒的含水层物质压缩所造成。

根据详细观测资料，在降水井近旁一般是压缩位移，地面曲率是上凹的；稍远的地方通常为拉伸位移，其地面曲率是上凸的，在中间距离的地面方可观测到一反弯带，在这个反弯带中位移量稍为减少一些，位移的方向则发生变化，起先表示拉伸的特性，然而，在抽了几分钟之后，则变为压缩性的特性。可以认为，相应于含水层内水量排除较多时反弯带就向外移动。图5-31表示短期降水时，井附近地面沉降凹地的一般形状，从井到上凹带外缘的距离大小不等。有的只有几米，而有的可能达100.00m，有的井在好几百米外也能观测到水平拉伸位移，这主要取决于降水含水层的埋藏深度、地下水渗流速度、流量以及含水层和覆盖层的弹性特征。降水井周围的地面挠曲一般为一个圆形或椭圆形凹地，由于含水层的厚度和岩性的变化不一定成径向对称的。

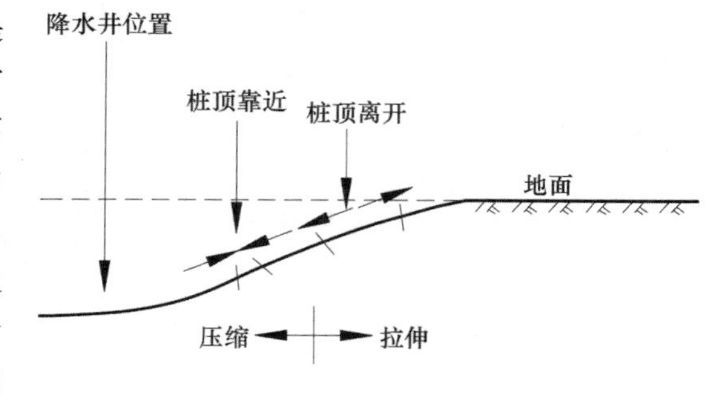

图5-31　降水井附近地面形状

在工程施工中常采用井点降水以消除地下水带来的威胁，但随着地下水不断被抽出而引起井附近的地面沉降，使得地面开裂、地下管线断裂、附近建筑物的墙壁裂开、室内地坪坍陷等等，从而影响正常生产。因此，在进行井点降水设计时，要充分考虑到这一现象的产生，并作出相应的工程措施。

有一工程采用喷射井点降水，喷射井点全长21.00m，井点平均间距2.00m，二排井点相距13.30m。滤水管在地面下20.00m的承压含水层中，平面布置如图5-32所示。要求将地下水位降到地面以下18.00m。当1到20号井点降水24h，从水位观测点观1和观2观测到水位下降到地面以下19.00m，抽到104h，地面发生大量沉降，在降水区外12.00m处(即5号沉降观测点)沉降90mm，而降水区内最大沉降为3号沉降观测点有133mm。使紧靠围墙处建筑物的室内地面和砖墙开裂。为减少因降水引起的地面沉降量，采用了一边降水，一边注水的办法。以达到降低地下水位的目的，又控制了地面沉降。利用21～29号9根井点作为注水井，总的注入水量为6.00m^3/h时。1～20号井点仍照常降水，总降水量为9.00m^3/h。这样，实际被抽出的水量为3.00m^3/h，每小时比不注水时少抽出6.00m^{3}水。由观测得：地下水位能保持在地面以下18m的位置上，而地面沉降明显好转。在注水的30天中，围墙处5号沉降点共沉降11mm，降水区内2号沉降点的沉降量最大为76mm。

为进一步验证注水效果，在最后又单独降水16h(仍用原来的降水井点)。则得围墙处地面沉降量为33mm，是在30天中边降水边注水时的3倍。所以，在降水的同时进行注水明显

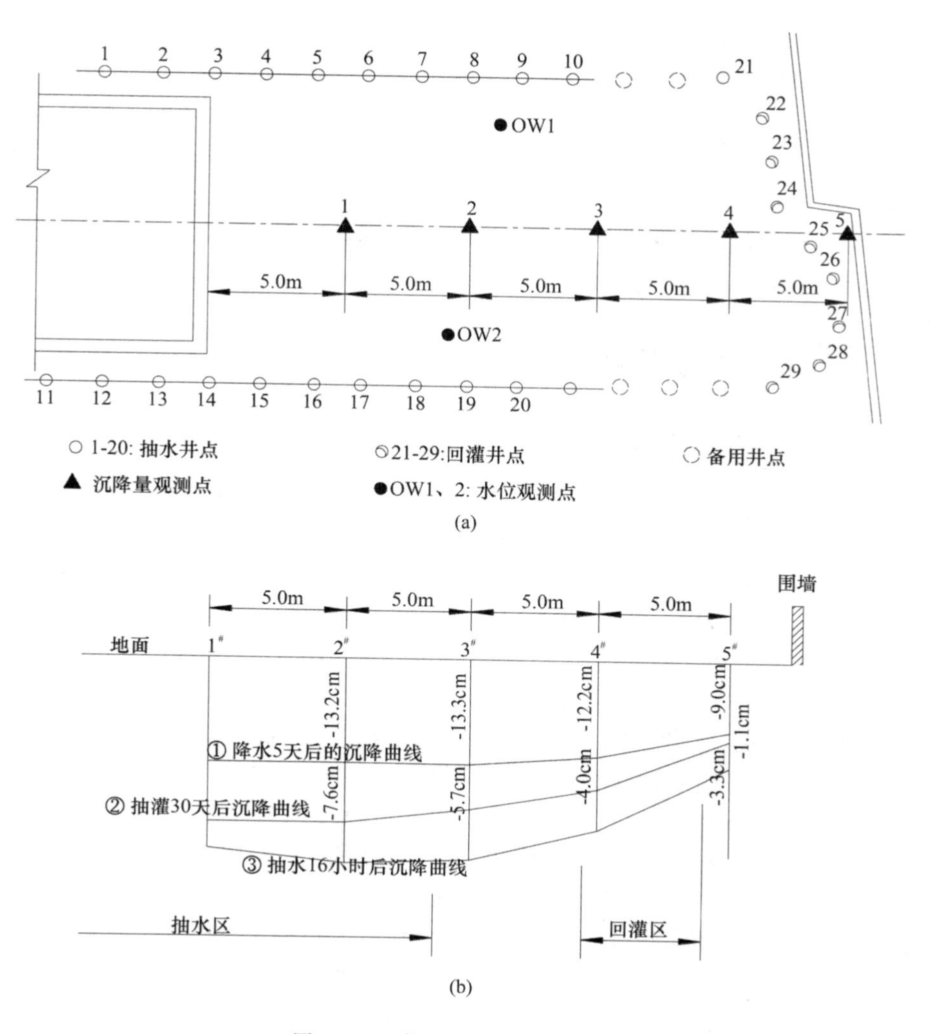

图 5-32　降水井点平面布置图

减少地面沉降。注水的效果主要是合理调节注入量，因注入量太多会降低降水效果，注入量过少，地面沉降又难控制。

因此，凡是因人类抽取地下水体而发生沉降的地方，都具有以下几个特点：

(1) 沉降都发生在从地层中抽取一定量的水体之后；

(2) 水体在地层中原都处于相对封闭体条件下，具有相当的压力，取走一部分水体后，压降降低；

(3) 受影响的地层年代一般不早于第三纪，也就是说，都发生在未经很好固结的地层中；

(4) 发生地面沉降的时间、范围和幅度，都和水体压力减低的时间、范围和幅度相对应；

(5) 在一些主要地面沉降区内，由于抽取地下水而产生的地层压密，主要发生于新生代末期未固结和半固结的松散沉积层中，大多为冲积层和湖积层；

(6) 从降水地区地面沉降的观测和试验，可得出结论：地层中水体压力降低，引起地层压缩，从而出现地面沉降。但地面沉降究竟是由于渗透性良好的含水层的压缩，还是相对不透水饱和黏性土层的压缩？1959 年美国的波兰德等人通过对中砂、粉砂及黏土分别进行固结试验，倾向于压缩主要发生在粉砂、黏土层中，其他人的研究也得出同样结论，即饱和黏性土层的固结是沉降的主要原因，砂层的压缩也有一定影响。

上海的地面沉降经多年研究，对可能影响地面沉降的因素归纳各方意见有：海平面上升、新构造运动、静荷载、动荷载、开采天然气、开采地下水、地下取土、深井出砂、人工填土和黄浦江疏浚等十大因素。经综合探讨，认为过量开采地下水是引起地面沉降的主要外在因素，可压缩饱和黏性土层的存在是引起地面沉降的内在因素。静、动荷载、地下取土及降雨等因素，在过去大量用水，地面沉降严重阶段为次要因素，但在采取措施后，地面仍有微量升降的情况，这些次要因素对地面沉降有一定影响。

5.9.2 降水引起地面沉降的机理

5.9.2.1 降水作用下土层的基本力学效应

因降水引起土层压密的问题仍用太沙基有效应力原理及其固结方程。

$$\sigma=\sigma'+u$$

式中 σ—— 总应力，kPa；

σ'——有效应力，kPa；

u——孔隙水压力，kPa。

当在饱和黏性土弱透水层上下方的含水层降水时，水压力下降，但土层的总应力基本保持不变（由于地下水体的扩散和含水层组的压密使水分转移的变化很小，可忽略不计）。此时，因孔隙水压力的降低，必然引起粒间有效应力的增加，从而造成土层压密。含水砂层因有良好透水性，其中有效应力的增加等于水压的降低，含水层一般可作弹性体看待，所以其压密是瞬时发生的；若水压恢复，其压密大部分可以恢复，而一般这种压密是很小的。

对于透水性差的不透水和弱透水饱和黏性土层，其中水的垂直渗透与孔隙水压力随时间的变化极为缓慢，孔隙水压力随时间衰减的性质使估算或预测含水层组的压密问题更加复杂。其中有效应力的增加，产生两种力学效应，即：因地下水的波动改变了土粒间的浮托力；因承压水头改变在土层中产生渗透压力。

1. 浮托力

在弱透水层的上方降水，易造成浮托力降低，按该层上方边界条件的不同，可能出现两种情况：

(1) 浮托力消失。浮托力消失是由于降水降低了地下水位，使土由原来的浮容重改变为饱和容重或湿容重，这部分重量差就是对土层所造成的有效应力增量，其值为

$$\Delta\sigma'=\gamma_w\Delta h \tag{5-43}$$

式中 $\Delta\sigma'$——降水前后的有效压力增量，kPa；

Δh——降水深度，m。

或

$$\Delta\sigma'=\frac{(1+eS_r)}{1+e}\gamma_w\Delta h \tag{5-44}$$

式中 S_r——土的饱和度；

e——土层的孔隙比；

γ_w——水的重度，kN/m^3。

浮托力消失一般出现于压缩层（弱透水层）上方为砂和水所覆盖的情况下。在浅层井点降水过程中，很可能造成潜水位的下降而引起地面沉降，其力学效应是浮托力消失。

(2) 浮托力降低。降水降低了压缩层上方边界的孔隙压力，使其上方土层原由该孔隙水所承担的重量，转移到土骨架上成为有效压缩荷载。它相当于压缩层上方加一有效外荷。这种情况出现于：当压缩层上方除有一薄层砂外，均为弱透水层，降水不能直接引起土的容重的变化，但浮托力是降低了，其降低值仍可用式(5-44)表示，但式中 $S_r=1$，故

$$\Delta\sigma'=\frac{(1+e\times1)}{1+e}\gamma_w\Delta h=\gamma_w\Delta h \tag{5-45}$$

式中符号含义同前。

由式(5-45)可见，因浮托力作用对压缩层所产生的最大有效应力增量应为降水深度(水位变幅)与水的重度的乘积。

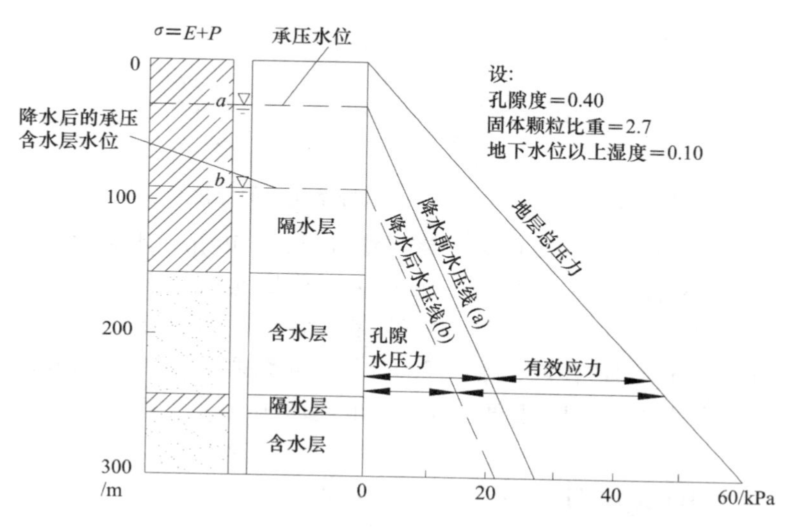

图 5-33 承压含水层水压下降时的应力变化

2. 渗透压力

由于含水层中水压降低，造成含水层顶板、底板饱和黏性土层上下两端边界上的水压差，破坏了原来土层中孔隙水压力的平衡状态。这时，黏性土层的孔隙水在压力差作用下向含水砂层排水，直至孔隙水压力逐渐消散进入新的平衡状态。随着渗流作用而施加于黏土颗粒骨架上的力称为渗透压力(或动水压力)。渗透压力是个体积力，具有方向性。当水压下降值为 Δh 时，在压缩土层厚度范围内其平均渗透压力为

$$\Delta P=\frac{\gamma_w\Delta h}{2} \tag{5-46}$$

式中符号含义同前。

渗透压力也成为作用在整个黏土层上的平均有效应力的增量。

5.9.2.2 渗透压力对土层压密的作用过程

设有一厚度为 H 的黏土层，未降水前初始孔隙水压随深度分布为 $ABCD$(图 5-34)。当土层下端的含水层中降水使 CD 端水压突然降为 CE 时，因 AB 端水压保持不变，因此与 CD 端有一定距离的黏土层中 b,c,d,e 各平面的水压力瞬时来不及降低，便形成了较大的水力坡度。

当 a 平面水分较快排出后，接着便造成 b-a 平面间孔隙水压力分布的不平衡。使孔隙水

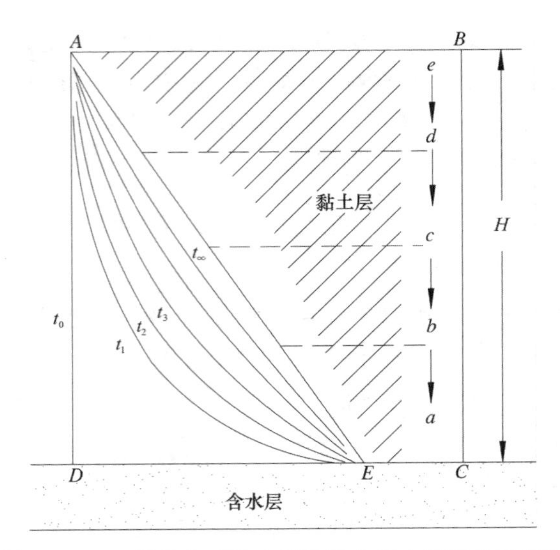

图 5-34　一端抽水时黏土层孔隙水压力的变化示意图

由 b 平面向 a 平面渗流与排出，土体随之压密。接着因 b 平面孔隙水压力的降低，又造成 b-c 平面间的压力差，使 c 平面的水向下渗流。如此继续下去，使 d，e 各点的孔隙水压力逐渐降低，有效应力相应增加，土体中水分随时间的延迟逐渐向 CD 方向排出，土体便逐渐压密。

理论上，当时间达到 t_∞ 时，各点孔隙水压力和 AE 联系迫近，土中各点孔隙水压力处于新的平衡状态，各点水力坡度为定值，不再有水分排出，渗透压力对土层的压密作用也暂告终结。

5.9.3　地下水位的变化对土体变形的影响

在松散或半固结的海相或陆相的冲积、洪积层中，其地层结构一般由粗、中、细砂层组成含水层，由间隔于其中的黏性土层组成不透水层或弱透水层，构成多层承压含水层组。如在这类含水层组中大量的长期抽汲地下水，必将引起含水层承压水头下降，形成区域性的地下水降落漏斗。承压水头下降的结果使含水层组(含水砂层本身及其上、下部的饱水黏性土层)的孔隙水压力以不同速率降低，而使骨架的粒间压力(即有效应力)增加，产生含水层组的压密，其结果在地表反映为地面沉降。显然，不同地点的地层结构、岩相特点以及承压水头下降的历时和大小、决定该地点的沉降范围、幅度以及沉降速率，并且大多数的沉降变形表现为非弹性的永久性变形。

根据太沙基一维固结理论，细颗粒土层完成压密固结过程和调整到与承压水头降落相适应需要一定时间，固结时间 t 由下式决定：

$$t=\frac{T_v H^2}{C_v}\quad (a) \tag{5-47}$$

式中　T_v——时间因素，a；

H——含水层降水厚度，m，当含水层为双面排水时为 $H/2$；

C_v——固结系数或水力传导系数(据季・费・波兰德)

$$C_v=\frac{K'}{\mu_s}\quad (cm^2/a) \tag{5-48}$$

K'——饱和黏性土的渗透系数，m/d；

μ_s——比储量或单位贮水系数，表示单位体积饱和黏性土层中排出的水量，并由伍·克·瓦顿定义认为：

$$\mu_s = m_v \gamma_w \quad (m^{-1}) \tag{5-49}$$

m_v——土的体积压缩系数，kPa^{-1}；

γ_w——水的容重，kN/m^3。

并有

$$\mu_s = m_v \gamma_w = \frac{\alpha_{0.1\sim0.2}\gamma_w}{1+e} = \frac{\gamma_w}{E_{0.1\sim0.2}} \tag{5-50}$$

式中 $E_{0.1\sim0.2}$——土的体积压缩模量，kPa；

$\alpha_{0.1\sim0.2}$——土的压缩系数，kPa^{-1}；

e——土的孔隙比。

μ_s 相当于水的密度与土的体积压缩模量之比，由式(5-48)可知 C_v 与土的渗透系数成正比，当土层渗透性愈低，C_v 也愈小。因此，在粉质黏土和黏土层中其压密速率取决于孔隙水的排出速率。厚层的黏性土的孔隙水压力全部消散达到完全固结的时间常需数百年之久，较薄的黏性土层也需数十年或更长些。而砂土和粉砂含水层的主要压密过程则可在承压水头下降后数年或更短时间内完成。

5.9.4 荷载固结与渗透固结的差异性

太沙基在1925年对土的沉降问题所提出的理论，首先应用于估算地面加荷问题，即土层在地面荷载作用下所产生的固结(荷载固结)问题，后来对由于地下水水压降低而引起土层的压密固结(渗透固结)，近似地应用荷载固结方法去估算地面以下相当深的范围内的压密量。但二者毕竟又是有区别的：

1. 荷载固结特点

(1) 受荷面积小，应力随深度而减小。

(2) 荷载自施工开始逐渐增加，以后基本保持不变。

(3) 对于低渗透性的细粒可压缩地层，增加的应力最初由孔隙水压力承担，该过程与标准固结仪中加荷情况相似。

(4) 加荷期间一般允许超静水压力充分消散至平衡，有效应力及固结度基本上可达最终值(忽略次固结)。

(5) 主要压密范围在地面中的少数土层中，可采取到足够的不扰动土样进行室内试验，并易于在天然土层中观测孔隙水压的变化过程。

2. 渗透固结的特点

(1) 产生应力变化的地区(即有较显著的沉降)，一般向周围延伸十多米至数十米，大规模的降水地区向周围延伸可达几百米。

(2) 作用应力是长期逐渐增加的(随建筑物的施工期而定)，但其值常变，最大可能增加到1～2kPa。作用应力在一年中的变幅(季节性水头变化)可能达到每年平均增加值的数倍，根据相应的水位变化，作用应力也会减低。

(3) 除因压密而使水分挤出外，土层的总应力不变，但若水位变化，土层应力也发生变化。

(4) 由于承压水头下降引起压力变化是渗透压力，上部潜水位下降引起压力变化为重力亦即是渗透压力的变化。

(5) 因含水层中水头随时间而波动,致使弱透水层中孔隙水压力难以达到与邻近含水层水头相平衡的状态。

(6) 如果整个压密地层厚度大且弱透水层众多(如上海某一沉井采用管井降水,降水深度达 30 多米),其厚度及垂直与水平向渗透性能一般变化颇大。因此,需要在水平与垂直向范围内采取原状土样进行室内试验以及装置各种形式的测压计以观测孔隙水压力变化,但一般耗资很大。

5.9.5 地面沉降速率和地下水压力的关系

日本、美国研究者的研究表明:

(1) 黏性土层的沉降速率和含水层中地下水压力之间存在线性关系(图 5-35)。

$$U=k(H_0-H) \tag{5-51}$$

式中 U——沉降速率,mm/d;

H_0——起始地下水位,m;

H——观测期间平均地下水位,m;

k——相关曲线斜率。

当地下水位降低值超过某一限度时,k 值下降,上述关系不再符合直线相关关系(图 5-36)。这是由于承压含水层压力衰减,作用于土层的应力造成土颗粒的重新排列而产生应变,而应力应变关系常数也随土颗粒重新排列而改变,所以当地下水位降低到一定程度后,月沉降速率将减少。

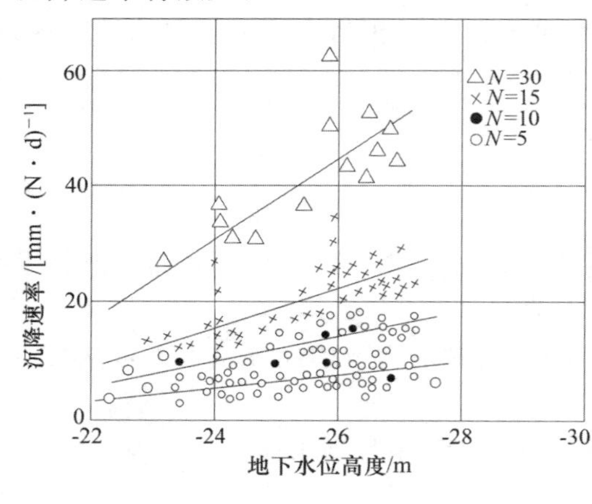

图 5-35 东京龟户观测站沉降速率地下水位高度相关图

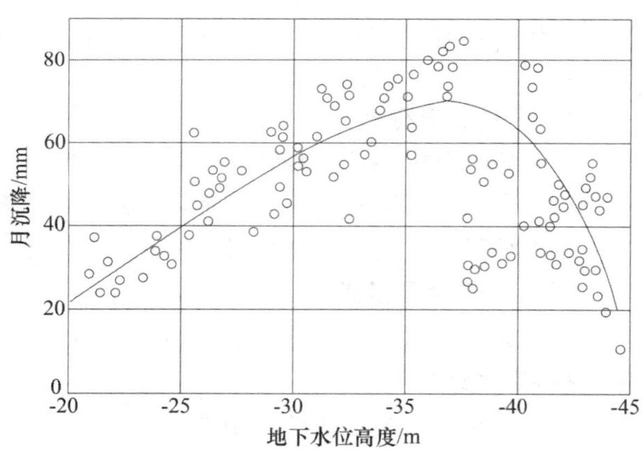

图 5-36 月沉降与地下水位下降变化关系图

(2) 地面总沉降量是由地面以下各不同厚度的沉降层的分层沉降量(或回弹量)组合而成。对任一沉降层其压密速率和地下水位总的下降值(H_0-H)及同一时期中的水位变化差值 ΔH 有关,总的压密速率 U 可写成:

$$U=\sum_{i=1}^{n} a_i(H_0-H)+\sum b_i\Delta H \tag{5-52}$$

式中,a_i,b_i 为分配到第 i 层的特征系数;其他符号含义同前。

(3) 由上二式所表达的关系在大多数情况下是不可逆的，也就是说，地下水位每一有效降低(其相当的附加荷载超过土体的有效应力)均会引起土层的压密固结效应，但当地下水恢复到原有水位时，地面并不产生相应的回升。多数情况下只是停止或缓和了地面的下沉。对此现象的解释为：土层作为一种塑性或黏弹性体其变形过程不仅是土骨架各颗粒之间的相对位移，还包括土的微结构的变化和土粒的重新排列。因而在一定应力条件下，沉降不仅产生于浅部饱和软黏土层中，也产生于深部具有较高固结应力的硬土层和砂层中。

5.9.6 井点降水影响范围和沉降的估算

为了预估井点降水对周围环境的影响范围和造成的地面沉降，可借鉴已有的同类工程实例，也可用一些简易的方法进行估算。

1. 降水对环境影响范围的估算

降水漏斗的半径 R 通常可以用库萨金公式进行估算。

由于地层一般成层分布，影响范围受土层的影响很显著。在软土地区的砂质粉土层中，实测的影响范围可达 84.00m。对重要工程应采用降水试验来确定降水影响半径。

2. 降水造成地面沉降的估算

降水造成地面沉降的估算方法基本上有三种类型：

(1) 用熟知的经典固结理论公式。

(2) 由应力应变关系和相关法。

(3) 半经验公式。

下面介绍几种国内外采用过的计算公式和方法：

1) 黏性土层的沉降计算

(1) 日本东京用一维固结理论公式计算总沉降量及预测数年内的沉降值(图 5-37)，采用公式的基本形式为：

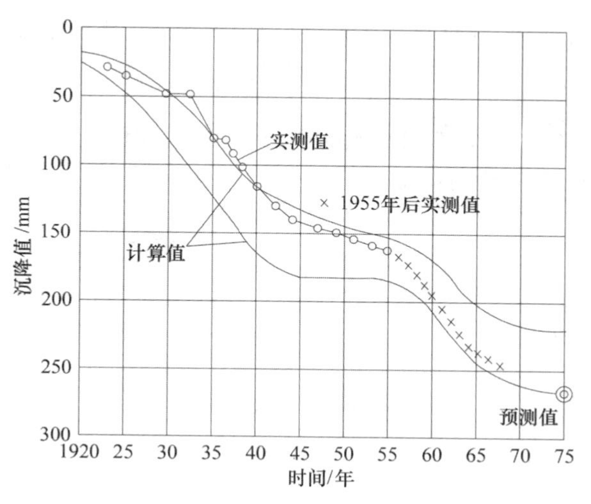

图 5-37 东京南砂町地面沉降量预测曲线

$$S_{1+2}=H_0\frac{C_c}{1+e_0}\log\frac{P_0+\Delta P}{P_0} \tag{5-53}$$

式中　S_{1+2}——包括主固结与次固结的总沉降量，m；

e_0——固结开始前土层的孔隙比；

C_c——土的压缩指数；

P_0——固结开始前垂直有效应力，kPa；

ΔP——直到固结完成时作用于土层的垂直有效应力增量，kPa；

H_0——固结开始前土层的厚度，m。

在有关工程中实际使用该计算方法，计算结果与实际观测值比较，结果颇为接近。

(2) 上海用一维固结方程，以总应力法将各水压力单独作用时所产生的变形量迭加的方法。计算参数的选择，开始时参考试验数据并用试算法加以校正，后来应用实测资料加以反算取得。主要步骤如下：

(a) 对沉降区地层结构进行分析，按工程地质水文地质条件分组，确定沉降层及稳定层。

(b) 作出地下水位随时间变化(月或旬)的实测及预测曲线。

(c) 依次计算每一地下水位差值下的某土层最终沉降值 S_∞(cm)：

$$S_\infty=\sum_{i=1}^{n}\frac{a_{0.1\sim0.2}}{1+e_0}\Delta PH \tag{5-54}$$

或

$$S_\infty=\frac{\Delta P}{E_{0.1\sim0.2}}H \tag{5-55}$$

式中　e_0——土层开始时孔隙比；

H——计算土层厚度，m；

ΔP——由于水位变化而作用于土层上的应力增量，kPa；

$a_{0.1\sim0.2}$——压缩系数，当水位回升时取回弹系数 a_s，kPa^{-1}；

$E_{0.1\sim0.2}$——当水位下降时为体积压缩模量 $E_{0.1\sim0.2}=\dfrac{1+e_0}{a_{0.1\sim0.2}}$(kPa)，当水位回升时应取回弹模量 $E_s'=\dfrac{1+e_0}{a_s}$。

(d) 按选定时差(月或旬)计算每一水位差(应力增量)作用下的沉降量 S_t，mm。

$$S_t=u_tS_\infty\quad(\text{mm}) \tag{5-56}$$

式中，u_t 为固结度，$u_t=f(T_v)$，对不同情况的应力，u_t 有不同的近似解。

对于矩形应力分布(无限均布荷载)：

$$u_{t,0}=1-\frac{8}{\pi^2}e^{-\frac{\pi^2}{4}}T_v \tag{5-57}$$

对于三角形应力分布

$$u_{t,1}=1-\frac{32}{\pi^4}e^{-\frac{\pi^2}{4}}T_v \tag{5-58}$$

式中，T_v 为时间因素。

(e) 将每一水位差作用下的沉降量(或回弹量)按月或旬叠加，即得该时间段内总沉降量，并作出沉降量时间关系曲线。

(3) 由应力-应变关系反算参数。美国的利莱以一维固结理论为基础，根据分层实测的应力应变关系对美加州中部某地区降水沉降区计算。

(a) 由分层实测资料反算含水层组的比储量 S'_s(上海沉降计算中称比单位变形量)：

$$S'_s = \frac{S_{ke}}{m} \tag{5-59}$$

式中 m—— 含水层组厚度，m；

S_{ke}——土层在弹性阶段的单位变形量，cm；

$$S_{ke} = \frac{\Delta m}{\Delta h} \tag{5-60}$$

式中 Δh—— 水位变化值，m；

Δm——土层变形量(压缩量或回弹量)，cm；

(b) 计算含水层组的体积压缩系数 m_v 或回弹系数 m_s

$$m_v = \frac{\mu_s}{\gamma_w} \tag{5-61}$$

利莱反算得到加州中部某地区整个含水层组的 m_v：

$$m_v = (3.6 \sim 5.9) \times 10^{-3}(\text{kPa})$$

弱透水层

$$m_v = 7.5 \times 10^{-3}(\text{kPa})$$

(c) 根据 m_v 值按前述原则预测沉降量。

2) 砂层的沉降计算

含水砂层一般具有良好的透水性，变形可在短时间内完成，不需要考虑滞后效应，可用弹性变形公式计算。

一维固结计算公式：

$$\Delta S = \frac{\gamma_w \Delta h}{E_{0.1\sim0.2}} H \tag{5-62}$$

式中 ΔS—— 砂层的变形量，cm；

Δh——水位变化值，m；

H—— 砂层的原始厚度，m；

$E_{0.1\sim0.2}$——砂层的压缩模量，kPa。

3) 估算降水所引起的深降值

在降水期间，降水面以下的土层通常不可能产生较明显的固结沉降量，而降水面至原始地下水面的土层因排水条件好，将会在所增加的自重应力条件下很快产生沉降，通常降水所引起的地面沉降即以这一部分沉降量为主。因此可以采用下列简易的方法估算降水所引起的沉降值：

$$S = \Delta P \Delta H / E_{0.1\sim0.2} \tag{5-63}$$

式中 ΔH—— 降水深度，为降水面和原始地下水面的深度差，m；

ΔP——降水产生的自重附加应力(kPa)，$\Delta P = \frac{\Delta H \gamma_w}{2}$，可取 $\Delta H = \frac{1}{2}\Delta H$ 进行计算；

γ_w——水的重度，g/cm^3；

$E_{0.1\sim0.2}$——降水深度范围内土层的压缩模量，kPa，可根据土工试验资料，或查上海地基规范。

[算例] 上海浦东塘桥竖井开挖井点降水。该地段为粉砂土层，$E_{0.1\sim0.2} = 4\text{MPa}$，降水深度

$\Delta H=12\text{m}$，$\Delta P=\dfrac{\frac{1}{2}\Delta H\gamma_{w}}{2}=30\text{kPa}$，$S=\dfrac{\Delta P\Delta H}{E_{0.1\sim0.2}}=9\text{cm}$，该降水试验实测 70d 的沉降量为 8.4cm。

4）深井井点降水对环境影响的估算

深井井点的降水深度大于 15.00m，滤水管布置在渗透系数大于 10^{-4} cm/s 的砂层土中。深井泵的吸口宜高于井底 1.00m 以上，低于井内动水位 3.00m 左右。

在软土地区深井井点降水的目的大都是降低深层砂性土层的承压水头，对环境的影响在很大程度上取决于土层分布情况，可按下列基本原则估算对环境的影响：

(1) 当降水砂层上面有一层硬黏土层时，可作为边界封闭状态来计算沉降，即只考虑降水砂层的沉降。工程实践表明，在这种情况下，深井井点降水对环境的影响很小。

(2) 降水砂层的沉降可采用式(5-63)进行计算。由于这层土较深，其压缩模量常在 100MPa 以上，取降水层厚度 $\Delta H=2.00\text{m}$，水头降低 20.00m，即 $\Delta P=200\text{kPa}$，其沉降量：

$$S=\frac{200\times2.00}{100\times10^{3}}=4\times10^{-3}\text{m}=4\text{mm}$$

可见砂土层本身的沉降量较小。

(3) 若降水砂层上部无硬黏土封闭层，而降水持续时间又较长时，应计算上覆土层在水头降 ΔP 的作用下产生的固结沉降。具体计算方法可按实际土层的分布情况，参照软土地区地面沉降的方法进行。在这种情况下，深井井点降水对环境的影响较大。

5.9.7 防止井点降水对周围环境产生不良影响的措施

井点降水在市政工程建设中起着重要的作用，但必须防止其对周围环境的不良影响。

1. 做好对周围环境的调研工作

(1) 查清工程地质及水文地质情况，即对该地段应有完整的地质勘探资料，包括地层分布、透水层和透镜体情况，以及其与水体的联系和水体水位变化情况，各层土的渗透系数，土体的孔隙比和压缩系数等。

(2) 查清地下贮水体，如周围的地下古河道、古水池之类的分布情况，防止出现井点和地下贮水体穿通的现象。

(3) 查清上下水管线、煤气管道、电话、电讯电缆、输电线路等各种管、线的分布和类型，埋设的年代和对差异沉降的承受能力，考虑是否需要预先采取加固措施等。

(4) 查清周围地面和地下建筑物的情况，包括这些建筑物的基础型式，上部结构形式，在降水区中的位置和对差异沉降的承受能力。降水前要查清这些建筑物的历年沉降情况和目前损伤的程度，是否需要预先采取加固措施等。

2. 合理使用井点降水，尽可能减少对周围环境的影响

降水必然会形成降水漏斗，从而造成周围地面的沉降，但只要合理使用井点，可以把这类影响控制在周围环境可以承受的范围之内。

(1) 防止降水带走土层中的细颗粒。在降水时随时注意抽出的地下水是否有混浊现象。抽出的水中带走细颗粒不但会增加周围地面的沉降，而且还会使井管堵塞、井点失效。为此，首先应根据周围土层的情况选用合适的滤网，同时应重视埋设井管时的成孔和回填砂滤料的质量。软土地区的粉砂层大都呈水平向分布，成孔时应尽量减少搅动，把滤水管埋设在砂性土层中。必要时可采用套管法成孔，回填砂滤料应认真按级配配制。

(2) 适当放缓降水漏斗线的坡度。在同样的降水深度前提下，降水漏斗线的坡度越平缓，影响范围越大，而所产生的不均匀沉降就越小，因而降水影响区内的地下管线和建筑物受损伤的程度也越小。根据地质勘探报告，把滤水管布置在水平向连续分布的砂性土中可获得较平缓的降水漏斗曲线，从而减少对周围环境的影响。

(3) 井点应连续运转，尽量避免间歇和反复降水。轻型井点和喷射井点在原则上应埋设在砂性土层内。对砂性土层，除松砂以外，降水所引起的沉降量很小的，然而倘若降水间歇和反复进行，现场和室内试验均表明每次降水都会产生沉降。每次降水的沉降量随着反复次数的增加而减少，逐渐趋向于零，但是总的沉降量可以累积到一个相当可观的程度。因此，应尽可能避免反复降水。

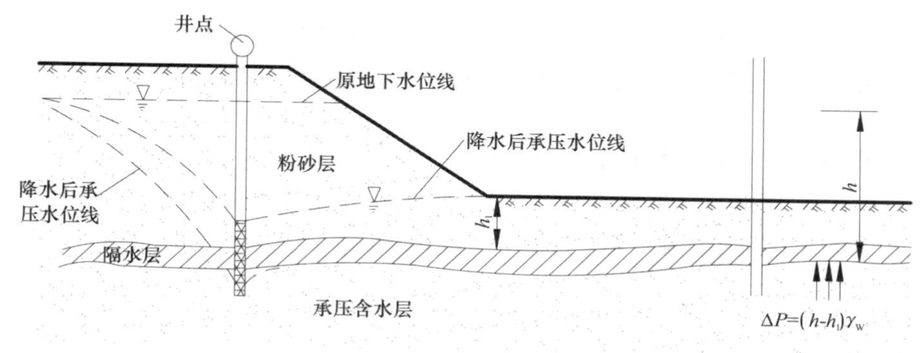

图 5-38　防止坑底涌砂现象

(4) 防止开挖基坑时由于承压水而造成流砂和附近地面的大量沉降。如图 5-38 所示，在开挖基坑底面下有一黏土薄层，下面又有相当厚度的粉砂层时，若仅将井点设在开挖深度，即开挖基坑底面，那么这层黏土会承受上、下两面的渗透水压力差 $\Delta P=(h-h_1)\gamma_w$，坑底会有产生涌砂现象的危险性。对这种情况，可打穿黏土层释放下卧粉砂层的承压水，即将井点管伸到黏土层下面含水砂层中，以降低砂层中承压水头 h，而使坑底达到稳定。

(5) 防止井点和附近贮水体穿通，从而产生地下水位下降，而出现流砂的现象。在附近有贮水体时，应考虑在井点和贮水体间设置隔水墙。

(6) 采用内井点降水方法可以减少对周围环境的影响。在板桩或地下墙支护的开挖基坑内圈设置一圈井点，通常称为内井点。在采用板桩为侧向支护时，只要板桩接缝密封性较好，又有足够的入土深度，使板桩下端较井点滤水管下端深 2.00m 左右，则内井点降水可以大大减轻对周围环境的影响，收到良好的效果。

(7) 在放坡开挖基坑降水中，如砂性土层在地面以下一定深度时，可采用以水射泵降水井点组成的封闭式井点系统。井点可安置在基坑边坡上低于地面 2.00～3.00m 的一圈平台上；或将井点位置布置在距基坑外围更远些的内圈边坡上，使井点开挖外周有较大的距离，以减少井点对基坑外围的影响。因水射泵井点在封闭圈外侧的降水漏斗线较陡，影响距离较小，这就可能把井点降水引起的沉降范围控制在基坑周边以内或基坑外周以外 2.00～3.00m 的范围(图 5-39)。这比在基坑外围地面上布置喷射井点降水或采用多级井点降水都合理，既减少了降水对周围环境的影响，又节省了降水费用。

(8) 对不适宜采用井点降水的土层，不要盲目使用井点。特别是对无夹砂层的黏性土层，其渗透系数常等于或小于 10^{-7}cm /s，这种土层可以认为是不透水的，在这类土层中采用轻型

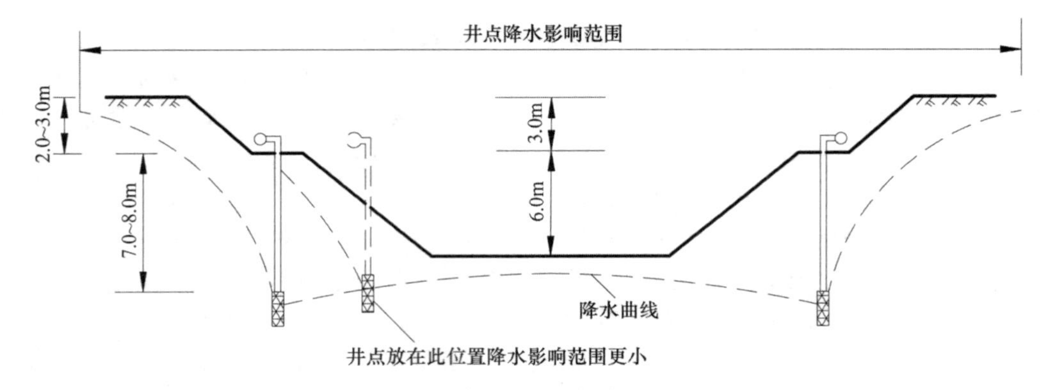

图 5-39　减少沉降影响的基坑降水井点布置图

井点和喷射井点往往是无效的。同时,这类土的自身抗剪强度可以维持适当开挖深度基坑的整体稳定。倘若需要增大开挖深度,可以采用放缓边坡或加深侧向支护板桩入土深度的方法解决。

3. 保护区边缘设置回灌水系统

使用井点后,不可避免地造成周围地下水位的下降,从而使该地段的地面建筑和地下构筑物以及地下管线因不均匀沉降而受到不同程度的损伤。为尽可能消除这类影响,可采用在保护区内设回灌水系统的措施。

(1) 回灌井点的布管和降水井点相似,注水系统需一套泵并设置一个贮水箱。降水井点抽出的水通到贮水箱,再从贮水箱用低压送到注水总管,多余的水另用沟管排出。

回灌井点的滤水管长度应大于降水井点的滤水管,通常为 2.00～2.50m,井管和井壁之间回填中粗砂作为过滤层。

(2) 由于回灌水时会有 $Fe(OH)_2$ 的沉淀物、活动性的锈蚀及不溶解的物质积聚在注水管内,在注水期内需不断增加注水压力才能保持稳定的注入水量。对注水期较长的大型工程可以采用涂料加阴极防护的方法,并在贮水箱进出口设置滤网,以减缓注水管被堵塞的现象。注水过程中,应保持回灌水的清洁。

(3) 回灌保护区内应设地下水位观测井,连续记录地下水位的变化。通过调节注水系统的压力使地下水位尽可能保持原始的天然水位。

4. 设置隔水帷幕

在开挖边线外设置一圈隔水帷幕,可以把降水对周围的影响缩减到很小的程度。常用的隔水帷幕有下列几种。

(1) 深层搅拌桩隔水墙。深层搅拌桩采用相互搭接施工的方法,水泥和土体搅拌之后,会产生化学反应,拌和体的渗透系数不大于 10^{-7}cm/s,形成连续的隔水墙,既可布置在钢板桩的后面,也可直接作为侧向隔水的支护结构。

(2) 砂浆防渗板桩。将一排设有注浆管的工字形钢桩打入所需隔水帷幕的位置,然后边拔桩边注入水泥砂浆,形成一圈水泥砂浆隔水帷幕。施工可采用 20～30 号工字钢,工程质量的关键是确保工字形钢桩的垂直度和桩间接触紧密。

(3) 树根桩隔水帷幕。采用桩径 100～200mm 的树根桩,不用钢筋,压纯水泥浆成桩,可以形成一道隔水帷幕。施工可采用一般的工程地质钻机,采用跳打的工艺流程,以防穿孔。工程质量的关键是确保桩体有良好的垂直度,不能有塌孔和缩颈等现象,必要时可下套管,边拔套管边注浆。

习题、思考题

1. 上海某基坑工程降水如图 5-40 所示。一长方形的基坑，土层分布情况如表 5-23 所示，砂层的渗透系数 $K=0.002\text{m/s}$，地下水位距地面 1.5m，要求基坑降水深度 $S=4.5\text{m}$，且降水漏斗曲线应在基坑底部以下 0.5m。由于砂层的渗透系数较大，为确保基坑降水的安全，采用深井井点降水，为潜水完整井，井的直径为 15cm。拟建场地周围为农田。

降水井的平面布置图如图 5-40 所示，要求：

(1) 利用表 5-23 中的数据画出地层剖面图。

(2) 根据地层剖面图设计降水井的埋设深度。

(3) 验算基坑中心点处的降水深度。

(4) 估算水位下降 4.5m 时的涌水量。

表 5-23 土层分布情况表

土名	深度/m	孔隙比	密度	液限/%	塑限/%	塑性指数	颗粒组成		
							砂粒	粉粒	黏粒
灰色粉质黏土	0～1.07	0.88	2.73	30.1	21.3	8.8	13	76	11
	1.07～1.86		2.70	29.4	21.7	7.7	10	80	10
灰色粉砂	1.86～2.59		2.72				16	80	4
	2.59～3.14	0.94	2.69				16	78	6
	3.14～3.81	0.86	2.68				28	70	2
	3.81～4.66		2.68				38	60	2
	4.66～5.48		2.68				38	65	2
灰色粉质黏土	5.48～6.40		2.69	28.1	23.2	5.5	15	78	7
	6.40～7.62		2.70				96	4	0

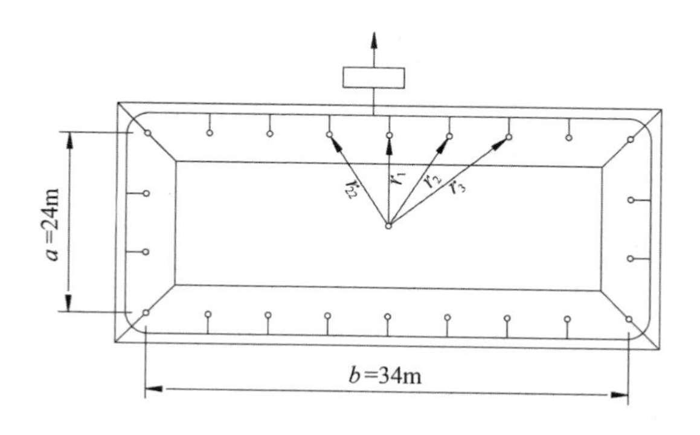

图 5-40 降水井的平面布置图

各井点到基坑中心的距离

$r_1=12.00\text{m}$	$r_6=17.46\text{m}$	$r_{11}=12.73\text{m}$	$r_{16}=20.81\text{m}$	$r_{21}=14.71\text{m}$
$r_2=12.73\text{m}$	$r_7=17.46\text{m}$	$r_{12}=12.00\text{m}$	$r_{17}=17.46\text{m}$	$r_{22}=12.73\text{m}$
$r_3=14.71\text{m}$	$r_8=20.81\text{m}$	$r_{13}=12.73\text{m}$	$r_{18}=17.46\text{m}$	
$r_4=17.51\text{m}$	$r_9=17.51\text{m}$	$r_{14}=14.71\text{m}$	$r_{19}=20.81\text{m}$	
$r_5=20.81\text{m}$	$r_{10}=14.71\text{m}$	$r_{15}=17.51\text{m}$	$r_{20}=17.51\text{m}$	

2. 轻型井点降水原理是什么？轻型井点适用于什么条件？如何设计轻型井点降水方案？其常见问题及产生原因是什么？如何防治？

3. 喷射井点降水原理是什么？喷射井点适用于什么条件？如何设计喷射井点降水方案？其常见问题及产生原因是什么？如何防治？

4. 管井井点降水适用于什么条件？其常见问题及产生原因是什么？如何防治？

5. 电渗井点降水原理是什么？电渗井点适用于什么条件？

6. 回灌井点降水原理是什么？

7.降水过程中需要监测哪些项目？

8. 降水会引起地面沉降的机理是什么？如何防治？

6　降水管井及成孔要求

6.1　降水管井结构设计

降水管井与勘探阶段的抽水试验孔相比，二者井身的基本结构和各部分的功用相同，在松散沉积层中，都是由井管和围填材料组成，井管包括有井壁管、滤水管(过滤器)和沉淀管等部分。

一般选用井管的要求是：井管本身不弯曲；井管内壁应平滑、圆整；管壁的厚度适宜；要有一定的抗拉强度、抗压强度、抗剪强度和抗弯强度；过滤器要有较大的孔隙率。

6.1.1　井管、钻孔的孔深和直径的确定

1. 孔深

应根据降水要求的具体情况确定孔深或确定过滤器埋置深度和长度，进而确定孔深。

2. 井管和钻孔直径

降水管井井身结构如图 6-1 所示，在能满足降水要求的前提下，为了节约管材和施工上的方便，在设计上应尽量简化井身结构。

钻孔直径的大小主要取决于降水管井的设计抽水量、凿井设备的能力、所用井管、滤水管直径和人工填砾的厚度。

在松散层中，如图 6-1 所示，钻孔直径应为井管直径与两倍填砾厚度之和。其中，井管直径是依据降水管井的设计抽水量选择水泵型号，进而确定所需的井管直径，填砾厚度根据含水层岩性而定。

例：降水管井的设计抽水量为 $80m^3/h$，在井管内要求安装深井泵。需选择 200JC80—16×3型深水泵(或 $200JC_K80$—16×3 型深井泵，或 8JD80×10 型深井泵)。由该深井泵型号要求井管直径应大于或等于 200mm(或 8in)。

深井泵型号说明：

200——泵适用的最小井管直径，mm；

JC——长轴离心深井泵(叶轮为封闭式)；

JC_K——长轴离心深井泵(叶轮为半开式)；

80——流量，m^3/h；

16——单级扬程，m；

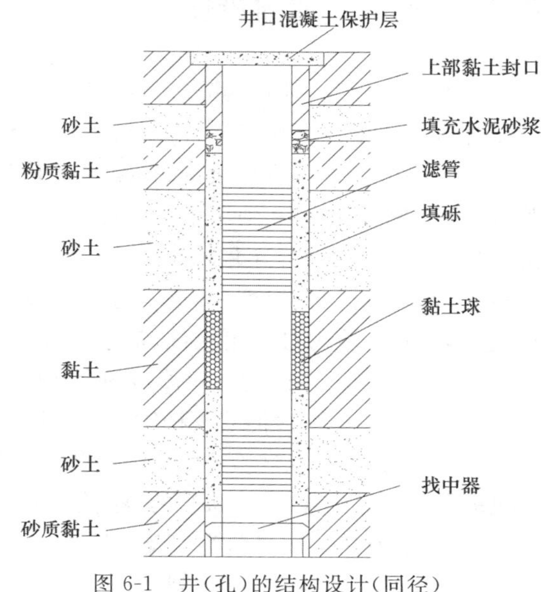

图 6-1　井(孔)的结构设计(同径)

3——级数(即叶轮个数);

8——泵适用的最小井管直径,in;

J——深井多级泵;

80——流量,m^3/h;

10——叶轮个数。

此外,在确定松散含水层中的管井井径时,还应用允许入管水流速度进行复核,即过滤管的外径应满足于下列要求:

$$D \geqslant \frac{Q}{\pi l n v'_{允}} \tag{6-1}$$

式中 D——过滤管外径,m;

Q——设计取水量,m^3/s;

l——过滤管的工作部分长度,m;

n——过滤管表层进水面的有效孔隙率(一般按50%考虑);

$v'_{允}$——允许入管水流速度(其数值可按表6-1确定)。

表6-1　计算过滤管外径的允许入管流速

含水层渗透系数/$(m \cdot d^{-1})$	允许入管流速/$(m \cdot s^{-1})$
>122	0.030
82～122	0.025
41～82	0.020
20～41	0.015
<20	0.010

6.1.2　管井过滤器设计

管井过滤器除了防止井壁坍塌,延长管井使用寿命的作用外,主要的作用是在抽水时防止井壁外含水层中细颗粒等涌入井中,及减少水流阻力,增加汇水面积,增大井涌水量。

为了增大管井单位出水量,必须使地下水流向管中的各项阻力减至最小。阻力中以井孔附近的紊流摩阻损失和地下水流经过滤器断面时的摩阻损失最大。为减少这些摩阻损失,就必须用人工方法加大孔(井)壁附近的渗透性能。目前最有效的方法是正确选用过滤器类型,尽可能增大填砾层的厚度,和选用与含水层性质相适应的填砾规格。因此,管井过滤器类型选用是否得当,是取得最大出水量、最小出水含砂量的关键,直接关系到管井的出水效率和寿命。

从图6-2和图6-3可见,过滤器的合理长度与水井的水位降深和出水量明显有关,同时还与含水层厚度、渗透性、过滤器直径等因素有关。过滤器的合理长度可以通过分段堵塞抽水试验直接确定;也可根据抽水试验建立的经验公式计算确定(可查阅有关手册)图6-2中的l_a。根据各地分段取水的实际经验,当含水层的厚度较大时,过滤器的合理长度一般介于20～30m之间。

1. 常用的几种过滤器类型及其选用

过滤器的类型较多,有下列几种类型:

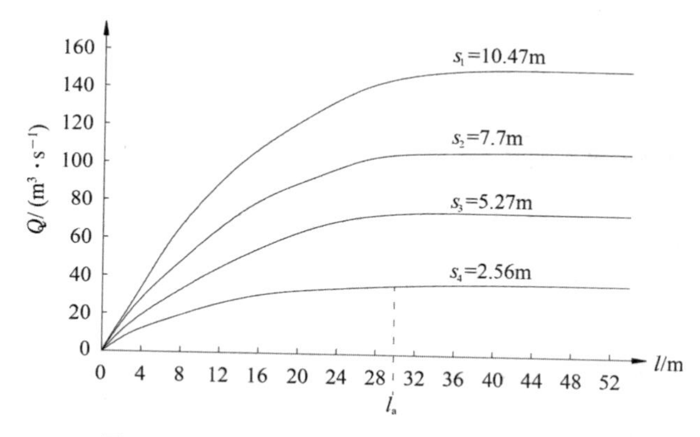

图 6-2　出水量与滤水管长度关系(Q-l)曲线

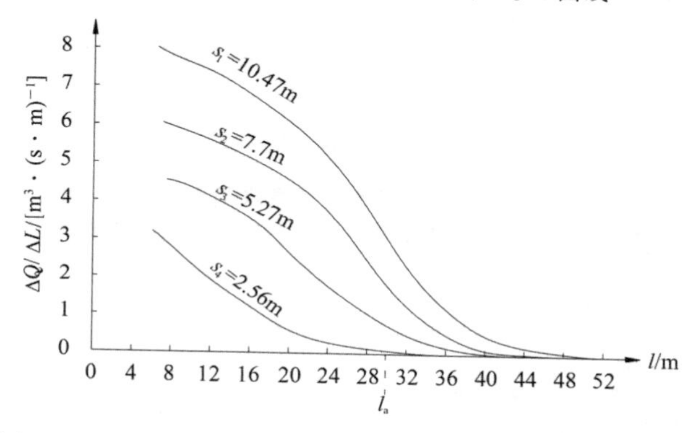

图 6-3　出水量增加强度与滤水管长度关系($\Delta Q/\Delta L$-l)曲线

（1）按过滤器的材料不同，分为钢制或铸铁过滤器、砾石水泥过滤器以及硬质塑料（聚乙烯）过滤器等；

（2）按过滤器孔隙形式不同，可分为圆孔过滤器、条孔过滤器（图 6-4），以及桥形孔过滤器、帽檐孔过滤器（图 6-5）等；

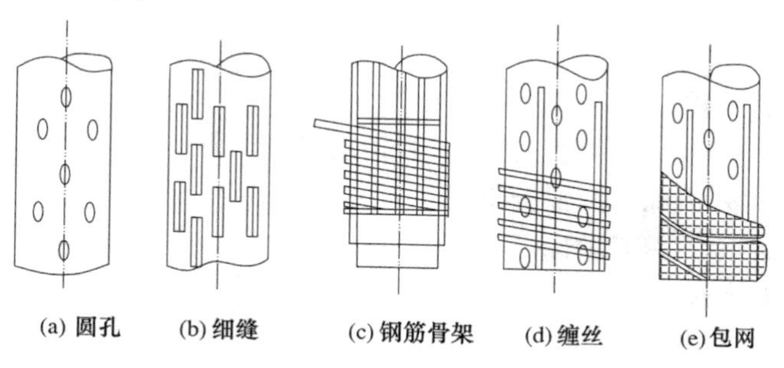

图 6-4　过滤器类型图

（3）按过滤器结构形式不同，可分为钢筋骨架过滤器、缠丝过滤器、包网过滤器、笼状或筐状过滤器、贴砾过滤器和模压过滤器等，如图 6-4 所示。

常用的铸铁缠丝过滤器结构如图 6-6 所示，模压过滤器结构如图 6-5 所示，其技术规格参阅有关手册。

对于不同含水层可根据表 6-2 选用适用的或可用的过滤器类型。

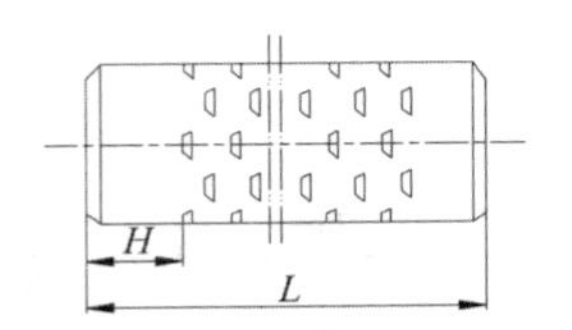

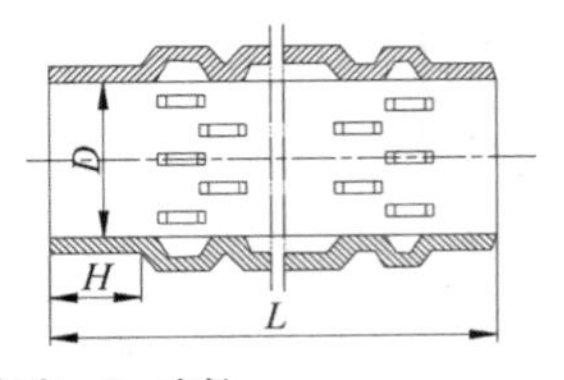

H—死头长度；L—滤管长度；D—直径。

图 6-5 模压过滤器结构

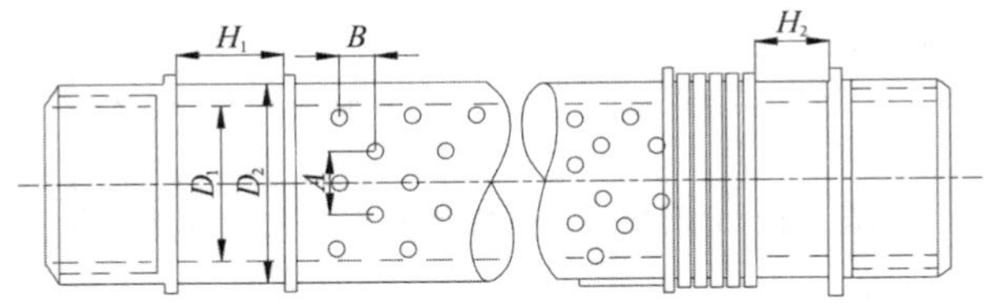

A—圆孔中心竖向距离；B—圆孔中心水平距离；H_1，H_2—死头长度；D_1—内径；D_2—外径。

图 6-6 铸铁缠丝过滤器结构

表 6-2 不同含水层适用过滤器类型

含水层岩性	适用过滤器类型		可用过滤器类型
细、粉砂	双层填砾过滤器	模压孔过滤器	单层填砾过滤器
中、粗、砾砂及 $d_{20}<2$mm 的碎石土类	单层填砾过滤器		缠丝过滤器
$d_{20}>2$mm 的碎石土类	骨架过滤器或单层填砾过滤器		
基岩裂隙溶洞（充砂）	单层填砾过滤器		
基岩裂隙溶洞（不充砂）	骨架过滤器		
不破碎的基岩	不安装过滤器		

2. 填砾过滤器的结构

填砾过滤器是由各种材料（钢管、铸铁管和钢筋混凝土管）的缠丝过滤器或包网过滤器、模压过滤器作滤水管，井外填砾料两部分组成。

管外填砾规格，可按下式要求确定：

当 $\eta<10$，砂土类含水层

$$D_{50}=(6\sim8)d_{50} \tag{6-2}$$

式中 η——含水层不均匀系数；

D_{50}，d_{50}——填砾和含水层颗粒级配曲线上重量累计百分比为 50%的颗粒直径。

当 $\eta>10$，应除去筛分样中部分粗颗粒后，再进行筛分直至 $\eta<10$，根据这组颗粒级配曲线确定 d_{50}，按式(6-2)确定填砾粒径的规格。

对于 $d_{50}>2$mm 时的碎石土类含水层

$$D_{50}=(6\sim8)d_{20} \tag{6-3}$$

式中，d_{20} 为含水层颗粒级配曲线上重量累积百分比为 20%时的颗粒直径。

当 $d_{20}>2$mm 可填入 10～20mm 砾石或不填砾。

双层填砾过滤器的外层填砾规格，可按上述方法确定；内层填砾的直径，一般为外层填砾直径的 4～6 倍。

单层填砾厚度：卵砾石含水层不小于 75mm，粗砂含水层为 100mm，粉、细、中砂含水层不小于 100mm。

管井填砾规格和过滤器缠丝间隙规格要求如表 6-3 所示。

双层填砾厚度：内层为 30～50mm，外层为 100nm。双层填砾过滤器的内层网笼的上、下端应设弹簧钢板四块或其他保护装置。

选用的砾石以圆形和近椭圆形石英砾为最好，一般不均匀系数应小于 2。填砾高度应根据过滤器安装位置而定。底部要低于过滤器下端 2m 以上，上部要高出过滤器上端 8m 以上。

表 6-3　　管井填砾规格和过滤器缠丝间隙

含水层分类	筛分结果	均匀填砾规格/mm	填砾厚度/mm	过滤器缠丝间隙/mm	半均匀填砾规格/mm
卵石	颗粒＞3mm，占 80%～90%	15～20	75～100	2～3	12～25
砾石	颗粒＞2.5mm，占 80%～90%	10～12	75～100	2～3	8～20
砾石	颗粒＞1.25mm，占 80%～90%	6～8	75～100	2～3	5～12
砾石	颗粒＞1.0mm，占 80%～90%	5～6	75～100	2～3	4～10
粗砂	颗粒＞0.75mm，占 60%	4～5	100	1.5～2	3～8
粗砂	颗粒＞0.6mm，占 60%	3～4	100	1.5～2	2.5～6
粗砂	颗粒＞0.5mm，占 60%	2.5～3	100	1.5	2.0～5
中砂	颗粒＞0.4mm，占 50%	2.0～2.5	100～200	1	1.5～4
中砂	颗粒＞0.3mm，占 50%	1.5～2.0	100～200	1	1～3
中砂	颗粒＞0.25mm，占 50%	1.5～2.0	100～200	1	1～3
细砂	颗粒＞0.2mm，占 50%	1.0～1.5	100～200	1	0.75～2
细砂	颗粒＞0.15mm，占 50%	0.75～1.0	100～200	0.75	0.5～1.5
粉砂	颗粒＞0.1mm，占 50%	0.5～0.75	100～200	0.75	0.5～1.0

第一层填砾顶部上面用优质黏土球封闭 3～5m，然后再用黏土块填实至井口。若在过滤器的上部有未开采的高矿化水层时，黏土球的封闭厚度应增大。

过滤器的非工作部分，如夹有臭淤泥或其他不良含水层时，必须用优质半干黏土球将该层及其上下 3～5m 处皆予封闭，进行封闭时应根据井的容积及黏土球的压缩情况计算填入数量。

6.2 降水管井成井技术要求

6.2.1 对钻孔止水要求

止水部位应选在隔水性能好、厚度大及孔壁较完整的孔段。其止水方法及材料选择，应根据止水要求和孔内地质条件来确定。黏土、橡胶、牛皮等可用于暂时性止水。黏土、水泥、沥青等材料，可用于永久性止水。

常用止水方法有同径止水、管外止水等方法。管外同径止水方法钻孔结构简单，钻进效率高，管材用量较少。

6.2.2 对钻孔冲洗液的要求

按理论要求，降水井钻孔最好使用清水钻进。但在实际工作中，为节省护孔管材和提高钻进效率，经常使用泥浆钻进。如果使用的泥浆稠度过大.或钻进结束后的洗孔工作进行不够彻底时，可能对含水层的透水性能产生严重不利影响。因此，必须严格控制泥浆的稠度，一般降水井钻孔钻进时的泥浆稠度最好小于 18s。

6.2.3 对钻孔孔斜的要求

为了保证下入井管顺利和进行正常的抽水，要求当孔深小于 100m 时，孔斜不得超过 1°；当孔深大于 100m 时，孔斜最大不得超过 3°。

6.3 洗　井

管井成井工艺，包括：①从钻孔钻进到终孔；②终孔物探测井；③井孔斜度测量；④井管安装(包括井身圆度和深度检查、稀释，孔内泥浆、井管质量检查、丈量和按设计排列井管、下管等过程)；⑤填砾和管外封闭；⑥洗井等多道工序。其中的任何一道工序如处理不当或完成质量低劣，都会影响降水管井的成井质量。轻则影响水井的出水量；严重时，可使水井报废。

洗井工作是管井成井工作中最后、最重要的一道工序，同时也是已建成管井恢复涌水量的一项重要措施。洗井的目的是清除停留在孔内和渗入含水层中的泥浆和孔壁泥皮，带出阻塞于含水层空隙与过滤器中的细粒物质，疏通含水层并在井周围形成天然滤层，借以增大井周围的渗透性，达到增加井出水量和减少井水的含砂量的目的。

洗井方法基本上分为两类，即机械洗井和化学洗井。前者目前使用普遍，后者则最有前途。

6.3.1 机械洗井法

目前使用最广泛的是活塞洗井法和空气压缩机洗井法；其次是水泵抽压洗井法、冲孔器洗井法和各种联合洗井法。机械洗井法的共同原理是通过洗井设备在井中产生的强大抽压作用和冲击振荡作用，加大井内外的水压力差和加快地下水流速，以达到洗井的目的。

1. 活塞洗井

采用泥浆钻进施工的管井，在井管安装和填料完毕，应立即进行活塞洗井。常用活塞为木制和铁制的、带活门和不带活门的，各种形式不一，如图 6-7 所示。

活塞洗井是利用钻杆在井中上下移动进行洗井，一般应先从第一含水层开始，每拉清一层，再拉第二层。洗井时应注意在不同材料的井管中，需掌握提升速度。活塞洗井时间随井深和含水层情况而不同。

活塞洗井需用设备少而方法简单，洗井成本较低，洗井效率亦可。但当井管强度不高时，易被活塞拉坏，在细粒含水层中洗井时可能引起大量进砂。

2. 空气压缩机洗井

空气压缩机洗井，一般用于活塞洗井之后。根据管井结构、出水量、水位等具体情况，采用适宜的洗井方法。常用的有同心式正吹法和喷嘴反冲洗井法。

（1）同心式正吹法。正吹法是最常用的洗井方法，是将水管和空气管同心排列安装，如图 6-8 所示，将各含水层每隔 2～5m 逐次冲洗。一般将出水管的底端放在被吹含水层处，等该段的泥浆和细砂抽清后，再移动该管的位置，另吹其他地段。如此自上而下或自下而上分段将各含水层全部抽清。

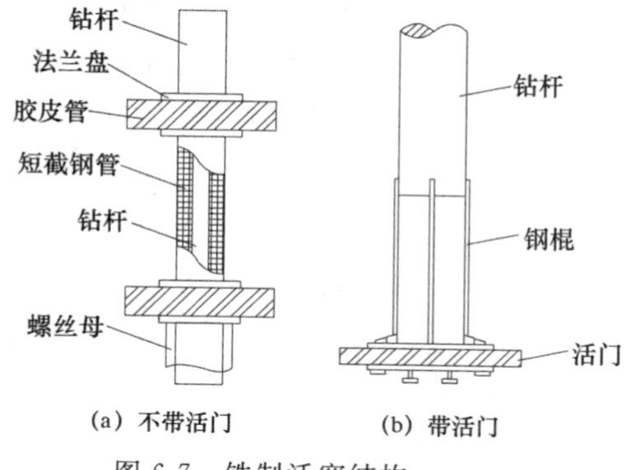

图 6-7 铁制活塞结构

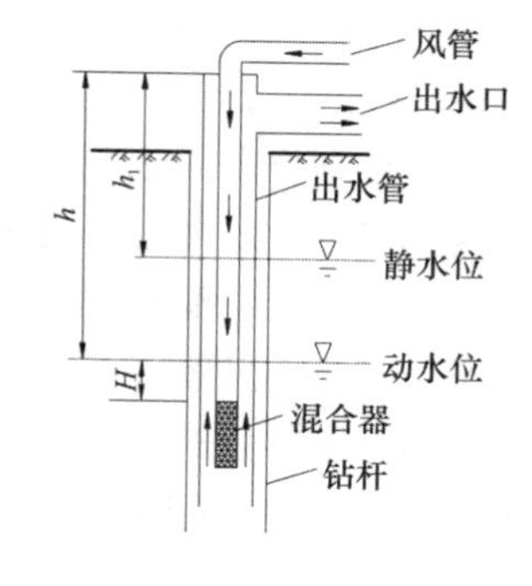

图 6-8 空压机洗井安装示意图

（2）喷嘴反冲洗井法。如图 6-9 所示，将空气管及喷嘴安装于井内，空气管的一端用高压胶皮管接空气压缩机，空气管的长度根据空气压缩机的压力决定。一般使用 0.686MPa 压力的空气压缩机时，空气管没入水中的长度不宜超过 70m，如果井的深度较大，则需采用高压力空气压缩机或两台（或多台）空气压缩机接力式抽吹。一般可按 10m 水柱增加 0.098MPa 压力计算。

洗井时采用分段洗井法，步骤同上。喷嘴反冲洗井法由于空气流速很高，破坏孔壁的作用较强，须注意冲洗时不宜过多地扰动含水层结构，否则容易引起过滤器填砾层的破坏。在井管不坚固、填砾很薄或含水层为粉砂的管井中，不宜采用该法洗井。

此外，还有激动反冲洗井和封闭反冲洗井等方法，可根据需要选择不同安装方法洗井。

空压机洗井具有工作安全、洗井干净等优点，但洗井成本较高，且受地下水位深度的限制。因此，动水位过深或井探较浅的水井不宜用空压机洗井。

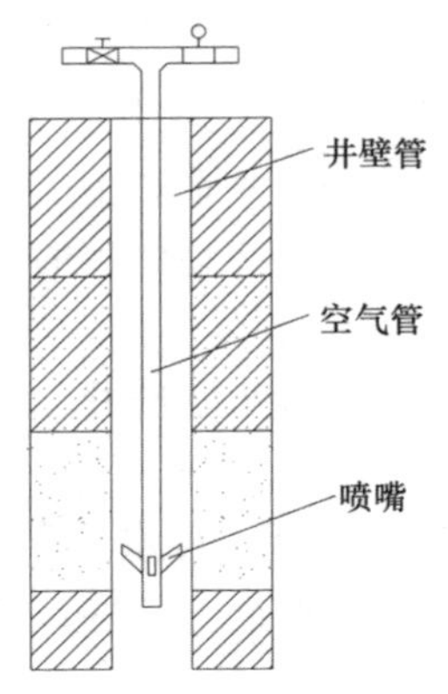

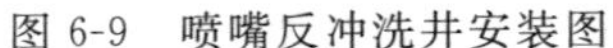
图 6-9　喷嘴反冲洗井安装图

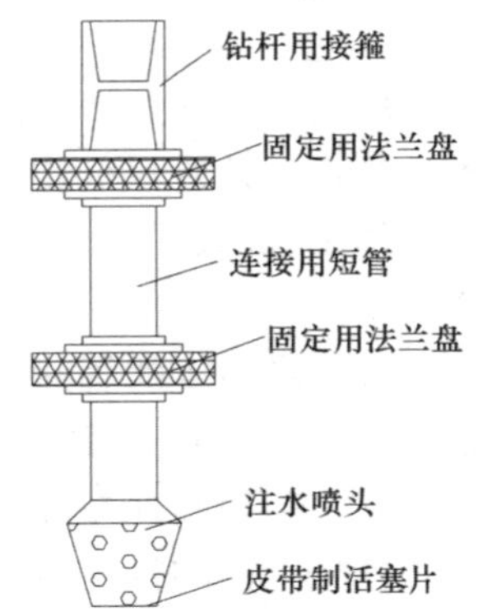

图 6-10　冲洗喷头结合拉活塞的洗井设备

3. 水泵和泥浆泵洗井

在不宜用空气压缩机洗井的情况下，可采用下列方法洗井：

(1) 卧式离心泵洗井。在出水量大且水位浅的大口径井中，进行彻底的活塞洗井后，可以用翼轮耐磨的卧式离心泵进行洗井，其出水量要求大于井的设计出水量。洗井时，使离心泵时开时停，借以排出井内泥砂，至水全清，水量、水位稳定。

(2) 深井泵洗井。地下水位埋深大的管井在活塞洗井后，可用适宜规格的深井泵洗井。洗井方法同上。

(3) 泥浆泵结合活塞洗井。使用回转式钻机钻进的管井，过滤器安装完毕后，可用泥浆泵冲洗结合拉活塞的方法进行洗井，如图 6-10 所示。填砾完毕后将洗井设备接于钻杆底端，边拉活塞边用喷头冲洗，拉出的泥砂通过泥浆泵冲出井外，洗清一段过滤器后，提动钻杆，再清洗另一段过滤器，直到全井冲洗完毕。该种洗井方法适用面广，洗井效果良好。

(4) 高速水喷射洗井法。喷射洗井设备如图 6-11 所示，在喷射器部分，是由 2 个喷嘴(相隔 180°)或 4 个喷嘴(相隔 90°)组成。高速水流自喷射管进入喷嘴再喷向过滤器及管外砂层。由于水流能量集中于小面积内，在吹洗过滤器各部位和附近含水层时能得到很好的洗井效果。它可冲开泥浆壁，消除含水层中泥浆，并使细粒砂抽出。喷射洗井法在洗井工作中有很高的效率，特别是泥浆壁较厚或渗入泥浆较多的卵、砾石层。

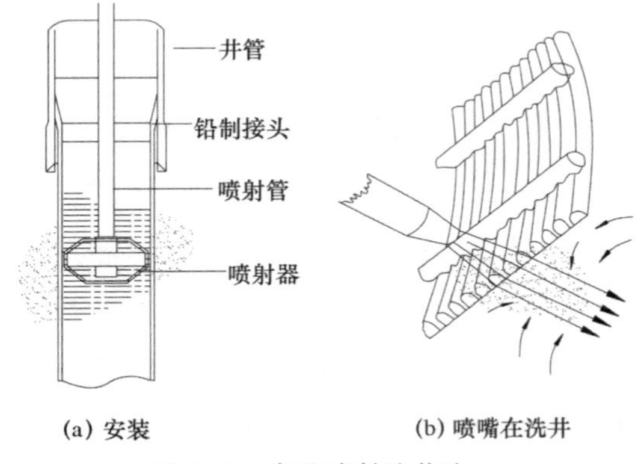

图 6-11　高速喷射洗井法

6.3.2　化学洗井法

化学洗井法是近年来国内外正在发展的一种新式洗井方法。这种方法操作简便、成本低廉，对于因化学或生物化学结垢作用而堵塞的水井，化学洗井效果远比机械洗井法为佳，而在某些碳酸盐岩含水层中，化学洗井法还可以起到扩大含水层裂隙、孔隙通道的作用。

1. 液态二氧化碳洗井和液态二氧化碳配合注酸洗井法

液态二氧化碳洗井是利用二氧化碳的物理形态变化造成井内的压力变化，并使强力水流喷出井外的洗井方法。一般用于机械洗井方法困难、洗井效果不好，或过滤器被堵塞、水量减少的旧井中。在基岩裂隙开采井中，液态二氧化碳与注酸洗井法配合使用，洗井后的出水量可增加一至数倍。

液态二氧化碳洗井的基本原理是(图6-12)，通过高压送入井下液态二氧化碳，经过吸热和降压后气化，在井内产生强大的高压水气流，从而破坏井壁泥浆皮，疏通含水层的孔隙、裂隙通道，并使井内岩屑、泥浆等充填物伴随高压水流喷出地表，达到了洗井和增加水井出水量的目的。

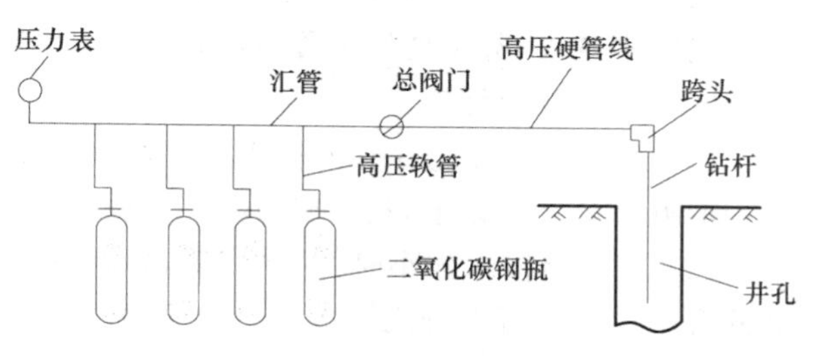

图 6-12　液态二氧化碳洗井安装示意图

在碳酸盐岩和含石膏等可溶盐地层中洗井时，可先向井中注入一定量的盐酸，静待 5～2h 后，再灌入液态二氧化碳。这时，液态二氧化碳由于吸热膨胀而产生气体，先把盐酸压入岩层裂隙深处，起到加速溶解可溶盐岩石和扩大裂隙的作用，而后所溶解的物质又随着井喷被带出井口。有时在碳酸盐岩含水层的水井中，即使只注入盐酸，也可因化学反应而生成大量二氧化碳气体而产生井喷。

为了防止金属管材在洗井过程中被酸腐蚀，必须在酸液中加入一定比例的甲醛、丁炔二醇[$C_4H_4(OH)_2$]和碘化钠(NaI)、碘化钾(KI)等防腐蚀剂。此外，当孔内泥浆皮较厚实时，亦可加入能够减缓泥皮凝固、硬化的多磷酸钠盐，以加强洗井效果。

液态二氧化碳洗井法或注酸联合洗井法，是目前诸种洗井方法中比较先进的方法。方法简单、节省时间、成本低廉，对于松散孔隙含水层或基岩裂隙含水层，以及不同深度、不同材质、不同结构的新、老管井均有较好的洗井效果。

2. 多磷酸钠盐洗井法

目前，在洗井中使用的多磷酸钠盐有：六偏磷酸钠[$(NaPO_3)_6$]、三聚磷酸钠($Na_5P_3O_{10}$)、焦磷酸钠(Na_3PO_4)和磷酸三钠(Na_3PO_4)等。现以焦磷酸钠(即无水焦磷酸盐)为例说明该方法的原理及使用过程。

由于焦磷酸钠与泥浆中的黏土粒子发生络合作用，形成了水溶性的络合离子，其反应式如下：

$$Na_4P_2O_7 + Ca^{2+} \rightarrow CaNa_4(P_2O_7)^{2-}$$

$$Na_4P_2O_7 + Mg^{2+} \rightarrow MgNa_4(P_2O_7)^{2-}$$

络合离子[$CaNa_4(P_2O_7)$]$^{2-}$与[$MgNa_4(P_2O_7)$]$^{2-}$均是一些惰性离子，既不发生化学的逆反应，自身亦不会聚结沉淀，也不再与其他离子化合沉淀，故易在洗井、抽水时随水排出。同时，这些带负电荷的络合离子，还可以吸附于黏土粒子上，使黏土粒子表面的负电性加强，加大了黏土粒子之间的斥力、降低了泥浆的黏度与剪切力。这是焦磷酸钠能够分解、从而破坏井壁泥皮和含水层中泥浆沉淀的原因。

焦磷酸钠洗井的过程：首先下置井管，待砾料填至设计高度后，先用泥浆泵用清水将井内泥浆排出，然后用泥浆泵将浓度为 0.6%～0.8%的焦磷酸钠溶液注入井管内、外(先管外、后管内)，然后继续完成管外的止水回填工作。待静置 5～6h，焦磷酸钠与黏土粒子充分结合后，即可用其他方法进行洗井。一般很短时间内即能达到该井的正常出水量。

化学洗井能缩短洗井时间，能大量减少活塞和空气压缩机的洗井工作量。与单用机械洗井法相比，它能增加井的出水量。

上面分述的各种洗井方法，在实际应用中是根据具体情况，常联合使用多种洗井方法，以提高洗井效果。

洗井后要测定管井的出水含砂量，管井的出水含砂量是井的主要指标之一。含砂量过高会影响降水效果，甚至诱发工程事故，故严格控制井的出水含砂量极为重要。

井水含砂量的标准：

(1) 刚开泵当抽完井管内存水 30s 内，在粗砂、砾石层中管井出水含砂量应在所量测水量容积的五万分之一以下，粉、细砂层中管井出水含砂量应在二万分之一以下。

(2) 当开始抽水数小时，井水变清，含砂量基本稳定后，要求的标准是一般生活、工业降水井的含砂量在二百万分之一以下。个别要求严格的降水水井在一千万分之一以下。

习　题

1. 降水管井主要包括哪些结构？
2. 管井的过滤器如何设计？
3. 洗井的方式有哪些？

7　基坑工程降水分类与设计

7.1　基坑工程降水的作用及方法

一般深基坑(以下简称“基坑”)是指开挖深度超过 5m(含 5m),或深度虽未超过 5m,但地质条件和周围环境及地下管线特别复杂的工程。

在地下水埋藏较浅的地区,当基坑工程开挖深度场地内的天然地下水位较高时,为了避免产生流砂、管涌,防止坑壁土体的坍塌,保证施工安全和工程质量,避免在水下作业,需要进行深基坑降水。

7.1.1　基坑降水的作用

在基坑开挖之前及开挖过程中进行降水,有利于基坑开挖的正常进行,增加基坑围护结构的稳定性,其作用主要有:

(1) 防止基坑侧向和开挖底面渗水,保持基坑基本在干爽条件下挖土,有利于相关其他工序的施工。

(2) 减少基坑内及周边土体的含水率,提高土体的物理力学性能。由于降水减少了土体的天然含水率,土体对应发生固结,有关的物理力学性能因此得到改善和提高。

(3) 降低水力梯度,防止侧向和坑底土层颗粒随地下水渗透流动(失)产生流砂。

(4) 增加基坑侧向抗倾覆、坑底抗隆起的安全稳定性。由于降水改善和提高了基坑及周边土体的物理力学性能,基坑相应的整体安全稳定也必然随之增加。

上述都是基坑降水对工程有利的方面,对工程不利的方面当然也有,比如降水设施的存在妨碍了基坑开挖等其他工程环节的施工,还有也是最主要的一点就是它不可避免地会引起基坑周边的地面沉降。

7.1.2　基坑降水方法

基坑工程降低地下水位的方法有集水明排和井点降水两类。

集水明排是在基坑中开挖集水井或集水沟,再用泵将水从集水井或集水沟中抽出。对于分层挖土的基坑,随着挖土面的下移,需在新的开挖面上重新开挖集水井或集水沟。该方法适用于弱透水地层中的浅基坑,当基坑周围环境简单、含水层较薄、降水深度较小时,采用集水明排是比较经济的。

井点降水是通过对地下水施加作用力来促使地下水排出,从而达到降低地下水位的目的。根据施加作用力的方式以及抽水设备的不同,井点降水有轻型井点、喷射井点、电渗井点和管井(深井)井点等。

本章主要介绍基坑管井(深井)井点降水的有关内容。

7.2 基坑工程降水的渗流特征

基坑井点降水时,基坑周围地下水的渗流特征表现在坑内外地下水水位、抽(出)水量不仅与场地的水文地质条件有关,而且还与基坑围护结构(或隔水帷幕)、降水井的位置、滤管长度等有关。下面通过具体算例进行分析。

工程条件:基坑面积 20m×30m,开挖深度 25m;深基坑位于粉质黏土中,其下有一承压含水层,厚度为 24m。

水文地质参数:$K_x = K_y = 2\times10^{-3}$ cm/s,$K_z = 4\times10^{-4}$ cm/s,贮水率 $\mu_s = 5\times10^{-6}$ 1/m,初始水位为−5m。

7.2.1 围护结构(或隔水帷幕)对基坑渗流的影响

算例 1:基坑周边不设隔水帷幕的降水,其平面示意图及结构示意图如图 7-1 所示;计算结果如图 7-2 所示。

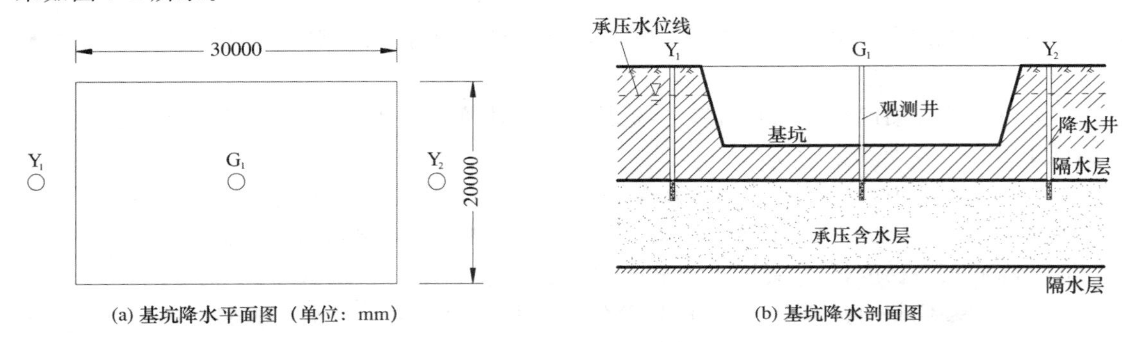

图 7-1 无隔水帷幕的基坑降水示意图(单位:mm)

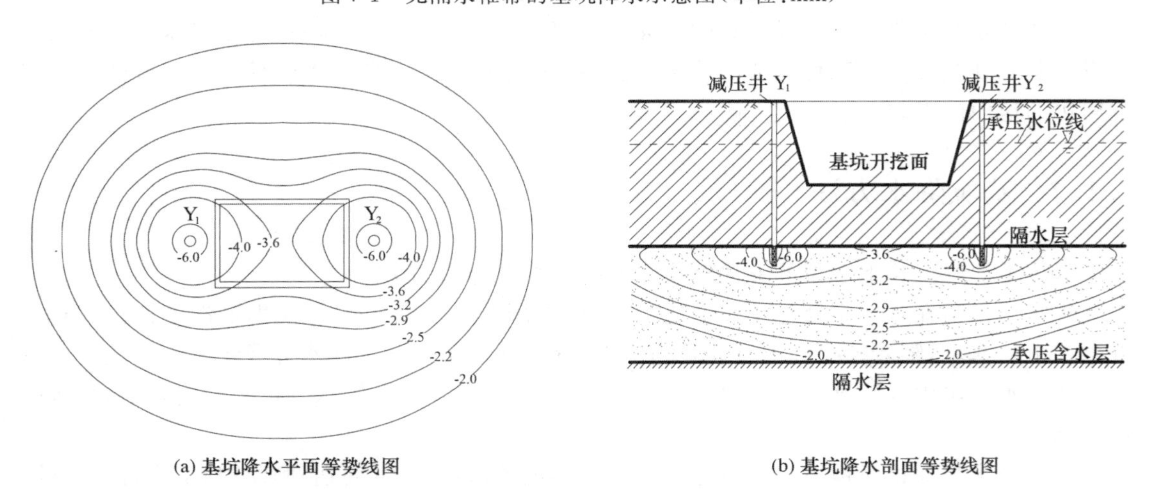

图 7-2 无隔水帷幕的基坑降水等势线图(单位:m)

算例2：基坑周边设置隔水帷幕外降水，其平面示意图及结构示意图如图7-3所示；计算结果如图7-4所示。

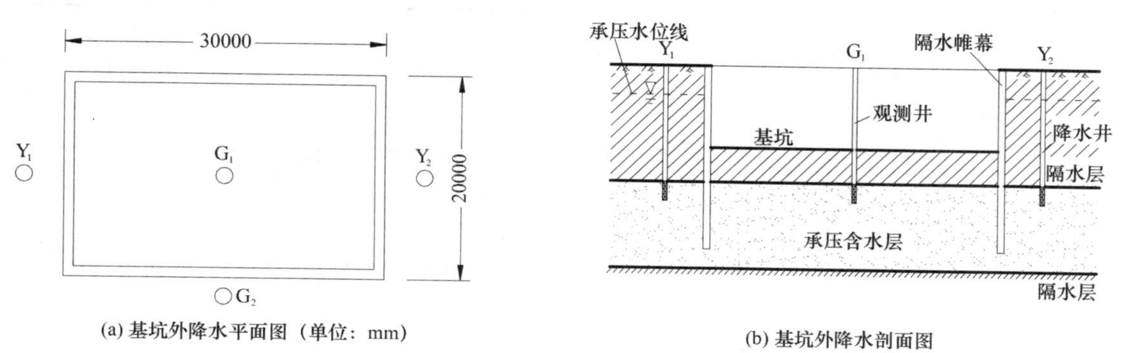

(a) 基坑外降水平面图（单位：mm）

(b) 基坑外降水剖面图

图7-3　有隔水帷幕的基坑外降水示意图

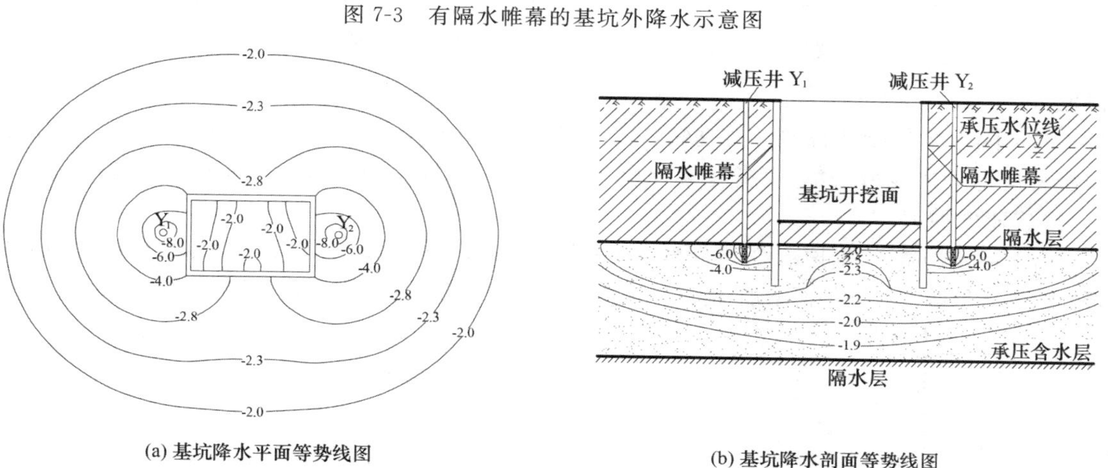

(a) 基坑降水平面等势线图

(b) 基坑降水剖面等势线图

图7-4　有隔水帷幕的基坑外降水等势线图（单位：m）

算例3：基坑周边设置隔水帷幕内降水，其平面示意图及结构示意图如图7-5所示；计算结果如图7-6所示。

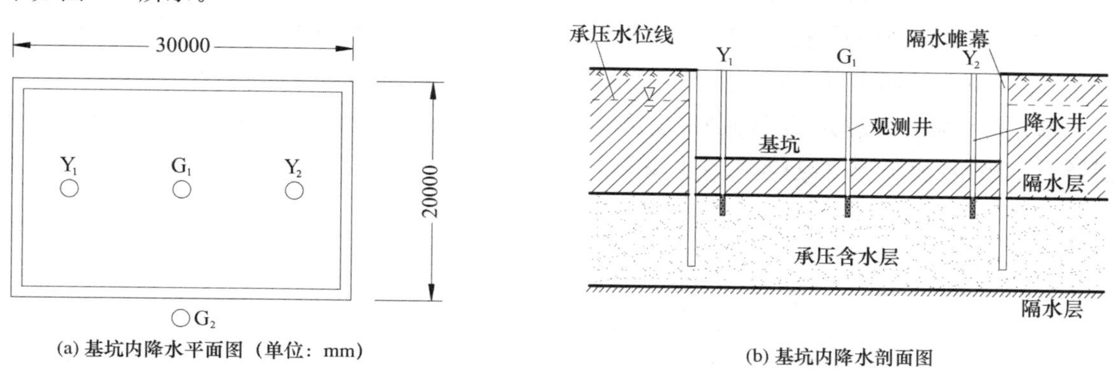

(a) 基坑内降水平面图（单位：mm）

(b) 基坑内降水剖面图

图7-5　有隔水帷幕的基坑内降水示意图

根据上述算例可以看出隔水帷幕（或围护结构）对基坑渗流的影响：

(1) 隔水帷幕（或围护结构）改变基坑渗流的流态。图7-2表示没有隔水帷幕的基坑渗流（水位）等势线平行穿越基坑底部，为基坑平面渗流，由于降水井的非完整性，在滤管附近为空间渗流；图7-4，图7-6表示有隔水帷幕的基坑渗流等势线绕过帷幕进入基坑底部，为基坑空间

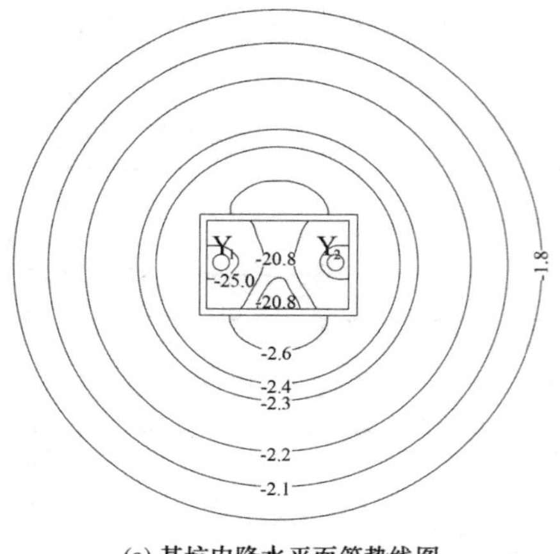

(a) 基坑内降水平面等势线图

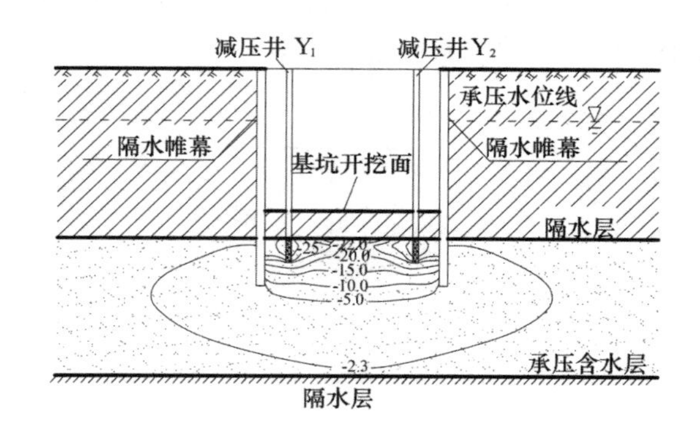

(b) 基坑内降水剖面等势线图

图 7-6　有隔水帷幕的基坑内降水等势线图(单位:m)

渗流。

(2) 隔水帷幕(或围护结构)改变基坑渗流场的水力梯度。由图 7-4 与图 7-6 可以看出,隔水帷幕底部等势线最密集,也就是隔水帷幕底部等势线水力梯度最大,因为该处过水断面变小,渗流速度加大。

(3) 隔水帷幕(或围护结构)的深度影响基坑的水位降深。图 7-7 表示坑内水位降深随隔水帷幕伸入含水层的深度增加而增加,而坑外水位降深随隔水帷幕伸入含水层的深度增加而减小。

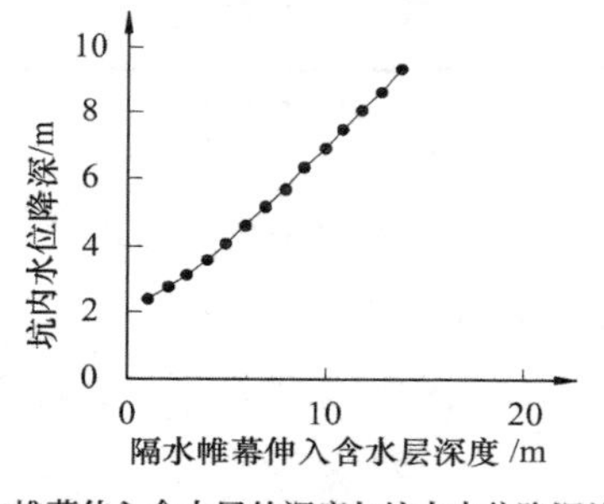

(a) 隔水帷幕伸入含水层的深度与坑内水位降深关系曲线

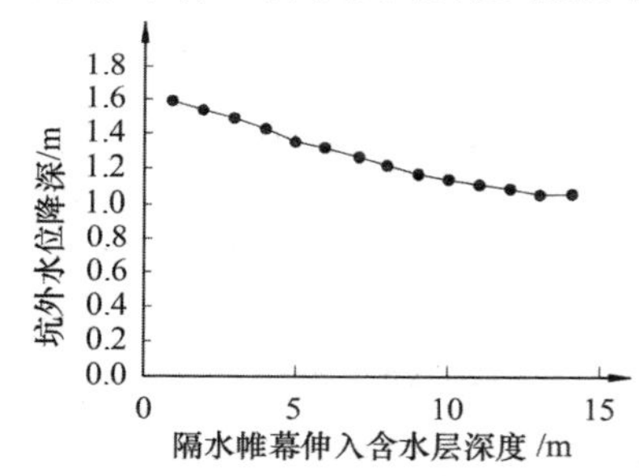

(b) 隔水帷幕伸入含水层的深度与坑外水位降深关系曲线

图 7-7　隔水帷幕伸入含水层的深度与水位降深的关系(坑内降水,滤管位置 30～34m)

(4) 隔水帷幕(或围护结构)的深度影响深基坑抽出水量。图 7-8 表示坑内降水井的出水量随隔水帷幕(或围护结构)伸入含水层的深度增加而减小。

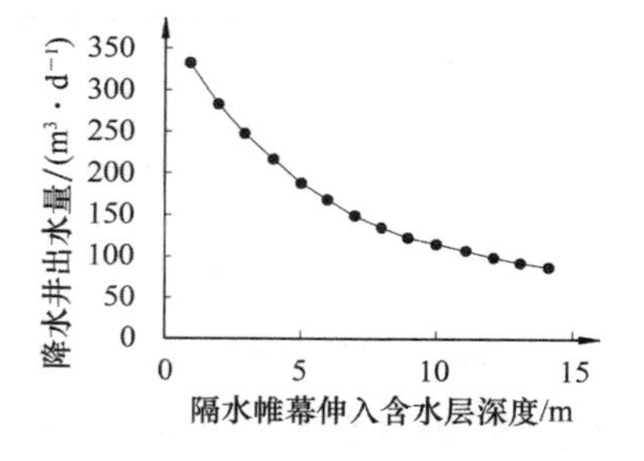

图 7-8　隔水帷幕伸入含水层的深度与坑内降水井的出水量的关系(定降深 15m)

7.2.2 降水井滤管长度对基坑渗流的影响

下面考虑在有限厚度含水层中降水时，降水井滤管长度的影响。根据上述算例，采用数值模拟试验可以得到曲线如图 7-9 所示。从图中可以看出不论是单位滤管长度坑内出水量（以下简称单位出水量）还是单位滤管长度坑外水位降深（以下简称单位降深）均随滤管长度增加而迅速减小，例如滤管长度增加至 14m 时，其单位出水量仅为滤管长度等于 2m 时的 23%，这说明滤管越长，出水效率就越低。

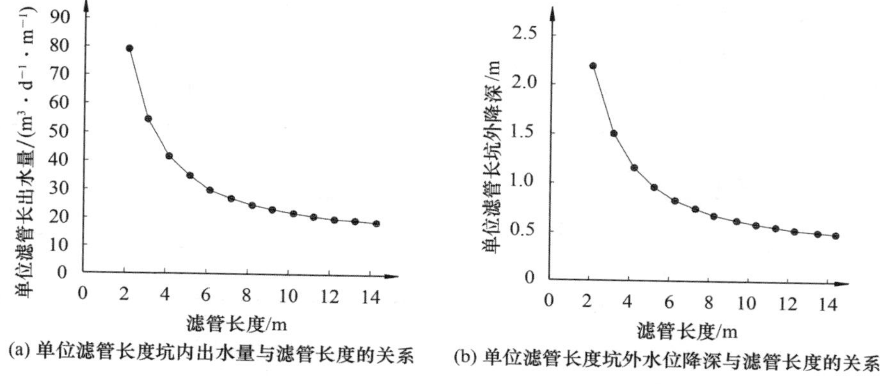

(a) 单位滤管长度坑内出水量与滤管长度的关系　(b) 单位滤管长度坑外水位降深与滤管长度的关系

图 7-9　单位滤管长度坑内出水量及坑外水位降深与滤管长度的关系

7.2.3 含水层垂向渗透系数对基坑渗流的影响

在有隔水帷幕的情况下，含水层垂向渗透系数对坑内外水位降深的影响如图 7-10 所示。从图中可以看出：坑内水位降深随垂向渗透系数增大而迅速减小；坑外水位降深变化相反，随垂向渗透系数增大而缓慢增大。

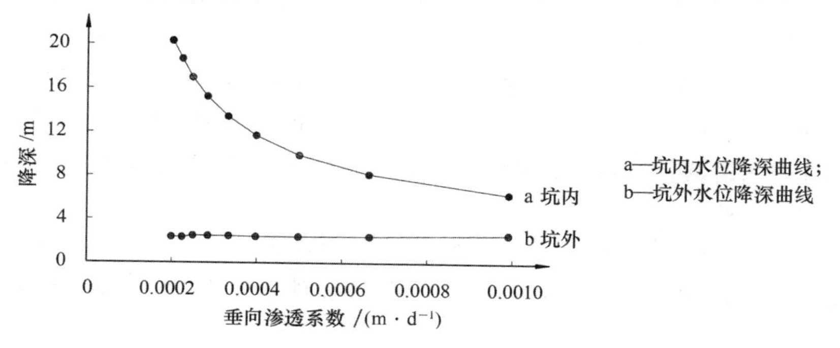

图 7-10　垂向渗透系数与水位降深关系曲线

7.3 基坑工程降水分类及特征

根据降水含水层受隔水帷幕（或围护结构）的不同阻隔，基坑工程降水存在如下 4 种类型。

7.3.1 第一类基坑工程降水

如图 7-11 所示，含水层埋藏较浅，基坑的隔水帷幕深入降水含水层底面以下的隔水层中。显然，在这种情况下，只要隔水帷幕完好不渗漏，基坑内外的地下水之间是没有水力联系的，降水(疏干)井、轻型井点等因此只能布置在深基坑内。井点降水以疏干基坑内的地下水[图 7-11(a)]为目的，或者前期减压后期疏干部分承压含水层[图 7-11(b)]，降水井(或轻型井点)所抽出的水完全来自基坑范围内的含水层(包括弱透水层)土体，总降水量是非常有限的，降水目的容易实现。降水时基坑外地下水不受影响，因而对周边环境的影响很小。基坑内的地下水渗流呈二维流态，为带有隔水边界的平面渗流。

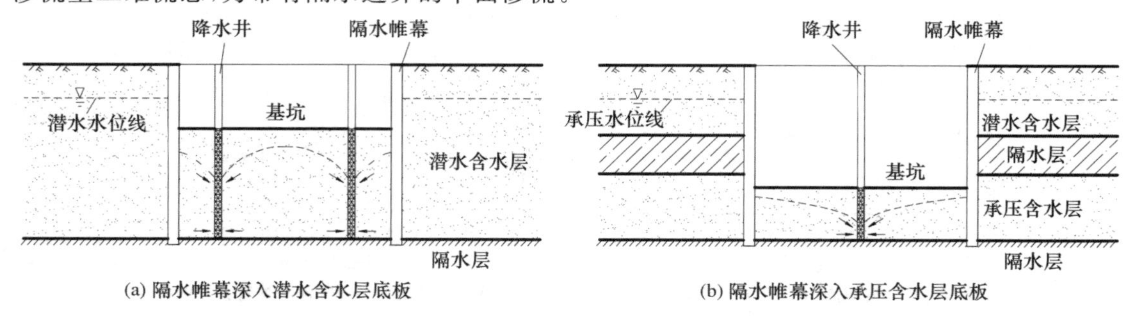

图 7-11　第一类基坑工程降水示意图

本类降水产生的工程背景一般基于以下两种情况：一是含水层埋藏很浅，通常为潜水，基坑开挖深度小；二是含水层的埋藏虽然有一定深度，但厚度不大，而基坑的开挖深度相对较深，一般以地下连续墙作为基坑围护，基坑侧向抗倾覆安全稳定要求的围护结构插入深度在含水层底面以下。此外还有一些少量的工程，本身从基坑围护安全的角度，隔水帷幕(或围护结构)虽然已深入降水含水层但并未到达隔水底板，基坑工程降水原属于第三类(图 7-13)，由于周边环境影响要求严格，额外加大隔水帷幕(或围护结构)深度至承压水含水层隔水底板，从而使基坑工程降水由第三类转变为第一类。

根据已有工程经验，在本类基坑降水过程中，隔水帷幕的渗漏问题经常发生，特别是当渗漏比较大时会导致基坑内含水层迟迟不能完全疏干。工程中出现这种情况一般较难处理，因为虽然根据实际降水运营较易判定隔水帷幕渗漏的存在，但渗漏的具体位置却很难确定，这需要工程有关各方综合协调解决。

总的来说，第一类基坑工程降水的设计目标明确且易于实现，降水运营时间短，对应工程质量要求不高，视工程实际，可采用轻型井点、管井、集水明排等方式降水，降水设计、施工与维护等各方面都相对简单。

7.3.2 第二类基坑工程降水

如图 7-12 所示，含水层埋藏较深，基坑的围护结构、隔水帷幕最多只到达承压含水层的隔水顶板，未进入降水含水层，基坑内外含水层的天然水力联系未受影响。井点降水以降低基坑下部承压含水层的水头、防止基坑底板隆起或突水产生流砂为目的。其地下水渗流特征为：由于不受隔水帷幕的影响，基坑底部承压水内、外连续相通，呈二维流态，为无界平面渗流；当含水层厚度较大，采用非完整井时，在降水井附近为三维空间流。这类井点降水影响范围大，但降落漏斗平缓，抽水引起的地面沉降为均匀沉降。

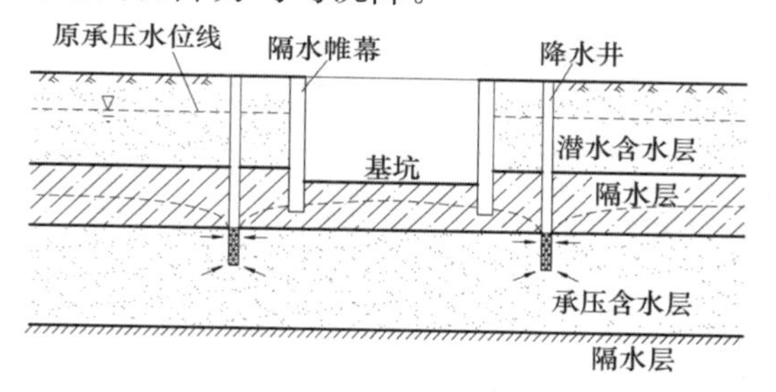

图 7-12　第二类基坑工程降水示意图

对比第一类和第二类基坑工程降水可以发现：前者绝大多数情况下是一种疏干降水，是把由基坑隔水帷幕和隔水底板封闭的含水层土体内的水排干，便于基坑开挖及地下结构施工；后者则完全不同，是将位于基坑开挖面之下的承压含水层中的水位人为降低到一定水平，以满足基坑开挖安全的需要，属于典型的减压降水，二者存在本质的区别。由于含水层的侧向延伸无阻隔，水平补给源源不断，第二类基坑工程降水的降水量通常很大，一般需采用管井降水，降水设计、施工与维护较第一类难度大。降水运行时间则与基坑开挖进程相关，至少需持续到基坑浇筑底板结束形成结构强度、基坑内达到抗承压水突涌安全稳定方可停止，工程如遇基坑开挖等其他施工环节发生工期延误，降水相应必需随同延长运营时间，整个降水过程持续时间一般较长，而且还存在众多不确定因素。总的来说，第二类基坑工程降水潜在的风险和不稳定因素比第一类大大增加。

另外还有一个需要特别注意的问题，第二类基坑降水自开始启动后就不能间断，这是因为含水层侧向补给不断，一旦工地现场出现意外停电降水井停止工作，基坑下的承压水位会迅速恢复，为保证工程的安全性，降水运行需要保证两路独立的电源供应。

7.3.3　第三类基坑工程降水

如图 7-13 所示，基坑开挖深度相对较大，基坑的隔水帷幕(或围护结构)深入到降水含水层中，其中：如果基坑开挖比较浅，未进入降水含水层，井点降水以降低承压水位为目的，如图 7-13(a)所示；如果基坑开挖比较深，已进入降水含水层，井点降水前期以降低含水层的水位为目的，后期以疏干承压含水层为目的，如图 7-13(b)所示。由于隔水帷幕(或围护结构)的存在，基坑内外含水层的天然水力联系虽然仍然存在，但在水平方向受到阻碍，基坑内、外承压含水层上部不连续，必需绕道下部才能连通。

本类降水工程由于地下围护结构或隔水帷幕深入到降水含水层的中、下部，因此无论是在基坑内还是在基坑外设置降水井，基坑内、外含水层中地下水的流动都必然受到不可忽视的阻挡，渗流边界变得非常复杂，地下水呈典型的三维流，降水设计计算时需要对此给予充分考虑。此外，这类工程还常常伴随有大深度开挖，因而降水幅度通常很大，降水运行持续时间也相应大幅延长。因此，本类基坑降水的整体难度和潜在的不确定因素均较第二类显著增加。

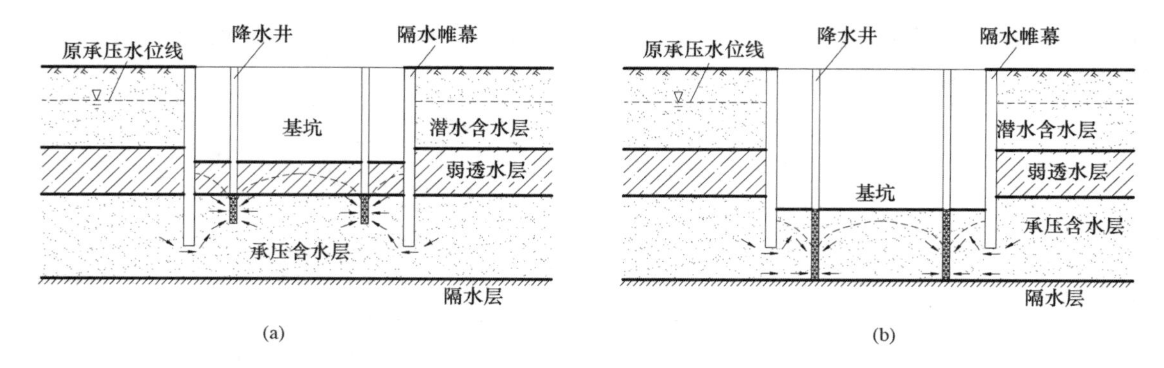

图 7-13　第三类深基坑工程降水示意图

7.3.4　第四类基坑工程降水

如图 7-14 所示，含水层埋深较浅，厚度较大，基坑周边无隔水帷幕，放坡开挖，基坑深度一般也较浅。基坑内外地下水的联系同第二类深基坑工程降水一样，保持为天然平面渗流状态，在降水井附近为三维流。

这类基坑一般远离城市和建筑密集区，基坑降水和开挖通常无须顾忌地面沉降等环境影响问题。

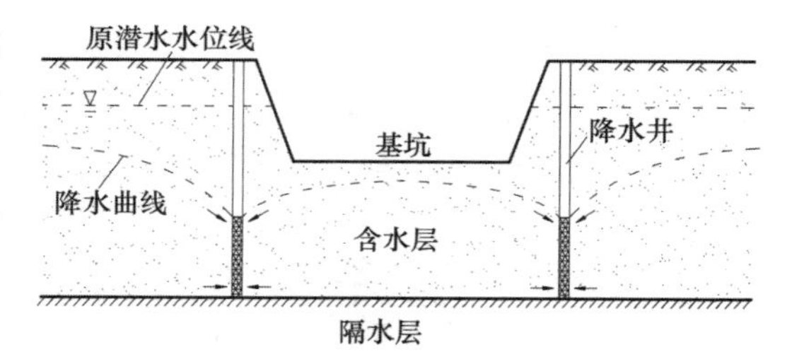

图 7-14　无隔水帷幕基坑工程降水示意图

不同类型的基坑降水在实际工程中可以并行或组合出现。比如，对于开挖较深的基坑，当采用地下连续墙作为围护结构时，由于墙体深度大且不透水，基坑内潜水和浅层承压水的降水属于第一类，深部承压水的降水则可能属于第二类或第三类；又如，平面尺寸大的基坑，其不同部位的开挖深度常常不同，对应的降水要求、围护结构的深度也会不同，在这样的基坑开挖工程中，可以同时存在多个类型的基坑降水。

不同类型的基坑降水，其渗流特征不同，对应的设计、施工和运行管理各有自身的特点，实际工程中需要注意区分，并应尽可能与围护结构的设计进行协调，综合处理。

7.4　基坑工程降水设计

7.4.1　第一类基坑工程降水设计

如上节所述，由于基坑降水含水层侧向被隔水帷幕全部封闭，与基坑外地下水无水力联系，采用管井降水时，降水(疏干)井只能布设在基坑内，开始降水后，基坑内含水层地下水位一直处于持续下降的非稳定过程中，可采用带有隔水边界的非稳定流井群公式计算。

此类基坑降水井的平面布置一般根据地区经验确定，当含水层的渗透系数较小时，常常需要加真空进行疏干降水。

7.4.2 第二类基坑工程降水设计

本类基坑工程降水设计的基本原则是要保证基坑开挖到底部时抗承压水顶托的稳定性(图7-15),即:

$$\sum \gamma_{si} M_i \geqslant \gamma_w H K_s \tag{7-1}$$

式中 γ_{si}——基坑开挖底面到承压含水层顶面各土层的重度,kN/m^3;

M_i——基坑开挖底面到承压含水层顶面之间各土层的厚度,m;

γ_w——水的重度,kN/m^3;

H——降水后地下水位到承压含水层顶面的距离,m;

K_s——安全系数,目前我国不同的规范规定不一。

工程上,安全水位的确定除此以外还需要考虑一些额外因素的影响,例如岩土工程勘察钻孔的封孔、水文地质勘察井的封闭等。

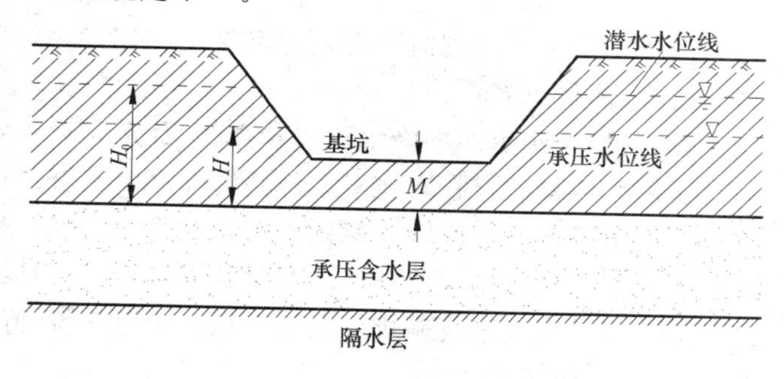

图 7-15 第二类基坑工程降水计算示意图

确定了基坑工程降水目标后,通常首先要考虑的是降水井的平面布置。对于平面尺寸比较小且环境影响要求不严格的基坑,可以考虑将抽水井布置在基坑周边,这样虽然降水效率要比布置在基坑内低一些,但是对基坑开挖施工,以及降水井的施工、运行和维护都非常有利;平面尺寸大的基坑,仅仅在基坑周边布井,在基坑中心难以达到降水目标,这就需要在基坑内布井,由于维护结构的支撑、工程基础桩等因素影响,井的平面位置常常受到限制。

降水井的井身结构设计与降水井的平面布置相互关联。加大井深,可以增加单井降水影响范围,井的平面布置有较大的自由度,但总的降水效率低,抽水量大,不利于基坑周围的环境保护,因此,在降水井的平面布置和井深之间需要视工程实际进行综合协调。一般可根据先期工程地质勘察报告或地区经验设计单一降水井的结构并考虑群井效应确定单井涌水量(单井井流公式可参见有关的地下水动力学教材),然后采用将整个基坑概化成一口大井的方法计算基坑总涌水量,二者相除即得工程所需降水井数,在此基础上按规范增加10%(作为工程备用,且不少于1口)进行布井,待降水井平面布置完成后对基坑中心及周边角落等布井薄弱处进行水位降深复核(备用井不参与),如发现有不满足之处,需调整布井方案或增加降水井,保证基坑范围内各点满足水位降深安全要求。由于设计计算过程需要多个水文地质参数,如果先期没有进行专门的水文地质勘察而仅仅根据经验进行设计,则需要结合降水施工进行现场抽水验证试验,防止设计出现大的偏差。

降水井井身结构的强度在很多情况下也是本类基坑降水需要考虑的一个重要问题。对于布置在深基坑周边的降水井,需要考虑随基坑开挖累计的变形对井身结构的影响乃至井的失效;对于布置在基坑内的降水井,需要考虑基坑开挖施工等可能造成的意外碰撞、周边不均匀变形以及随开挖越来越暴露的井管的加固。

此外,实际深度稍大的基坑工程,其挖土总是分层进行。将式(7-1)中的 H 换成 H_0 即含水层天然水位，可以计算出基坑降水需要开启的最小开挖深度(图 7-15)：

$$\sum \gamma_{si} M_i + \sum \gamma_{sj} M_j \geqslant \gamma_w H_0 K_s \tag{7-2}$$

式中 H_0——降水含水层天然水位，m；

γ_{sj}——基坑开挖面到基坑开挖底面之间各土层的重度，kN/m^3；

M_j——基坑开挖面到基坑开挖底面之间各土层的厚度，m；

其他各符合意义同式(7-1)。

此后，随着基坑开挖深度的加大，将式(7-2)中的 H_0 换成 H，计算不同开挖深度基坑降水的安全深度。

7.4.3 第三类基坑工程降水设计

由于降水含水层侧向受到显著阻隔，原则上基坑工程降水设计应尽量在基坑内布设降水井，这样做的优点有：

首先，单个降水井的降水效率较高，尤其是靠近隔水帷幕的降水井，效果更为明显。其原因在于隔水帷幕的存在对地下水从基坑外流向基坑内的降水井有限制，含水层中上部的地下水需要绕道隔水帷幕底端才能到达基坑内降水井中(图 7-13)，在同等井身结构条件下，有隔水帷幕时基坑内降水井所抽出的水量就更多地来自基坑内侧含水层；同理，基坑外的降水井所抽出的水量更多地来自基坑外侧含水层。也就是说，降水井布置在基坑内是“事半功倍”，布置在基坑外是“事倍功半”。

其次，有利于减小降水对基坑周围环境的影响。由于存在隔水帷幕，含水层中上部的地下水需绕道流向基坑内降水井，渗透路径加长，在基坑内降水深度相同的条件下，基坑外含水层的降深要比没有隔水帷幕时小，减少的幅度与隔水帷幕的插入深度、降水井的结构、含水层的性质相关，其基本规律是隔水帷幕进入含水层越深、基坑内降水井深度越小、含水层的垂直渗透性越低，基坑外的地下水受基坑内降水的影响越小。

再次，即使没有隔水帷幕，降水井布设在基坑内，其降水效果也比布设在基坑外好。这一原因是很显然的：降水井布置在基坑外，井群平面分布大于基坑尺寸；反之，井群平面分布小于(但接近)基坑尺寸。这样，在总抽水量相同的情况下，当然是后者在基坑范围内产生的水位降深大。

当然，降水井布置在基坑内，会给基坑挖土及地下结构施工等带来相当的不便，这就需要有关各方进行综合协调。

本类基坑工程降水渗流的计算是个难题，由于受隔水帷幕(或围护结构)的影响，地下水在降水时呈复杂的三维流，理论上到目前为止还没有对应的解析解或近似解析解，只能通过建立三维渗流模型采用数值方法(有限元或有限差分)求解。

7.4.4 第四类基坑工程降水设计

这类基坑工程降水含水层基本处于潜水含水层中，单井和井群渗流计算可借助有关地下水动力学教材中的潜水(或承压水)井群公式，开挖过程中地下水位一般要求控制在基坑开挖面以下 1m。

当基坑开挖较浅、基坑平面尺寸较小时，也可采用轻型井点、集水明排等方式降水。

7.5 基坑工程降水实例

7.5.1 基坑工程降水的工程实例1:小面积大降深第二类基坑工程降水

1. 基坑工程概况

某工程基坑采用地下连续墙圆筒支护，外径29.60m，墙厚1.00m，入土深度54.20m(从设计地面+4.85m标高起算)，基坑直径27.60m，内衬0.80m，开挖深度33.50m(从设计地面+4.85m标高起算)。围护结构设计要求在基坑开挖22m后开始降低深层承压水至地面以下26.30m。

工程场地地处长江三角洲冲积平原，地面标高3.90～4.10m，地基土层分布见表7-1。

表7-1 场地地基土层分布概况

土层编号	土层名称	层底标高/m	层厚/m
①$_{1-3}$	素填土	4.31～2.15	0.20～6.50
①$_2$	浜填土	3.21～－0.05	0.40～1.65
②	粉质黏土	2.70～－0.46	0.50～3.40
③$_1$	淤泥质粉质黏土	1.41～－2.66	0.30～3.50
③$_2$	砂质粉土	－1.09～－5.05	0.50～8.30
③$_3$	淤泥质粉质黏土	－2.91～－7.92	0.6～4.70
④	淤泥质黏土	－13.32～－18.87	6.4～13.95
⑤$_1$	粉质黏土	－15.92～－38.81	1.10～21.30
⑤$_{1-透}$	砂质粉土	－18.70～－40.30	1.00～21.80
⑤$_3$	粉质黏土	－46.02～－60.28	8.10～25.40
⑧$_2$	砂质粉土夹粉质黏土	－48.83～－64.67	0.50～14.80
⑨$_1$	粉细砂	－61.54～－78.19(未钻穿)	5.90～24.30
⑨$_{1-透}$	粉质黏土	－65.18～－72.59	0.90～8.30
⑨$_2$	中粗砂	未钻穿	未钻穿

场区内有潜水～微承压水和承压水两种类型。

潜水～微承压水主要赋存于①浅层人工填土、③$_2$砂质粉土层中，稳定水位埋深约0.50m，相当于吴淞高程3.50m。

承压水有两层：第一层位于⑤$_{1-透}$砂质粉土层，埋深22.20～33.60m，平均厚度8.85m，稳定水位埋深约5.70m，相当于吴淞高程－1.68m，呈透镜状分布，侧向被地下连续墙圆筒支护完全隔断。第二层位于⑧$_2$砂质粉土夹粉质黏土、⑨$_1$粉细砂、⑨$_2$中粗砂层中，埋深约50m，稳定水位埋深约7.50m，相当于吴淞高程－3.45m(据先期工程勘察报告)。

2. 基坑工程降水设计

(1) 地下水对基坑开挖影响分析。根据实际取土钻孔(K427,K422,图 7-16)分层和土工试验资料,进行基坑开挖至底板时的抗承压水突涌安全验算,结果如表 7-2 所示。

表 7-2 基坑抗突涌验算结果

孔号	⑤$_3$ 层底标高 /m	基坑底板以下各土层厚度 /m		基坑底板以下各土层平均重度 /(kN·m^{-3})		抗浮压力 /(kN·m^{-2})	静水压力 /(kN·m^{-2})	安全系数
		⑤$_1$	⑤$_3$	⑤$_1$	⑤$_3$			
K427	−46.00	7.17	10.40	17.9	18.0	316	428	<1
K422	−51.70	7.22	9.90	18.1	18.1	310	423	<1
平均	−50.37	13.77	14.15	17.8	17.8	313	426	<1

注:设计地面标高为 4.85m,坑底标高为 4.85−33.50=−28.65m,水的重度取 10kN/m^3,⑧$_2$,⑨$_1$层水位−3.45m(埋深 8.30m)。

计算表明,基坑开挖到底板时的抗突涌安全系数远小于 1,需大幅降低深部承压水的水位。

不同抗突涌安全条件下允许地下水位及所需降低地下水位高度,见表 7-3(根据实际取土钻孔 K427、K422 分层和土工试验资料计算)。

表 7-3 不同安全条件下的地下水位降深

抗浮压力 /(kN·m^{-2})	安全系数	允许静水压力 /(kN·m^{-2})	天然地下水位 /m	允许地下水位 /m	要求降深 /m
313	1.10	284	−3.45	−17.6	14.2
313	1.15	272	−3.45	−18.8	15.4
313	1.20	260	−3.45	−20.0	16.6

注:⑤$_3$层的底标高取 K427 钻孔的数值−46.00m。

根据水文地质勘察报告,基坑内存在勘察时施打的观测井(D3,图 7-16),该井在基坑开挖施工前夕已湮没,该井深 70m,贯穿至⑨$_1$层中部以下,为防止开挖后特别是到开挖底板沿该井发生突然涌水、涌砂,综合工程安全、降水要求及成本等多方因素,工程项目决定降水工程需提供将⑧$_2$~⑨$_1$层中的承压水位降至基坑开挖面以下 1m(标高−29.65m)的能力(需降低地下水位 26.2m)。

(2) 降水方案设计。根据同类附近工程经验,浅部潜水基本不影响基坑挖土,降水设计不予考虑。

由于基坑总尺寸较小,且基坑周边环境影响要求不高,降水井统一布设在基坑外,考虑到周边其他施工的影响,对井身结构进行了改进,降水井的平面布置如图 7-16 所示,井身结构如图 7-17 所示。

虽然本工程提供了水文地质勘察报告,但由于与设计人员的经验存在较大差距,故进行了现场抽水试验,试验井兼做工程降水井。

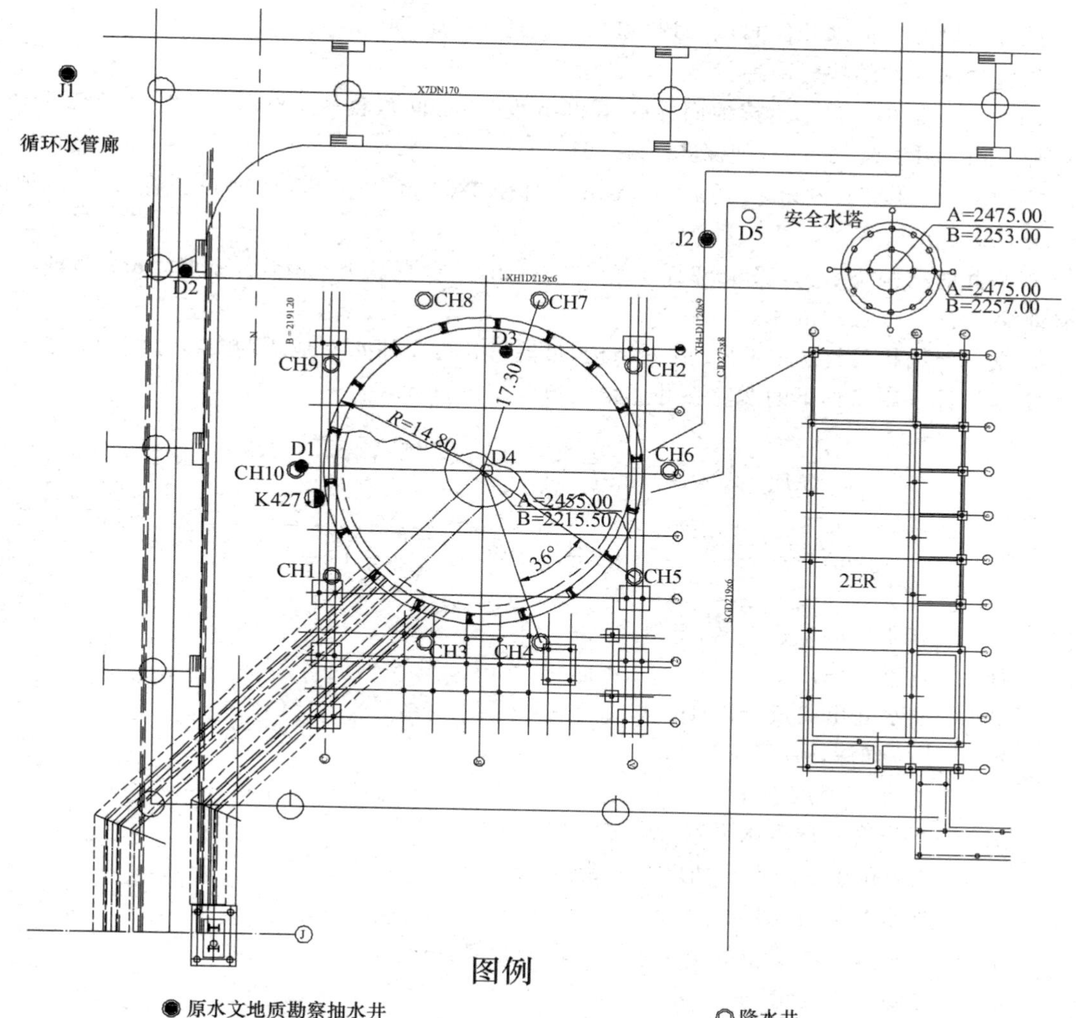

图 7-16 降水井、观测井平面布置图

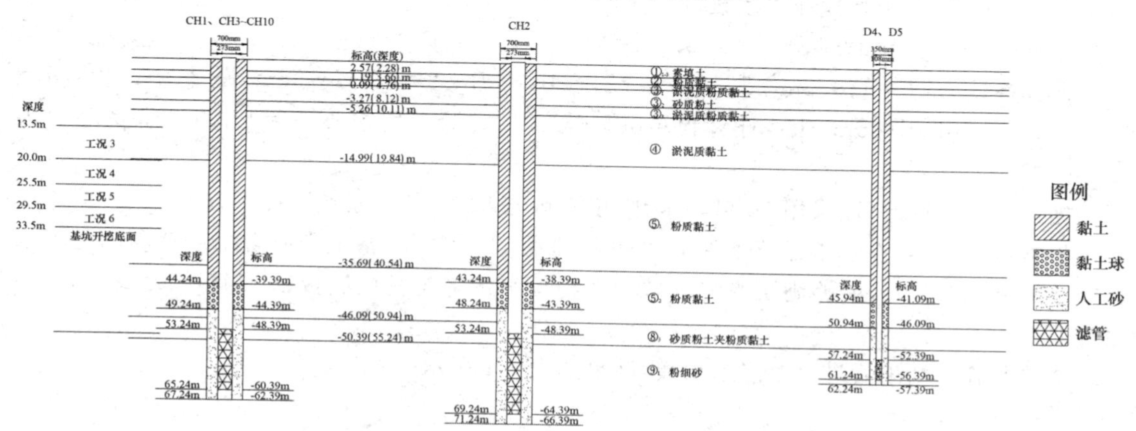

图 7-17 抽水井与观测井的结构

试验共设 2 口抽水井(CH1,CH2)和 2 口观测井(D4,D5)。

试验抽水井的结构分两种：

CH1——深 67.24m(均按地面标高 4.85m 设计，下同)，直径 700mm，井管直径 325mm，井壁厚 8mm，过滤管长 12m(埋深 53.24～65.24m)；

CH2——深度 71.24m，直径 700mm，井管直径 325mm，井壁厚 8mm，过滤管长 16m(埋深 53.24～69.24m)。

观测井的结构统一为：深 62.24m，直径 350mm，井管直径 108mm，井壁厚 4mm，过滤管长 4m(埋深 57.24～61.24m)。

根据试验结构最终选取 CH1 井的结构，过滤管长度是原水文地质勘察报告的 60%。

工程设计采用了如下的非完整井非稳定流公式进行计算：

$$s=\frac{Q}{4\pi KM}\left\{W\left(u,\frac{r}{B}\right)+\frac{2M}{\pi L}\sum_{n=1}^{\infty}\frac{1}{n}\left[\cos\left(\frac{n\pi z}{M}\right)\right]\cdot\left[\sin\left(\frac{n\pi(L+d)}{M}\right)-\sin\left(\frac{n\pi d}{M}\right)\right]W\left[u,\sqrt{\left(\frac{r}{B}\right)^{2}+\left(\frac{n\pi r}{M}\right)^{2}}\right]\right\} \tag{7-3}$$

式中 K——含水层的渗透系数，m/d；

B——越流因子，m；

Q——抽水井出水量，m^3/d；

s——水位降深，m；

M——含水层厚度，m；

T——承压含水层导水系数(m^2/d)，$T=KM$；

r——观测孔或预测点至抽水井的距离，m；

L——抽水井的过滤器长度，m；

d——抽水井过滤器顶部至含水层顶板的距离，m；

u——井函数自变量，$u=r^2\mu^*/4Tt$；

$W\left(u,\frac{r}{B}\right)$——井函数，$W\left(u,\frac{r}{B}\right)=\int_{u}^{\infty}\frac{1}{y}\mathrm{e}^{-y}-\frac{r^2}{4B^2y}\mathrm{d}y$；

μ^*——含水层弹性释水系数；

t——抽水延续时间，d。

计算参数为：$T=129.3m^2/d$，$\mu^*=8.754\times10^{-4}$，$B=235m$，$M=58m$，设计 $L=12m$，$d=2.3m$，$Q=840m^3/d(35m^3/h)$，计算得单井降水 24h 后深基坑中心($r=17.3m$)水位降深为 3.69m。

据此，实际设计平面采用 10 口降水井(正常运营 8 口＋2 口备用)(图 7-16)。

根据这一方案，在正常运营条件下，8 口井抽水 24h 后可将基坑中心含水层顶面的地下水位降至标高约－32m，能够满足需将基坑中心地下水位降至基坑底板以下 1m 即－29.65m的设计要求。

降水井施工结束后进行了降水预演，结果如表 7-4 所示。

表 7-4　　群井抽水试验结果

抽水持续时间/h	抽水井号	CH1 水位/m	CH2 水位/m	D5 水位/m
0		−7.293	−7.325	−8.084
24	CH4,CH8	−16.59	−16.51	−16.18
32	CH4,CH8,CH6,CH10	−24.01	−23.15	−20.84
46	CH4,CH8,CH6,CH10,CH5,CH9	−30.45	−29.00	−26.09
0		−7.79	−7.92	−8.63
4	CH5,CH9,CH3,CH7	−21.23	−19.85	−18.14
20	CH5,CH9,CH3,CH7,CH4,CH8	−29.71	−28.29	−25.91
30	CH5,CH9,CH3,CH7,CH4,CH8,CH6,CH10	34.68	32.53	29.22

注:基坑中心的观察井受基坑内施工扰动损坏,原勘察阶段打设的观测井 D3 在基坑内开挖后找到,试验 8 口井抽水 28h 的最终水位为−34.10m,CH1,CH2,D5 的相对标高分别为−0.328m,−0.311m,0.428m。

综合分析,可以看出 8 口井抽水 30h 以后基坑范围内的承压含水层顶部的水位降到了相对设计地面−34.5m 以下(基坑开挖面下 1.00m),可以满足基坑开挖最不利(即基坑中心的观测井 D4 和先期的 D5 未能完全封堵住)的降水要求,达到了事先设计的目标,试验结果与设计计算也吻合得很好。

7.5.2　基坑工程降水的工程实例 2:大降深、双层含水层第三类基坑工程降水

1. 基坑工程概况

某工程基坑开挖深度 35.30m,采用地下连续墙圆筒围护,圆筒外径 31.60m,墙厚1.00m,入土深度 53.00m。基坑分段开挖后浇内衬 0.80m。

场地地貌平坦,地面标高 4.18～4.64m,地基土层分布见表 7-5。

表 7-5　　场地地基土层分布概况

土层编号	土层名称	层底标高/m	层厚/m
①$_1$	杂填土	3.23～−1.06	1.50～5.40
①$_2$	浜填土	0.38～−0.51	2.00～2.50
②$_1$	粉质黏土	1.78～−0.53	0.80～2.80
②$_3$	粉质黏土	1.46～−0.18	0.50～3.10
③$_2$	粉质黏土	−1.98～−6.15	3.00～6.70
③$_3$	淤泥质粉质黏土	−4.53～−7.28	0.50～4.00
④	淤泥质黏土	−14.50～−19.46	8.90～13.70
⑤$_1$	粉质黏土	−24.25～−29.35	7.10～12.20
⑤$_3$	粉质黏土	−34.60～−40.14	6.90～13.30
⑦$_1$	砂质粉土	−48.04～−68.25	7.90～31.90
⑦$_2$	粉砂	−61.39～−69.70	2.30～12.30
⑧$_1$	粉质黏土	−64.69～−75.71	1.90～13.10
⑨$_1$	粉砂	−73.01～−77.11	1.00～11.60
⑨$_2$	中砂		

场区内地下水有潜水和承压水两种类型。

潜水主要赋存于浅层人工填土(①$_1$,①$_2$)及②$_3$,③$_2$粉质黏土中,稳定水位埋深0.30～3.30m,主要补给来源为大气降水。

深部承压水位于第⑦层粉细砂和第⑨层粉细砂～中砂中。第⑦层上部⑦$_1$层砂质粉土厚约15m,下部⑦$_2$层粉砂厚约12m,静止水位标高约－3.5m,隔水顶板埋深约42m。第⑨层未钻穿,静止水位标高约－3.9m,隔水顶板埋深约72.00m。水文地质勘察及抽水试验均证实第⑧$_1$层具有较好的隔水性。

2. 基坑工程降水设计

1) 资料收集与分析

对比分析前期岩土工程勘察与水文地质勘察资料,发现:

(1) 在基坑内部遗留有一口孔径159mm,深70m(已接近⑦$_2$层底板)的水文地质观测井,因施工现场复杂,围护结构施工后该井已无法找寻,不能在基坑开挖前采取有效措施进行处理,由此带来工程潜在安全隐患,降水设计需要认真加以考虑。

(2) 原水文地质勘察报告所提供的⑧$_1$层厚度经有关方核实,确认存在较大误差,厚度从9.9m修正为平均约3m(最小处只有1.8m),经计算基坑开挖到底板时,基坑下土层抵抗深部第二承压含水层——第⑨层(粉细砂～中砂)的安全系数亦已小于《建筑地基基础规范》规定的最低要求(表7-6),降水设计也必须进行适当安排。

表7-6　抗突涌验算

孔号	⑧$_1$层底标高/m	基坑底板以下各土层厚度/m				基坑底板以下各土层平均重度/(kN·m^{-3})				抗浮压力/(kN·m^{-2})	静水压力/(kN·m^{-2})	安全系数
		⑤$_3$	⑦$_1$	⑦$_2$	⑧$_1$	⑤$_3$	⑦$_1$	⑦$_2$	⑧$_1$			
A21	－66.30	8.00	14.00	11.40	1.80	18.2	18.3	18.7	17.9	647	613	1.05
A22	－67.20	8.90	12.50	11.70	3.00	18.3	18.4	18.6	18.2	665	621	1.06
A44	－68.55	6.15	15.60	11.70	4.00	18.2	18.4	18.4	18.4	688	635	1.07
A45	－67.92	5.22	17.20	11.40	3.00	18.4	18.6	18.5	18.4	682	628	1.08

注:地面标高4.20m,坑底标高－31.10m,水的重度9.81kN/m^3,⑨$_1$层水位－3.28m(埋深8.38m)。

2) 确定基坑工程降水目标

(1) 第⑦层(砂质粉土～粉砂)。由于基坑内存在贯穿到⑦$_2$层下部的观测井,从安全角度,基坑内的承压水水位应能控制在基坑开挖面以下1m(约埋深36m)或更多,天然水位约－3.5m(埋深约8m),即降水设计应保证将第⑦层的地下水位降低28m以上。

(2) 第⑨层(粉细砂～中砂)。根据基坑周边岩土工程详勘钻孔资料,经计算为使基坑开挖面以下土层抵抗⑨层承压水的安全性达到《建筑地基基础设计规范》的要求,需降低第⑨层的地下水位约1.5m(表7-7)。

表 7-7　　不同安全要求下各点所需降深

孔号	不同安全系数下的降深/m		
	K_s=1.10	K_s=1.15	K_s=1.20
A21	2.53	5.14	7.53
A22	1.68	4.36	6.81
A44	0.97	3.75	6.29
A45	0.82	3.56	6.08
平均	1.50	4.20	6.68

3）工程的难点和特殊性

根据以上分析，归纳该工程的基坑降水有如下突出的特点：

(1) 要求降水减压的幅度极大，对基坑开挖面下第一承压含水层（第⑦层承压水）需提供超过 28m 降水深度的能力。

(2) 地下连续墙围护结构（深 53m）深入降水含水层第⑦层（顶面埋深约 42m），对地下水在水平方向的流动存在不可忽视的阻挡作用，降水设计需要充分考虑三维流的影响。

(3) 基坑开挖面以下存在两个独立的承压含水层，且降水要求相差极为悬殊——第⑦层的地下水位需降低至基坑开挖面以下，降深超过 28m，而第⑨层地下水位仅需降低约 1.5m。

(4) 根据前期资料初步分析两个独立的承压含水层第⑦层、第⑨层的渗透性相差超过一个数量级，存在巨大差异。

(5) 两个独立的承压含水层第⑦层、第⑨层之间的隔水层厚度很小（最薄处只有 1.8m），基坑降水设计方案对降水井钻进施工中极易出现的孔深超标问题需要有清醒的认识和足够的安排。

4)现场抽水试验

(1) 试验目的。由于先期《水文地质勘察报告书》中所提供的主要含水层水文地质参数没有考虑地下深达 53m 的围护结构的影响，假设的基坑开挖深度为 30m，较后来的设计浅约 6m，其结果总体上与设计方所掌握的上海类似工程的经验有较大差距，因此在正式降水方案提交之前，进行了实地抽水试验，其主要目的为：

(a) 确定在地下连续墙施工完成后承压含水层（⑦层）的水位和水文地质参数。

(b) 确定降水井的结构及单井出水量。

(c) 了解在地下连续墙施工完成后承压含水层水位下降的规律，确定基坑降水方案。

(d) 为降水井的施工提供必要的控制参数，保证降水工程质量。

(2) 试验井的设置与结构。试验原设计 3 口抽水井和 2 口观测井，在所有试验井施工完成后进行抽水试验，但因后续基坑开挖施工工期原因，应工程项目经理部要求，将设计方拟议中的基坑内另外 3 口降水井合并进行了施工，即 CH1～CH6，G1，G2，平面位置和试验井亦进行了调整（图 7-18），并分两次进行了单井和群井抽水试验。

抽水井与观测井的结构（图 7-19）如下：

抽水井——CH4 深 61m，直径 700mm，井管直径 273mm，井壁厚 8mm，过滤管长 15m（埋深 44～59m）；CH2，CH3 深度 68m，直径 700mm，井管直径 273mm，井壁厚 8mm，过滤管长 20m（埋深 46～66m）。

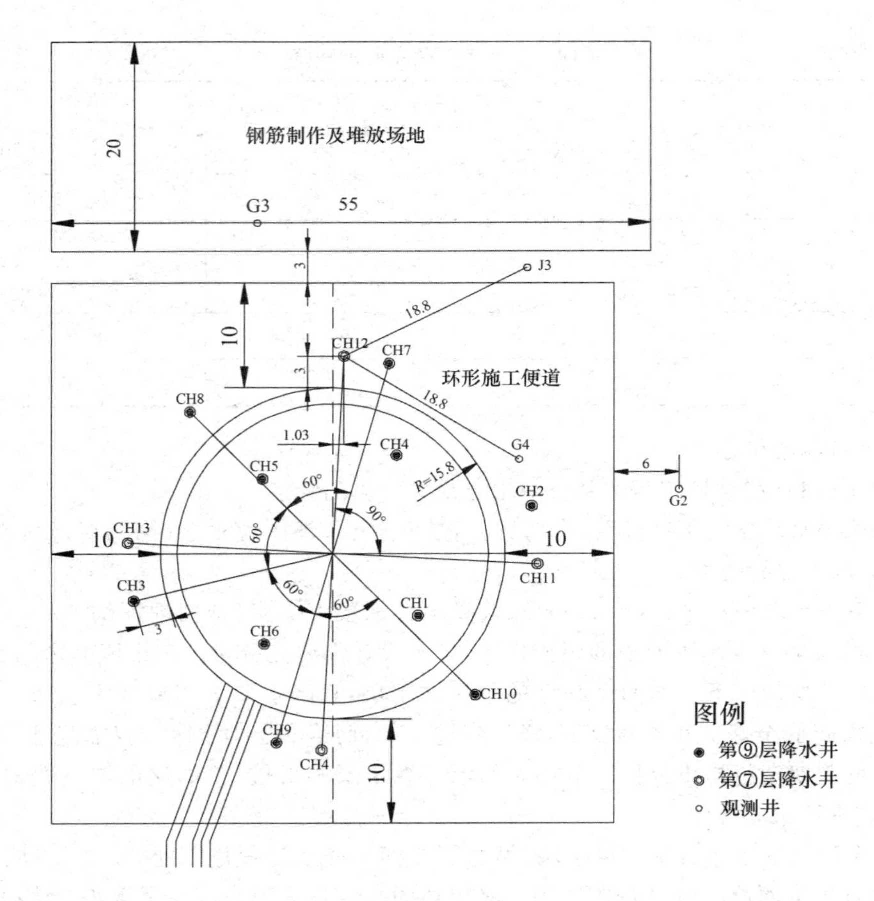

图 7-18　降水井、观测井平面布置图

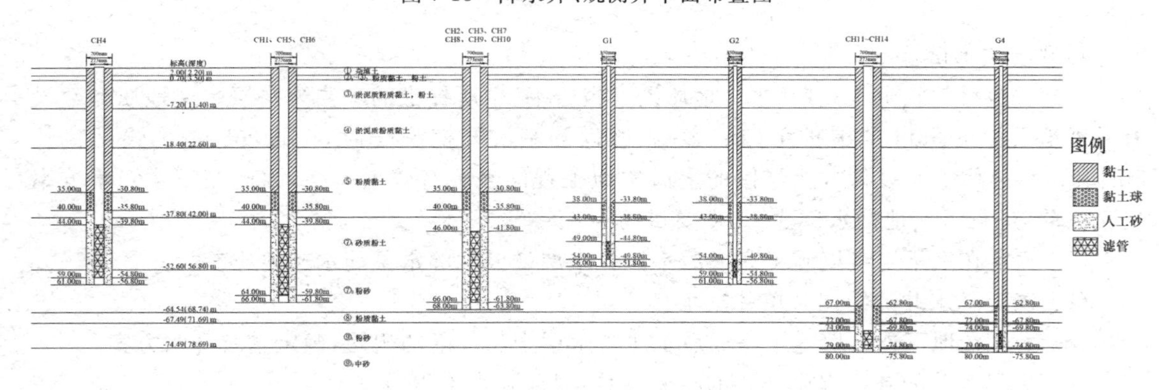

图 7-19　抽水井与观测井的结构

观测井——G1 深度 56m，直径 350mm，井管直径 108mm，井壁厚 4mm，过滤管长 5m(埋深 49～54m)；G2 深度 61m，直径 350mm，井管直径 108mm，井壁厚 4mm，过滤管长 5m(埋深 54～59m)。

过滤管外按《供水水文地质勘察规范》要求填粒径 0.5～2.0mm 的人工砂(向上超填 6m)，上填 5m 长度的黏土球，再向上至近井口处填黏土，井口填埋混凝土或水泥。

(3) 试验结果。表 7-8 为群井抽水试验结果。群井抽水试验共进行了 3 天，先是 CH1、CH5 抽水，24h 后加开 CH4、CH6 井，再 24h 后增开深基坑外的 CH2 井。

根据以上结果，第⑦层承压水的水位需降至－36.000m，现有的5井群抽与此还有5.162m的差距，而群井抽水时基坑外单一降水井(CH2)对基坑内水位的影响比单井抽水时有较大下降(单井抽水时为3.369m)，因此基坑外仍需再增加3口降水井，8口井同时抽水才能满足设计要求，同时鉴于群井抽水时基坑外降水井对基坑内水位的影响，从安全出发，基坑外需有2口备用井，总计降水井10口(正常运营8口＋2口备用)。

表7-8　群孔抽水时G1井的降深变化

抽水井号	初始水位/m	抽水24h后水位(自设计地面埋深)/m	降深/m	累计降深/m
CH1,CH5	7.665	20.676(21.856)	13.011	13.011
CH1,CH5,CH4,CH6		27.467(28.647)	6.791	19.802
CH1,CH5,CH4,CH6,CH2		29.658(30.838)	2.191	21.993

5）制定基坑工程降水方案

(1) 第⑦层(第一承压含水层)。首先采用如下的承压含水层非稳定流三维数学模型进行水文地质参数反演分析：

$$\begin{cases}\dfrac{\partial}{\partial x}\left(K_{xx}\dfrac{\partial h}{\partial x}\right)+\dfrac{\partial}{\partial y}\left(K_{yy}\dfrac{\partial h}{\partial y}\right)+\dfrac{\partial}{\partial z}\left(K_{zz}\dfrac{\partial h}{\partial z}\right)-W=\mu_s\dfrac{\partial h}{\partial t} & (x,y,z)\in\Omega \\ K_{xx}\dfrac{\partial h}{\partial n_x}+K_{yy}\dfrac{\partial h}{\partial n_y}+K_{zz}\dfrac{\partial h}{\partial n_z}\bigg|_{\Gamma_2}=q(x,y,z,t) & (x,y,z)\in\Gamma_2 \\ h(x,y,z,t)\big|_{t=t_0}=h_0(x,y,z) & (x,y,z)\in\Omega\end{cases} \tag{7-4}$$

式中　K_{xx},K_{yy},K_{zz}——沿x,y,z坐标轴方向的渗透系数(cm/s)；

h——点(x,y,z)在t时刻水头值(m)；

W——源汇项(d^{-1})；

μ_s——点(x,y,z)处的储水率(m^{-1})；

t——时间(h)；

Ω——所研究的渗流区；

Γ_2——第二类边界条件；

n_x——边界Γ_2的外法线沿x轴方向单位矢量；

n_y——边界Γ_2的外法线沿y轴方向单位矢量；

n_z——Γ_2边界的外法线沿z轴方向单位矢量；

q——Γ_2上单位面积的侧向补给量(m^3/d)。

由分析得到的参数再计算基坑内的CH1,CH4,CH5,CH6和基坑外的CH2,CH3,CH7,CH9井进行抽水时降落漏斗的发展(图7-20,图7-21)。

由计算可见，八口井降压方案在运行149h(约6d)后，全部达到设计降深。一个月后，⑦层局部疏干。

根据这一计算结果，在详细分析了岩土工程勘察报告书、旋流池基坑降水水文地质勘察报告、现场抽水试验报告后，结合三维数值计算，按照有关规范和规程，最终确定在第⑦层打设降水井10口，其中正常运营8口、备用2口，考虑到现场施工环境复杂等因素，井身均采用壁厚

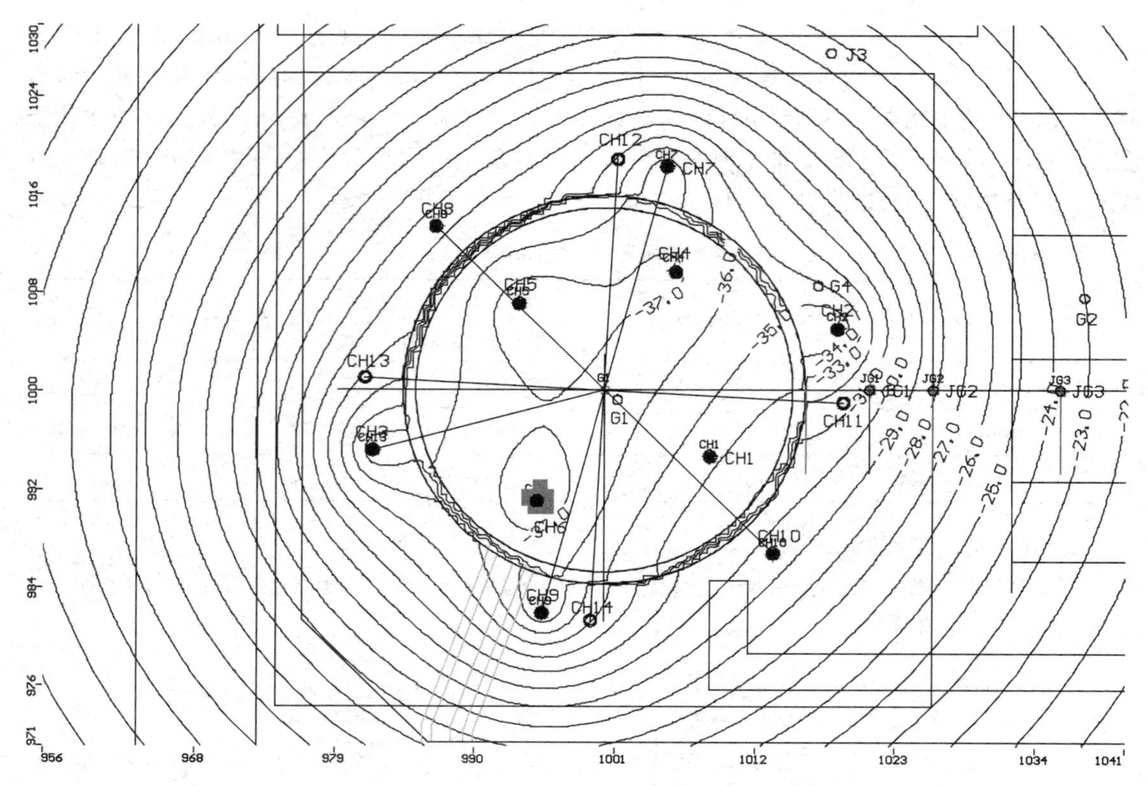

图 7-20　CH1,CH4,CH5,CH6,CH2,CH3,CH7,CH9 降压达到设计降深时基坑承压水头等值线图

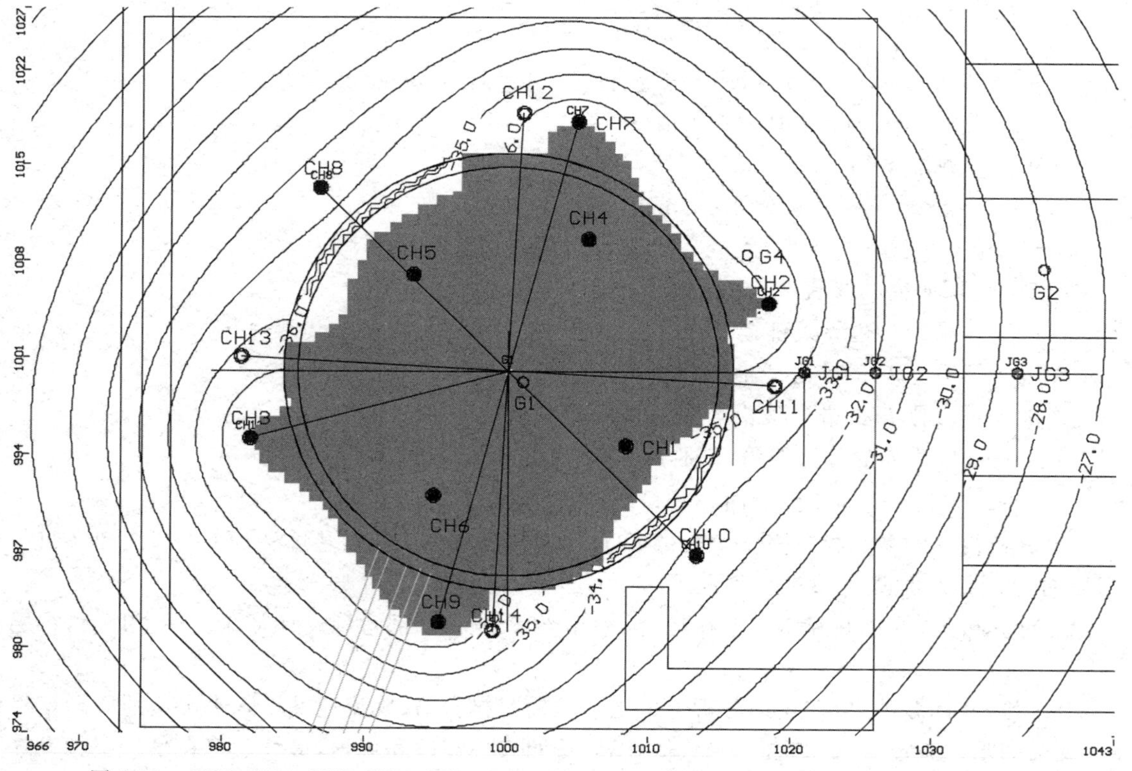

图 7-21　CH1,CH4,CH5,CH6,CH2,CH3,CH7,CH9 降压 1 个月后基坑承压水头等值线图

8mm 钢管(平面布置及详细结构分别见图 7-18 和图 7-19)。按照该设计方案,在基坑内的 CH1,CH4,CH5,CH6 和坑外的 CH2,CH3,CH7,CH9 井共 8 口井共同抽水时,可以将第⑦层的承压水水位降至基坑开挖面以下。

实际降水井全部施工完成后,为检验降水设计方案的可行性及后期成井的质量,设计会同有关各方进行了基坑工程降水预演,结果如表 7-9 所示。

表 7-9　　基坑工程预降水试验结果

抽水持续时间/h	抽水井号	观测井水位埋深(自地下连续墙顶)/m	
		G1	G3
0	CH1,CH4,CH5,CH6	19.30	16.35
12	CH1,CH4,CH5,CH6,CH7,CH9	28.15	18.75
16	CH1,CH4,CH5,CH6,CH7,CH9	29.36	19.65
20	CH1,CH4,CH5,CH6,CH7,CH9	30.46	20.25
24	CH1,CH4,CH5,CH6,CH7,CH9	31.42	20.75
36	CH1,CH4,CH5,CH6,CH7,CH9,CH8,CH10	33.30	22.12
40	CH1,CH4,CH5,CH6,CH7,CH9,CH8,CH10	33.69	22.95
44	CH1,CH4,CH5,CH6,CH7,CH9,CH8,CH10	34.36	24.07
48	CH1,CH4,CH5,CH6,CH7,CH9,CH8,CH10	34.88	24.85
60	CH1,CH4,CH5,CH6,CH7,CH9,CH8,CH10	36.12	26.00

注:初始水位为自 6 月 9 日开启 CH7,CH2 后换成 CH4,CH6 至试验开始(6 月 21 日)的累计水位。

从表 7-10 中可以看出,按设计要求开启 8 口抽水井 24h 后,基坑中心水位埋深36.12m,已非常接近基坑开挖底面以下 1m(埋深 36.30m),说明降水设计方案是合理的,能够满足工程开挖施工的要求。

(2) 第⑨层(第二承压含水层)。由于先期水文地质勘察报告中第⑨层抽水井的结构与本工程基坑降水条件有很大差距,工程降水井的结构重新进行了优化设计,并因此再次进行了现场抽水试验。

为配合现场开挖施工的工期,根据相关工程经验及表 7-8 的计算,设计在基坑外设置 4 口降水井和 1 口观测井(其平面布置及结构参见图 7-18 和图 7-19),其中 4 口降水井 CH11,CH12,CH13,CH14 的壁厚为 8mm,观测井 G4 的壁厚为 4mm。

该方案在施工时遵循先打好 CH12 和 G4 并进行简易抽水试验,检验成井质量和降水效果,以便必要时进行调整。

实际抽水试验结果表明:CH12 以约 $140m^3/h$ 的水量抽水,G4 的 24h 降深为 0.559m。按此推算,上述设计方案恰好可以满足基坑降水工程要求。

3. 基坑降水运行

(1) 第⑦层(第一承压含水层)。实际开挖施工过程中由于对基坑中心观测井的保护不是很重视,导致其屡次被挖土设备碰断,因此降水运行的起始时间比原先计划安排的时间要早,从基坑第三层挖土开始(2006 年 7 月 11 日)即开始开启基坑内两口井降水,挖第四层土时开启基坑内的全部 4 口降水井,挖至第五层土时增开基坑外 3 口降水井,期间基坑内的水位始终控制在开挖面以下，基坑底板浇筑结束(2006 年 9 月 30 日)后，逐步减少开启降水井，至基坑内第一层倒台体浇筑结束 4 日后(2006 年 10 月 17 日)，停止降水(图 7-22)，整个基坑降水工作也随之全部结束。

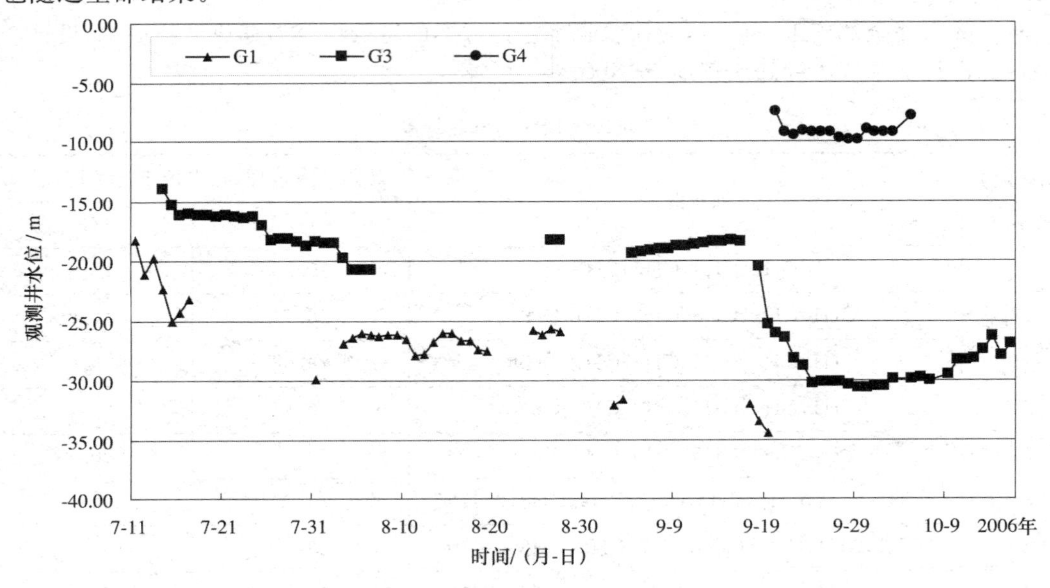

图 7-22　各观测井水位随时间变化情况

由于非稳定流的长期累积效应，降水后期到基坑封底板时只开启了 7 口井便满足了工程要求。

(2) 第⑨层(第二承压含水层)。经计算在基坑开挖第五层土(2006 年 9 月 18 日)后逐步开启降水井，2006 年 9 月 20 日开启两口降水井，次日又增开 1 口，此后 3 口井保持轮换(总体安全系数 1.10)，基坑底板浇筑结束 5 日后，减至 1 口降水井，次日(2006 年 10 月 6 日)降水停止(图 7-22)。

根据计算，G4 观测井水位与基坑中心水位在开启 3 或 4 口降水井的情况下基本一致。从实际观测数据来看，降深变化与理论计算完全吻合。

7.5.3　基坑工程降水的工程实例 3：不规则竖井基坑工程降水

1. 基坑工程概况

×××越江人行隧道，由西隧道出入口竖井、东隧道出入口竖井及越江隧道三部分组成。东隧道出入口竖井长 85.00m，宽 16.20m，全埋式。竖井采用地下连续墙围护，地下连续墙墙端标高为－34.00m(局部为－40.00m)。竖井施工开挖深度为 24.89m(标高－19.59m)，局部最大开挖深度达 28.89m(标高－23.59m)。竖井开挖施工要求将第一承压含水层水位降至坑底以下 2.00m 左右，即要求将第一承压含水层水位控制在地面以下 30.89m(标高－25.59m)。

根据×××工程地质勘察报告(工程编号 9609142)及其在本场地进行的承压水试验报告，场地内水文地质复杂程度属中等。地下水主要为第四纪全新世 Q_4^3、河口相孔隙潜水(局部微承压)，和上更新世 Q_3^2 河口—滨海相第一承压含水层地下水，分述如下：

(1) 潜水含水层。主要赋存于②$_2$层砂质粉土中，主要补给来源为大气降水，地表径流，勘察期间测得地下水静止水位埋深0.55～2.25m，平均地下水位标高＋3.51m，室内渗透系数K_v为2.13×10^{-4}cm/s，K_h为5.59×10^{-5}cm/s，现场注水试验渗透系数K为5.4×10^{-4}cm/s。

(2) 第一承压含水层。赋存于⑦层粉细砂层中，分布较稳定，水位不受大气降水等因素的影响，根据现场注水试验资料及孔隙水压力测定结果，现场注水试验渗透系数K为1.70×10^{-3}cm/s，室内渗透系数K_v为4.86×10^{-4}cm/s，K_h为9.25×10^{-4}cm/s；承压水头压力为33kPa，承压水水位埋深11.30m。

2. 基坑工程降水设计

(1) 设计水位降深。根据前述降水要求与场地水文地质条件，第一承压含水层初始地下水位埋深为11.30m，降水后要求承压水位埋深达到30.89m。因此，基坑内水位降深应不小于30.89－11.30＝19.59m。

(2) 管井布置与数量。按前述水位降深要求及有关水文地质参数，采用下式进行水文地质计算：

$$s=\frac{1}{4\pi T}\sum_{i=1}^{n}Q_iW\left(u_i,\frac{r_i}{B}\right)$$

$$W\left(u_i,\frac{r_i}{B}\right)=\int_{i=1}^{\infty}\frac{1}{y}\exp\left(-y-\frac{r_i^2}{4B^2y}\right)\mathrm{d}y$$

式中 s——含水层任意点处的水位降深，m；

Q_i——抽水井流量，m^3/d；

T——导水系数，m^2/d；

μ^*——贮水系数；

B——阻越系数，m；

r_i——含水层中任意点至抽水井轴心线的水平距离，m；

n——抽水井总数；

t——降水历时，d。

计算采用的有关参数值为：$T=30.0m^2/d$，$B=163.0m$，$\mu^*=0.000225$。

根据计算结果与分析(表7-10)，本降水工程须布设4口抽水管井，井群总流量应不小于2600.00m^3/d。为监测降水效果，至少应布设2口水位观测井。

抽水井与观测井的平面布置如图7-23所示。

表7-10

计算点	水位降深/m					单井流量	井群总流量
	t=0.5天	t=1.0天	t=3.0天	t=5.0天	t=10.0天	$Q_i/(m^3\cdot d^{-1})$	$/(m^3\cdot d^{-1})$
观测井A	9.45	9.73	9.74	9.74	9.74	300.0	1200.0
观测井B	11.03	11.10	11.10	11.10	11.10		
计算点C	10.24	10.32	10.33	10.33	10.33		

续表

计算点	水位降深/m					单井流量 Q_i/(m^3·d^{-1})	井群总流量 /(m^3·d^{-1})
	t=0.5天	t=1.0天	t=3.0天	t=5.0天	t=10.0天		
观测井A	12.60	12.97	12.97	12.97	12.97	400.0	1600.0
观测井B	14.71	14.80	14.80	14.80	14.80		
计算点C	13.65	13.76	13.77	13.77	13.77		
观测井A	15.75	16.22	16.23	16.23	16.23	500.0	2000.0
观测井B	18.40	18.50	18.50	18.50	18.50		
计算点C	17.07	17.20	17.22	17.22	17.22		
观测井A	18.90	19.46	19.48	19.48	19.48	600.0	2400.0
观测井B	22.06	22.20	22.20	22.20	22.20		
计算点C	20.48	20.64	20.66	20.66	20.66		
观测井A	20.48	21.08	21.10	21.10	21.10	650.0	2600.0
观测井B	23.90	24.05	24.05	24.05	24.05		
计算点C	22.20	22.36	22.38	22.38	22.38		
备注	假定各抽水井流量相等且抽水时流量不变化;假定井群连续不间断地抽水						

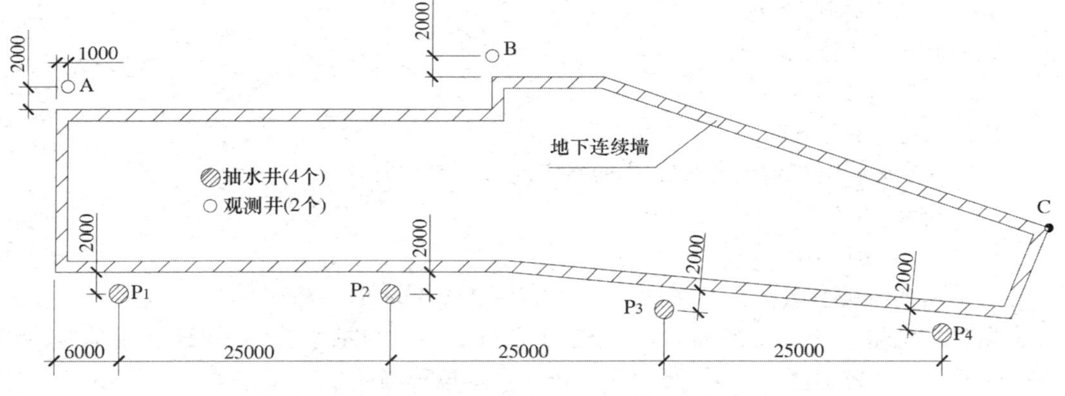

图7-23　抽水井及观测井平面位置图(单位:mm)

(3) 管井结构。抽水管井的结构如图7-24所示,观测井的结构如图7-25所示。

3. 抽水井与观测井的技术参数(表7-11)

表7-11　　抽水井与观测井的技术参数

项目	抽水井(4口)	观测井(2口)
设计孔径/mm	650	400
设计孔深/m	64.00	54.00
井管直径/mm	325	108
滤水管深度	50~62m(下设2m沉淀管)	50~53m(下设1m沉淀管)
填砾高度	高出滤水管上端5m	高出滤水管上端5m
黏土球高度/m	5	5

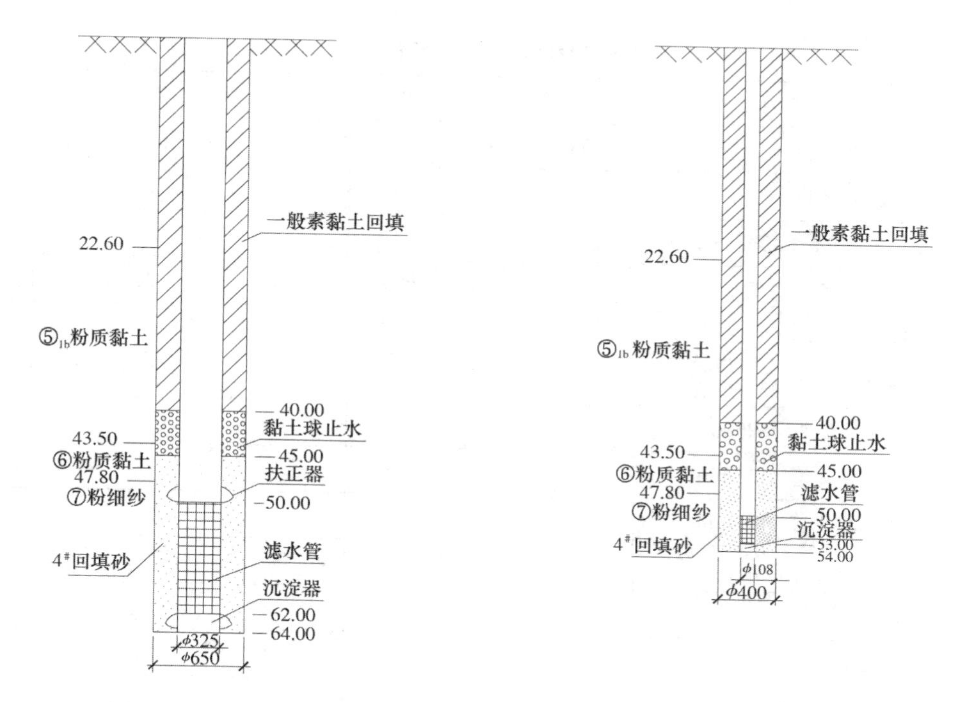

图 7-24　抽水井结构图

图 7-25　观测井结构图

4. 设备与材料(表 7-12)

表 7-12

设备与材料表

序号	项目名称	规格	单位	数量
1	井管	φ325mm	m	208
2	井管	φ10mm	m	102
3	滤管	φ325mm	m	48
4	滤管	φ10mm	m	6
5	黏土球		吨	12
6	水表		只	4
7	深井泵或深井潜水泵	$80m^3/h$	台套	5(备用 1 套)
8	素黏土		吨	91
9	回填砂	4# 砂	吨	35
10	水位计		套	6

5. 基坑工程降水运行方案

四口抽水井同时抽水,单井抽水量为 $650.00m^3/d$。井群连续抽水 1 天后,第一承压含水层水位可以降低至地面以下 30.89m。

降水期间,每隔 2h,观测 1 次各抽水井和观测井内的地下水位,至本降水工程结束为止。

总的降水运行期根据施工总进度确定,暂定为 90d。

6. 基坑工程降水经费预算

降水经费预算表如表 7-13 所示。

表 7-13 基坑工程降水经费预算表

项目	包含内容	单价/元	单位	数量	金额/元
	降水井 4 口	按照市场价计算	m	64.00×4	按照市场价计算
	观测井 2 口		m	54.00×2	
	超过 50m 难度增加 20%				
设备安装	降水设备安装费		台班	4	按照市场价计算
	洗井费		台班	6×6	
材料费	抽水井井管 φ325mm		m	208	按照市场价计算
	抽水井滤管 φ325mm		m	48	
	观测井井管 φ108mm		m	102	
	观测井滤管 φ108mm		m	6	
	回填砂		t	35	
	黏土球		t	12	
	素黏土		t	91	
	其他(回流管、测水管、闸阀等)				
进出场费					
设备与配件	深井泵或深井潜水泵		台	5	按照市场价计算
	水表		只	4	
技术费	含降水方案设计费与降水工程竣工报告费				按照市场价计算
降水运行	含降水运行管理、设备维修等		台班	90×3	
水位观测	每 2h 观测一次		次	90×12	按照市场价计算
管理费					
税金					
总计					
备注	该预算不含水电费、泥浆外运费、降水需用的电缆电源开关箱、排水管等费用;降水工期暂按 90 天计算;降水工程需要的临时设施由甲方提供				

习 题

1. 基坑工程降水的作用有哪些？一般可以分为几类？

2. 围护结构(或隔水帷幕)对基坑渗流的有什么影响？

3. 降水井滤管长度对基坑渗流有什么影响？

4. 根据降水含水层受隔水帷幕(或围护结构)的不同阻隔,基坑工程降水有几种类型？其特征是什么？

8 基岩区工程地下水

8.1 基岩区地下水的概念与分类

8.1.1 基岩地下水的概念

在水文地质文献中最早涉及裂隙水这一概念的是苏联学者 Г. Н. Каменский 和 А. Н. Семихатов。他们在 1932 年所著的《苏联水文地质学》一书中，将裂隙岩石和石灰岩中的地下水统称为“地下水流”，并对“地下水流”下了如下的定义：地下水流是在坚硬岩石裂隙、缝隙、洞穴或其他通道中按一定规律流动的水，它具有比较大的流速、流量和较高的温度。在此基础上又进一步把“地下水流”划分为“裂隙岩石中的地下水流”和“洞穴河流（石灰岩地区）”两个亚类。上述“地下水流”概念，与后来众多学者提出的裂隙水和岩溶水基本概念相对应。

8.1.2 基岩地下水的分类

在水文地质学中正式提出裂隙水这一明确概念并把裂隙水作为一种独立类型地下水的是苏联著名的水文地质学家 Ф. П. Саворенский，他在 1935 年所著的《水文地质学》一书的地下水分类中，把承压水划分为喀斯特水和裂隙水两个亚类，明确地指出，裂隙水是指埋藏于构造断裂裂隙中的地下水。Ф. П. Саворенский 在 1939 年所著的水文地质教科书中，又把他 1935 年论著中的地下水分类和各种类型地下水基本概念作了进一步修正。他在该书中把地下水划分为五类，即：土壤水（包括沼泽水和上层滞水）、潜水、喀斯特水、自流水和脉状水（裂隙水）。作者对土壤水以外的各类地下水下了如下的定义：

（1）潜水——位于表层沉积层和风化壳上层中的地下水；

（2）自流水——位于沉积岩构造（盆地）中的地下水；

（3）喀斯特水（溶洞水）——石灰岩、白云岩及其他可溶滤岩中的地下水；

（4）脉状水（裂隙水）——主要是构造裂隙中的地下水。

用现在的观点来评价这个分类，其主要的问题是在分类时将含水层的水力性质（或含水层埋藏特征）和介质类型并列同时作为分类依据，因此所划分的地下水类型出现了相互包容和不具唯一性的问题。比如，在一定的埋藏条件下，喀斯特水和裂隙水也可以是潜水或自流水。此外，这个分类中对某些类型地下水的定义也不够科学严谨。又比如，自流水不一定只存在于沉积盆地中，裂隙水并非都是脉状分布，也并非仅存在于构造裂隙中。尽管这个分类存在以上的缺陷，但不能不承认，这是水文地质学发展历史上，出现时间最早、最全面的一个地下水分类方案。后来许多俄罗斯和中国学者提出的各种地下水分类方案，都遵循了 Саворенский 分类的基本观点。

继 Саворенский 分类之后，1949 年，苏联学者 A. H. Овчиников 针对 Саворенский 分类方案存在的缺陷，提出了一个更为全面和严谨的地下水分类。他在 1949 年所著的《普通水文地质学》一书（苏联高等学校教材）中明确指出，地下水按埋藏条件可以分为上层滞水、潜水和自流水三种类型；按含水层的岩性，上述三种类型地下水又可分出孔隙水和裂隙水两个亚类。在亚类的描述中，作者将喀斯特水归属于裂隙水。但是在该书中作者又把裂隙水和喀斯特水各作为独立的一章进行论述，因此作者实际上是按含水层的岩性条件把地下水分为孔隙水、裂隙水和喀斯特水三类。此外，作者在分类时，还给裂隙水下了这样一个至今为大家所接受的定义，即无论是火成岩、沉积岩等裂隙岩石中的地下水都称为裂隙水。显然这一裂隙水定义较之 Саворенский 分类中的"裂隙水主要是构造裂隙中的地下水"的定义更为全面。

A. H. Овчиников 的地下水分类有许多优点。它不仅概括了地下水的基础类型，同时又反映出了各类型地下水的水力性质和介质类型这两种主要特征，这一分类方案得到了水文地质界的广泛认可和使用。后来的各种地下水分类方案，基本上都遵循了 A. H. Овчиников 分类的基本观点——即分别按水力学性质和介质类型对地下水进行分类。

关于地下水按水力性质的分类，目前世界各国水文地质学家已基本趋向一致。但是由于把水头压力高出含水层顶板的地下水统称为"自流水"具有较大的局限性，同时考虑到与地下水动力学中两类地下水运动微分方程建立的基础相一致，所以几乎所有的水文地质学家都认为，从水力学观点把地下水划分为潜水和承压水两大类型最合适。此外，由于地下水的水力学性质主要决定于含水层的埋藏条件，故一些水文地质文献又把地下水力按水学性质的分类，称之为地下水埋藏类型的分类，并根据埋藏条件把地下水划分为上层滞水、潜水和承压水三大类型。某些文献上还加了一个"层间地下水类型"。实际上这种贮存于两个隔水层之间、又不具承压性质的含水层，从水力学性质来看，仍属潜水。

关于地下水按含水层介质类型的分类，目前存在如下两种分类方案。

第一种分类方案是以俄罗斯和中国为主的一些国家，承袭了苏联水文地质学者地下水分类的基本观点，即以含水介质的空隙类型作为划分地下水类型的基本依据。该分类的基本观点是岩石的基本类型和岩石中的空隙类型之间有完全的对应关系；而一定类型的空隙（包括粒间孔隙、裂隙和溶蚀孔洞）则赋存一定类型的地下水。按照这一观点，可把地下水划分为孔隙地下水（松散未胶结岩石）、裂隙水（非可溶性坚硬岩石）和岩溶水（石灰岩、白云岩等可溶性岩石）三种。由于这种分类能直接反映出岩石类型、贮水空隙类型和地下水类型三者之间的相互依存关系。因此这个分类便成为寻找、勘探、评价与开发地下水资源的理论基础；也被广泛用于水文地质教科书及各种地下水勘察规程和水文地质科研、生产中。

地下水按含水介质分类的第二种方案，以欧美国家为代表，即直接按岩石的类型作为划分地下水类型的依据。美国 Davis 和 Dewiest 所著《水文地质学》（1966 年）、加拿大 R. A. Freeze 和 J. A. Cherry 出版的《地下水》（1979 年）、以色列 J. 贝尔所著《多孔介质流体动力学》（1979 年）、日本山本藏毅所著《地下水水文学》（1992 年）等专著中均可见到。书中虽然没有专门的地下水分类的章节，但这些学者均按照岩浆岩和变质岩、火山熔岩、沉积岩（或进一步分为砂质岩石和碳酸盐岩）、冲积层、永冻层等岩石类型来描述其中的地下水特征，或者按岩石类型来命名含水层（如火成岩变质岩含水层，碳酸盐岩含水层和碎屑岩含水层等等）。这种分类方案的优点是比较直观，且易于掌握。但是岩石类型繁多，这种地下水分类就未免五花八门，缺少科学的系统性。同时，这种分类也不能反映出地下水贮、导水性质等重要特征。

比较以上两种地下水按介质条件的分类方案，显然按岩石空隙类型的分类更具科学性。但是，近年来，随着地下水勘探和开发工作的深入，发现这种单一按含水介质空隙类型的地下水分类方案仍然不够完善。主要存在以下几方面的问题。

（1）岩石类型、空隙类型和地下水类型之间并无绝对的对应关系。例如裂隙空隙并非非可溶性的坚硬岩石所独有，松散岩石中的黄土和某些黏土也存在大量的裂隙空隙；尺寸较大的孔洞空隙也并非可溶性的碳酸盐岩石所独有，某些含有可溶质成分的碎屑岩石（如胶结物或角砾为可溶性的角砾岩），甚至于火山熔岩中也存在各种孔洞及管道空间。

（2）在三大基本岩石类型（松散岩石、非可溶性坚硬岩石、可溶性岩石）之间存在一些过渡类型的岩石；它们常具有两种类型的贮水孔隙系统（即双重孔隙介质）。如我国中生代和新生代第三系地层中的许多半胶结（半坚硬）的碎屑岩，既有粒间孔隙又有成岩和构造裂隙的存在，既含有孔隙地下水又赋存有裂隙地下水。一些含可溶质成分的碎屑岩，也可能同时具有成岩、构造裂隙和溶蚀裂隙、孔洞以至管道空间，即既含裂隙水又赋存岩溶水。我国西北地区的黄土既是孔隙含水、也是裂隙（垂直裂隙）含水的双重孔隙介质。在目前以含水层介质类型为基础的地下水分类中，并未明确这部分过度类型岩石、双重性质空隙类型地下水的位置。

（3）近年来在地下水勘探、开发中，发现了一些新的贮水空隙类型。如具有十分重大含水意义的基性熔岩中的大尺寸熔岩隧道、竖井和孔室空间，以及某些玄武岩中的大孔洞层（可能为埋藏的火山灰渣），这些空隙和地下水类型在目前通用的地下水介质分类中也没有位置。以上问题说明，简单地按照岩石类型和空隙特征来划分地下水类型，既不完全符合地下水赋存形式的客观实际状况，也不能概括自然界存在的所有地下水类型。因此，对目前广泛使用的这个地下水分类仍有必要进一步完善和改进；对三大类地下水的概念，特别是裂隙水的概念重新进行定义。

基于地下水介质分类中存在的上述问题，廖资生在目前的三大类型地下水之间增加了过渡类型的地下水，并在对各类型地下水命名时同时体现岩石类型和空隙类型特征。他改进后的地下水分类（按含水层介质类型的分类）如表 8-1 所示。

表 8-1　　基岩含水介质分类

岩石大类	地下水基本类型	岩石亚类	贮水空间类型	地下水亚类	地下水亚类名称
松散岩石	松散岩石地下水（Ⅰ）	松散孔隙岩石	粒间孔隙	松散岩石孔隙地下水（$Ⅰ_1$）	孔隙水
		部分黄土及黄土质岩石	粒间孔隙、成岩孔隙、成岩裂隙（垂直裂隙）	黄土孔隙-裂隙水（$Ⅰ_2$）	孔隙-裂隙水
		部分黏土	成岩裂隙（固结作用）	黏土裂隙水（$Ⅰ_3$）	黏土裂隙水

续表

岩石大类	地下水基本类型		岩石亚类	贮水空间类型	地下水亚类	地下水亚类名称
半坚硬岩石	基岩地下水	半坚硬岩石地下水(Ⅱ)	微弱胶结的碎屑岩	层间孔隙、层理裂隙、构造裂隙	半胶结岩石孔隙-裂隙水(Ⅱ)	裂隙-孔隙水
非可溶性坚硬岩石		非可溶性坚硬岩石地下水(Ⅲ)	新生代基性火山灰渣层	成岩和风化等外动力地质作用形成的孔洞	火山灰渣孔隙地下水($Ⅲ_1$)	火山灰渣孔隙水
			新生代基性火山熔岩(玄武岩)	成岩大孔洞和水平管道	熔岩孔洞地下水($Ⅲ_2$)	熔岩孔洞水
			非可溶性坚硬岩石	构造裂隙、成岩裂隙、风化裂隙	基岩裂隙水($Ⅲ_3$)	基岩裂隙水(裂隙水)
可溶性岩石		可溶性岩石地下水(Ⅳ)	可溶性岩石(主要为各类碳酸盐岩和可溶质成分的碎屑岩)	构造成岩裂隙和溶蚀裂隙、孔穴、溶洞	裂隙一岩溶水($Ⅳ_1$)	裂隙一岩溶水
			可溶性岩石	溶蚀管道及溶洞	溶蚀管道地下水($Ⅳ_2$)	岩溶水

这个分类的基本特征是，首先按岩石的结构特征将地下水划分为“松散岩石地下水”和“基岩地下水”两大类，而基岩地下水又可进一步按岩石的结构和可溶性质划分为“半坚硬岩石地下水”“非可溶性坚硬岩石地下水”和“可溶性岩石地下水”三种基本类型。再根据含水介质的孔隙特征将松散岩石地下水划分出三个亚类，将基岩地下水划分出六个亚类。基岩裂隙水实际上除了包括传统的基岩裂隙水($Ⅲ_3$)外，还包括了可溶性岩石中的裂隙岩溶水($Ⅳ_1$)和半坚硬岩石中的裂隙—孔隙水(Ⅱ)。因为这三类地下水均以裂隙为主要贮、导水空间，其地下水运动和富集规律均主要受地质构造条件所控制。因此，广义的基岩裂隙水是指那些在坚硬、半坚硬岩石中以裂隙为主要贮水空间的地下水。

8.2 基岩裂隙水的形成条件、特点及赋存规律

8.2.1 基岩裂隙水的形成条件

基岩裂隙水的形成、赋存和运移受各种内外因素影响。而基岩裂隙水的形成，必须同时具备3个基本条件：坚硬、半坚硬岩石，充足的水，以及岩石裂隙。

基岩裂隙水的母体——裂隙岩体是地质构造长期运动的结果。坚硬、半坚硬岩体在地质构造作用下产生大量构造裂隙，为地下水的储存和运移创造了良好的条件；断裂发生时，岩层或岩体沿着破裂面产生错动，同时产生断裂破碎带及其有关的裂隙发育带，从而形成了蓄水空间；不同岩层的接触带，侵入体的侵入造成围岩变形，产生裂隙或使原有裂隙空间加大；岩脉在侵入冷

凝过程中以及受后期地质构造运动的影响，其本身及其两侧的围岩产生了大量的原生和次生裂隙，为地下水的赋存提供了有利条件；可溶性岩石主要分布在碳酸岩地区，碳酸岩同热水溶液能发生强烈的相互作用，结果使其原生裂隙和构造裂隙逐渐加大，而形成各种岩溶构造。

8.2.2 基岩裂隙水的特点

基岩裂隙水（包括岩溶水）的埋藏、分布和运动规律都有它的独特性。其主要特点如下。

（1）基岩裂隙水的埋藏和分布非常不均匀，含水层不规则，完全受各种裂隙发育带产状的控制。

（2）基岩裂隙含水层（带）的形态是多种多样的，基岩裂隙的大小、形状受地质构造条件和地貌条件的控制。这也说明基岩裂隙水的埋藏、分布情况复杂。

（3）基岩断裂带脉状含水层埋深大，但地下水的储量往往不大。

（4）地质构造作用对基岩裂隙水的控制作用明显。岩石中各种空隙的形成和分布，绝大多数都与地质构造作用有关。在基岩富水带的形成过程中，地质构造因素起主导作用。

（5）基岩裂隙水的动力性质有其特殊性。埋藏在同一基岩中的地下水，不一定都具有统一的地下水面，有时呈无压水和承压水交替出现。水的运动状态也比较复杂，有层流也有紊流。在地下溶洞里还有管道流和明渠流等非渗流运动形式。这是由岩石裂隙和溶洞的特殊形态所决定的。

8.2.3 基岩裂隙水的赋存规律

基岩裂隙水的赋存规律是多种因素综合作用的结果。一般地，岩性、地质构造、补给、径流、排泄、地形、地貌、气候条件都对基岩裂隙水的赋存、分布起一定作用，而岩性、构造和补给因素起主要作用。

岩性对基岩裂隙水的影响是通过其对裂隙发育的控制而起作用的。主要表现在岩石的力学性质不同，在一定的构造应力作用下发育的构造裂隙的规模大小则不同。如在塑性地层中，岩石在应力作用下产生塑性变形，相应地其赋水性差；在脆性地层中，应力作用使岩石发生破碎断裂，因此赋水性较强。

在构造应力作用下，地层产生了各种形态的变形，如褶皱、断裂，增加了储水的空间，并产生有利的汇水条件。对于薄层状岩体来说，由于层面裂隙较密，具有重要的富水条件。对于厚层—块状岩体，斜交层理发育，层面裂隙不仅数量少，规模小，且基本处于闭合状态，故富水条件差。对于非常发育的断裂构造，起阻水作用的断层通常是偏压性的断层，其断裂带由于挤压破碎和糜棱岩化的结果，不可能富存地下水。具有含水或导水性能并构成“储水构造”的断层，通常是“级别”和“序次”不高的张性或张扭性断层，往往具有强导水性质，但不可能形成富水带。同样，在褶皱的不同部位，富水性差别较大。背斜冀部，岩层由陡倾转缓部位及向斜部位，在负地形条件下，往往可以形成具有一定规模的富水段。

8.2.4 基岩裂隙水的运移规律

裂隙水的渗流相对于孔隙水的渗流要复杂得多。孔隙水的母体是由大小不同的颗粒组成的，颗粒之间的孔隙相互贯通，可构成统一的自由水面，其渗透规律服从达西定律。而裂隙水的母体是裂隙岩体。按结构面发育情况，裂隙岩体结构可分为5类：整体状结构、块状结构、层状结构、碎裂状结构、散体状结构。实际上岩体中裂隙的发育是不均一的，有些裂隙并不完全连通，因而裂隙水的分布呈带状、束状或脉状，其渗透性与裂隙张开度、地应力条件和岩体材料透水性等有关。

裂隙岩体是多相的非连续介质，因为各种地质作用而被尺度、方向、性质各异的裂隙所切割，同时，赋存于裂隙中的地下水受到地质构造、地形及水文因素的影响，因此其透水性具有不均一性和强烈的方向性，渗流规律非常复杂。

1. 块状裂隙岩体渗流规律

块状岩体主要是指性质比较均一，具有块状构造的岩体。如深层侵入岩，以花岗岩为代表，此外，有些火山岩及次火山岩也属块状岩体。除在构造变动较强的地区外，块状岩体一般发育正常的节理系统和小型的断层，没有区域性断裂直接通过，以扭性断裂最发育。在构造作用较强的地区，扭性、压性和张性三种力学性质的断裂皆发育。压性裂隙渗透性小，不含水；扭性裂隙渗透性中等；张性裂隙的渗透性大，含水空间大。

一般来说，块状岩体分布区，岩体的渗透性较差，含水空间较小。块状岩体的渗流取决于结构面(特别是裂隙)的发育状况。块状岩体一般在风化带、断裂带(或断裂影响带)及侵入接触带裂隙较发育。

2. 层状裂隙岩体渗流规律

层状岩体主要是指具有层状构造的沉积岩和沉积变质岩。其层理、片理、节理比较发育，层状裂隙的发育特征及产状变化与岩层的褶皱程度和受力条件有密切关系。

(1) 对于薄层状岩体，由于层面裂隙较密，具有重要的富水条件。对于厚层—块状岩体，斜交层理发育，层面裂隙不仅数量少，规模小，且基本处于闭合状态，故富水条件差。

(2) 同一厚度的塑性岩体(黏土岩、页岩、泥灰岩等)比脆性岩体(砂岩、灰岩、火成岩等)中裂隙密度要大。

(3) 在层理发育的岩层中，背斜构造层面裂隙发育，这种裂隙导水性一般较好，是地下水运移的良好通道，地下水往往向两翼分流，而轴部不储水。

(4) 向斜构造一般为聚水构造，隧道通过轴部常有较大量的涌水。向斜构造的裂隙发育部位在轴部，以深埋型裂隙为主，即称为层间裂隙。岩层受力产生褶皱时，向斜构造的上层岩石受水平的挤压力最大，而下部为张应力，所以在层间形成岩石破碎，裂隙节理较发育，但必须是坚硬的脆性大的岩石；若是泥质岩层，如泥质页岩等则例外。在岩性、地形、地貌和气候条件理想的情况下，这种层间裂隙是比较好的地下水储积层。

(5) 基岩裂隙水在岩层中的运动是顺层沿脉网状的裂隙运动，其渗流具有非均质、各向异性、定向及与构造应力相互影响的特点。

3. 碎裂结构岩体渗流规律

碎裂结构为构造破碎、褶曲破碎、岩浆岩穿插挤压的破碎岩体。结构面主要为节理、断层、断层影响带、劈理及层理、片理、层间滑动面等，软弱结构面发育，多夹泥充填。地下水为脉状水、裂隙水，往往具局部脉状承压性质。

起阻水作用的断层通常是偏压性断层，其断裂带由于挤压破碎和糜棱化的原因，不可能赋存地下水。但断层带一侧或两侧影响带压扭、张扭性裂隙较发育，容易赋存地下水；张性或张扭性断层，具有导水和含水性能，可形成局部的富水带，有时有很高的承压水头，往往具有强导水性质，但不可能形成富水带。在与具有漏水性能的石灰岩连通的情况下，它不仅使通过砂、泥岩层的裂隙水发生“疏干”，而且使其上的松散覆盖层孔隙水强烈排泄，水位急剧下降。

4. 散体结构渗流规律

主要为断层破碎带、强烈风化破碎带，是地壳构造作用的结果。地下水为脉状水及孔隙水。如岩性一致，则就断裂面或断裂两侧影响带的裂隙率来说，一般是压性＜扭性＜张性，而张性断裂中尤以纯张为大。因此，压性断裂阻水（某一盘仍可部分富水），张性断裂富水，纯张者更富水，扭性断裂则介于压性与张性断裂之间。

8.3 裂隙岩体地下水渗流模型

自 1959 年法国马尔帕塞拱坝溃坝以来，人们已渐渐意识到裂隙岩体渗流研究的重要性与迫切性。裂隙岩体渗流模型的建立是进行裂隙岩体渗流分析的基础，虽然已有不少学者提出了各种各样的裂隙渗流模型，但每种模型都有其不足之处，如何建立和选择一个较为完善的裂隙岩体渗流模型仍需进一步探讨。目前已有的各种模型主要是沿两个方向发展起来的，一是考虑了岩体中裂隙系统和岩块孔隙系统之间的水交替过程，即所谓的“裂隙—孔隙双重介质模型”，其二则忽略了两类系统的水交替过程，称之为“非双重介质模型”。

8.3.1 裂隙-孔隙双重介质模型

裂隙-孔隙双重介质模型认为裂隙岩体是由孔隙性差而导水性强的裂隙系统和孔隙性好而导水性弱的岩块孔隙系统共同构成的统一体。它考虑了两类系统之间的水交替过程，首先基于达西定律分别建立两类系统的水流运动方程，再利用两类系统之间的水交替方程将其联系起来。根据水交替方程的建立方法，又可将其分为拟稳态流模型和非稳态流模型。

1. 拟稳态流模型

拟稳态流模型认为裂隙系统与岩块孔隙系统的水交替量和两类系统中的水头差成正比。由于水交替量是时间 t 的隐式，因此称为拟稳态流模型。该模型主要代表人物有 Barenblatt，Warren 和 Rott 等。

Barenblatt 首先提出了水力双重介质的概念，其主要观点是：

(1) 裂隙系统和岩块孔隙系统皆遍布整个区域，形成两个重叠的连续体，在渗流场中每一点都具有两个水头值——该点附近岩块孔隙系统中的平均水头值和裂隙系统中的水头值。

(2) 岩块的渗透率比孔隙率小几个数量级，而裂隙的渗透率比孔隙率大几个数量级，水在岩体中的运动就表现为两类不同系统之间的激烈水交换。

(3) 假设裂隙和孔隙岩块皆为均质、各向同性。

Barenblatt 模型为双重介质理论的发展奠定了重要基础，但它反映的渗透机理是狭隘的，它将裂隙和孔隙系统都假定为各向同性，以至于当忽略两类系统之间的水交替时，可把裂隙岩体比拟成各向同性的孔隙介质，使得杂乱无章的裂隙系统只起着如同孔隙通道的作用，这种极端的渗透机理只在泥质岩体受剧烈构造变动或表面风化作用影响的岩体中出现。因此 Barenblatt模型的主要缺点是不能反映裂隙岩体及其中水流普遍具有的各向异性特点。

为此，Warren 和 Rott 在 Barenblatt 模型的假设之上对裂隙系统的几何特性和渗透特性增加了新的限制，其假定是：

(1) 岩体中发育有均质的、正交的、互相连通的裂隙系统，渗透主轴与每一方位裂隙组相平行，垂直于各主轴的裂隙组等间距分布、宽度不变，但沿各主轴的裂隙组的间距和宽度可以不同，以便模拟介质的各向异性；

(2) 被裂隙所划分的各岩块所包含的孔隙系统是均质各向同性的；

(3) 两类不同系统之间广泛发生水交替，水交替量与水头差成正比。显然，该模型能够考虑到裂隙岩体的渗透特性普遍具有各向异性的特点，较 Barenblatt 模型前进了一步，但它只能应用于均质的正交裂隙网络。

2. 非稳态流模型

非稳态流模型认为两类系统的水交替是通过岩块孔隙中的水向裂隙中的流动来完成的，根据岩块孔隙中的水流运动规律来建立水交替方程。由于水交替量是时间 t 的显式，因此称之为非稳态流模型。在非稳态流模型中，根据对裂隙系统空间配置的不同假定，目前主要包括平行裂隙非稳态流模型和组裂隙非稳态流模型。

平行裂隙非稳态流模型的主要假定是：①裂隙系统是由一组具有相同隙宽和间距的无限延伸的平行裂隙所构成，岩块为裂隙切割成柱状体；②两类系统的水交替表现为岩块孔隙系统中的流体向裂隙中的垂直线性流动，这样可以采用具有适当边界条件和初始条件的一维支配方程来描述。显然该模型只适用于由顺层裂隙系统所形成的渗透空间结构。

组裂隙非稳态流模型的主要假定是：①裂隙系统由三组具有相同裂隙宽度的相交裂隙构成，岩块为裂隙切割成块状体，并以一系列具有相同半径的等效均质球体来代替；②两类系统的水交替表现为流体由岩体基质中心向裂隙的径向流。显然，该模型较平行裂隙非稳态流模型有所改进，但仍对裂隙配置有一定限制。

由此可见，裂隙-孔隙双重介质模型的突出优点是考虑了两类不同系统之间的水交替过程，它尤其适合于考虑流体在裂隙含水层中的贮存作用，对于从埋深千米以上的高压裂隙储层中采油或含稀有元素的古变质水时，有一定的指导意义。但在它所包含的两种模型中，拟稳态流模型是假定水交替量与两类系统的水头差成正比，不直接为时间 t 的显式，实际上这会带来很大误差，Zimmerman 指出，这种误差只在很长时间之后才会消除，而在初期是不能忽略的。对于非稳态流模型，水交替方程是与裂隙系统的空间配置有关的。为了建立水交替方程，所有这些模型对裂隙系统的配置和形状都有一定的限制，这样就局限了这些模型的应用，在实际工程中，需根据岩体中裂隙的实际发育情况谨慎选用。因此裂隙—孔隙双重介质模型尚需进一步完善。

8.3.2 非双重介质模型

裂隙岩体渗流分析的另一类模型是非双重介质模型，它着重研究裂隙的导水作用。由于忽略了岩体中孔隙系统与裂隙系统的水交替过程，因此该模型应用时不受岩体中裂隙配置关系的限制，并能够反映裂隙岩体渗流的非均匀、各向异性等特性，这是目前研究最多、应用最广的模型。非双重介质模型主要包括等效连续介质模型、离散裂隙网络模型和结合二者优点的等效-离散耦合模型。

1. 等效连续介质模型

等效连续介质模型是将裂隙中的水流等效平均到整个岩体中，将裂隙岩体模拟为具有对称渗透张量的各向异性连续体，然后利用经典的连续介质理论进行分析。

等效连续介质模型的突出优点是可以沿用各向异性连续介质理论进行分析，无论在理论上还是在解题方法上均有雄厚的基础和经验，而且不需知道每条裂隙的确切位置和水力特性，对于那些不易获得单个裂隙数据的工程问题不失为一个很有价值的工具。但等效连续介质模型在应用时尚存在两方面的困难：一是裂隙岩体等效渗透张量的确定，二是等效连续介质模型的有效性不一定能得到保证。

1）等效渗透张量的确定方法

一个给定的等效渗透张量，必须能无条件地应用于动力场相似的水流系统，否则确定等效渗透张量时会存在这样的问题：①在某种边界条件下得到的等效渗透张量不一定能够正确预测另一种边界条件下的流量；②根据流量得出的等效渗透张量不一定能够预估出正确的水头分布。因此在应用等效连续介质模型于裂隙岩体时，等效渗透张量的确定方法就显得十分重要。

通常确定等效渗透张量的方法有现场压水试验法、反演法和几何形态法。

(1) 现场压水试验法。由于裂隙岩体的渗透张量具有 6 个独立参数，因此并不能简单地直接从单孔压水试验来测得裂隙岩体的渗透性。一般采用三段压水试验法、群孔试验法和交叉孔压水试验法进行裂隙岩体渗透张量的测定，这些水力试验方法都在工程中得到了应用，但由于裂隙岩体渗透性的离散程度大，试验结果不可避免地具有尺寸效应；而试验成本又高，不可能对许多区域进行压水试验，因此现场压水试验法尚难以得到广泛的应用。

(2) 反演法。反演法是一种优化方法，即根据分析地下水位与实测地下水位最接近的原则决定各岩体分区渗流参数的最佳搭配。反演法可分为直接法和间接法两大类。由于直接法计算稳定性差，对实测资料要求过高，因此通常采用间接法。反演法是目前工程上应用最广泛的方法，但由于渗透张量具有 6 个独立参数，参数较多，所以应用反分析的方法来决定渗透张量可能会遇到不唯一和不稳定等问题，同时渗透参数初值及一些优化系数的选定在很大程度上依赖于经验，选择不好不仅影响计算速度，甚至影响结果的收敛性。

(3) 几何形态法。裂隙岩体的透水性主要决定于裂隙系统的几何参数，如裂隙的方位、隙宽和密度等，此外还与裂隙的大小和连通度密切相关。因此，对于一个已知的裂隙系统，可以采用几何形态法确定其渗透张量。对于实际岩体，其中的裂隙分布具有随机性，因此需对裂隙首先进行统计分析，将岩体中的裂隙概化成几组典型的裂隙面，然后再求得等效渗透张量。在实际工程中，由于很难准确测得裂隙系统的几何参数，也不易定量考察裂隙大小和连通度对岩体渗透张量的影响，因此，几何形态法只能确定渗透张量的初值，而最后还需通过水力试验或反演法进行校正。

2）等效连续介质模型的有效性

能否利用连续介质渗流理论分析裂隙岩体渗流是一个有争议的问题。许多学者对此进行了研究，提出了一些判别准则，如 Louis 认为，在所研究的工程岩体范围内，岩体中裂隙数目为 1000 条以上时，可以采用等效连续介质模型；Maini 认为，若岩体中的平均裂隙间距与构筑尺寸之比小于 1/20 时，可以采用等效连续介质模型；Wilson 和 Witherspoon 认为，如果岩体中的最大节理间距与构筑尺寸之比小于 1/50 时，可以采用等效连续介质模型。但所有这些判据都是由某一具体的工程或理论分析得出的，应用于实际工程尚有困难。

继而 Long 进行了进一步的研究，他指出，将裂隙岩体模拟为连续介质需具备两个条件：①样本体积存在，即随着试验体的微小增加或减小，等效渗透性只有细微变化；②存在对称的等效渗透张量。而衡量裂隙岩体是否具有对称渗透张量的方法是测定其方向渗透率。设水力梯度方向渗透率为 K_J，水流方向渗透率为 K_f，如果 $K_J^{1/2}$ 和 $K_f^{1/2}$ 在极坐标中能够点绘成一个椭圆的话，那么介质就具有对称的渗透张量。此外，Long 还研究了裂隙几何参数对渗透特性的影响，认为裂隙方向为随机分布，裂隙宽度为定值时，有利于等效连续介质模型的有效性，并且裂隙网络愈密，连通途径愈多，就愈接近某种等效各向异性连续介质。

2. 离散裂隙网络模型

离散裂隙网络模型是在搞清每条裂隙的空间方位、隙宽等几何参数的前提下，以单个裂隙内水流基本公式为基础，利用流入和流出各裂隙交叉点流量相等的原则建立方程，然后通过求解方程组获得各裂隙交叉点的水头值。

Wittke 和 Louis 首先提出了类似于电路分析中回路法的网络线素法；毛昶熙提出了类似于水力学中水管网问题的缝隙水力网模型；Wilson 和 Witherspoon 则分别以三角形单元或线单元模拟岩体中的裂隙，提出了模拟二维裂隙网络水流的两种有限元技术，并以算例表明裂隙交叉点的水流干扰是可以忽略的，从而阐明了采用线单元的优越性和可行性。对于三维问题，Long 首先提出了三维圆盘裂隙网络模型，并采用混合解析—数值方法对此进行了求解；Nordqvist 等还提出了三维变隙宽裂隙网络模型；Dershowitz 则提出了三维多边形裂隙网络模型，万力等将之与有限元结合，进一步提出了三维裂隙网络的多边形单元渗流模型。

在这些方法中，对于三维问题，有限元方法是模拟离散裂隙网络模型的一个最有效和方便的方法。如果可以忽略裂隙交叉处的水流干扰，为节省工作量，则以平面单元来模拟裂隙面，以裂隙面的交叉点为结点，因此由裂隙网络中各局部裂隙面上的二维流动构成整体的三维流动。由于各裂隙单元不在同一平面上，因此首先需对每个裂隙单元建立局部坐标系$O'x'y'$，在局部坐标系 $O'x'y'$中，可以将裂隙单元上的水流视为局部二维各向同性流，分别建立各裂隙单元的有限元支配方程$[K]^e h^e = F^e$，再根据裂隙交叉处的结点流量平衡，即 $\sum_e F^e \cdot b = 0$，建立整体有限元方程。

可以看出，离散裂隙网络模型对岩体裂隙网络体系中的每条裂隙都进行具体模拟，并力图得到裂隙体系中各点的真实渗流状态，显然具有拟真性好、精度高等优点。但当裂隙较多时，其工作量相当大，特别是三维问题，甚至是不可能实现的；另外，由于裂隙分布具有随机性，要建立离散的真实裂隙系统也是十分困难的。因此，除了较简单情况，离散裂隙网络模型尚难以在实际工程中得到广泛应用。

3. 等效-离散耦合模型

等效-离散耦合模型是为结合等效连续介质模型和离散裂隙网络模型优点而提出的一种新的模型。由前述可知，离散裂隙网络模型具有拟真性好、精度高等优点，但当裂隙较多时，其工作量相当大；而等效连续介质模型可以克服上述困难，但当裂隙密度较小时，其有效性难以得到保证。据此，有研究者提出了上述两种模型的耦合模型，即对于裂隙密度较小的区域采用离散裂隙网络模型，对于裂隙密度大的区域采用等效连续介质模型（也称分区混合模型）；或者在同一区域，对数目不多的起主要导水作用的大中型裂隙采用离散裂隙网络模型，而对于由这些大中型裂隙切割成的块体中的数目较多的小裂隙采用等效连续介质模型（也称统一域混合模型）。然后根据两类介质接触处的水头相等（即水头连续）以及结点流量平衡来建立耦合离散方程。显然，这一模型既可以避免离散裂隙网络模型对每条裂隙进行模拟而带来的巨大的工作量，又能保证等效连续介质模型的有效性，使之满足工程精度的要求。

8.4 基岩裂隙水三维数值模型

采用模型技术研究地下水在岩体及空隙中的运移规律对分析裂隙水渗流规律、进行裂隙水资源计算与评价、渗流场分析及预报等都具有十分重要的意义。建立一个反映实际裂隙水在空间运移规律的数学模型仍是一个难点，具体建立一个反映导水通道一维流模型与反映裂隙岩体渗流三维模型的耦合模型，且耦合可能出现紊流态时的集水廊道模型的综合模型具有实际意义。

裂隙水模型研究始于20世纪60年代，已经取得了一定程度的进展。这主要是沿两个方向发展起来的，一是双重介质模型，该模型的建立必须对裂隙系统和岩体系统作一定的假设，限制了其具体应用；二是非双重介质模型，主要有离散介质模型和等效连续介质模型。离散介质模型的建立需掌握起导水作用的全部裂隙的几何特征和渗透系数等，难度大且工作量大，尚难以在实际中应用。等效连续介质模型模拟裂隙岩体为具有对称渗透张量的各向异性体，可采用成熟的连续介质理论研究，应用较广，但目前二维流模型应用较多，三维流模型研究较少，而且有时采用等效连续介质模型并不是总有效。

根据国内外裂隙水数值模型研究现状，在等效连续理论基础上，建立起反映主导水通道一维线性流模型与裂隙岩体渗流三维流模型的耦合等效连续模型，同时耦合导水通道出现非达西流情况下的集水廊道模型，寻求有效的耦合模型求解方法，并将研究成果转化为实际应用，具有重要的价值。

裂隙的发育特征等性质是影响裂隙水运移的主要因素。裂隙水是在带状断层类、面状缝隙类、管状孔洞类裂隙组成的复杂网络中运移，尤其是管状类裂隙常起到集水廊道和导水通道作用。这决定了裂隙水具有以主干裂隙导水，微裂隙和岩石孔隙储水的网脉状渗流特点，渗流具有高度的非均质性和各向异性，一般岩体中的渗流是层流，符合达西线性定律，在岩溶管道等宽大的导水通道部分地段可能出现紊流等特点。

根据裂隙水渗流特点，首次提出一个耦合的三维流模型，具体表述：对裂隙岩体中主导水通道的水流运动特性加以具体的模拟，建立局部坐标系下的一维流模型，同时对导水通道中出现紊流状态的水流建立水量交换模型，而对裂隙发育规模较小但密度较大的整个岩体系统建立三维流模型。

8.4.1 等效三维模型

$$
\begin{cases}
\dfrac{\partial}{\partial x}\left(K_{xx}\dfrac{\partial h}{\partial x}\right)+\dfrac{\partial}{\partial y}\left(K_{yy}\dfrac{\partial h}{\partial y}\right)+\dfrac{\partial}{\partial z}\left(K_{zz}\dfrac{\partial h}{\partial z}\right)-W=s\dfrac{\partial h}{\partial t} & (x,y,z)\in G,t\geqslant 0 \\
h(x,y,z,t)=h_0(x,y,z) & (x,y,z)\in G,t=0 \\
h(x,y,z,t)|_{\Gamma_1}=h_1(x,y,z,t) & (x,y,z)\in \Gamma_1,t\geqslant 0 \\
[k]\mathrm{grad}h\cdot n|_{\Gamma_2}=q(x,y,z,t) & (x,y,z)\in \Gamma_2,t\geqslant 0
\end{cases}
\tag{8-1}
$$

式中 h——地下水水头，m；

s——裂隙介质储水系数；

K——等效各向异性渗透系数，m/d；

$\bar{n}$——边界单位外法向量。

$$W = \sum_{j=1}^{N_w} \sum_{k=1}^{N_L} Q_{jk} \delta(x - x_j, y - y_j, z - z_{h,jk}) \tag{8-2}$$

式中 N_w——抽水井数目；

N_L——分层数；

Q_{jk}——j 号井 k 层的出水量，m^3/d。

8.4.2 一维模型

$$\begin{cases} \dfrac{\partial}{\partial x}\left(K_x \dfrac{\partial h}{\partial x}\right) + Q = \mu \dfrac{dh}{dt} & (0 \leqslant x \leqslant L,\ t > 0) \\ h|_{t=0} = h_0(x) & (0 \leqslant x \leqslant L) \\ h|_{x=0} = f_1(t),\ h|_{x=l} = f_2(t) & (t > 0) \end{cases} \tag{8-3}$$

式中 h——导水通道水头，m；

Q——源汇项，m^3/d；

K_x——沿裂隙方向的渗透系数，m/d，$K_x = \dfrac{b^2 \rho g}{\lambda \mu}$；

μ——裂隙介质的释水系数；

t——时间，d；

x——沿裂隙方向的局部坐标，m。

8.4.3 集水廊道模型

采用考虑导水通道内外水头差及通道与岩体之间的导水性能的近似计算水量公式：

$$Q \approx T(h - d) \tag{8-4}$$

式中 Q——流入导水通道的流量，m^3/d；

h，d——裂隙岩体和导水通道中水头，m；

T——裂隙岩体与导水通道接触面的导水系数，m^2/d。

实现两类介质模型的耦合是根据导水通道与岩体整体系统接触处水头连续和所在部分单元节点流量平衡的原则，具体耦合过程：两类介质模型的偏微分方程离散后形成各自的单元渗透矩阵，由两类介质接触处具有统一节点编号的编号原则，将两类介质的单元渗透矩阵进行迭加，形成总体渗透矩阵，而无须再作其他变换；紊流态集水廊道的水量交换模型根据集水廊道所在的单元节点编号即可迭加到总体水量矩阵中。这样进行整体组装，得到裂隙岩体渗流的耦合模型的代数方程。在形成计算程序时，按相同节点编号进行累加可形成耦合模型的总体矩阵。最后形成的大型代数方程组采用稳定性好的强隐式迭代法求解。

8.5 基岩裂隙水相关的工程类型及实例

8.5.1 岩质边坡工程地下水

1. 地下水对岩质边坡稳定性的影响

地下水对边坡的稳定性具有重要影响，特别是对水库库岸边坡。地下水对库岸边坡稳定性的影响主要表现在以下三个方面：

(1) 地下水对边坡岩土物理力学性质的影响。水库蓄水后，一方面岩土体饱水软化，由于水的润滑作用，土体颗粒间的摩阻系数及胶结能力降低，边坡潜在滑动面抗剪参数降低，进而降低了坡体的抗滑力；另一方面，当水库运行时，库水位反复升降，使得坡体内出现循环的渗流作用，地下水渗流对坡体产生溶滤作用，即细小颗粒在地下水的作用下发生运移，坡体出现侵蚀现象，坡体潜在滑动面出现微观或宏观上的孔穴，从而使得潜在滑动面的抗剪强度降低。

(2) 浮托力。浸没于库水中的岩土体受到水的浮托作用，浮托力的大小等于水下计算岩土体的体积和水重度的乘积：$A_w\gamma_w$，一般水下边坡在计算滑体重量时，按其浮重度考虑。浮托力对边坡稳定性有两方面的影响。由于浮托力减小了滑体的有效重量，一方面，它降低了滑面的阻滑力，给边坡的稳定性带来不利的影响，另一方面，滑体重量的减小，使其下滑力减小，有助于边坡的稳定，因而，不能简单地评价浮托力对边坡稳定性的利弊，而应根据具体的工程地质条件和岩土体的力学参数进行综合评判。

(3) 渗透力。许多库岸边坡在库水位陡降时发生失稳破坏，除了因陡降部分岩土体由于浮托力消失而有效重度增加，导致坡体稳定性发生变化外，水位陡降引起岩土体内地下水渗流运动，产生渗透力是导致边坡失稳的一个重要因素。渗透力的大小与浸润线形状、岩土体渗透系数、岩土体饱水面积大小及潜在滑动面倾角等多种因素有关。目前，还没有准确的计算方法，其中坡体内浸润线的确定比较复杂，其形状与岩土体的渗透系数、给水度以及库水位的降落速度有关。《基坑工程手册》提出，在计算渗透力时采用平均水力坡降，即浸润线与滑体交点间的连线坡比(图 8-1 中的线段 AB 的斜率)，滑带岩土体的总渗透力 T 按下式计算：

$$T=\gamma_w A_w I \qquad (8\text{-}5)$$

式中 γ_w——水的重度，kN/m^3；

A_w——浸润线以下滑体饱水面积，m^2；

I——平均水力坡降。

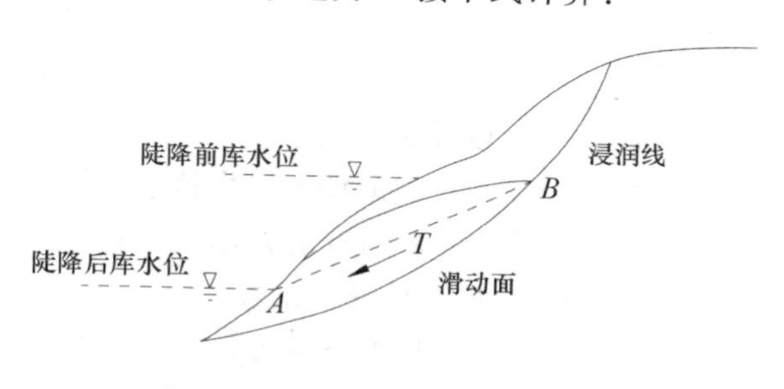

图 8-1　边坡水力坡度示意图

渗透力作用方向沿平均水力坡降方向。式(8-5)虽然对水力坡降计算进行了简化，但在计算饱水面积时需确定浸润线形状，显然，式(8-5)比较适合于圆弧滑动面的情况。对于折线滑动面，工程上从简化和安全的角度考虑，在用传递系数法分析坡体稳定时，一般认为，库水位陡降后坡体浸润线为坡面线，假定渗透力作用方向为滑动面切向，采用如下计算公式：

$$D_i=\gamma_w A_w \sin\omega_i \qquad (8\text{-}6)$$

式中　D_i——第 i 条块的渗透力；

ω_i——第 i 条块的滑面倾角，(°)。

2. 考虑地下水作用的库岸边坡稳定性计算模型

岩质边坡工程稳定性计算有多种方法，如有限元法、概率法及极限平衡等等，其中极限平衡法为最常用的计算方法，下面介绍折线滑动面的极限平衡分析法。

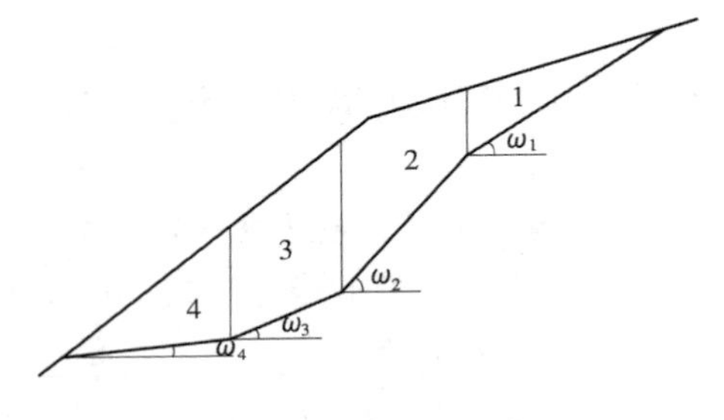

图 8-2　边坡条分示意图

采用传递系数法计算坡体剩余下滑力及边坡的稳定系数。根据滑动面的折线形状，在折线拐点处对滑体进行竖向条分(图 8-2)，自上而下计算条块的剩余下滑力 Ψ_i 的传递系数表达式如下：

$$\Psi_i = \cos(\omega_i - \omega_{i+1}) - \sin(\omega_i - \omega_{i+1})\tan\omega_i \tag{8-7}$$

式中，Ψ_i 为第 i 条块剩余下滑力传递给第 $i+1$ 条块的传递系数。

这样，条块 i 传递给条块 $i+1$ 的附加剩余下滑力为

$$E'_{i+1} = \Psi_i E_i \tag{8-8}$$

式中，E_{i+1}，E_i 分别为第 $i+1$，第 i 条块的乘余下滑力，kN/m。

显然，若 $E_i \leqslant 0$，表明第 i 条块无剩余下滑力。则边坡稳定系数及下滑推力计算公式如下：

$$F_s = \frac{\sum\limits_{i=1}^{n-1}\left(R_i \prod\limits_{j=1}^{n-1}\Psi_j + R_n\right)}{\sum\limits_{i=1}^{n-1}\left(T_i \prod\limits_{j=1}^{n-1}\Psi_j + T_n\right)} \tag{8-9}$$

$$\prod_{j=i}^{n-1}\Psi_j = \Psi_i\Psi_{i+1}\Psi_{i+2}\cdots\Psi_{n-1}$$

$$E_i = \Psi_{i-1}E_{i-1} + K_s T_i - R_i \tag{8-10}$$

$$R_i = W_i\cos\overline{w}_i\tan\varphi_i + c_i L_i \tag{8-11}$$

$$T_i = W_i\sin\overline{w}_i + D_i \tag{8-12}$$

$$D_i = \gamma_w A_w \sin\overline{w}_i \tag{8-13}$$

式中　F_s——边坡稳定系数；

Ψ_i——第 i 条块的剩余滑力传递至第 $i+1$ 条块的传递系数；

R_i——第 i 条块的抗滑力，kN/m；

K_s——边坡设计安全系数；

T_i——第 i 条块的下滑力，kN/m；

W_i——第 i 条块的重量，饱水部分取浮重量，kN；

c_i——第 i 条块的滑面内聚力，kPa，饱水时取饱和内聚力；

φ_i——第 i 条块滑面磨擦角，(°)，饱水时取饱和摩擦角；

L_i——第 i 条块的滑面长度，m。

式(8-9)、式(8-10)全面包含了地下水对库岸边坡稳定性的影响(如滑面力学参数的变化、浮托力及渗透力等)。从这两个公式中可以得到关于边坡稳定性的两个判据，即：若 $F_s \geqslant$

K_s，边坡处于稳定状态，否则边坡不稳定；若 $E_n \leqslant 0$，边坡处于稳定状态，否则边坡不稳定。

3. 滑坡稳定性渗透压力

(1) 基本概念。滑坡稳定性分析依据于 Mohr-Coulomb 理论，在稳定性分析中，采用的方法主要有仅考虑不排水抗剪强度的总应力法(Su-分析法) 式(8-14)和考虑排水抗剪强度的有效应力法($\bar{c}$，$\bar{\varphi}$ 分析法)式(8-15)两类。

$$F_s = \frac{\sum(N_i \tan\varphi_i + c_i L_i)}{\sum(W_i \sin\alpha_i)} \tag{8-14}$$

$$F_s = \frac{\sum(\bar{N}_i \tan\bar{\varphi}_i + \bar{c}_i L_i)}{\sum(W_i \sin\alpha_i)} \tag{8-15}$$

式中 N_i——第 i 条块总法向压力，kN/m；

$\bar{N}_i$——第 i 条块有效法向压力，kN/m。

从量上看，二者的差别在于：$\bar{c}$，$\bar{\varphi}$ 分析法考虑了滑带上的孔隙水压力，其大小等于浸润面以下滑体的高度 h_W 乘以水的重度 γ_W。对于任一宽为 l_i 的滑坡条块来说，有效法向压力 $\bar{N}_i$ 等于总法向压力 N_i 减去孔隙水压力，或 $N_i = \bar{N}_i - \gamma_{Wi} h_{Wi} l_i$。

但是，从质上看，$\bar{c}$，$\bar{\varphi}$ 分析法考虑了渗流作用和水位的降落。在稳定性分析中，孔隙水压力已被扣除，抗滑力完全由有效应力产生。这种方法更符合水位长期变动下的堆积层滑坡的稳定性评价。以三峡工程为例，库区水位变动影响的滑坡大都为堆积层滑坡，在库水作用下，常形成连续的浸润面(即存在统一的地下水位)。同时，对库区滑坡的研究，主要考虑长期稳定性。因此，应该采用有效应力法。

根据伯努利方程，饱和土体水体的渗流，其总水头可用位置水头、压力水头和流速水头之和表示。位置水头与压力水头之和称为测管水头。在滑坡体中，一般情况下，由于土中渗流阻力大，流速较小，其流速水头可以不计。总应力可视为滑体土骨架产生的有效应力以及浮力之和。但在三峡库区，存在水位骤降以及 175～145m 之间的往复波动，沿滑坡主剖面不同部位的总水头(等同于测管水头)将沿渗流方向下降，两点之间的水头损失(Δh)与沿点渗透途径(L)之比成为水力坡降(i)。因此，应该考虑滑坡土体受到的水流外力作用，即渗透压力。渗透压力是一种体积力，其大小与水力坡降成正比，其方向与渗流方向一致。

(2) 渗透压力作用下滑坡稳定系数和推力计算公式。

一般地，库区滑坡的滑带形状可以概化为圆弧型和折线型两种。可以选用相应的计算模型：

① 滑动面为单一平面或圆弧面(图 8-3)

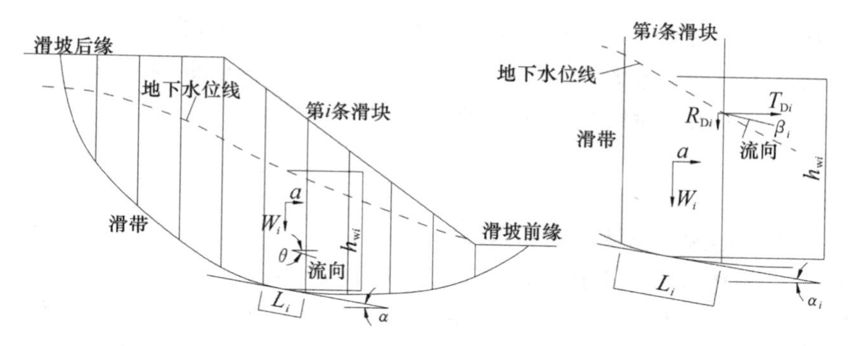

图 8-3 堆积层滑坡计算模型之一：瑞典条分法(圆弧型滑动面)

滑坡稳定性计算：

$$F_s=\frac{\sum\{[W_i(\cos\alpha_i-a\sin\alpha_i)-N_{Wi}-R_{Di}]\tan\varphi_i+c_iL_i\}}{\sum[W_i(\sin\alpha_i+a\cos\alpha_i)+T_{Di}]} \tag{8-16}$$

式中，孔隙水压力 $N_{Wi}=\gamma_W h_{iW}L_i$，即近似等于浸润面以下土体的面积 $h_{iW}L_i$ 乘以水的重度 γ_W。

渗透压力产生的平行滑带分力

$$T_{Di}=\gamma_W h_{iW}L_i\sin\beta_i\cos(\alpha_i-\beta_i)$$

渗透压力产生的垂直滑带分力

$$R_{Di}=\gamma_W h_{iW}L_i\sin\beta_i\cos(\alpha_i-\beta_i)$$

式中 W_i——第 i 条块的重量，kN/m；

c_i——第 i 条块内聚力，kPa；

φ_i——第 i 条块内摩擦角，(°)；

L_i——第 i 条块滑带长度，m；

α_i——第 i 条块滑带倾角，(°)；

β_i——第 i 条块地下水流向，(°)；

a——地震加速度，m/s^2，重力加速度为 g；

F_s——边坡稳定系数。

滑坡体中孔隙水压力的确定是非常困难的。若假定有效应力

$$\overline{N}_i=N_i-\gamma_{Wi}h_{Wi}l_i=(1-r_U)W_i\cos\alpha_i$$

式中，r_U 是孔隙压力比，定义为总的孔隙水压力与总的上浮压力之比。可表示为

$$r_U=\frac{\text{滑体水下面积}\times\text{水的重度}}{\text{滑体总体积}\times\text{滑体重度}}\approx\frac{\text{滑坡水下面积}}{\text{滑坡总面积}\times 2}$$

通常水的重度与滑体重度之比可简化为 1/2。这样，r_U 实际上在计算中大大简化了，仅需获取滑坡条块水下面积的条块总面积即可。相应地，式(8-16)可简化为

$$F_s=\frac{\sum(\{[W_i(1-r_U)\cos\alpha_i-a\sin\alpha_i]-R_{Di}\}\tan\varphi_i\rightarrow\varphi_i-c_iL_i)}{\sum[W_i(\sin\alpha_i+a\cos\alpha_i)+T_{Di}]} \tag{8-17}$$

式中，对 W_i 的注释是“第 i 条块的重量(kN/m)”。在进行计算中，应对滑坡体不同岩层(重度可能不同)的状况进行分层考虑，同时，将区分浸润面上下土体的重度。当处于地下水位以上时用天然重度，而处于水中时用饱和重度，即

$$W_i=(\gamma_i h_{i1}+\gamma_{sat}h_{iw})b_i$$

式中 γ_i，γ_{sat}——滑体天然重度与饱和重度，kN/m^3；

h_{i1}，h_{iw}——滑体浸润面上部条块与下部条块高度，m。

值得指出的是，在公式中，由于考虑了静孔隙水压力作用，因此，未引用浮重度 γ'。考虑浮重度时，即 $\gamma'=\lambda_{sat}\gamma_w$，式(8-16)中的孔隙水压力 N_{Wi} 应归并，即 $W_i=(\gamma_1 h_{i1}+\gamma' h_{iw})b_i$。式(8-16)相应改为

$$F_s = \frac{\sum\{[W_i(\cos\alpha_i - a\sin\alpha_i) - R_{Di}]\tan\varphi_i + c_i L_i\}}{\sum[W_i(\sin\alpha_i + a\cos\alpha_i) + T_{Di}]} \tag{8-18}$$

② 滑坡推力计算。申润植等提出了基于圆弧法的滑坡推力计算公式。针对滑坡特征和防治工程措施,提出了两种推力计算方法:

a. 抗剪:滑坡当滑体相对完整,且强度大,滑带抗剪强度较低时,滑坡推力一般呈矩形分布

$$H_s = (K_s - F_s) \times \sum (T_i \times \cos\alpha_i) \tag{8-19}$$

b. 抗弯:滑体完整性较差,滑坡推力一般呈三角形分布

$$H_m = (K_s - F_s)/K_s \times \sum (T_i \times \cos\alpha_i) \tag{8-20}$$

式中 H_s, H_m——滑坡推力,kN;

K_s——设计安全系数;

T_i——条块重量在滑带切线方向分力。

(2) 滑动面为折线形(图 8-4)

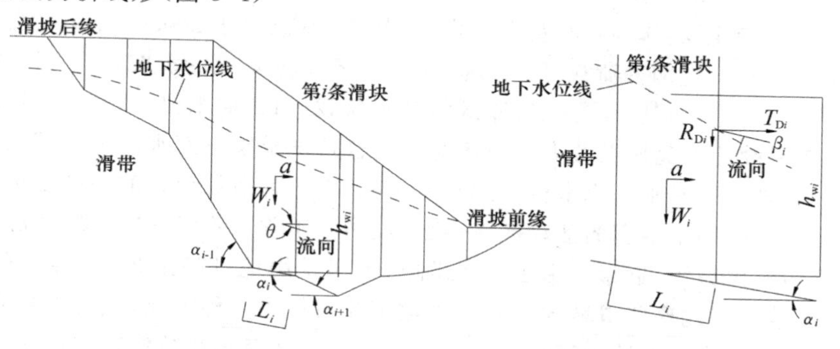

图 8-4 堆积层滑坡计算模型之二:传递系数法(折线型滑动面)

① 滑坡稳定性计算

$$F_s = \frac{\sum_{i=1}^{n-1}\left[(\{W_i[(1-r_U)\cos\alpha_i - a\sin\alpha_i] - R_{Di}\}\tan\varphi_i + c_i L_i)\prod_{j=i}^{n-1}\Psi_j\right] + R_n}{\sum_{i=1}^{n-1}\left\{[W_i(\sin\alpha_i + a\cos\alpha_i) + T_{Di}]\prod_{j=i}^{n-1}\Psi_j\right\} + T_n} \tag{8-21}$$

其中,

$$R_n = \{W_n[(1-r_U)\cos\alpha_n - a\sin\alpha_n] - R_{Dn}\}\tan\varphi_n + c_n L_n$$

$$T_n = W_n(\sin\alpha_n + a\cos\alpha_n) + T_{Dn}$$

式中,Ψ_j 为第 i 块段的剩余下滑力传递至第 $i+1$ 块段时的传递系数($j = i$),即

$$\Psi_j = \cos(\alpha_i - \alpha_{i+1}) - \sin(\alpha_i - \alpha_{i+1})\tan\varphi_{i+1}$$

其余注释同上。

② 滑坡推力。应按传递系数法计算,公式如下:

$$P_i = P_{i-1} \times \Psi + K_s \times T_i - R_i \tag{8-22}$$

其中:

下滑力

$$T_i = W_i \sin\alpha_i + a\cos\alpha_i + \gamma_W h_{iW} L_i \tan\beta_i \cos(\alpha_i - \beta_i)$$

抗滑力

$$R_i = [W_i(\cos\alpha_i - a\sin\alpha_i) - N_{Wi} - \gamma_W h_{iW} L_i \tan\beta_i \sin(\alpha_i - \beta_i)]\tan\varphi_i + c_i L_i$$

传递系数

$$\Psi = \cos(\alpha_{i-1} - \alpha_i) - \sin(\alpha_{i-1} - \alpha_i)\tan\varphi_i$$

当采用孔隙水压力比时，抗滑力 R_i 可采用如下公式

$$R_i = \{W_i[(1 - r_U)\cos\alpha_i - a\sin\alpha_i] - \gamma_W h_{iW} L_i\}\tan\varphi_i + c_i L_i$$

(3) 滑坡防治设计工况讨论

一般说来，滑坡所受荷载主要包括以自重为主的基本荷载和以暴雨、地震为主的特殊荷载两种。以三峡库区滑坡防治工程为例，其荷载类型与库区水位变动密切相关。

三峡水库建成后，在非汛期(10 月～次年 4 月上旬)，坝前水位保持在 145～175～145m 之间波动，水位变幅为 30m；在汛期(6 月中旬～9 月底)运行时，需将水库蓄水位降低到防洪限制水位 145m 左右，以便洪水到来时拦蓄洪水。当遇上 5a，20a，100a，1 000a 一遇洪水时，坝前水位分别为 147.2m，157.5m，166.7m 和 175m，洪峰过后水库水位迅速降至 145m，以防可能再次发生洪水。因此，关于从 175～145m 的水位骤降是存在的，从安全考虑，可以作为一种校核工况。

从工况来说，“自重”将作为临时基本荷载，因为该种荷载将于 2009 年结束；“自重＋暴雨”亦将作为临时特殊荷载。这两种荷载可不作为三峡库区受库水影响的滑坡防治工程的设计工况。

“自重＋库水位 175m”应作为三峡库区的基本荷载，而二期水位 135m，以及 156m 等为过渡水位，可不作为设计工况加以考虑。与此对应，“自重＋暴雨＋库水位 175m”“自重＋库水位降 175～145m”“自重＋暴雨＋库水位降 175～145m”应作为滑坡设计的一种工况，进行工程设计与校核。由于库区处于地震弱活动区，一般滑坡防治工程可不考虑“地震”工况。

在库区许多移民城镇，近年来由于发展迅速，可建设用地日趋紧张，不得不在滑坡体上修建房屋，甚至高楼。因此这些滑坡地区必须将建筑荷载作为一种工况，或者折算为滑坡自重荷载。特别是沿江路一带设置防治工程时，必须考虑卡车(甚至超载数倍)荷载。

4. 边坡稳定性计算实例

三峡工程举世瞩目，水库库容量大，库水回程长，水位落差大。水库建成运行后，坝前正常水位为 175m，防洪限制水位为 145m，水位变化幅度达 30m。随着库水位的循环涨落，库区的水文地质条件受到剧烈影响，恶化了库岸边坡的岩土力学特性，并在坡体内产生了较大的静水压力和渗透力，使古老滑坡复活，造成部分现状稳定的边坡出现失稳破坏，给库区人民的生命财产及水库的运行带来巨大的安全隐患。下面以三峡库区重庆万州关塘口滑坡为例，详细地介绍基岩区地下水对边坡稳定性的影响，并对边坡的稳定性进行评价。

[实例]：重庆万州关塘口滑坡

1. 关塘口滑坡基本特征(图 8-5)

(1) 地质条件。滑坡区位于万州苎溪河右(南)岸岸坡上，地貌上属中切丘陵河谷岸坡地貌，为太白岩老崩滑体的一部分。地形上南高北低，坡顶标高 212～222m，高出苎溪河 80m 左右。滑坡沿宽缓的侵蚀沟谷分布，地形呈台阶状，表面坡度上陡下缓。大致以国本支路为界，滑体上部呈斜坡状，坡度角 25°～35°；下部以龙井路为界呈 2 级台阶状，地面坡度极平缓，坡度角 5°～10°，呈舌状伸入苎溪河，使该段河道形成不协调的河曲。下部由南向北第 1 级台阶台面高程 160～177m，宽 140～260m；第 2 级台阶阶面高程 140～160m；宽 80～150m。2 级台阶之间以斜坡或陡坎相接，斜坡坡度角 10°～25°，坎高 3～10m。前缘剪出口一带为受河流冲刷

的临河岸坡，坡高8～16m，坡度角20°～50°。

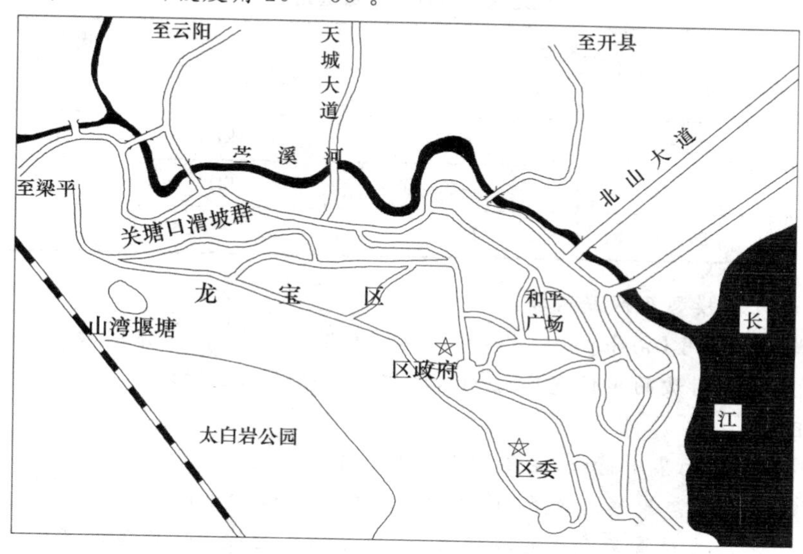

图8-5 万州关塘口滑坡位置图

关塘口滑坡群平面形态呈一短靴状，滑体南高北低，后缘边界高程212～222m，前缘剪出口高程133～141m，高差达80m，南北长约500m，东西宽约800m，为一横长式滑坡，总面积约$0.4km^2$，厚度17.0～49.1m，总体积$1\,280\times10^4 m^3$。整个滑体主要由第四系块碎石土夹粉质黏土、粉质黏土夹块碎石组成，块碎石成分主要为砂岩及泥岩。据试坑渗水试验，粉质黏土隔水性能较好，滑体内地下水主要接受大气降水及地表水补给，短途径流，在地形低点处排出，故地下水的赋存条件差，滑坡堆积层内地下水贫乏，富水性极不均一。

(2) 计算方案的选取。关塘口滑坡位于太白岩老滑体的中前部，目前整体稳定，其后缘有一定的变形迹象。据勘察，后缘的变形主要发生于关塘口滑坡的浅层部位。结合滑坡稳定性分析，选用了Ⅱ—Ⅱ′和Ⅴ—Ⅴ′两条剖面进行计算。关塘口滑坡滑带大致有圆弧形、折线形，因此，稳定性评价选用了Fillennius法、Bishop法、Janbu法及传递系数法进行分析。滑坡推力采用传递系数法进行计算，其他方法进行校核。

(3) 滑带土物理力学性质参数的选取。通过勘察中对钻孔及竖井中取的土样进行室内试验，以及滑带现场大剪试验，可得有关计算所选取的各剖面滑带土的物理力学性质参数(表8-2)。

表8-2　关塘口滑坡滑带土物理力学性质参数

天然状态				饱和状态			
峰值		残值		峰值		残值	
c	φ	c	φ	c	φ	c	φ
kPa	(°)	kPa	(°)	kPa	(°)	kPa	(°)
38.14	17.17	29.93	13.49	27.46	13.82	19.86	9.59

滑体天然重度取20.3 kN/m^3，饱和重度取20.6kN/m^3。通过综合判定和反演分析，关塘口滑坡滑带土抗剪强度参数如表8-3所示。

表 8-3　　　　　　　　　　　　**稳定性分析计算参数选用表**

部位	天然状态		饱和状态	
	c	φ	c	φ
	kPa	(°)	kPa	(°)
主滑带	30	15	21	13.5
后缘浅层	27	12.9	20	12.5

(4) 滑坡的计算模型及荷载组合:

① 计算模型。采用 Calslope 通用程序对各剖面进行计算时,滑体坡面地形线及滑带均简化成折线。计算时取滑坡的单位宽度为 1m,简化为二维问题进行计算。

② 荷载组合

(a) 自重:滑坡体无集中荷载,主要为滑体的自重。

(b) 地下水作用力。勘察工作表明,降雨入渗能在滑坡滑体内形成渗流场。因此计算时,除了要考虑孔隙水压力对滑带产生的浮托力,还应考虑暴雨对滑体稳定性产生的影响。

(c) 三峡水库水位。三峡工程完工后所形成的三峡水库蓄水位及水库调度对滑坡稳定产生多方面的影响。因此,在计算时考虑了以下两种情况:长江三峡库水正常蓄水位 175m 时对滑坡的稳定性影响;长江三峡库水位下降(175～145m)时的滑坡稳定性计算。

③ 工况组合

(a) 工况 1:自重+暴雨　$K_s=1.25$(整体)、$K_s=1.20$(后缘浅层)

(b) 工况 2:自重+库水位(175m)+暴雨 $K_s=1.15$

(c) 工况 3:自重+库水位下降(175～145m)+暴雨　$K_s=1.15$

各工况计算剖面如图 8-6、图 8-7 所示。

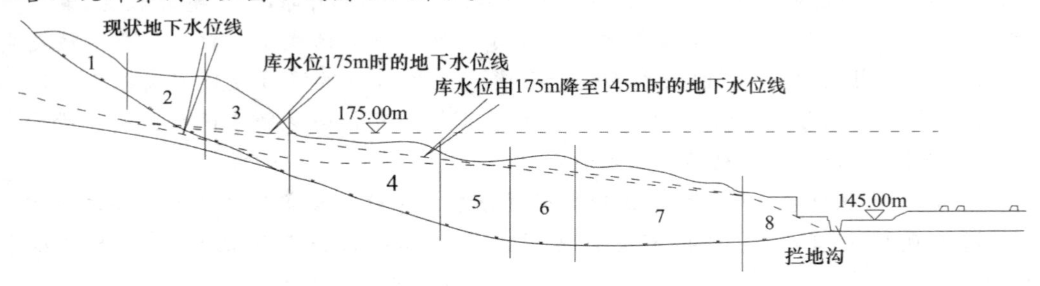

图 8-6　万州关塘口滑坡Ⅱ—Ⅱ′剖面稳定性计算示意图

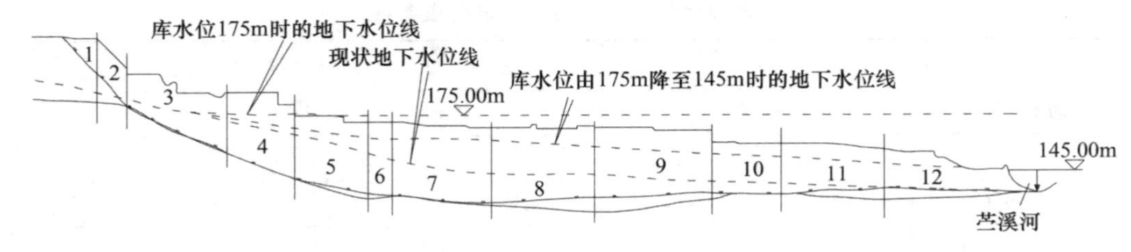

图 8-7　万州关塘口滑坡Ⅴ—Ⅴ′剖面稳定性计算示意图

2. 计算数据

(1) 关塘口滑坡整体稳定性分析计算数据如表 8-4a、表 8-4b 所示。

表 8-4a　　万州关塘口滑坡Ⅱ—Ⅱ′剖面稳定性计算数据表

剖面编号	土条	分界	X 坐标/m	坡顶/m	滑带/m	水位			天然状态		饱和状态		外荷/kN
						工况 1	工况 2	工况 3	c/kPa	φ/(°)	c/kPa	φ/(°)	
Ⅱ-Ⅱ′		X1	5	213	213	213	213	213	27	12.9	20	12.5	0
	1	X2	37.44	200.05	190.02	190.02	188.91	180.98	27	12.9	20	12.5	0
	2	X3	64.79	196.68	174.29	174.36	177.99	177.00	30	15	21	13.5	0
	3	X4	93.00	176.90	161.41	166.91	175.40	173.07	30	15	21	13.5	0
	4	X5	144.93	167.99	143.20	165.17	167.99	166.14	30	15	21	13.5	0
	5	X6	168.55	166.85	137.26	164.08	166.85	164.42	30	15	21	13.5	0
	6	X7	191.05	166.20	135.22	161.88	166.20	162.31	30	15	21	13.5	0
	7	X8	247.60	154.06	136.37	153.00	154.06	153.11	30	15	21	13.5	0
	8	X9	279.02	145.90	140.40	140.80	145.90	140.40	30	15	21	13.5	0

表 8-4b　　万州关塘口滑坡Ⅴ—Ⅴ′剖面稳定性计算数据表

剖面编号	土条	分界	X 坐标/m	坡顶/m	滑带/m	水位			天然状态		饱和状态		外荷/kN
						工况 1	工况 2	工况 3	c/kPa	φ/(°)	c/kPa	φ/(°)	
Ⅴ-Ⅴ′		X1	17.49	218.79	218.79	218.79	215	218.79					
	1	X2	37.16	216.73	198.08	198.08	198.08	198.08	27	12.9	20	12.5	0
	2	X3	55.25	198	183.44	184.33	184.33	184.33	27	12.9	20	12.5	0
	3	X4	111.59	188.13	155.96	173.25	176.95	174.31	27	12.9	20	12.5	0
	4	X5	151	181.3	142.56	165.9	175	169.1	30	15	21	13.5	0
	5	X6	192.28	171.86	133.97	155.7	171.86	164.54	30	15	21	13.5	0
	6	X7	206.28	171.78	132.65	152.25	171.78	163.29	30	15	21	13.5	0
	7	X8	263.67	168.51	128.5	144.38	168.51	161.85	30	15	21	13.5	0
	8	X9	323.21	168.93	131.09	143.22	168.93	158.68	30	15	21	13.5	0
	9	X10	390.61	166	133.49	140.02	166	154.88	30	15	21	13.5	0
	10	X11	430.6	159.8	133.3	138.77	159.8	152.51	30	15	21	13.5	0
	11	X12	489.27	156.27	135.59	136.59	156.27	149.02	30	15	21	13.5	0
	12	X13	580	133.5	133.5	133.5	133.5	133.5	30	15	21	13.5	0

3. 稳定性分析计算结果

关塘口滑坡在工况 1～3 下整体稳定性分析计算结果如表 8-5a、表 8-5b 所示。

表 8-5a　　Ⅱ—Ⅱ′剖面水位自 175m 下降到 145m 时滑坡稳定系数计算结果

工况	$a=0g$				$a=0.05g$			
	费伦纽斯法	毕肖普法	简布法	条分法	费伦纽斯法	毕肖普法	简布法	条分法
滑带饱水	1.444	1.4961	1.4844	1.55	1.1506	1.1825	1.1824	1.22
有水:仅有静水压	1.0102	1.0581	1.046	1.09	0.8016	0.8305	0.8267	0.85
有水:静水压+渗透压	0.9674	1.0142	1.0035	1.05	0.7642	0.7916	0.7886	0.82

表 8-5b　　Ⅴ—Ⅴ′剖面水位自 175m 下降到 145m 时滑坡稳定系数计算结果

工况	$a=0g$				$a=0.05g$			
	费伦纽斯法	毕肖普法	简布法	条分法	费伦纽斯法	毕肖普法	简布法	条分法
滑带饱水	2.5494	2.6311	2.5035	2.83	1.7379	1.7842	1.751	1.86
有水:仅有静水压	1.8267	1.905	1.8328	2.03	1.2418	1.2849	1.2689	1.33
有水:静水压+渗透压	1.7567	1.8327	1.766	1.96	1.1968	1.2388	1.2247	1.29

4. 滑坡推力计算分析

将滑体划为条块进行推力计算(图 8-6、图 8-7),考虑基本荷载、自重与含水组情况,分为 3 种工况进行剩余下滑力计算分析。基本荷载情况下,滑坡剩余下滑力为 0。为了进行趋势分析和对比研究,在理论上将剩余下滑力仍按计算结果考虑,但在设计时,实际值视为 0。在此主要采用了条分法进行计算。

(1) Ⅴ—Ⅴ′剖面滑坡推力计算结果。表 8-6a 给出了当安全系数 $K_s=1.15$ 时,三峡水库蓄水到 175m 正常高水位的滑坡推力。包括了"滑带饱和,但无地下水位"和"有地下水位,但仅有静水压力"两种情况,并考虑了地震加速度 $a=0$, $a=0.05g$, $a=0.1g$ 工况下的滑坡推力(kN)。

表 8-6a　　Ⅴ—Ⅴ′剖面 175m 正常高水位的滑坡推力

滑带饱和			静水压力		
$a=0g$	$a=0.05g$	$a=0.1g$	$a=0g$	$a=0.05g$	$a=0.1g$
2090	2276	2462	2180	2367	2554
5072	5582	6092	5179	5689	6199
11438	13504	15570	13069	15146	17223
14381	18104	21826	18523	22274	26025
12940	18504	24068	20414	26031	31649
10715	16767	22819	19217	25330	31443
1878	10712	19547	15678	24613	33548
0	0	8936	4942	16420	27898
0	0	0	0	9265	23684
0	0	0	0	6827	22842
0	0	0	0	2030	19565
0	0	0	0	0	18179

表 8-6b 给出了当安全系数 $K_s=1.15$ 时，三峡水库蓄水由 175m 下降到 145m 水位的滑坡推力。与表 8-6a 相比，增加了“有地下水位，并考虑渗透压力”的工况。

表 8-6b 计算结果表明：以第 8 条块为例，当地震加速度 $a=0$，在“滑带饱和”下，滑坡推力 $P=0$；在“仅有静水压力”下，滑坡推力 $P=1\,334$kN；在“有渗透压力”下，滑坡推力 $P=3\,138$kN。同样，当地震加速度 $a=0.1g$，在“滑带饱和”下，滑坡推力 $P=8\,936$kN；在“仅有静水压力”下，滑坡推力 $P=24\,237$kN；在“有渗透压力”下，滑坡推力 $P=26\,041$kN。反映了滑坡推力在 3 种状态下是依次增大的。

表 8-6b　V—V′剖面水位自 175m 下降到 145m 时的滑坡推力

滑带饱和			静水压力			渗透压力		
$a=0g$	$a=0.05g$	$a=0.1g$	$a=0g$	$a=0.05g$	$a=0.1g$	$a=0g$	$a=0.05g$	$a=0.1g$
2 090	2 276	2 462	2 090	2 276	2 462	2 090	2 276	2 462
5 072	5 582	6 092	5 092	5 602	6 111	5 112	5 622	6 132
11 438	13 504	15 570	12 704	14 879	16 954	13 408	15 484	17 559
14 381	18 104	21 826	17 857	21 603	25 350	19 006	22 753	26 499
12 940	18 504	24 068	19 117	24 725	30 334	20 687	26 295	31 904
10 715	16 767	22 819	17 701	23 804	29 906	19 314	25 417	31 519
1 878	10 712	19 547	13 148	22 064	30 981	14 888	23 804	32 721
0	0	8 936	1 334	12 786	24 237	3 138	14 589	26 041
0	0	0	0	3 843	18 324	0	5 874	20 255
0	0	0	0	594	16 563	0	2 628	18 597
0	0	0	0	0	12 356	0	0	14 438
0	0	0	0	0	10 096	0	0	12 278

但是，表 8-6a 和 8-6b 计算结果对比表明：在相同安全系数($K_s=1.15$)下，175m 状态下的滑坡推力，以第 8 条为例：$a=0$，$P=0$(饱和)，$P=4\,942$kN(静水压力)；$A=0.1g$，$P=8\,936$kN(饱和)，$P=27\,898$kN(静水压力)，要比由 175m 下降到 145m 水位的滑坡推力大。说明三峡库区在水位由 175m 下降为 145m 的过程中，滑坡稳定性并不都是降低的。对于滑带平缓且厚度不大的滑坡体来说，由于滑体水下面积减少，水力坡降较小，反而有利于滑坡体稳定，也说明滑坡体浮力的降低速率要大于渗透压力的增加速率。

(2) Ⅱ—Ⅱ′剖面滑坡推力计算结果。

表 8-7a 反映了三峡水库蓄水到 175m 正常高水位的滑坡推力。表 8-7b 反映了三峡水库蓄水由 175m 下降到 145m 水位的滑坡推力。所得结论与剖面V—V′是相同的。

表 8-7a　Ⅱ—Ⅱ′剖面达到 175m 正常高水位时的滑坡推力

滑带饱和			静水压力		
$a=0g$	$a=0.05g$	$a=0.1g$	$a=0g$	$a=0.05g$	$a=0.1g$
882	1 066	1 251	882	1 066	1 251
3 828	4 531	5 234	3 910	4 614	5 317
6 024	7 360	8 696	6 723	8 064	9 405
8 142	10 741	13 340	11 287	13 908	16 529
8 072	11 406	14 740	12 686	16 053	19 420
5 235	9 251	13 268	11 229	15 289	19 349
0	1 718	7 281	5 149	10 777	16 406
0	0	4 265	2 171	8 060	13 948

表 8-7b　　Ⅱ—Ⅱ′剖面水位自 175m 下降到 145m 时的滑坡推力

滑带饱和			静水压力			渗透压力		
$a=0g$	$a=0.05g$	$a=0.1g$	$a=0g$	$a=0.05g$	$a=0.1g$	$a=0g$	$a=0.05g$	$a=0.1g$
882	1 066	1 251	882	1 066	1 251	882	1 066	1 251
3 828	4 531	5 234	4 029	4 734	5 438	4 121	4 825	5 530
6 024	7 360	8 696	6 723	8 064	9 405	6 985	8 326	9 667
8 142	10 741	13 340	11 021	13 641	16 260	11 873	14 492	17 111
8 072	11 406	14 740	12 305	15 669	19 034	13 327	16 692	20 057
5 235	9 251	13 268	10 700	14 755	18 811	11 808	15 863	19 919
0	1 718	7 281	4 319	9 941	15 564	5 448	11 070	16 693
0	0	4 265	1 136	7 016	12 897	1 849	7 730	13 611

5. 滑坡稳定性评价

(1) 现状下的稳定性。由上面的稳定性分析计算可知，关塘口滑坡群整体除滑坡西部(Ⅱ—Ⅱ′剖面)，在现状(自重＋暴雨)下均处于稳定。计算中充分考虑了静水压力对滑体作用的恶劣情况，但实际情况中沙龙路上的后缘裂缝大多已用乳化沥青封闭，并加修排水沟。而且在对滑坡勘察过程中，发现滑体的渗透能力极差。对静水压力的考虑导致Ⅱ—Ⅱ′剖面稳定系数偏低。目前，关塘口滑坡西部在自重加暴雨的条件下处于欠稳定状态。如发生较大的降雨，一旦排水不畅，滑坡有失稳的可能。

(2) 三峡库水位及水位调度下的稳定性。由上面的计算分析可知，整个滑坡在三峡坝前水位达到 175m(吴淞口高程)时，关塘口滑坡的稳定性是最差的。由于关塘口滑坡中前部为抗滑段，地形平缓，大部分处于 175m 水位之下，滑体的渗透能力差，当水位从 175m 下降到 145m 时，不能形成较大的水力梯度，地下水渗透压力增加对滑坡的不利影响不如浮力减少对滑坡的有利影响。故此时，关塘口滑坡的总体稳定性与 175m 水位时相比略有增加。工况 2(175m 库水位＋暴雨)为关塘口滑坡的最恶劣的工况。

在 175m 水位时，Ⅱ—Ⅱ′剖面稳定系数为 1.03，处于欠稳定状态，稳定性较差；Ⅴ—Ⅴ′剖面稳定系数为 1.5～1.6，整体稳定性好。

8.5.2　隧道工程地下水

基岩裂隙水是我国分布最普遍的地下水类型之一。在隧道、大坝等大型地下工程建设中，基岩裂隙水的富集直接对施工及建成后的运营管理构成威胁，并引起许多特殊的工程问题，如塌方、冒顶、涌水突水、甚至地下泥石流、隧道大变形等。据统计，南昆铁路的 415 座隧道中，15%的洞段发生塌方，93.5%发生涌水；青藏铁路关角隧道通过 11 条断层带，修建过程中，发生塌方达 60 余次；大瑶山隧道穿过九号断层时基岩裂隙水短期最大涌水量达 38 000t/d，在隧道修建过程中，发生大规模塌方达 29 次。分析认为，基岩裂隙水对软弱结构面和软层、破碎带浸泡、软化，使其强度降低，同时带走软弱面间的充填物，使岩体迅速解体，促使塌方或使塌方恶化。基岩裂隙水的母体是裂隙岩体，按结构面发育情况，裂隙岩体结构可分为 5 类，如表 8-8 所示。由于基岩裂隙水的埋藏、分布不均匀，其赋存和运动比较复杂。因而，对基岩地区的水文地质研究较少，应引起重视。下面以甘肃新七道梁隧道区基岩裂隙水为工程实例加以介绍。

表 8-8　　裂隙岩体结构类型

裂隙岩体结构类型	裂隙面发育情况	完整性系数	渗透性	定量模式
整体状结构	裂隙不发育，微裂隙为主	>0.9	基本不透水	连续介质
块状结构	节理一般发育	0.6～0.8	透水性差	非连续介质
层状结构	裂隙比较发育	0.3～0.6	透水具有明显各向异性	非连续介质
碎裂状结构	裂隙发育	0.1～0.3	透水性较强	非连续介质
散体状结构	裂隙发育	<0.1	透水性强	似连续介质

1. 新七道梁隧道区基岩裂隙水的赋存特征

七道梁是兰州市七里河区与定西市临洮县的分水岭，该地区属温带半干旱气候，北坡较阴湿，南坡干燥少雨。年降水 500mm，年蒸发 1 500mm。隧址区属中低山区，分水岭以北地势陡峻，基岩裸露，风化裂隙和构造裂隙比较发育，有利于降水入渗而形成基岩裂隙水。分水岭以南地势较缓，上覆风积黄土 3～15m，黄土一般透水不含水，在底部有泥岩存在的地段，在泥岩的风化带与上覆风积黄土层中形成少量裂隙孔隙水；在黄土底部裂隙发育部位，黄土中的水渗入基岩中形成基岩裂隙水。区内基岩裂隙水主要分布在河口群砂岩、砾岩中，由于岩石构造发育的性状和规模各异，以及地形地貌的不同，因此，地下水分布不均匀，富水性变化大。

隧址区基岩裂隙水主要为大气降水补给，通过厚度不大的第四系覆盖层和基岩强风化层渗入地下，再沿基岩节理裂隙运移形成裂隙潜水，到构造破碎带可能形成局部汇集现象，最后以基岩裂隙下降泉形式排出坡外，局部地段当构造、地形、隔水及透水层、岩层产状等条件具备时，也可能形成小规模的承压水。地下水水位受气候、水文地质条件的影响动态变化，枯水季节水位埋深增大，排泄量减少；丰水期埋深变浅，排泄量相对较大。

2. 基岩裂隙水渗流特性分区

新七道梁隧道围岩裂隙具有孔隙-裂隙双重介质特征，隧址区内地下水类型基本为基岩裂隙水，地下水分布不均，隧道围岩富水性变化大。

1）南口(进口段)——F4 断层

(1) 工程地质条件。本段内岩性为砾岩风化层、砾岩，硅化结晶灰岩，千枚岩。砾岩风化层、砾岩，岩层产状平缓，断层、节理不很发育，岩体完整性较好；灰岩和千枚岩区段，产状陡立，沿倾向褶曲，灰岩坚硬，较完整，裂隙发育。千枚岩呈薄片状构造，较软弱，完整性差；F4 断层穿越其中，属陡倾角逆冲断层，为区域性大断裂，走向 315°，倾角 74°。其断层破碎带及其影响带宽约 120m，断层带内物质为断层泥、角砾岩、碎块岩及千枚岩等。

(2) 渗流分析。进口段隧洞处于包气带中，受大气降水及地表水入渗补给控制。在雨季沿裂隙滴水，洞内湿润，而在旱季较干燥，一般不会产生大量突水；灰岩由于未受大型地质结构面切割，仅节理、裂隙含水，水量不大；千枚岩形成隔水层，本身不富水，此段比较干燥，仅有局部的裂隙渗水和湿润；F4 断层及影响带具有富水、饱水和阻水的特征，以断层泥为主体的主断层带构成隔水层，分割上、下盘为两个不同的水文地质单元。上盘岩体为中厚层状灰岩夹千枚岩或灰岩与千枚岩互层，基岩裂隙水阻于主断层上部富集。下盘为砂岩夹泥岩或砂岩泥岩互层，受岩性和构造界面控制，发育间隔状构造裂隙水富集带。

根据开挖后隧道内涌水量观测统计，仅在 XK21＋045～XK20＋825 区间，拱顶及左、右边墙出现大小不一的涌水、渗水现象，但涌水点多数分布在右边墙。该段岩性为结晶灰岩，属硬脆性岩层，裂隙发育，地下水为基岩裂隙水。设计预测与实际观测涌水量对比见表 8-9 和图 8-8。

表 8-9　进口——F4 断层区段隧道内涌水量统计

里程	岩型	岩体结构类型	结构面发育情况	富水分区	实测涌水量/(t·d⁻¹)		动态变化	预测涌水量/(t·d⁻¹)	误差/(t·d⁻¹)
					最大值(位置)	平均值			
XK21＋440～＋270	砾岩风化层、砾岩及断层破碎带(F5)	层状结构，散体结构	裂隙发育	包气带，基本无水	无水	无水	不稳定，受降雨影响明显	无水	
XK21＋270～XK20＋800	硅质灰岩夹千枚岩	块状-层状结构	裂隙发育	基岩裂隙水，水量较大	48.22(XK20＋911 右边墙)	42.50/300m	稳定，受降雨影响不明显	50/300m	
XK20＋800～＋690	F4 断层带	散体结构	裂隙发育	压性断裂带，基本无水	1.227(XK20＋691 右边墙)	0.41/110m	稳定，受降雨影响不明显		−7.5/300m

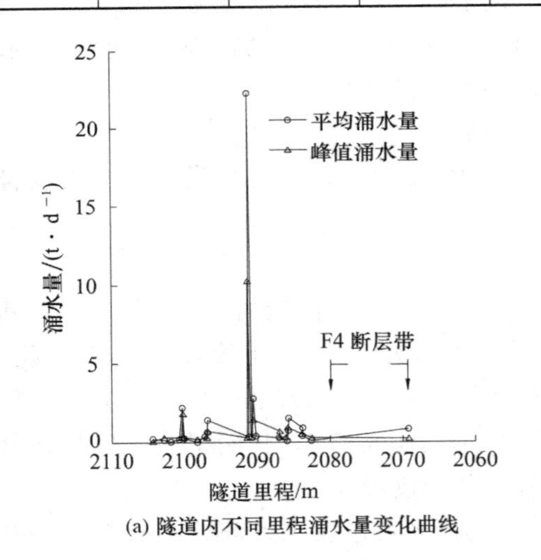

(a) 隧道内不同里程涌水量变化曲线

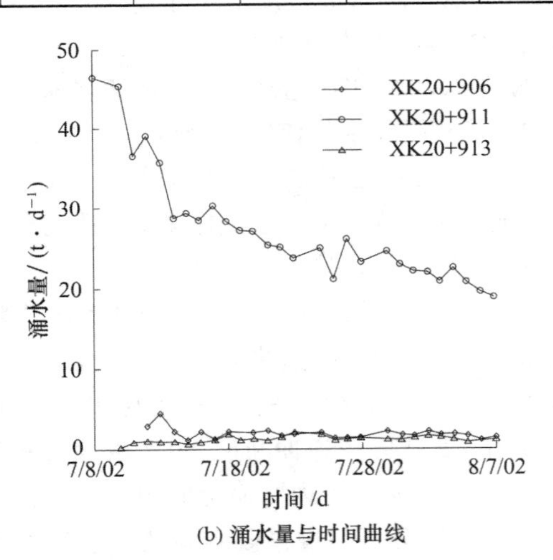

(b) 涌水量与时间曲线

图 8-8　隧道进口——F_4 断层区段涌水量变化曲线

2) F4 断层——F3 断层区间

(1) 工程地质条件。该段位于水地河谷地，南、北正好为 F4 和 F3 断裂带所辖，基岩岩性基本为砂岩夹泥岩，中厚-厚层状，岩石破碎，裂隙发育，局部小褶皱，总体呈一不对称向斜；F3 断层为陡倾角正断层，走向 NW-SE，倾向 SW，倾角 60°。其上下盘均为下白垩统河口群下组地层，断层带内为破碎的砂岩、泥岩，裂隙发育，完整性差。

(2) 渗流分析。由于裂隙的发育程度受岩性和褶皱构造密切控制，而砂岩和泥岩裂隙发育的差异非常明显，同一个砂岩层其中的裂隙相互贯通，同时，砂岩由于刚性强，一般裂隙的张开性、连通性均较好，因而砂岩成为相对的含水层。而泥岩则由于其软塑性，裂隙细而密，含水导水性差，成为相对的隔水层。由于砂、泥岩裂隙水具有相对的成层性，从而使层间裂隙水具有承压性质。裂隙水的相对成层性还导致砂、泥岩层含水、富水性向深部逐渐降低的趋势，而且含水砂岩段之间，泥岩相隔，互无水力联系，无法进行越流补给；F3 断层为规模不大的正断层，上盘为砂岩夹泥岩层，地下水受降雨和地表水入渗补给，水地河是主要的补给源，在重力作用下，通过地表出露的裂隙和风化带裂隙垂直入渗补给，因此，F3 断层上盘富水，同时，F3 断层具有含水和强导水性质，它不仅能使通过砂、泥岩层的裂隙水“疏干”，而且使其上的风化带裂隙水强烈排泄，水位急剧下降。

根据开挖后隧道内涌水量观测统计，设计预测与实际观测涌水量对比见表 8-10 和图 8-9。

表 8-10　F4 断层——F3 断层区段隧道内涌水量统计

里程	岩型	岩体结构类型	结构面发育情况	富水分区	实测涌水量/(t·d^{-1})		动态变化	预测涌水量/(t·d^{-1})	误差/(t·d^{-1})
					最大值(位置)	平均值			
XK20＋690～＋370	砂岩夹泥岩	层状构造	裂隙发育	基岩裂隙水水量较大	24.19(XK20＋536 右边墙)	122.47/300m	不稳定，受降雨影响明显	938/500m	−440.33/300m
XK20＋370～＋320		散体构造	裂隙发育	基岩裂隙水水量较大	4.46(XK20＋363 拱顶)	19.33/50m	稳定，受降雨影响不明显		

基岩裂隙水的渗涌对大型地下工程的建设带来很大影响，认识其渗流特性具有现实意义，但是，裂隙岩体中地下水的渗流非常复杂，给研究和治理基岩裂隙水造成困难。针对新七道梁隧道在开挖掘进过程中，进行隧道内渗涌水观测分析可以得到如下结论：

(1) 由于岩体中大量裂隙的随机分布及连通性各异，基岩裂隙水的赋存条件和状态千差万别，其渗流具有不均一性。

(2) 地下水在裂隙岩体中的流动与裂隙的产状有密切关系，岩体中裂隙的各向异性导致裂隙水渗流的各向异性。

(3) 新七道梁隧道下行线内涌水点大多数分布在右边墙，说明岩体中裂隙的连通性较强，河水的入渗补给对涌水量有一定影响。

(4) 新七道梁隧道在开挖掘进中，当涌水量以静储量为主时，初期涌水量很大，表现为突然涌水，随着时间的推移，涌水量很快下降，很少具有稳定的流量(图 8-8 中 XK20 ＋ 911 及图 8-9 中 XK20 ＋ 582 涌水量变化曲线)。以动储量为主的含水围岩，发生隧道涌水时，涌水量往往保持比较稳定的流量(图 8-8 中 XK20 ＋ 906、XK20 ＋ 913 及图 8-9 中 XK20 ＋ 554 涌水量变化曲线)。

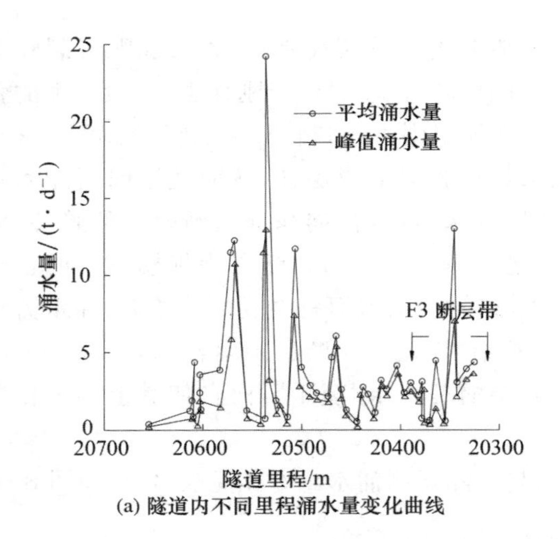

(a) 隧道内不同里程涌水量变化曲线

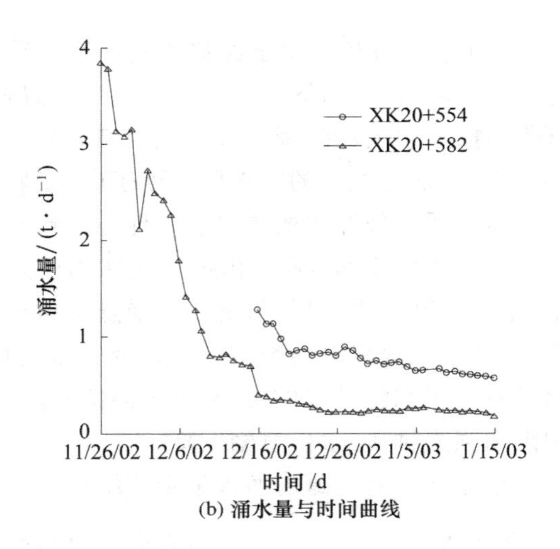

(b) 涌水量与时间曲线

图 8-9　F4 断层—F3 断层区段涌水量变化曲线

习题、思考题

1. 什么是基岩地下水？具体有哪些分类？
2. 基岩裂隙水的形成条件是什么？有什么特点？其赋存规律是什么？
3. 裂隙岩体地下水渗流模型有哪两种？
4. 等效渗透张量的确定方法有哪些？
5. 地下水对岩质边坡稳定性的影响主要体现在哪些方面？
6. 什么是地下水浸润线？与哪些因素有关？

9 工程地下水数值模拟

9.1 基本原理

在工程地下水数值计算中，常用的方法包括有限差分法(FDM)、有限单元法(FEM)、边界单元法、有限体积法等。各种计算方法在相关教材和专著中都有详细推导，这里仅介绍常用方法的基本原理。

9.1.1 有限差分法

有限差分法基本思想是用渗流区内有限个离散点的集合代替连续的渗流区，在这些离散点上用差商近似地代替微商，将微分方程及其定解条件化为以未知函数在离散点上的近似值为未知量的差分方程，然后求解，从而得到微分方程的解在离散点上的近似值。

有限差分法基本原理是将某点处水头函数的导数用该点和其几个相邻点处的水头值及其间距近似表示。这些点的间距可以相等，也可以不相等，它们分别相当于等格距(均匀)与不等格距(非均匀)有限差分网格，这些点可以位于该点的一侧，也可以位于该点的两侧，这就形成导数的不同有限差分公式。建立水头函数导数的有限差分近似式的方法有多种，但最常用的方法是通过泰勒(Taylor)展开式引出。

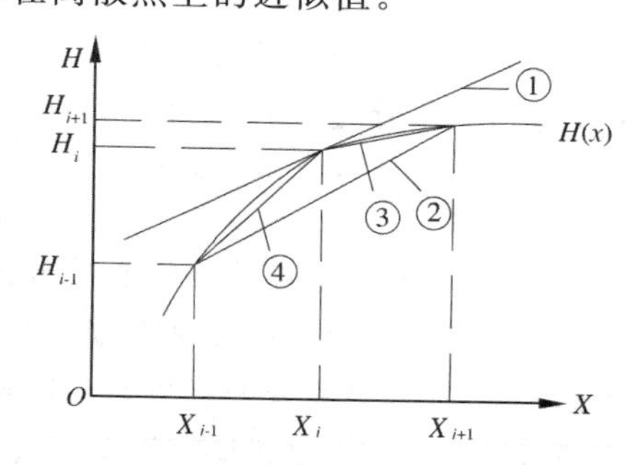

①—$K=\left.\dfrac{\partial H}{\partial X}\right|_i$ ②—$K=\dfrac{H_{i+1}-H_{i-1}}{2\Delta X}$

③—$K=\dfrac{H_{i+1}-H_i}{\Delta X}$ ④—$K=\dfrac{H_i-H_{i-1}}{\Delta X}$

(注：K 为斜率)

图 9-1 一阶导数的有限差分逼近示意图

在地下水渗流方程中，存在一阶和二阶导数，在有限差分法中重点采用差商代替差分。对于一阶差分而言，计算方法示意图参见图 9-1。

在图中取 x 轴上任意一点 i，其坐标为 $x_i=i\Delta x$。在该点的左右相距为 Δx 处分别取点$(i-1)$和$(i+1)$，其坐标分别为 $x_{i-1}=(i-1)\Delta x$ 和 $x_{i+1}=(i+1)\Delta x$。以 i 点位中心，将水头函数 $H(x)$按照泰勒(Taylor)级数展开，

$$
\begin{aligned}
H_{i+1}&=H_i+\Delta x\cdot\left.\frac{\mathrm{d}H}{\mathrm{d}x}\right|_i+\frac{(\Delta x)^2}{2!}\cdot\left.\frac{\mathrm{d}^2H}{\mathrm{d}x^2}\right|_i+\frac{(\Delta x)^3}{3!}\cdot\left.\frac{\mathrm{d}^3H}{\mathrm{d}x^3}\right|_i+\frac{(\Delta x)^4}{4!}\cdot\left.\frac{\mathrm{d}^4H}{\mathrm{d}x^4}\right|_i+\cdots\\
H_{i-1}&=H_i-\Delta x\cdot\left.\frac{\mathrm{d}H}{\mathrm{d}x}\right|_i+\frac{(\Delta x)^2}{2!}\cdot\left.\frac{\mathrm{d}^2H}{\mathrm{d}x^2}\right|_i-\frac{(\Delta x)^3}{3!}\cdot\left.\frac{\mathrm{d}^3H}{\mathrm{d}x^3}\right|_i+\frac{(\Delta x)^4}{4!}\cdot\left.\frac{\mathrm{d}^4H}{\mathrm{d}x^4}\right|_i-\cdots
\end{aligned}
\qquad (9\text{-}1)
$$

式中，H_i表示 i 点的水头值；$\left.\dfrac{\mathrm{d}H}{\mathrm{d}x}\right|_i$ 表示水头导数在 i 点的取值。

由此得

$$\frac{H_{i+1}-H_i}{\Delta x}=\left.\frac{\mathrm{d}H}{\mathrm{d}x}\right|_i+\frac{\Delta x}{2!}\cdot\left.\frac{\mathrm{d}^2H}{\mathrm{d}x^2}\right|_i+\frac{(\Delta x)^2}{3!}\cdot\left.\frac{\mathrm{d}^3H}{\mathrm{d}x^3}\right|_i+\frac{(\Delta x)^3}{4!}\cdot\left.\frac{\mathrm{d}^4H}{\mathrm{d}x^4}\right|_i+\cdots \tag{9-2}$$

进一步推导，可得

$$\left.\frac{\mathrm{d}H}{\mathrm{d}x}\right|_i=\frac{H_{i+1}-H_i}{\Delta x}+O(\Delta x) \tag{9-3}$$

其中，$O(\Delta x)$表示余项，是($\Delta x\to 0$)时与 Δx 同阶的无穷小量。若略去余项，则一阶导数的有限差分近似表示为

$$\left.\frac{\mathrm{d}H}{\mathrm{d}x}\right|_i=\frac{H_{i+1}-H_i}{\Delta x} \tag{9-4}$$

式(9-4)是一阶导数的前向差分公式，具有一阶截断误差。

同理，

$$\left.\frac{\mathrm{d}H}{\mathrm{d}x}\right|_i=\frac{H_i-H_{i-1}}{\Delta x}+O(\Delta x) \tag{9-5}$$

$$\left.\frac{\mathrm{d}H}{\mathrm{d}x}\right|_i=\frac{H_i-H_{i-1}}{\Delta x} \tag{9-6}$$

式(9-6)是一阶导数的后向差分公式，同样具有一阶截断误差。

$$\left.\frac{\mathrm{d}H}{\mathrm{d}x}\right|_i=\frac{H_{i+1}-H_{i-1}}{2\Delta x}+O[(\Delta x)^2] \tag{9-7}$$

其中，$O[(\Delta x)^2]$表示余项，是($\Delta x\to 0$)时与$(\Delta x)^2$ 同阶的无穷小量。若略去余项，则一阶导数的有限差分近似表示为

$$\left.\frac{\mathrm{d}H}{\mathrm{d}x}\right|_i=\frac{H_{i+1}-H_{i-1}}{2\Delta x} \tag{9-8}$$

式(9-8)是一阶导数的中心差分公式，具有二阶截断误差。

由上述一阶导数的三种有限差分公式看出，单侧差分(前向差分和后向差分)公式均具一阶截断误差，中心差分公式更具二阶截断误差。可见中心差分公式比单侧差分公式更为精确(图 9-1)。从上述有限差分公式的截断误差来看，中心差分公式具有二阶截断误差，且 Δx、Δt 愈小，其截断误差也愈小。但并非所有的情况采用中心差分均比单侧差分更好，这里有一个时间差分与空间差分如何配合的问题，即差分格式问题。如对于不稳定流动问题在某些情况下关于时间的导数取中心差分时，其计算得到的解是不能令人满意的，然而采用后向差分却可得到满意的结果。

同样，对于二阶导数，有

$$\left.\frac{\mathrm{d}^2H}{\mathrm{d}x^2}\right|_i=\frac{H_{i-1}-2H_i+H_{i+1}}{(\Delta x)^2}+O[(\Delta x)^2] \tag{9-9}$$

其中，$O[(\Delta x)^2]$表示余项，是($\Delta x\to 0$)时与$(\Delta x)^2$ 同阶的无穷小量。若略去余项，则一阶导数的有限差分近似表示为

$$\left.\frac{\mathrm{d}^2H}{\mathrm{d}x^2}\right|_i=\frac{H_{i-1}-2H_i+H_{i+1}}{(\Delta x)^2} \tag{9-10}$$

式(9-10)是二阶导数的中心差分公式，具有二阶截断误差。

上述导数的差分公式是针对自变量 x 推导得到的。若将水头视为空间变量 y 或时间变量 t 的函数，则也可获得相应的差分表达式。

有关一维、二维、三维有压/无压的稳定/非稳定渗流有限差分的具体求解过程参见相关专业书籍。

9.1.2 有限单元法

有限单元法是求解偏微分方程定解问题的数值方法，与差分法相比，用有限单元法求解地下水流动问题时，也是通过区域剖分和插值方法将描述地下水流动的定解问题化为代数方程组进行求解的。依据建立代数方程组的途径不同，有限单元法又分为迦辽金法和里兹法。

有限元方法在工程领域有广泛应用，是一种相对成熟的计算方法。其基本思想是时空离散和单元内插值。以里兹有限元法为例，该方法是以变分原理和剖分插值为基础的。所谓变分原理就是把对描述地下水流动的偏微分方程定解问题的求解化为求某个泛函的极值问题。剖分插值则是把所研究的渗流区域从几何上剖分为线、面、体单元，然后根据实际情况采用某种形式的插值法（一般采用多项式插值）按单元插值，由单元上各结点的水头值构造该单元内的水头近似表达式，最后形成整个单元集合体的插值，进而将求泛函极值问题转化为代数方程组的求解问题。

里兹法的剖分插值方法与迦辽金法中构造基函数所采用的剖分插值是一样的，因此里兹法中最关键的一步，是寻找与地下水流动定解问题相对应的某个泛函极值问题。里兹法与迦辽金法的剖分和插值相同时，所形成的代数方程组是一样的。

下面以二维条件下的三角形网格为例（图 9-2），分析单元插值的基本原理。

第一步是空间离散，进行网格剖分，将计算的渗流区域剖分为一系列的三角形。剖分过程中需要注意单元的形状和单元的均质性，然后就对单元结点进行编号。

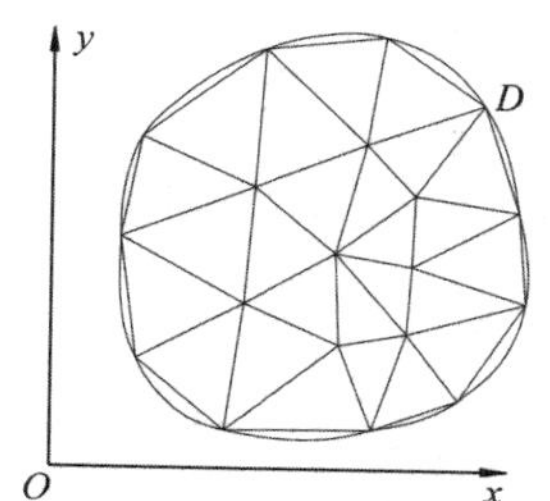

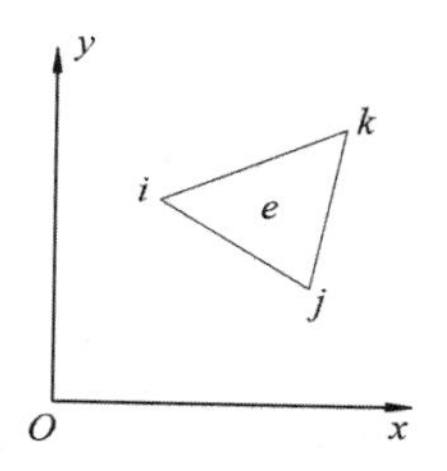

图 9-2　单元剖分图

在 D 内任取一个单元 e，设此单元的三个结点编号为 i,j,k。按逆时针次序编号，其坐标依次为(x_i,y_i)，(x_j,y_j)，(x_k,y_k)。水头函数在三个结点的值依次为 H_i,H_j,H_k。关于单元内的水头值如何规定其近似值，有多种方法。其中简单而又常用的方法是用平面代替单元上的水头曲面，即用结点水头位 H_i,H_j,H_k 的线性插值作为三角单元上水头分布的近似解（试探解），于是可设

$$h_i^e(x,y,t)=\beta_1^e+\beta_2^e x+\beta_3^e y$$

式中，$\beta_1^e,\beta_2^e,\beta_3^e$ 为待定函数。

$h_i^e(x,y,t)$在结点 i,j,k 处的值分别为 $H_i(t)$，$H_j(t)$，$H_k(t)$，即有

$$\begin{cases} H_i(t)=\beta_1^e+\beta_2^e x_i+\beta_3^e y_i \\ H_j(t)=\beta_1^e+\beta_2^e x_j+\beta_3^e y_j \\ H_k(t)=\beta_1^e+\beta_2^e x_k+\beta_3^e y_k \end{cases} \tag{9-11}$$

按照克莱姆法则求解线性方程组，有

$$\begin{cases}\beta_1^e=\dfrac{A_1}{A}\\ \beta_2^e=\dfrac{A_2}{A}\\ \beta_3^e=\dfrac{A_3}{A}\end{cases} \tag{9-12}$$

$$A=\begin{vmatrix}1 & x_i & y_i\\ 1 & x_j & y_j\\ 1 & x_k & y_k\end{vmatrix}\quad A_1=\begin{vmatrix}H_i & x_i & y_i\\ H_j & x_j & y_j\\ H_k & x_k & y_k\end{vmatrix}\quad A_2=\begin{vmatrix}1 & H_i & y_i\\ 1 & H_j & y_j\\ 1 & H_k & y_k\end{vmatrix}\quad A_3=\begin{vmatrix}1 & x_i & H_i\\ 1 & x_j & H_j\\ 1 & x_k & H_k\end{vmatrix}$$

解方程组，

$$\begin{cases}a_i=x_jy_k-x_ky_j & a_j=x_ky_i-x_iy_k & a_k=x_iy_j-x_jy_i\\ b_i=y_j-y_k & b_j=y_k-y_i & b_k=y_i-y_j\\ c_i=x_k-x_j & c_j=x_i-x_k & c_k=x_j-x_i\end{cases} \tag{9-13}$$

以 Δ^e 表示三角形面积，有

$$A=2\Delta^e$$

$$\begin{cases}\beta_1^e=\dfrac{1}{2\Delta^e}[a_iH_i+a_jH_j+a_kH_k]\\ \beta_2^e=\dfrac{1}{2\Delta^e}[b_iH_i+b_jH_j+b_kH_k]\\ \beta_3^e=\dfrac{1}{2\Delta^e}[c_iH_i+c_jH_j+c_kH_k]\end{cases} \tag{9-14}$$

最终，

$$h_i^e(x,y,t)=\frac{1}{2\Delta^e}[(a_i+b_ix+c_iy)H_i+(a_j+b_jx+c_jy)H_j+(a_k+b_kx+c_ky)H_k]$$

令

$$N_i^e=\frac{1}{2\Delta^e}(a_i+b_ix+c_iy)\qquad N_j^e=\frac{1}{2\Delta^e}(a_j+b_jx+c_jy)\qquad N_k^e=\frac{1}{2\Delta^e}(a_k+b_kx+c_ky)$$

$$h_i^e(x,y,t)=N_i^e(x,y)H_i+N_j^e(x,y)H_j+N_k^e(x,y)H_k$$

$h_i^e(x,y,t)=N_i^e(x,y)H_i+N_j^e(x,y)H_j+N_k^e(x,y)H_k$ 为单元 e 上的基函数。

对于某结点 L 的子区(通常称结点周围三角单元全体组成的多边形区域为结点上的子区)渗流区域上每个结点构造基函数，利用三角剖分和线性插值方法构造出基函数，形成就可以采用迦辽金或里兹法构造有限元方程：

$$[G]\{H\}+[\mu^*]\left\{\frac{dH}{dt}\right\}=\{E\}+\{B\} \tag{9-15}$$

式中，$[G]$为导水矩阵；$\{H\}$为未知水头的列矩阵；$[\mu^*]$为储(给)水矩阵；$\left\{\dfrac{dH}{dt}\right\}$为结点水头对时间一阶导数的列矩阵；$\{E\}$是源汇列矩阵；$\{B\}$为边界列矩阵。

对于结点水头对时间一阶导数的列矩阵进行有限差分：

$$\left\{\frac{dH}{dt}\right\}=\frac{1}{\Delta t}(\{H^{t+\Delta t}\}-\{H^t\}) \tag{9-16}$$

$$[G]\{H^{t+\Delta t}\}+\frac{1}{\Delta t}[\mu^{*}](\{H^{t+\Delta t}\}-\{H^{t}\})=\{E\}+\{B\} \tag{9-17}$$

$$\left([G]+\frac{1}{\Delta t}[\mu^{*}]\right)\{H^{t+\Delta t}\}=\{\mu^{*}H\}+\{E\}+\{B\} \tag{9-18}$$

$$\{\mu^{*}H\}=\frac{1}{\Delta t}[\mu^{*}]\{H^{t}\} \tag{9-19}$$

这种格式是全隐式的，在给定的初始条件和边界条件下，可以计算出式中的各个系数矩阵或向量，于是可解得第 1 个 Δt_1 末时刻各结点的水头$\{H^{\Delta t_1}\}$，再以此作为第 2 个 Δt_2 的起始水头值$\{H^{t}\}$。计算出新的系数矩阵(向量) $\{\mu^{*}H\}$。

9.1.3 边界单元法

边界元法又称为边界积分方程法，其基本思想是用格林(Green)定理把所研究问题的微分方程定解问题转化为边界上的积分方程，然后用元素(单元)剖分及插值方法将积分方程离散化，通过求解积分方程从而求得第二类边界结点上的水头值 H 和第一类边界结点上的水力坡度。为了求出程流区内部任一点的水头值 H 只需作积分运算便可。由于边界积分方程式成了离散对象，故这种方法可以把所研究问题的维数降低一维来处理。

9.2 基坑降水数值模拟分析

有关工程地下水数值模拟的原理和步骤等参见相关教材和专著，这里以上海地铁 9 号线宜山路车站深基坑降水工程为例，采用有限差分法(FDM)说明基坑降水数值模拟的基本步骤和过程。

9.2.1 原型分析

1. 工程概况

宜山路站为上海地铁 9 号线一期工程的终点站及站前折返站，车站位于宜山路上，西起中山西路，东至凯旋路。车站长 297.40m，标准段宽 21.2m，是地下四层岛式车站，附属结构主要包括 5 个出入口和 3 个风井(图 9-3)。

车站主体结构地下墙厚 1.2m，标准段地下墙深 48m，端头井地下墙深 51m。车站基坑开挖标准段最深为 27.855m，端头井最深为 29.718m，设 5 道钢支撑和 4 道钢筋混凝土支撑。

车站南侧中部是上海七建装潢总汇，是 17 层混凝土框架结构，距离车站围护结构边 14m；车站北侧是并排的家饰佳精品装饰城和金银岛建材商厦，距离基坑外边约为 13m；9 号线宜山路车站东侧是运营中的地铁 3 号线高架及宜山路车站，距地铁 3 号线高架承台最近只有 7m，距地铁 3 号线宜山路车站最近处 23m；车站的西侧，有中山路高架道路，其中心距基坑最近约 25m。

2. 水文地质条件

(1) 地下水位埋深

根据研究区《工程地质勘察报告》以及收集到的区域资料，基坑地下水主要有浅部黏性土层中的潜水、部分地区浅部粉性土层中的微承压水和深部粉性土、砂土层中的承压水(图9-4)。

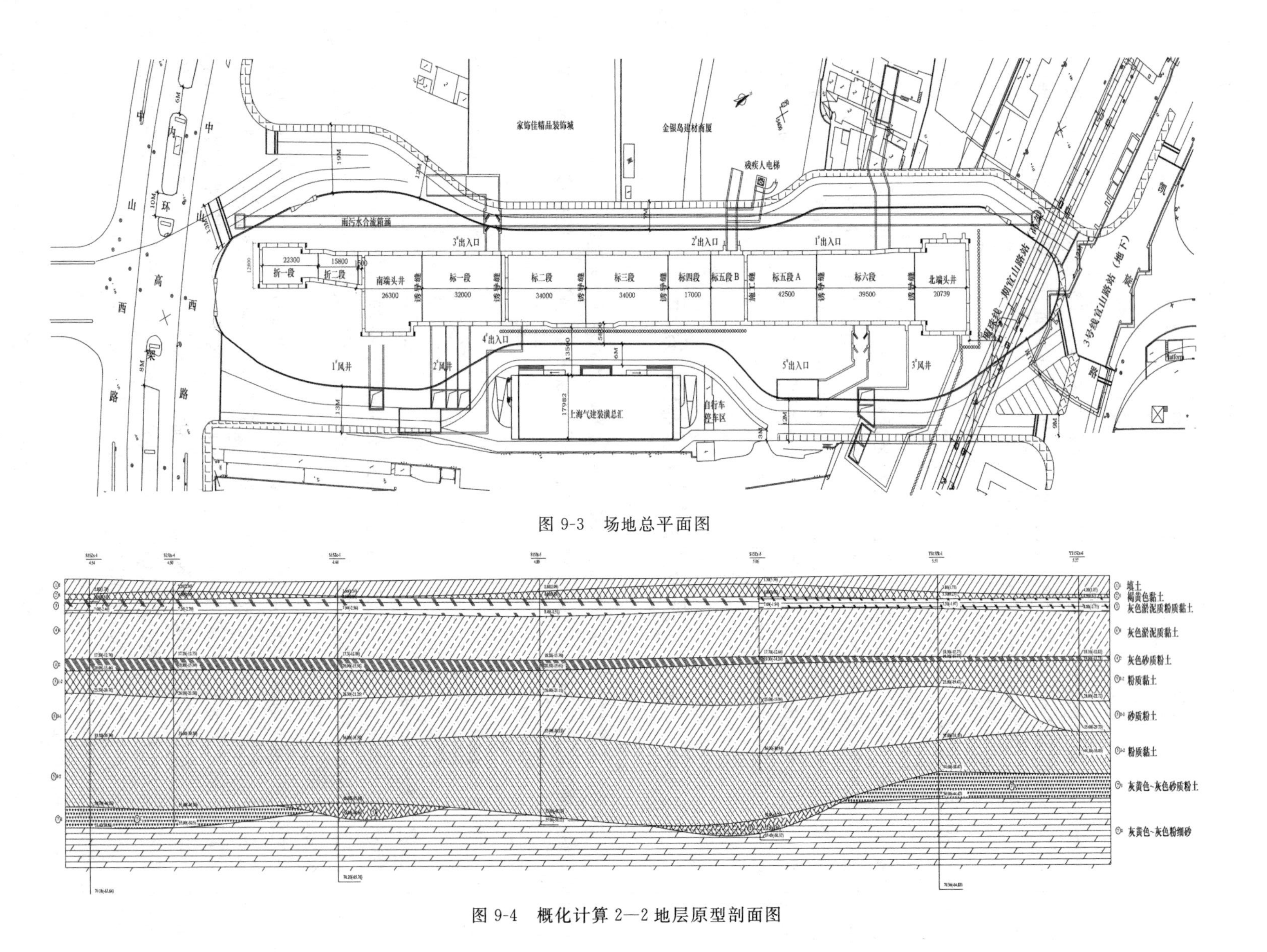

图 9-3　场地总平面图

图 9-4　概化计算 2—2 地层原型剖面图

潜水埋深一般为0.3～1.5m，年平均地下水位离地面0.5～0.7m。

浅部微承压水(第④$_2$层)和深部承压水(第⑦层)位一般均低于潜水位，第④$_2$层及⑤$_{2-2}$层微承压水位埋深一般在3～6m；第⑦层承压水埋深一般在4～12m之间。潜水位和承压水随季节、气候、潮汐等因素而有所变化。江河边一定距离范围内，特别是有浅层粉性土或砂土分布区，其水位受潮汐影响较为明显。

(2) 地层水力学参数

《工程地质勘察报告》提供的②$_1$，③，④$_1$，④$_2$，⑤$_{1-2}$，⑤$_{2-2}$，⑤$_3$层室内渗透试验系数参见表9-1。

表9-1　　室内试验渗透系数表

层序	土名	室内试验渗透系数/(cm·s^{-1})	
		K_{I}	K_{II}
②$_1$	黏土	5.72×10^{-7}	2.17×10^{-6}
③	淤泥质粉质黏土	7.39×10^{-7}	1.21×10^{-6}
④$_1$	淤泥质黏土	8.23×10^{-8}	1.18×10^{-7}
④$_2$	砂质粉土	5.30×10^{-5}	2.99×10^{-4}
⑤$_{1-2}$	黏土	4.65×10^{-7}	1.67×10^{-6}
⑤$_{2-2}$	砂质粉土	1.00×10^{-5}	2.03×10^{-4}
⑤$_{3-1}$	粉质黏土	3.75×10^{-7}	2.37×10^{-6}
⑤$_{3-2}$	粉质黏土	1.51×10^{-6}	6.66×10^{-6}

根据初勘及利用邻近工程现场钻孔降水头注水试验资料，有关土层渗透系数及静止水位参见表9-2。

表9-2　　有关土层渗透系数及静止水位表

试验深度/m	层序	渗透系数/(cm·s^{-1})	静止水位埋深/m	静止水位标高/m
3.50～5.00	③	1.06×10^{-5}	2.03	2.49
4.00～5.50		2.82×10^{-5}	1.65	3.07
8.00～9.50	④$_1$	9.15×10^{-6}	2.08	2.64
10.00～11.50		9.20×10^{-6}	2.39	2.13
18.00～19.50	④$_2$	2.53×10^{-4}	2.86	1.77
21.00～22.50	⑤$_{1-2}$	9.33×10^{-6}	2.85	1.87
23.00～24.50		9.21×10^{-6}	3.35	1.17
28.00～29.50		1.01×10^{-5}	3.59	1.13
37.00～38.50	⑤$_{2-2}$	2.74×10^{-5}	4.20	0.52
45.00～46.50	⑦$_1$	7.02×10^{-5}	8.64	−3.72
51.00～52.20		1.11×10^{-4}	5.86	−1.34

从上述两表可见，一般现场注水试验得到的渗透系数比室内试验得到的渗透系数大，这是由于土层一般呈水平层理，均夹有薄层粉砂，增加了透水能力，而室内渗透试验则受取土质量、试验边界条件的限制，得出的渗透系数偏小。

本研究区水文地质参数反演及基坑降水的渗流模式属于第三类渗流。在第三类地下水渗流模式中，围护结构(或隔水帷幕)深入到降水含水层中、下部，基坑内、外承压含水层大部分被围护结构(或隔水帷幕)隔开，仅含水层底部未被分隔开。其地下水渗流特征：由于受围护结构(或隔水帷幕)的阻挡，上部基坑内、外地下水不连续，底部含水层连续相通，渗流边界非常复杂，地下水呈三维流态；另外，由于承压含水层水位大幅下降，上部潜水含水层地下水通过弱透水层越流补给承压含水层。此时，基坑降水所产生的渗流称为第三类渗流。

9.2.2 三维 FDM 数值建模

1. 计算范围

(1) 平面范围。研究区水文地质参数反演是基坑围护设计、基坑降水设计以及基坑降水数值计算的重要步骤。为合理分析抽水试验成果，准备反演地层的水文地质参数，必须合理设置计算模型的区域范围，以有效地消除地下水渗流计算的边界效应。在本工程水文地质参数反演中，设定的计算范围至少为抽水井群形心外 1 000m×1 000m 范围，基坑降水三维分析所采用的计算范围在平面上取为 2 108.6m×2 027.35m。

(2) 深度范围。由于基坑降水涉及到的地层一直到⑦$_2$ 层，所以在垂直方向的计算范围选为地面以下 150m。

根据以上降水方案设计三维数学模型。计算参数采用反演得到的优化参数。计算区域长 2 108.6m，宽 2 027.35m。研究区域剖分为 270 976 个单元(116 行，146 列，16 层)。三维有限差分数值模型参如图 9-5 所示。

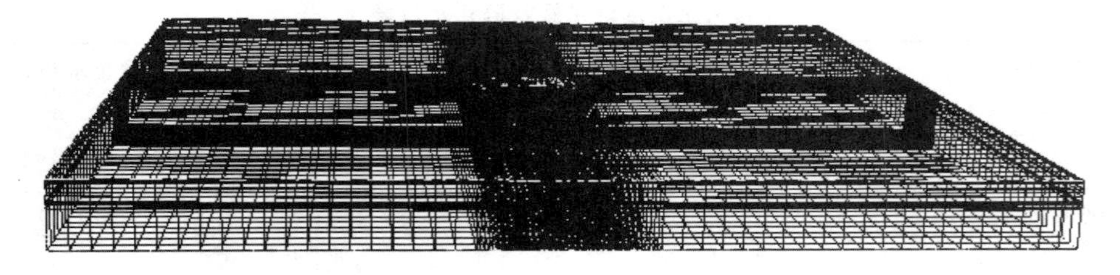

图 9-5 水文地质参数反演三维数值模型平面图

2. 地层

按照《工程地质勘察报告》提供的信息，对拟进行计算和反演的地层进行概化。概化后的地层及分区参见图 9-6 和表 9-3。

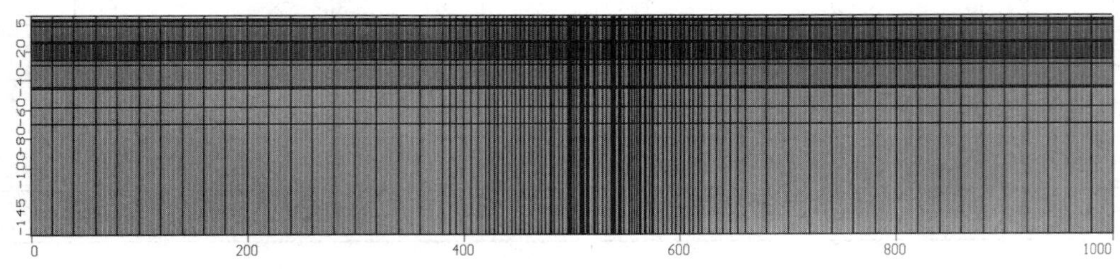

图 9-6 水文地质参数反演三维数值模型剖面图

表 9-3　　抽水试验水文地质参数反演模拟中选定的参数初始值

土层	名称	层厚	标高	含水量/%	重度/($kN \cdot m^{-3}$)	渗透系数/($cm \cdot s^{-1}$)		压缩模量/MPa
						K_V	K_H	
②$_1$	黏土	1.25	0.72	33.4	18.4	5.72×10^{-7}	2.17×10^{-6}	4.21
③	淤泥质粉质黏土	3.47	-2.75	41.1	17.5	7.39×10^{-7}	1.21×10^{-6}	3.53
④$_1$	淤泥质黏土	9.88	-12.63	49.6	16.7	8.23×10^{-8}	1.18×10^{-7}	2.18
④$_2$	砂质粉土	1.86	-14.59	30.7	18.4	5.30×10^{-5}	2.99×10^{-4}	10.47
⑤$_{1-2}$	粉质黏土	9.12	-23.07	34.8	18.0	4.65×10^{-7}	1.67×10^{-6}	4.43
⑤$_{2-2}$	砂质粉土	7.87	-35.02	33.5	17.7	1.00×10^{-5}	2.03×10^{-4}	15.94
⑤$_{3-1}$	粉质黏土	9.75	-30.71	34.2	18.0	3.75×10^{-7}	2.37×10^{-6}	4.81
⑤$_{3-2}$	粉质黏土	14.81	-45.37	31.8	18.2	1.51×10^{-6}	6.66×10^{-6}	5.69
⑤$_4$	粉质黏土	2.4	-47.86	22.1	19.6			8.50
⑦$_1$	砂质粉土	3.74	-47.86	24.5	19.0	7.02×10^{-5}	1.11×10^{-4}	14.25
⑦$_2$	粉细砂	未钻穿	未钻穿	24.4	19.2	3.02×10^{-3}	3.11×10^{-3}	14.40

3. 止水帷幕

本工程利用地下连续墙作为止水帷幕，端头井和标准段地墙的三维数值模型参见图 9-7。

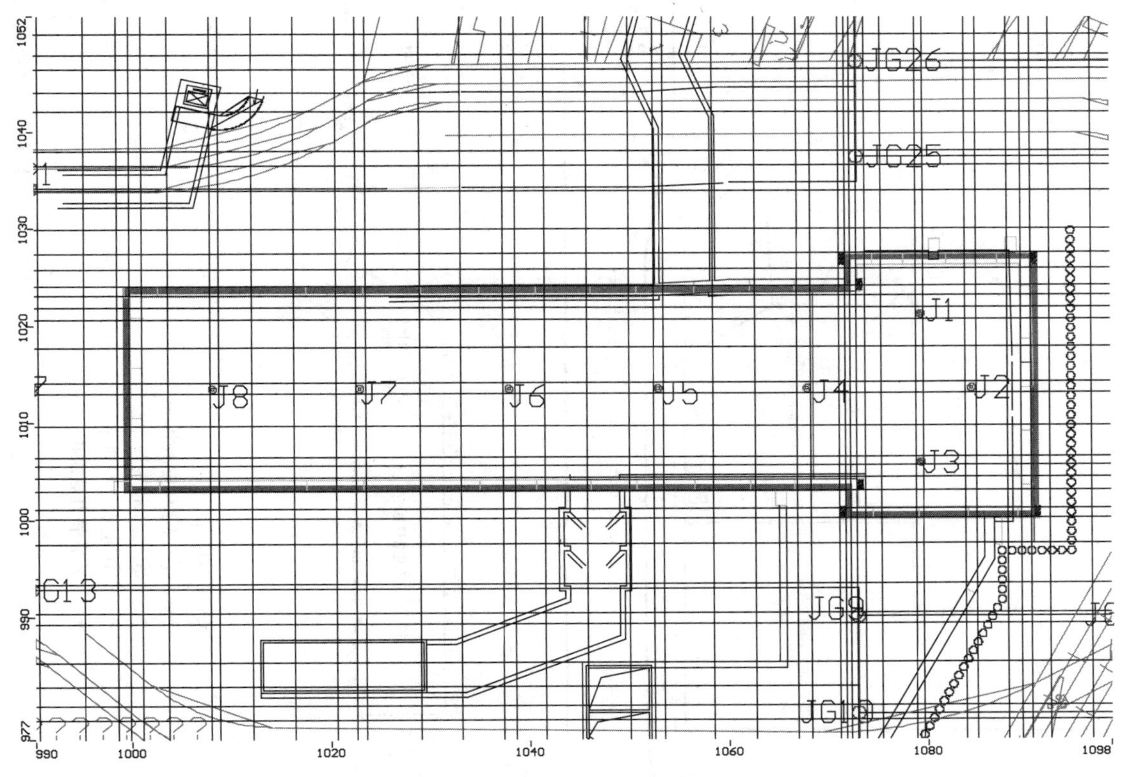

图 9-7　Z3 号基坑降水井及标准段止水帷幕

4. 抽水井与观测井

抽水试验和基坑降水中抽水井与观测井的布置参见图 9-8—图 9-11。三维数值模型中抽水井和观测井的布置参见图 9-12—图 9-13。

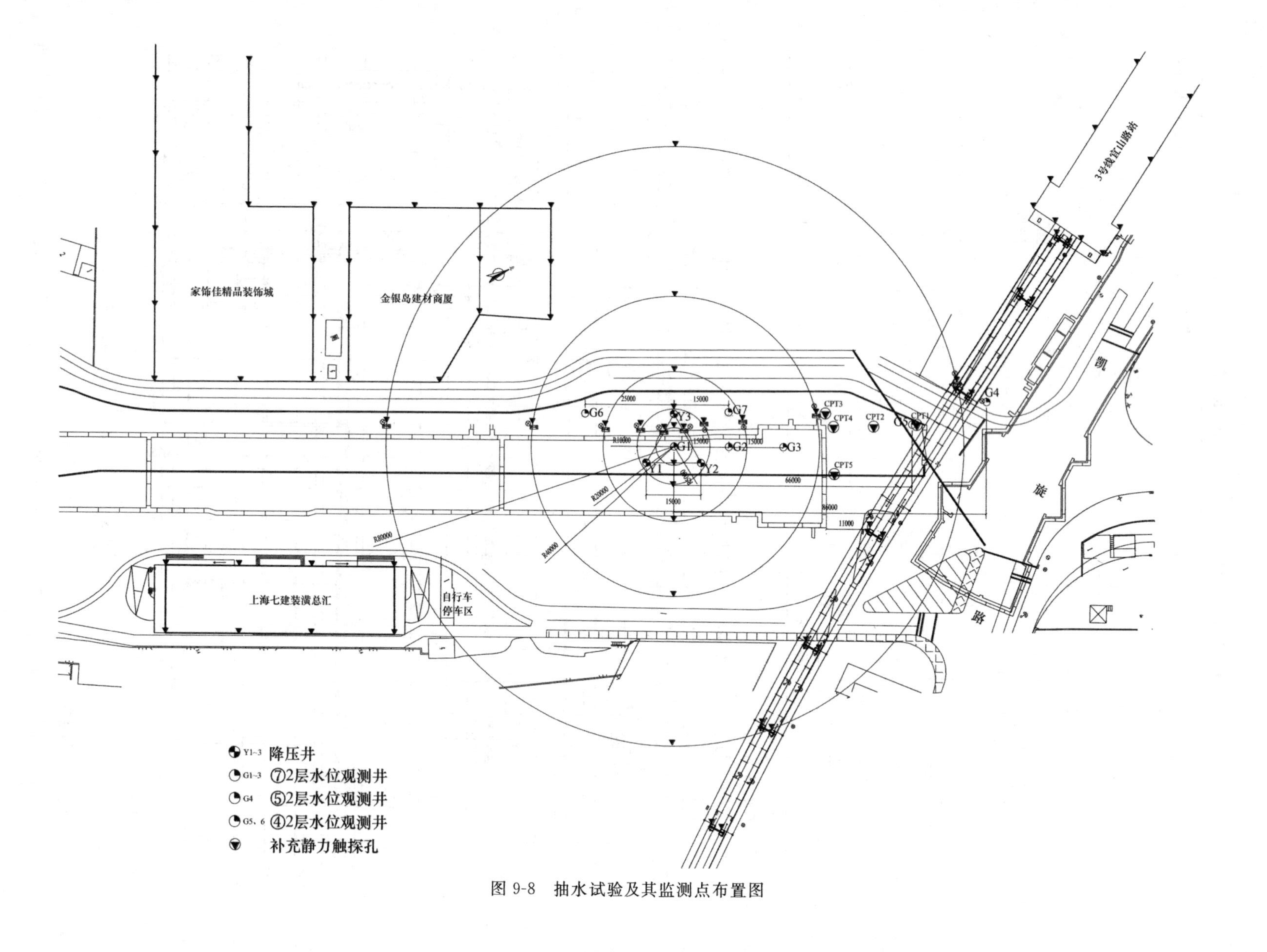

图 9-8 抽水试验及其监测点布置图

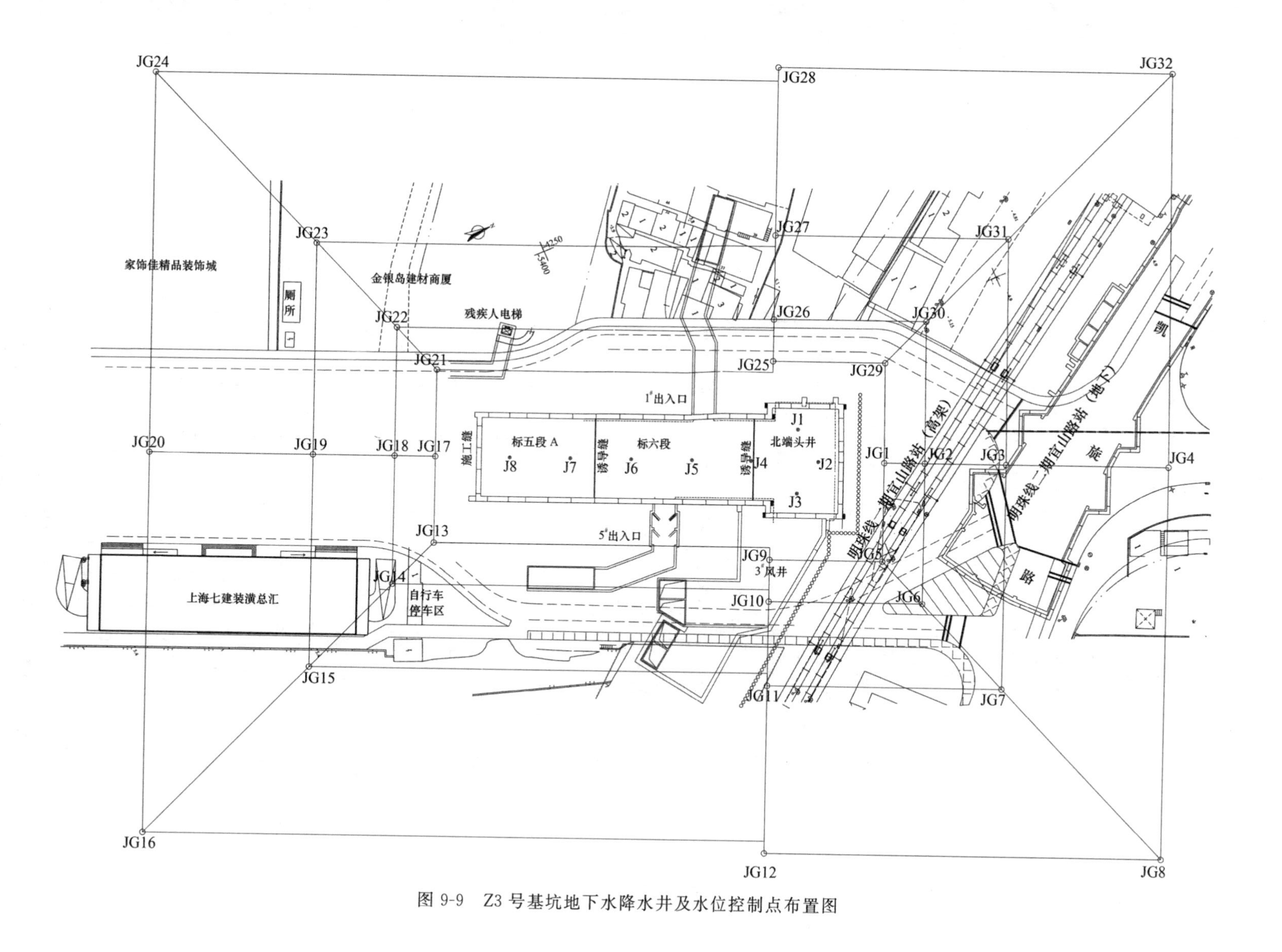

图 9-9　Z3 号基坑地下水降水井及水位控制点布置图

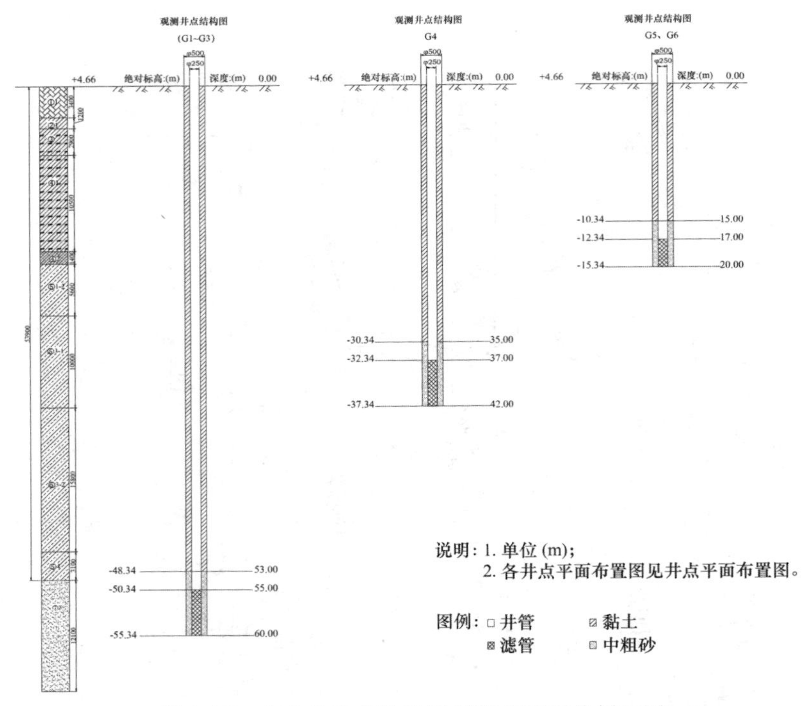

图 9-10　水文地质参数反演模型中观测井剖面图

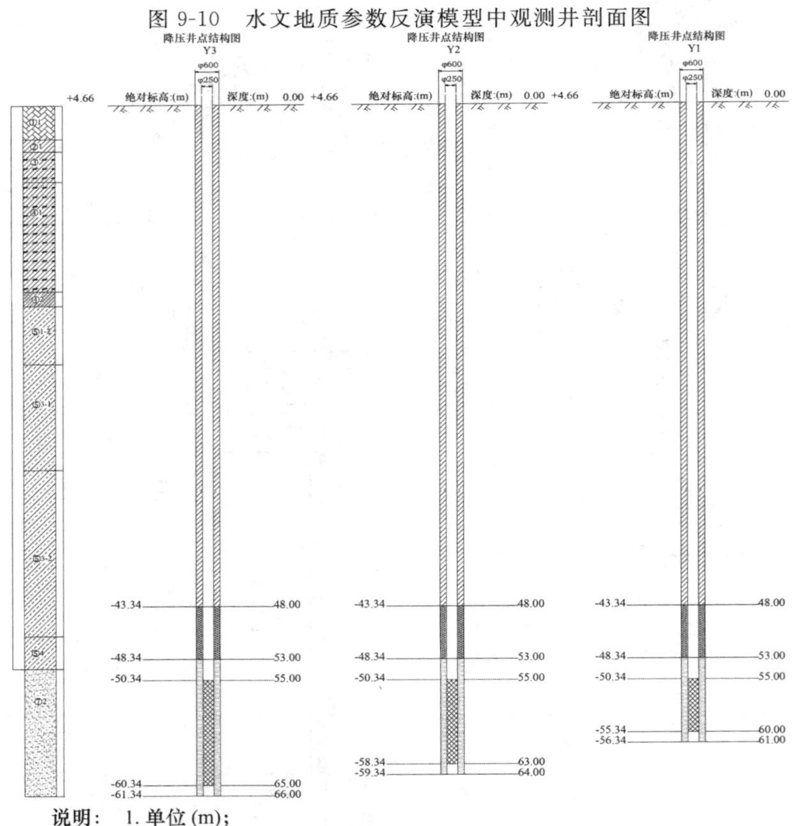

说明：　1. 单位 (m);

　　　　2. 各井点平面布置图见井点平面布置图。

图例：　□ 井管　　▨ 黏土　　▪ 黏土球　　⊠ 滤管　　▥ 中粗砂

图 9-11　水文地质参数反演模型中抽水井剖面图

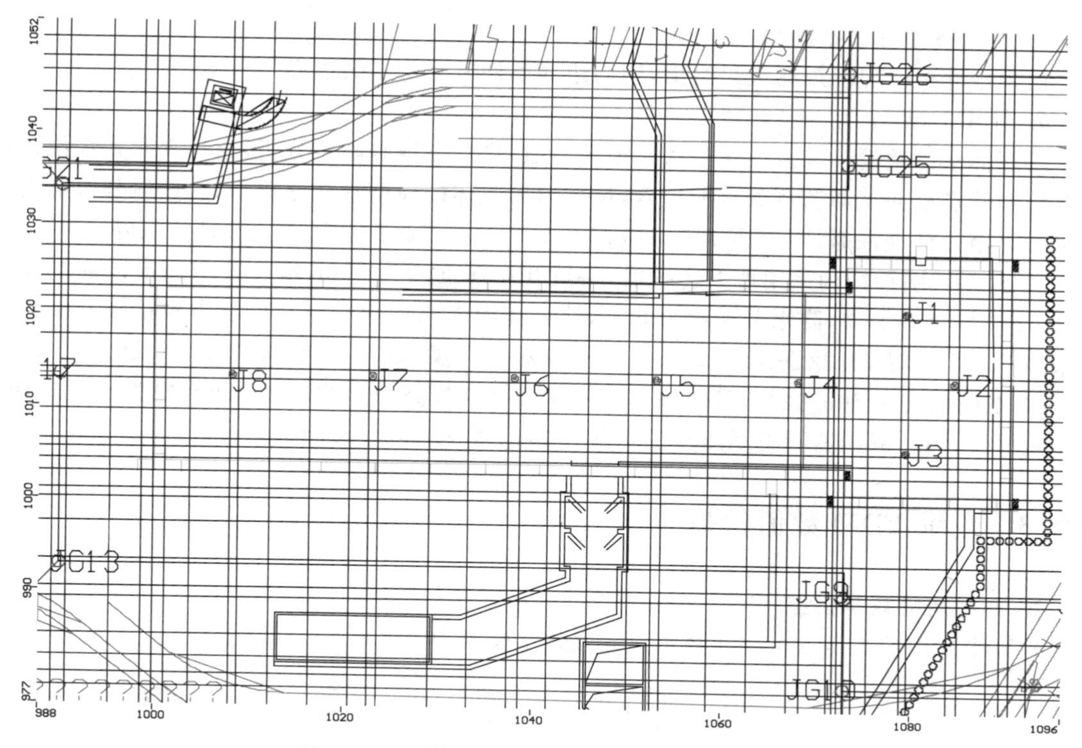

图 9-12 Z3 号基坑降水井及附近有限差分网格

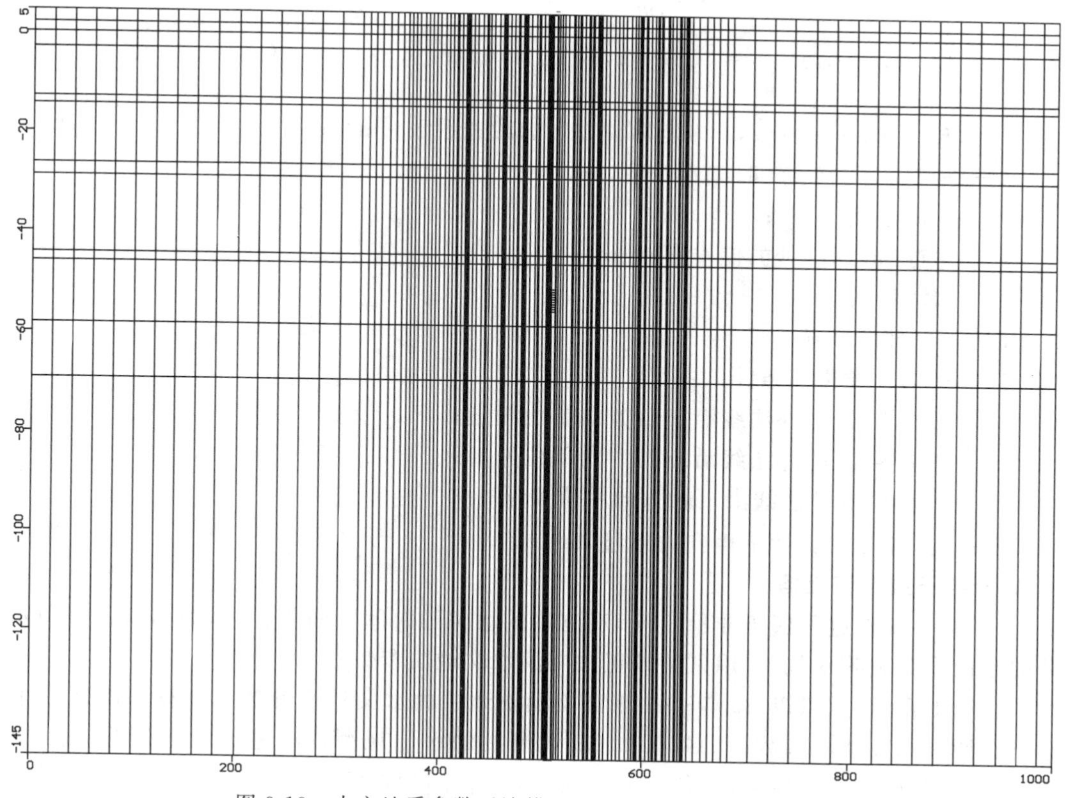

图 9-13 水文地质参数反演模型所用 Y1 抽水井滤管位置

5. 初始条件与边界条件

初始条件按照现场观测成果给出，四周边界条件取为定水头边界。

6. 计算工况

按照抽水试验设计以及初定的水文地质参数，进行三维有限差分析，通过观测井水位拟合以及控制性点地面沉降监测数据的拟合，反演给出土体的模型水文地质参数，然后分析坑内承压水位降至设计埋深时，距坑边 10m，20m，40m 和 80m 等处的承压水位及地面沉降。

Z3 号基坑围护结构采用地下连续墙，基坑开挖深度约为 27m，端头井与标准段连续墙深均为 62m，降水井 8 口，降水井深度为 60m，滤管埋深为 53～60m。站后段盾构接收井围护结构采用 SMW 工法，开挖深度达 29m。则基坑降水深度，挖深 27m 段为 28m，挖深 29 段为 30m，以地面标高 4.66m 换算，27m 段基坑降水后水位标高为－23.34m，29m 段为－25.34m。按照减压井计算，减压需要将承压水位降落到 27m 埋深，即－22.34m。

9.2.3 三维 FDM 数值模拟

1. 非稳定流数学模型

计算中采用的承压含水层非稳定流三维数学模型为

$$
\begin{cases}
\dfrac{\partial}{\partial x}\left(K_{xx}\dfrac{\partial h}{\partial x}\right)+\dfrac{\partial}{\partial y}\left(K_{yy}\dfrac{\partial h}{\partial y}\right)+\dfrac{\partial}{\partial z}\left(K_{zz}\dfrac{\partial h}{\partial z}\right)-W=\mu_s\dfrac{\partial h}{\partial t} & (x,y,z)\in\Omega \\
K_{xx}\dfrac{\partial h}{\partial n_x}+K_{yy}\dfrac{\partial h}{\partial n_y}+K_{zz}\dfrac{\partial h}{\partial n_z}\bigg|_{\Gamma_2}=q(x,y,z,t) & (x,y,z)\in\Gamma_2 \\
h(x,y,z,t)\big|_{t=t_0}=h(x,y,z,t)\big|_{t=t_0}=h_0(x,y,z) & (x,y,z)\in\Omega
\end{cases}
\tag{9-20}
$$

式中 K_{xx}，K_{yy}，K_{zz}——沿 x，y，z 坐标轴方向的渗透系数，cm/s；

h——点(x,y,z)在 t 时刻水头值，m；

W——源汇项(1/d)；

μ_s——点(x,y,z)处的储水率，1/m；

t——时间，h；

Ω——立体时间域；

Γ_2——第二类边界条件；

n_x——边界 μ_2 的外法线沿 x 轴方向单位矢量；

n_y——边界 μ_2 的外法线沿 y 轴方向单位矢量；

n_z——边界 的外法线沿 z 轴方向单位矢量；

q——μ_2 上单位面积的侧向补给量，m^3/d。

2. 参数三维数值反演

Y1 抽水井抽水过程属于非稳定流，观测井的水位随时间不断变化，采用 G1，G2 和 G3 观测井的水位作为观测水位，采用试估校正法反演水文地质参数。

采用以上模型，重点以 Y1 单井抽水试验反演地层的水文地质参数。计算采用试估-校正法进行。调整水文地质参数，和 G1，G2，G3 观测井的水位观测资料进行对比分析，使计算误差最小。计算分为 23 个应力期，每个应力期分为 10 个时间步长。

通过含水层参数试算以及边界条件的调整，$⑦_2$ 层最优边界条件为定流量边界，最优的一

组参数为 $K_{xx}=8\times10^{-3}$ cm/s，$K_{yy}=8\times10^{-3}$ cm/s，$K_{zz}=3\times10^{-4}$ cm/s，储水率 $\mu_s=1.75\times10^{-6}$(1/m)。

最后采用的反演参数参见表 9-4。

表 9-4 单井抽水试验反演参数表

土层	名称	模型初始渗透系数/($cm\cdot s^{-1}$)			储水率/(1/m)
		K_{xx}	K_{yy}	K_{zz}	
⑦$_2$	粉细砂	8.3×10^{-3}	8.3×10^{-3}	3×10^{-4}	1.75×10^{-6}

3. 基坑工程降水三维数值模拟

经过多次试算，使靠近基坑⑦层水位降落至埋深 27m，降水井水量经过优化调整后，按照调整后的水量进行分析，计算成果如图 9-14—图 9-16 所示。

Z3 基坑的标准段和端头井都采用 62m 深的止水帷幕，抽水井滤管外缘在帷幕内部 2m。抽水井出水量可有效减少，在抽水 5d 后，基坑内水位降落到设计的降压标高并达到稳定，方案 3-3坑外 10,20,40 和 80m 处最大水位降落至−6.377m，相当于降深 1.037m。

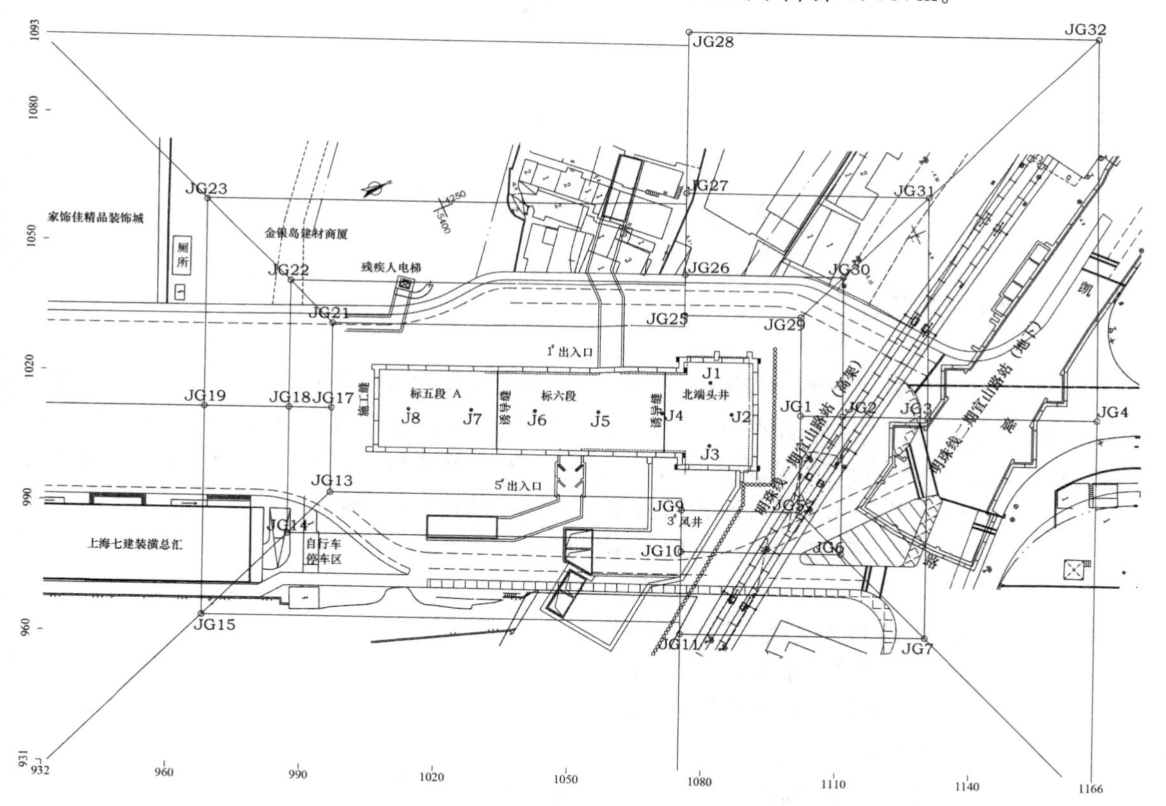

图 9-14　Z3 号基坑附近⑦$_2$层等水位线图($t=5$d)

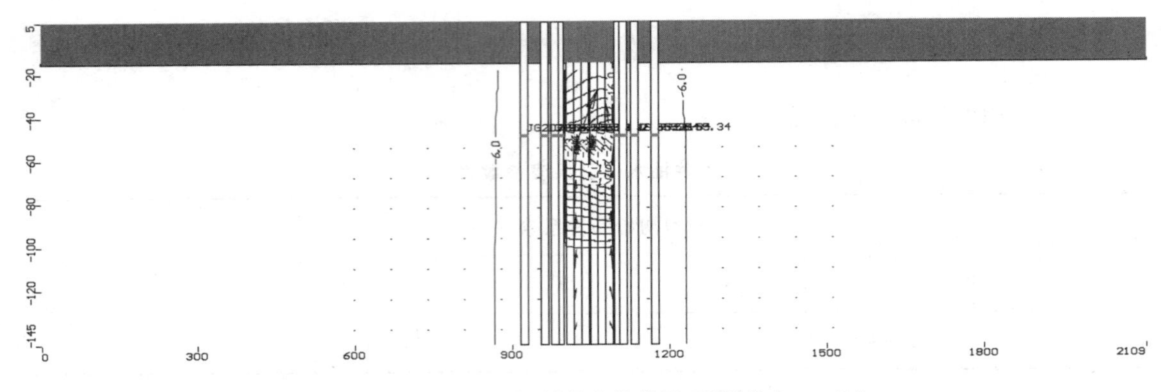

图 9-15　Z3 号基坑⑦$_2$层等水位线图(局部纵向,$t=5$d)

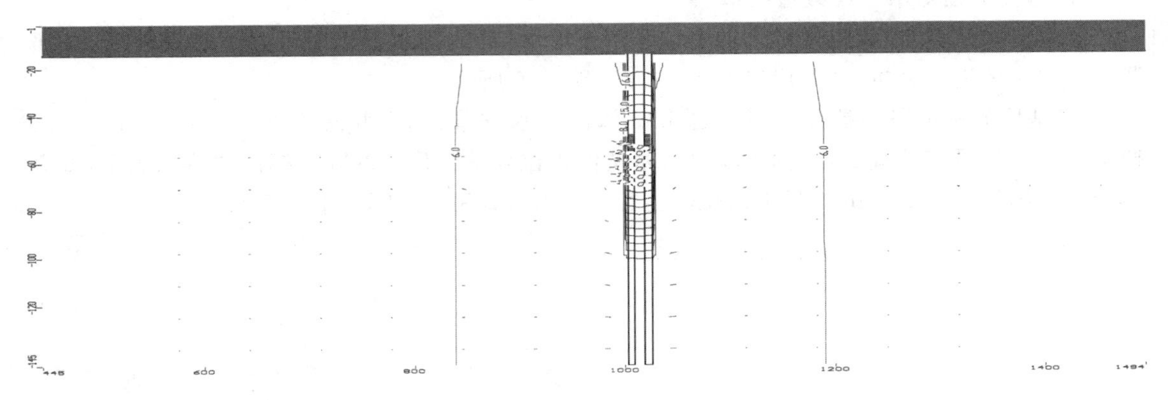

图 9-16　Z3 号基坑⑦$_2$层端头井附近等水位线图(横向,端头井局部,$t=5$d)

9.2.4　地面沉降计算

由于⑦$_2$层为粉砂,认为其对地面沉降的贡献形式主要为瞬时弹性变形,而地层的附加固结沉降则主要在产生水位波动的⑤$_{1-2}$～⑦$_1$中。通过基坑围护(地连墙帷幕)周围第三类渗流的数值分析,给出坑外控制性点的水位降落,按照中华人民共和国国家标准《地下铁道、轻轨交通岩土工程勘察规范》8.5.7 条计算由于降水引起的地面附加沉降。

按照该规范,因地下水下降引起的土层附加荷载,可按下式计算:

$$\Delta P=\gamma_w(h_1-h_2) \tag{9-21}$$

式中　ΔP——降水引起的土层附加荷载(kPa);

h_1——降水前土层的水头高度(m);

h_2——水位下降后的水头高度(m);

γ_w——水的重度(kN/m^3)。

降水引起的地面附加沉降量,采用分层总和法,按下式计算:

$$S=\sum_{i=1}^{n}S_i=\sum_{i=1}^{n}\frac{\Delta P_i}{E_i}H_i \tag{9-22}$$

式中　S——降水引起的地面总附加沉降量(mm);

S_i——第 i 计算土层的附加沉降量(mm);

ΔP_i——第 i 计算土层降水引起的附加荷载(kPa);

E_i——第 i 计算土层的压缩模量(kPa)；

H_i——第 i 计算土层的土层厚度(m)。

以上公式中的 E_i，对于砂土，应为弹性模量；对于黏土和粉土，可按下式计算：

$$E_s=\frac{1+e_0}{a_v} \tag{9-23}$$

式中 e_0——土层的原始孔隙比；

a_v——土层的体积压缩系数(MPa^{-1})，应取自土的有效自重压力至土的有效自重压力与附加压力之和的应力段。

在距离帷幕 10m 的位置，按照以上各土层最大水位降深计算固结诱发的地面沉降，其成果参见表 9-5。

表 9-5　分层总和法计算地面沉降(距离帷幕 10m)

地层编号	地层厚度	含水率 /%	压缩模量 /MPa	水位降落 /m	分层固结沉降 /mm
⑤$_{1-2}$	6.42	0.348	4.43	1.69	−3.67
⑤$_{3-1}$	9.74	0.342	4.81	1.55	−10.73
⑤$_{3-2}$	13.54	0.318	5.69	1.06	−8.02
⑦$_1$	1.78	0.245	14.25	1.04	−0.32
分层累计沉降总和/mm					−22.75

按照降水 113d 计算，距离帷幕 10m 各点地层的固结度参见表 9-6。

表 9-6　113 天抽降水固结度计算

地层编号	固结度
⑤$_{1-2}$	0.189
⑤$_{3-1}$	0.189
⑤$_{3-2}$	0.189
⑦$_1$	0.198

按照降水 113 天计算，距离帷幕 10m 的地面沉降为 4.29mm。

9.2.5 基坑工程降水实施效果与分析

为验证基坑工程降水效果及实测降水达到设计降深时基坑内外水位降落，现场进行了等降深试验。通过单井及多井减压至设计降深，考察基坑内外水位降落情况。

Z3 基坑 Y3-1，Y3-5，3-6 三井减压至设计降深监测数据参见表 9-7。可见，Z3 基坑内达到设计降深时，基坑外孔压计水位降落分别为 0.60m，1.00m 和 1.75m，和计算结果比较接近。

表 9-7　　　　　　　　　　　　　　　**等降深试验成果表**

井流量/($m^3 \cdot h^{-1}$)					水位降深/m				
时间	Y3-6	Y3-3	Y3-1	合计	坑内		坑外		
					Y3-4	Y3-2	Y4-5	Y3	G3-1
9:00					10.7	10.65	10	10.5	10.8
9:30	7	7			23.25	23.1	10.1	10.7	11.35
10:00	8	7	2	17	26.1	24.8	10.2	10.9	11.9
10:30	8	9	4	21	26.35	25.05	10.25	11	11.75
11:00	8	5	4	17	26.6	25.1	10.25	11.1	12.1
11:30	5				25.8	25.25	10.3	11.25	12.2
12:00	4				25.85	25.35	10.35	11.3	12.35
13:00	8	13	8	29	25.85	25.5	10.4	11.5	12.4
14:00	9	14	8	31	25.9	25.8	10.5	11.5	12.45
15:00	8	14	8	30	26	25.9	10.6	11.5	12.55
16:00	9	14	8	31	26.05	25.6	10.75	11.55	12.6
17:00	9	14	7	30	26.05	25.8	10.8	11.6	12.6
降深/m					15.3	15.25	0.6	1	1.75

习题、思考题

1. FEM,FDM 和 BEM 的原理分别是什么？区别有哪些？

2. 如图 9-17(a)所示，请用有限差商的方法给出当 i 相邻点为点$(i+1)$和点$(i+2)$时的水头函数的一阶和二阶导数。

3. 如图 9-17(b)所示，如果 i,j,k 的坐标分别是(3,5)，(7,3)和(8,7)，且这三点处的水头值分别是 10,7 和 12，请计算出该单元内的水头近似值。

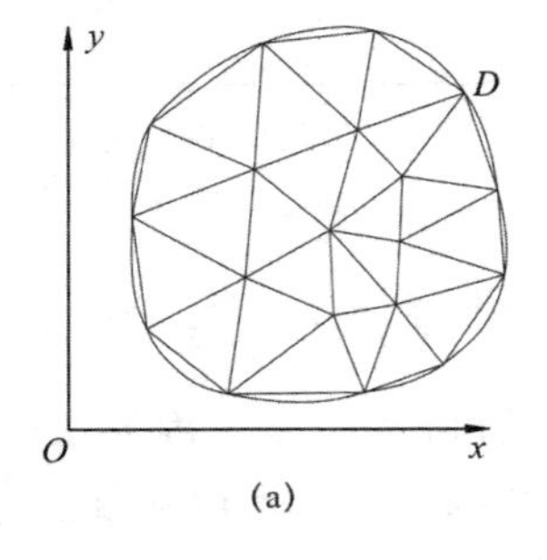

(a)

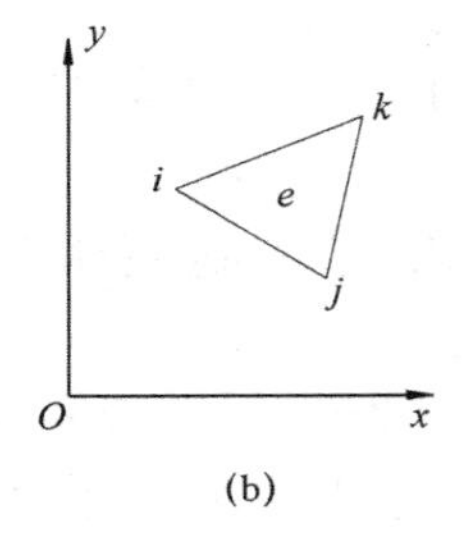

(b)

图 9-17　图单元剖分图

4. 地下水渗流模型一般有哪几种？边界条件主要有几类？分别是什么？

5. 基坑工程降水案例分析中如何将物理模型准确地抽象到数学模型中？

10 地下水污染及对混凝土、钢筋的腐蚀性评价

10.1 地下水水质分析

水质分析因目的不同，可分为简分析、全分析、特殊分析和专门分析。工程地质勘察中的专门分析，目前主要是指工程地下水对建筑材料的腐蚀性评价分析。

10.1.1 水质分析表示方法

水质分析往往用各种形式的指标值及水化学表达式来表示。具体的表示方法包括以下内容。

1. 离子含量指标

溶解于地下水中的盐类，以各种形式的阴阳离子存在，如 Na^{+}，Ca^{2+}，Cl^{-}，SO_4^{2-}，其含量一般以单位 mmol/L，mg/L，meq/L 表示。海水中的主要离子以单位 mol/L，g/L 表示。超微量元素的离子，其单位以 μg/L 表示。

2. 分子含量指标

溶解于地下水中的气体和胶体物质，如 CO_2，SiO_2，其含量一般用单位 mmol/L，mg/L 表示。

3. 综合指标

pH 值，酸碱度，硬度和矿化度四项综合指标，集中地表示了地下水的化学性质。

(1) pH：pH 值反映了地下水的酸碱性，由酸、碱和盐的水解因素所决定。pH 值与电极电位存在一定关系，它影响地下水化学元素的迁移强度，是进行水化学平衡计算和水分析结果的重要参数。一般地下水的 pH 值为 4～10。地下水按 pH 分类见表 10-1。

表 10-1 地下水按 pH 值分类

类别	强酸性水	酸性水	弱酸性水	中性水	弱碱性水	碱性水	强碱性水
pH 值	＜4.0	4.0～5.0	5.0～6.0	6.0～7.5	7.5～9.0	9.0～10.0	＞10.0

(2) 酸度和碱度：酸度是指强碱滴定水样中的酸至一定 pH 值的碱量。地下水中酸度的形成主要是未结合的 CO_2、无机酸、强酸弱碱盐及有机酸。

用指示剂酚酞滴定当量终点，测得的酸度称为酚酞酸度(总酸度)，用指示剂甲基橙滴定当量终点，测定的酸度称为甲基橙酸度。

用指示剂甲基橙滴定当量终点，测定的碱度称为甲基橙碱度(总酸度)；用指示剂酚酞滴定当量终点，测定的碱度称为酚酞碱度。

酸碱度一般以单位 mmol/L，meq/L 表示。

（3）硬度：水的硬度取决于水中钙、镁和其他金属离子（碱金属除外）的含量。

总硬度：地下水中钙镁的重碳酸盐、氯化物、硫酸盐、硝酸盐的总含量。

暂时硬度（碳酸盐硬度）：水煮沸后，呈碳酸盐形态的析出量。

永久硬度（非碳酸盐硬度）：水煮沸后，留于水中的钙盐和镁盐的含量。

负硬度（钠钾硬度）：地下水中碱金属钾钠的碳酸盐、重碳酸盐和氢氧化物的含量。

总硬度＝暂时硬度＋永久硬度＝碳酸盐硬度＋非碳酸盐硬度

负硬度（钠钾碱度）＝总碱度－总硬度（总碱度＞总硬度）

硬碱度一般以单位 mmol/L，mg/L，meq/L，H^0 表示。

表 10-2　　地下水按硬度分类

水的类别	极软水	软水	微硬水	硬水	极硬水
德国度/（H^0）	＜4.2	4.2～8.4	25.2	16.8～25.2	＞25.2
毫克当量/升/（$meq \cdot L^{-1}$）	＜1.5	1.5～3.0	3.0～6.0	6.0～9.0	＞9.0
毫克/升/（$mg \cdot L^{-1}$）	＜42	42～84	84～168	168～252	＞252

注：1.“mg/L”是以 CaO 计。

2. 1mmol/L＝0.3566H^0。

硬度的单位换算系数表见表 10-3。

表 10-3　　硬度单位换算系数

单位	mg/L	H^0	meq/L
mg/L	1	2.8/E	1/E
H^0	E/2.8	1	
meq/L	E	2.8	1

注：E 表示欲换算物质的当量。

（4）矿化度：地下水含离子、分子与化合物的总量称为矿化度，或称总矿化度。

矿化度包括了全部的溶解组分和胶体物质，但不包括游离气体。通常以可滤性蒸发残渣（溶解性固体）来表示，也可按水分析所得的全部阴阳离子含量的总和（计算时 HCO_3^- 含量只取半数）表示理论上的可滤性蒸发残渣量。此外可用离子交换法测定矿化度。矿化度一般以单位 g/L，mg/L 表示。

地下水按矿化度分类见表 10-4。

表 10-4　　地下水按矿化度分类

类别	淡水	低矿化水（微咸水）	中矿化水（咸水）	高矿化水（盐水）	卤水
矿化度/（$g \cdot L^{-1}$）	＜1	1～3	3～10	10～50	＞50

（5）分子式（Kypjiob 式）：按阴阳离子毫克当量百分数表示水化学类型，其表达式如下：

$$\text{微量元素(g/ L)气体成分(g/L)矿化度(g/L)}\frac{\text{阴离子(meq}>10\%)}{\text{阳离子(meq}>10\%)}\cdot\text{温度(℃)}$$

“毫克当量百分数”是一种离子毫克当量百分浓度的表示方法，即

$$离子毫克当量百分数(\%)=\frac{该离子毫克当量}{阴(或阳)离子毫克当量总数}\times 100\%$$

以离子含量(meq/L%)>25%作为水化学类型定名限值。

例如天津塘沽某地下水：

$$F_{0.05}M_{1.05}\frac{HCO^{3}_{53.4}Cl_{39.6}}{Na_{95.16}}T_{15^{\circ}}$$

该地下水化学类型为“HCO_3-Cl-Na”，即重碳酸氯化钠型水。

10.1.2 水质分析审核内容

根据水质分析的要求和精度不同，水质分析审核内容的侧重可以有所不同。工程地质勘察中的水质分析审核，对于工程地质技术人员仅提出两项，即最基本的一项——“离子平衡”分析审核和专门项分析审核——“侵蚀性 CO_2 分析”。

1. 离子平衡分析

当水样的 K^+，Na^+ 为直接测定时，阴离子 meq/L 总计($\sum A$)与阳离子 meq/L 总计($\sum C$)，二者在理论上是相等的。实际上由于分析中存在着各方面的误差，二者往往不相等。按式(10-1)计算，其误差不得超过±2%。

$$x\%=\frac{\sum C-\sum A}{\sum C+\sum A}\times 100\% \tag{10-1}$$

当水样的 K^+，Na^+ 未测定时，其 $\sum A$ 一般大于 $\sum C$(除 K^+，Na^+ 外)，否则不得超过表10-5所列出的界限值。

表 10-5 水分析允许误差界限

阴阳离子总量/(mg·L^{-1})	允许误差界限值(占阴、阳离子 $\sum$ meq/L)
>300	3%
<300	5%

2. 侵蚀性 CO_2 分析审核

对于一般天然水，由侵蚀性 CO_2 所形成的溶蚀 $CaCO_3$ 容量的实测值与理论计算值，二者应接近。

理论值一般按式(10-2)计算：

$$[HCO_3^-]^3+(2[Ca^{2+}]_0-[HCO_3^-]_0)[HCO_3^-]^2+1/Kf[HCO_3^-]-1/Kf(2[CO_2]_0+[HCO_3^-]_0)=0 \tag{10-2}$$

式中 $[Ca^{2+}]_0$，$[HCO_3^-]_0$，$[CO_2]_0$——分别为水中 Ca^{2+}，HCO_3^-，游离 CO_2 实测浓度(mmol/L)；

$[HCO_3^-]$——水样加入 $CaCO_3$ 后，达到平衡时 HCO_3^- 的浓度(mmol/L)；

K——平衡常数，查表10-6；

f——活度系数，查表10-7。

表 10-6　　不同温度下的平衡常数

温度	0	5	10	15	20	25	30
K	0.0160	0.0152	0.0171	0.0189	0.0222	0.0260	0.0328

表 10-7　　不同离子强度(μ)下的活度系数 f 值

μ	f	μ	f	μ	f	μ	f
0.001	0.809	0.012	0.522	0.032	0.381	0.055	0.307
0.002	0.745	0.014	0.499	0.034	0.372	0.060	0.297
0.003	0.703	0.016	0.480	0.036	0.364	0.065	0.286
0.004	0.668	0.018	0.463	0.038	0.357	0.070	0.277
0.005	0.641	0.020	0.449	0.040	0.350	0.075	0.269
0.006	0.616	0.022	0.434	0.042	0.343	0.080	0.261
0.007	0.597	0.024	0.421	0.044	0.337	0.085	0.254
0.008	0.579	0.026	0.410	0.046	0.331	0.090	0.247
0.009	0.562	0.028	0.0400	0.048	0.325	0.095	0.241
0.10	0.547	0.030	0.390	0.050	0.320	0.100	0.235

注：$\mu=1/2\sum C_iZ_i^2$。式中，C_i 为离子浓度；Z_i 为离子电荷数。

10.1.3　取水样要求

1. 水试样采集的基本原则

采取的地下水试样必须代表天然条件下的客观水质情况。采集钻孔、观测孔、生产井和民井、探井(坑)中刚从含水层进来的新鲜水，不能是“死水”。泉水应在泉口处取样。

2. 水试样采集的一般要求

(1) 盛水容器一般应采用带磨口玻璃塞的玻璃瓶或塑料瓶(桶)。取样前容器必须洗净，并经蒸馏水清洗。取样时先用所取的水冲洗瓶塞和容器三次以上，然后缓缓地将取得的水注入容器。容器顶应留出高为 10～20 mm 空间。及时用石蜡或火漆封口，并做好采样记录，贴好水试样标签，填写水试样送检单，尽快送化验室。

(2) 取不稳定成分的水试样时，应及时加入稳定剂，并严防杂物混入。具体方法可参阅表 10-8。

(3) 水试样送验过程中，要防止冻裂或阳光照射，按规定采取存放措施，并不得超过水试样最大保存期限。具体方法可参阅有关资料。

(4) 水试样采集数量：

简分析　500～1000mL；

全分析　2000～3000mL。

表 10-8　　　　含某些不稳定成分的水试样采集方法

需专门测定的不稳定成分	取样数量/L	处置方法及加入稳定剂数量	注意事项
侵蚀性 CO_2	0.25～0.30	加 2～3g 大理石粉	同时取简(全)分析样
总硫化物	0.30～0.5	加 10mL 1∶3 醋酸锡溶液或者加 2～3mL25%的醋酸锌溶液和 1mL4%的氢氧化钠溶液	称水样(带瓶子)的重量
铜、铅、锌	1.0	加 5mL 1∶1 盐酸溶液	所用盐酸不应含有欲测的金属离子，严格防止沙土颗粒混入
铁	0.5	淡水加 15～25mL 醋酸-醋酸盐冲液(pH=4)；矾水及酸性水加 5mL 1∶1 硫酸溶液及 0.5～1.0g 硫酸铵	如水样混浊、需迅速过滤，再按左列手续进行
溶解氧	0.3	加 1～3mL 碱性碘化钾溶液，然后加 3mL 氯化锰，摇匀密封。当水样含有大量有机物及还原物质时，首先加入 0.5mL 溴水(或高锰酸钾溶液)，摇匀放置 24h，然后放入 0.5mL 水样酸溶液，再按上述手续进行	事先称取取样瓶的容量，取样时注意瓶内不应留有空气并记录加入试剂总体积及水温
氰化物	0.5	每升水中加 2g 氢氧化钠固体	保持冷凉，尽快运送分析
酚化物	0.5	每升水中加 2g 氢氧化钠固体	保持冷凉，尽快运送分析
氮	1.0	加 0.7g 浓硫酸酸化	保持冷凉，尽快运送分析
镭	2～3	加 4～6g 浓硫酸酸化	
铀	0.5～1.0(蓝光法)	盐酸酸化	比色法需取 2～3L
氡	0.1	用预先抽真空的玻璃扩张器取样，无扩张器时，可用干净的带磨口玻璃塞的玻璃瓶	样瓶内不应留有空气，详细记录取样时间，避免搅动水样

专门(特殊)分析，则应根据分析项目而定，具体可参阅表 10-8。通常还应考虑所需水量的体积超过各项水试样体积(规定数量)的 20%～30%。

10.2　地下水腐蚀性评价

地下水中含有某些成分时，对建筑材料中的混凝土、金属等有腐蚀性。当建筑物长期处于地下水的作用时，则应评价地下水的腐蚀性。

10.2.1　地下水对混凝土的腐蚀作用

大量的试验证明，地下水对混凝土的破坏是通过分解性腐蚀、结晶性腐蚀及分解结晶复合性腐蚀作用进行的。地下水的这种腐蚀性主要取决于水的化学成分，同时也与水泥类型有关，其鉴定标准如表 10-9 所示。

表 10-9　水泥对混凝土的腐蚀性鉴定标准

<table>
<tr><td rowspan="4">侵蚀性类别</td><td colspan="2" rowspan="4">腐蚀性指标</td><td colspan="4">大块碎石类土</td><td colspan="4">砂类土</td><td colspan="4">黏性土</td></tr>
<tr><td colspan="12">水　泥　类</td></tr>
<tr><td colspan="2">A</td><td colspan="2">B</td><td colspan="2">A</td><td colspan="2">B</td><td colspan="2">A</td><td colspan="2">B</td></tr>
<tr><td>普通的</td><td>抗硫酸盐的</td><td>普通的</td><td>抗硫酸盐的</td><td>普通的</td><td>抗硫酸盐的</td><td>普通的</td><td>抗硫酸盐的</td><td>普通的</td><td>抗硫酸盐的</td><td>普通的</td><td>抗硫酸盐的</td></tr>
<tr><td rowspan="5">分解性侵蚀</td><td colspan="2" rowspan="2">分解性腐蚀指数 pH_s</td><td colspan="8">$pH<pH_s$ 有腐蚀性
$pH_s=\frac{HCO_3^-}{0.15HCO_3^- -0.25}-K_1$</td><td colspan="4" rowspan="5">无　规　定</td></tr>
<tr><td colspan="2">$K_1=0.5$</td><td colspan="2">$K_1=0.3$</td><td colspan="2">$K_1=1.3$</td><td colspan="2">$K_1=1.0$</td></tr>
<tr><td colspan="2">pH</td><td colspan="2"><6.2</td><td colspan="2"><6.4</td><td colspan="2"><5.2</td><td colspan="2"><5.5</td></tr>
<tr><td colspan="2" rowspan="2">游离 CO_2(mg/L)</td><td colspan="8">游离(CO_2)$>a(Ca^{2+})+b+K_2$ 时有腐蚀性</td></tr>
<tr><td colspan="2">$K_2=20$</td><td colspan="2">$K_2=15$</td><td colspan="2">$K_2=80$</td><td colspan="2">$K_2=60$</td></tr>
<tr><td rowspan="3">结晶性侵蚀</td><td rowspan="3">SO_4^{2-}(mg/L)</td><td>Cl(mg/L) <1000</td><td>>250</td><td rowspan="3">>3000</td><td>>250</td><td rowspan="3">>4000</td><td>>300</td><td rowspan="3">>3500</td><td>>300</td><td rowspan="3">>3500</td><td>>400</td><td rowspan="3">>4000</td><td>>400</td><td rowspan="3">>5000</td></tr>
<tr><td>Cl(mg/L) 1000-6000</td><td>$>100+0.15Cl^-$</td><td>$>100+0.15Cl^-$</td><td>$>150+0.15Cl^-$</td><td>$>150+0.15Cl^-$</td><td>$>250+0.15Cl^-$</td><td>$>250+0.15Cl^-$</td></tr>
<tr><td>Cl(mg/L) >6000</td><td>>1050</td><td>>1050</td><td>>1100</td><td>>1100</td><td>>1200</td><td>>1200</td></tr>
<tr><td rowspan="2">分解结晶复合性侵蚀</td><td colspan="2" rowspan="2">弱盐基硫酸阳离子[Me]</td><td colspan="8">$[Me]>1000mg/L$　$[Me]>K_3-SO_4^{2-}$</td><td colspan="4" rowspan="2">无规定</td></tr>
<tr><td colspan="2">$K_3=7000$</td><td colspan="2">$K_3=6000$</td><td colspan="2">$K_3=9000$</td><td colspan="2">$K_3=8000$</td></tr>
</table>

注：表中 A 为硅酸盐水泥，B 为火山灰质、含砂火山灰质、矿渣硅酸盐水泥。

表中系数 a，b 另查表 10-10。

1. 分解性腐蚀

系指酸性水溶滤氢氧化钙以及腐蚀性碳酸溶滤碳酸钙而使水泥分解破坏的作用，又分为一般酸性腐蚀和碳酸腐蚀两种。

一般酸性腐蚀就是水中的氢离子与氢氧化钙起反应使混凝土溶滤破坏，其反应式为

$$Ca(OH)_2+2H^+ \rightleftharpoons Ca^{2+}+2H_2O$$

酸性腐蚀的强弱主要取决于水的 pH 值，pH 值越低，水对混凝土的腐蚀性就越强。

碳酸性腐蚀是由于碳酸钙在腐蚀性二氧化碳的作用下溶解，使混凝土遭受破坏。混凝土表面的石灰在空气和水中 CO_2 的作用下，首先生成一层碳酸钙，进一步的作用形成易溶于水的

碳酸钙，重碳酸钙溶解后则使混凝土破坏。其反应式为

$$CaCO_3 + CO_2 + H_2O \rightleftharpoons Ca^{2+} + 2HCO_3^-$$

这是一个可逆反应，碳酸钙溶于水中后，要求水中必须含有一定数量的游离 CO_2 以保持平衡，如水中游离 CO_2 减少，则方程向左进行发生碳酸钙沉淀。水中这部分 CO_2 称为平衡二氧化碳。若水中游离 CO_2 大于当时的平衡 CO_2，则可使方程向右进行，即碳酸钙溶解，直至达到新的平衡为止。与 $CaCO_3$ 反应消耗的那部分游离 CO_2 称为腐蚀性二氧化碳。

分解腐蚀性的鉴定按表 10-9 中的标准来判断，有三个指标：

(1) 分解性腐蚀指数 pH_s 是分解性腐蚀总指标：

$$pH_s = \frac{[HCO_3^-]}{0.15[HCO_3^-] - 0.025} - K_1 \tag{10-3}$$

式中 $[HCO_3^-]$——水中 HCO_3^- 含量 meq/L；

K_1——按表 10-9 中查得的数值。当水的实际 $pH \geqslant pH_s$ 时，水无分解性腐蚀；当实际 $pH < pH_s$ 时，则有分解性腐蚀。

(2) pH 值为酸性腐蚀指标。当水的实际 pH 值小于表 10-9 中所列数值时，则有酸性腐蚀。

(3) 游离 CO_2 为碳酸腐蚀指标。当水中游离 CO_2 含量(mg/L)大于表 10-9 中公式的计算值($[CO_2]_3$)时，则有碳酸性腐蚀。计算公式为

$$([CO_2]_3) > a[Ca^{2+}] + b + K_2 \tag{10-4}$$

式中 $[Ca^{2+}]$——水中 Ca^{2+} 含量，mg/L；

a, b——按表 10-10 查取的数值；

K_2——按表 10-9 查取的数值。

根据以上 3 个指标的判断，如有任何一种腐蚀性存在，均为具有分解性腐蚀。

2. 结晶性腐蚀

主要是硫酸腐蚀，是含硫酸盐的水与水泥发生反应，在混凝土的孔洞中形成石膏和硫酸铝盐(又名结瓦尔盐)晶体。这些新化合物的体积增大(例如石膏增大体积 1～2 倍，硫酸铝盐可增大体积 2～5 倍)，由于结晶膨胀作用而导致混凝土力学强度降低，以至破坏。石膏是生成硫酸铝盐的中间产物，生成硫酸铝盐的反应式为

$$4CaO \cdot Al_2O_3 \cdot 12H_2O \cdot 3CaSO_4 \cdot nH_2O \rightarrow 3CaO \cdot Al_2O_3 \cdot 3CaSO_4 \cdot 3H_2O + Ca(OH)_2$$

应当指出，这种结晶性腐蚀并不是孤立进行的，它常与分解性腐蚀作用相伴生，往往有分解性腐蚀时更能促进这种作用的进行。另外，硫酸腐蚀还与水中氯离子含量及混凝土建筑物在地下所处的位置有关，如建筑物处于水位变动带，这种结晶性腐蚀作用就更增强。近年来为了防止 SO_4^{2-} 对水泥的破坏作用，在修建 SO_4^{2-} 含量高的水下建筑物时均采用抗硫酸盐的水泥。

SO_4^{2-} 的含量是结晶性腐蚀评价指标，当水中 SO_4^{2-} 含量分别大于表 10-9 中数值时，便有结晶性腐蚀作用。普通水泥还与 Cl^{-1} 的含量有关，抗硫酸水泥则无关。

3. 分解结晶复合性腐蚀

主要是水中弱盐基硫酸盐离子的腐蚀，即水中 Mg^{2+}，Fe^{2+}，Fe^{3+}，Ca^{2+}，Zn^{2+}，NH_4^+ 等含量很多时，与水泥发生化学反应，使混凝土力学强度降低，甚至破坏。例如水中的 $MgCl_2$ 与混凝土中结晶的 $Ca(OH)_2$ 起交替反应，形成 $Mg(OH)_2$ 和易溶于水的 $CaCl_2$，使混凝土遭受破坏。

分解结晶复合性腐蚀的评价指标为弱盐基硫酸盐离子 Me，主要用于被工业废水污染的腐蚀性鉴定。当 $Me>1\,000$mg/L，且满足下式时即有腐蚀性：

$$Me>K_3-SO_4^{2-} \tag{10-5}$$

式中 Me——水中 Mg^{2+}，Fe^{2+}，Fe^{3+}，Ca^{2+}，Zn^{2+}，NH_4^+ 等的总量，或其中任一种或几种离子的含量，mg/L；

SO_4^{2-}——水中 SO_4^{2-} 的含量，mg/L；

K_3——按表 10-9 中查得的数值。

表 10-10　系数 *a* 和 *b* 值

酸性碳酸盐碱度 HCO_3^- /(meq·L^{-1})	Cl^- 和 SO_4^{2-} 的总量/(mg·L^{-1})											
	200		201～400		401～600		601～800		801～1 000		>1 000	
	a	*b*	*a*	*b*	*a*	*b*	*a*	*b*	*a*	*b*	*a*	*b*
1.4	0.01	16	0.01	17	0.07	17	0.00	17	0.00	17	0.00	17
1.8	0.04	17	0.04	18	0.03	17	0.02	18	0.02	18	0.02	18
2.1	0.07	19	0.08	19	0.05	18	0.04	18	0.04	18	0.04	18
2.5	0.04	21	0.09	20	0.07	19	0.06	18	0.06	18	0.05	18
2.9	0.13	23	0.11	21	0.09	19	0.08	18	0.07	18	0.07	18
3.2	0.16	25	0.14	22	0.11	20	0.10	19	0.09	18	0.08	18
3.6	0.20	27	0.17	23	0.14	21	0.12	19	0.11	18	0.10	18
4.0	0.24	29	0.20	24	0.16	22	0.15	20	0.13	19	0.12	19
4.3	0.28	32	0.24	26	0.19	23	0.17	21	0.16	20	0.14	20
4.7	0.32	34	0.28	27	0.22	24	0.20	22	0.19	21	0.17	21
5.0	0.36	36	0.32	29	0.25	26	0.23	23	0.22	22	0.19	22
5.4	0.40	38	0.36	30	0.29	27	0.26	24	0.24	23	0.22	23
5.7	0.44	41	0.40	32	0.32	28	0.29	25	0.27	24	0.25	24
6.1	0.48	43	0.43	34	0.36	30	0.33	26	0.30	25	0.28	25
6.4	0.54	46	0.47	37	0.40	32	0.36	28	0.38	27	0.31	27
6.8	0.61	48	0.51	39	0.44	33	0.40	30	0.37	29	0.34	29
7.1	0.67	51	0.55	41	0.48	35	0.44	31	0.41	30	0.38	30
7.5	0.74	53	0.60	43	0.53	37	0.48	33	0.45	31	0.41	31
7.8	0.81	55	0.65	45	0.58	38	0.53	34	0.49	33	0.44	33
8.2	0.88	58	0.70	47	0.63	40	0.58	35	0.53	34	0.48	34
8.6	0.96	60	0.76	49	0.68	42	0.63	37	0.57	36	0.52	36
9.0	1.04	63	0.81	51	0.73	44	0.67	39	0.61	38	0.56	38

10.2.2 地下水对钢筋等铁质材料的腐蚀

当地下水的pH值低，水中含有溶解氧、游离硫酸、H_2S，CO_2及其他重金属硫酸盐时，便对钢筋、铁管或其他铁质材料产生强烈的腐蚀破坏作用。因此，当设计长期浸没于地下水中的钢筋铁质管道或其他构件时，应当考虑地下水的腐蚀破坏性。特别在硫化物矿床中，常形成酸性矿井水，对探矿采矿设备的破坏性很大。

水对铁的腐蚀性主要与水中的氢离子浓度有关。当水的pH值小于6.8时，将有腐蚀性，pH值小于5的水对铁有强烈的腐蚀性。

水中含有溶解氧时与铁质材料发生氧化作用，使铁质材料锈蚀。当O_2与CO_2同存于水中时，氧的腐蚀作用加剧。

水中含有游离H_2SO_4时，产生的腐蚀作用同样是由于氢离子置换而引起的。为了防止铁质材料受硫酸的腐蚀，水中SO_4^{2-}的含量最好不超过25mg/L。

当水中溶有CO_2或H_2S时，可以使水成为电导体而不断发生电化学作用，并引起腐蚀过程加速，其反应式为

$$CO_2 + H_2O \rightleftharpoons H_2CO_3 \rightleftharpoons H^+ + HCO_3^-$$

$$H_2S \rightleftharpoons H^+ + HS^-$$

此时，铁放出电荷，氢接受电荷，即：

$$Fe \rightarrow Fe^{2+} + 2e$$

$$2H^+ + 2e \rightarrow H_2 \uparrow$$

当水中含有重金属硫酸盐时，如$CuSO_4$，也能加速对铁的腐蚀，因为金属铜和金属铁构成微电池而使反应不断地进行，加速了腐蚀作用。此时，铁放出电荷，铜接受电荷，即：

$$Fe \rightarrow Fe^{2+} + 2e$$

$$Cu^{2+} + 2e \rightarrow Cu$$

地下水对铁的腐蚀性，目前虽尚无统一的鉴定标准，但在地下工程设计过程中，必须按上述结论考虑地下水对钢筋等铁质材料的腐蚀破坏作用。

习题、思考题

1. 水质分析报告

工程名称	五里屯西南水井	钻孔号	EA_2	取水日期	1988.05.09
工程编号	×××	探井号	×××	分析日期	1988.05.09～06.02
实验室编号	85015	取水深度		提出日期	1988.06.13
气温	28℃	水源	第四系承压水		
水温	18℃	室温	28℃		

气味	无臭	口味	无味
颜色与色度	无色	透明度	透明
悬浮物	无		

项目		每升水中含量		
		mg	mN	mN%
阳离子	$Na^+ + K^+$	21.00	0.84	16.18
	Ca^{++}	60.14	3.00	57.80
	Mg^{++}	16.45	1.35	26.02
	Fe^{+++}	0	0	
	Fe^{++}	0	0	
	NH_4^+	0	0	
	合计	97.59	5.19	100
阴离子	Cl'	33.62	0.95	18.31
	SO_4''	25.72	0.54	10.40
	HCC	194.50	3.19	61.46
	CO_3''			
	NO_3'	31.80	0.51	9.83
	NO_2'	0.01	—	
	合计	285.65	5.19	100
总计				

项目		德国度
硬度	全硬度	12.18
	暂时硬度	8.94
	永久硬度	3.24
	负硬度	0

项目	菌指数/菌值
大肠杆菌	
细菌总数	60个/L

项目	mg/L
游离 CO_2	13.20
侵蚀性 CO_2	
消耗氧(按氧计)	0.66
溶解氧	
H_2S	0
可溶 SO_2	20.60
干涸残渣	311

项目	mg/L
灼烧残量	
灼烧减量	
Al^{+++}	
Mn^{++}	
Cu^{++}	未检出
Pb^{++}	未检出
Zn^{++}	未检出
Cr^{+++}	0.002
As	未检出
F'	0.15
I'	
CN'	未检出
PO_4'''	
酚	未检出
汞	未检出
总矿化度	306.74
pH	7.2
总碱度	3.19mN/L
酸度	mN/L

结论与判定：

注：测铁水样，取样时加1∶1硝酸使水样 $pH<2$ 测得总铁0.04mg/L

实验负责人：　　　　　　　　分析者：

要求：

(1) 写出水样的库尔洛夫分子式(Kypjiob 式)，并确定地下水的化学类型。

(2) 根据以上水质分析报告，进行地下水对混凝土、钢筋铁件的腐蚀性的水质评价。

注：mN＝meq(毫克当量)

2. 地下水水质分析常用哪些指标？

3. 地下水对混凝土的腐蚀作用有哪些类型？

4. 简述身边周围哪些地下水腐蚀的情况及案例。

参考文献

[1] FRDLUND D G, RACHARDJO H. Soil mechanics for unsaturated soils[M]. John Wiley&Sons, Inc,1993.

[2] FREDLUND D G, HASAN J U. One-dimensional consolidation theory: unsaturated soils[J]. Canadian Geotechnical Journal, 1979, 16: 521-531.

[3] FREDLUND D G, MORGENSTERN N R. Stress state variables for unsaturated soils[J]. Journal of Geotechnical Engineering Division, Proc of ASCE, 1977, 103(5): 447-466.

[4] FREDLUND D G, DAKSHANAMURTHY V, Prediction of moisture flow and related swelling or shrinking in unsaturated soils[J]. Geotechnical Engineering, 1982,13:15-49.

[5] FREDLUND D G. Density and compressibility characteristics of air-water mixtures[J]. Canadian Geotechnical Journal, 1976, 13(4):386-396.

[6] GAN J K M, FREDLUND D G, RAHARDJIO H. Determination of the shear strength parameters of an unsaturated soil using the direct shear test[J]. Canadian Geotechnical Journal, 1988,25(3):500-510.

[7] SIMONI L, SALOMONI V, SCHREFLER B A. Elasto-plastic subsidence models with and without capillary effects[J]. Comput. Methods Appl. Mech. Engrg. 171(1999),491-502.

[8] BAHAR R,CAMBOU B. Forecast of creep settlements of heavy structures using pressure meter tests [J]. Computers and Geotechnics,1995(17):507-521.

[9] HU R L,YUE Z Q,WANG L C. Review on current status and challenging issues of land subsidence in China [J]. Engineering Geology, 2004,76:65-77.

[10] Lancellotta R. A general nonlinear mathematical model for soil consolidation problems[J]. Int. J. Engng Sci. ,1997,35:1045-1063.

[11] WHEELER S J. A conceptual model for soils containing large gas bubbles[J]. Geotechnique, 1988, 38: 389-397.

[12] WHEELER S J. The undrained shear strength of soils containing large gas bubbles[J]. Geotechnique, 1988,38:399-413.

[13] SHEARER T R. A numerical model to calculate land subsidence applied at Huangu in China[J]. Engineering Geology,1998,49:85-93.

[14] TANG Yiqun,ZHANG Xi,WANG Jianxiu,ZHOU Nianqing. Subsidence Caused by Metro Tunnel Excavation With Shield Meyhod in Shanghai[M]//Proceering of the Seventh International Symposium on Land Subsidence. Vol. I. Shanghai:Shanghai Scientific & Technical Publishers, 2005:257-269.

[15] TANG Yiqun, YEWeimin, HUANG Yu. Prediction of Ground Settlement Caused by Subway Tunnel Construction in Shanghai[C]. International? Conference on Engineering and Technological Sciences 2000,2000.

[16] ESCARIO V, SAEZ J. The shear strength of partly saturated soils[J]. Geotechnique, 1986, 36(3): 453-456.

[17] 安关峰,高大钊. 弹粘塑性 3D-FEM 在地基蠕变沉降预测中的应用[J]. 同济大学学报,2001,29(2): 195-199.

[18] 北京减灾协会.城市可持续发展与灾害预防[M].北京:气象出版社,1998.
[19] 蔡新,郭兴文.软土地基三维固结分析及其工程应用[J].河海大学学报,2001,29(5):27-32.
[20] 蔡袁强,钱磊.钱塘江防洪堤地震液化及稳定分析[J].水利学报. 2001(1): 57-61.
[21] 曹晖,钟楚虹,张亦静.流变性软土蠕变特性研究进展[J].株洲工学院学报,2004,18(2):102-106.
[22] 陈远洪,洪宝宁.一个考虑土体流变的修正剑桥粘弹塑性模型[J].河海大学学报,2002,30(5):44-47.
[23] 陈正汉,谢定义,王永胜.非饱和土的气水运动规律及其工程性质的研究[J].岩土工程学报,1993,15(3):9-20.
[24] 陈正汉.非饱和土固结的混合物理论(Ⅱ)[J].应用数学和力学, 1993, 14(8): 687-698.
[25] и. A. 恰内尔.地下气—水动力学[M].陈忠祥,郎兆新,译.北京:石油工业出版社,1982.
[26] 陈佐.城市轨道交通对生态环境的影响[J].中国铁道科学. 2001,22(3): 126-131.
[27] 戴福隆,尚海霞,林国松,等.定向结晶材料高温蠕变规律研究[J].力学学报,2002,34(2): 186-191.
[28] 戴荣良,陈晖,俞云研.上海高层建筑桩基土类型特性和沉降分析[J].岩土工程学报,2001,23(5):627-630.
[29] 董明钢,范厚彬,胡志平.一种软黏土三轴流变试验的数值模拟技术[J].土工基础,2003,17(3):42-45.
[30] 高惠瑛,冯启民.场地沉陷埋地管道反应分析方法[J].地震工程与工程振动,1997,17(1):68-75.
[31] 高文华.流变性软土地基模型的实效性分析与刚度计算[J].岩土力学,1998,19(4):25-30.
[32] 龚士良.上海城市建设对地面沉降的影响[J].中国地质灾害与防治学报,1998,9(2):108-111.
[33] 国家科委重大自然灾害综合研究组,马宗晋.中国重大自然灾害及减灾对策(总论)[M].北京:科学出版社,1994.
[34] 华东水利学院土力学教研室.土工原理与计算(上册)[M]. 北京:中国水利水电出版社,1984.
[35] 黄雨, 叶为民.桩基震陷的有效应力动力计算方法[J].工程力学,2001, 18(4): 123-129.
[36] 蒋军,陈龙珠.长期循环荷载作用下黏土的一维沉降[J].岩土工程学报,2001,23(3): 366-369.
[37] 蒋彭年.非饱和土工程性质简论[J].岩土工程学报,1989,11(6):39-59.
[38] 贝尔 J.多孔介质流体动力学[M].李竞生,陈崇希,译.北京:中国建筑工业出版社,1983.
[39] 李勤奋,王寒梅.上海地面沉降模型研究及存在问题[J].上海地质,2002,(4):11-15.
[40] 李维显,容人德,冯诗齐.长江口海区表层沉积物及其有机质分布特征[J].上海地质,1987,23(3):40-54.
[41] 李希元.上海市区饱和软黏土的三维非线性粘弹塑性流变分析[J].工程力学,1997:443-452.
[42] 林鹏,许镇鸿,徐鹏,等.软土压缩过程中固结系数的研究[J].岩土力学,2003,24(1):106-108.
[43] 刘洪洲,孙钧.软土隧道盾构推进中地面沉降影响因素的数值法研究[J].现代隧道技术,2001,36(6):24-28.
[44] 刘毅,张先林.上海市近期地面沉降形势与对策建议[J].中国地质灾害与防治学报,1998,9(2):13-17.
[45] 刘祖德.非饱和土的应力—应变关系和强度特性[J].岩土工程学报,1986,8(1):26-31.
[46] 卢梅艳,赵锡宏,吴林高.抽灌水作用下砂层土变形机理的室内试验研究[M]//中国土木工程学会第七届土力学及基础工程学术会议论文集. 北京:中国建筑出版社,1994,128-132.
[47] 吕少伟,唐益群,叶为民.浅层沼气赋集层中土的工程性质浅析[J].上海地质,1998,67(3):50-55.
[48] 马淑芝,贾洪彪,孟高头.孔隙水压力静力触探动态贯入过程的有限元模拟[J].岩土力学,2002, 23(4):478-481.
[49] 么印凡,谢定义,王士风.饱和砂土振后再固结变形规律的试验研究[J].工程抗震,1995(4):32-34.
[50] 门福录.上海黏土流变性质及地面沉降问题初步研究(二)[J].自然灾害学报,1999,8(4):123-132.
[51] 门福录.上海黏土流变性质及地面沉降问题初步研究(一)[J].自然灾害学报,1999,8(3):117-126.
[52] 孟庆山,汪稔,陈震.淤泥质软土在冲击荷载作用下孔压增长模式[J].岩土力学. 2004,25(7):1017-1022.
[53] 缪俊发,吴林高.考虑含水层组三维抽水压密变形的粘弹性越流理论[J].同济大学学报,1991,23(3):

309-314.

[54] 冉启全,顾小芸.考虑流变特性的流固耦合地面沉降计算模型[J].中国地质灾害与防治学报,1998,9(2):99-103.

[55] 施伟华.建设工程与水资源开发对地面沉降影响分析[J].上海地质,1999,(72):50-54.

[56] 汤斌,陈晓平,张伟.考虑土体流变性状的固结理论发展综述[J].土工基础,2003,17(3):87-90.

[57] 汤岳飞,冯紫良.软土工程中固结非线性流变耦合分析[J].建筑结构,2000,30(11)47-50.

[58] 唐益群,黄雨,叶为民,等.地铁列车荷载作用下隧道周围土体的临界动应力比和动应变分析[J].岩石力学与工程学报,2003,22(9):1566-1570.

[59] 唐益群,黄雨,叶为民.深基坑工程施工中几个问题的探讨[J].施工技术,2002,31(1):5-6, 11.

[60] 唐益群,宋永辉,周念清,等.土压平衡盾构在砂性土中施工问题的试验研究[J].岩石力学与工程学报,2005,24(1): 52-56.

[61] 唐益群,王艳玲,黄雨,等.地铁列车荷载作用下土体的动强度和动应力一应变关系研究[J].同济大学学报,2004,32(6):701-704.

[62] 唐益群,徐超等.制约上海城市发展的若干环境地质问题[J].地下空间,1997,17(2):95-98.

[63] 唐益群,叶为民,张庆贺.长江口软土层中沼气与隧道安全施工技术研究[J].同济大学学报,1996,24(4):465-470.

[64] 唐益群,叶为民.上海地铁盾构法施工隧道中几个问题研究(二)[J].地下空间,1993,13(3).

[65] 唐益群,叶为民.上海地铁盾构法施工隧道中几个问题研究(一)[J].地下空间,1993.13(2).

[66] 唐益群,叶为民.上海地铁盾构施工引起地面沉降的分析研究(三)[J].地下空间,1994,15(4).

[67] 唐益群,张曦,王建秀,等.粉性土中 EBP 盾构施工扰动影响的现场试验研究[J].同济大学学报,2005,33(8):1031-1035.

[68] 唐益群,张曦,周念清,等.地铁振动荷载作用下隧道周围饱和软黏土性状微观研究[J].同济大学学报,2005,33(5): 626-630.

[69] 唐益群,严学新,王建秀,等.高层建筑群对地面沉降影响的模型试验研究[J].同济大学学报,2007,35(3):13-18.

[70] 唐益群,张曦,赵书凯,等.地铁振动荷载下隧道周围饱和软黏土的孔压发展模型[J].土木工程学报,2007,40(4):67-70.

[71] 唐益群,杨坪,沈锋,等.上海暗绿色粉质黏土冻融前后微观性状研究[J].同济大学学报,2007,35(1):6-9

[72] 王寒梅,唐益群,严学新.软土地区工程性地面沉降预测的非等时距 GM(1,1)模型[J].工程地质学报,2006,14(3):398-400.

[73] 严学新,龚士良.上海城区建筑密度与地面沉降的关系[J].水文地质工程地质,2002(6):21-25.

[74] 叶为民,唐益群.上海市地下工程中地质灾害危险程度分区研究[J].同济大学学报,2000,28(6):726-730.

[75] 张阿根,魏子新.上海地面沉降研究的过去、现在与未来[J].水文地质工程地质,2002(5):72-75.

[76] 周念清,唐益群,王建秀,等.饱和黏性土体中孔隙水压力对地铁振动荷载响应特征分析[J].岩土工程学报,2006(12): 2149-2152.

[77] 叶为民,唐益群,张先林,等.上海地区浅层地质环境与地质灾害[M].上海:同济大学出版社,2001.

[78] 廖资生.地下水的分类和基岩裂隙水的基本概念[J].高校地质学报,1998,4(4): 473-477.

[79] 殷跃平.三峡库区地下水渗透压力对滑坡稳定性影响研究[J].中国地质灾害与防治学报,2003,14(3):1-8.

[80] 王媛,速宝玉,徐志英.裂隙岩体渗流模型综述[J].水科学进展,1996,7(3): 276-282.

[81] 钱家忠,杨立华,李如忠,等.基岩裂隙系统中地下水运动物理模拟研究进展[J].合肥工业大学学报自然科学版, 2003,26(4): 510-513.

[82] 刘才华，陈从新，冯夏庭，等. 地下水对库岸边坡稳定性的影响[J]. 岩土力学，2005，26(3)：419-422.
[83] 王珊林，史桂华，王德成. 基岩裂隙水三维数值模型研究及应用[J]. 东北水利水电，2000，18(4)：36-38.
[84] 刘燕，王海平，蒋永才，等. 长江三峡库区黄腊石边坡地下水作用规律与动态稳定性评价[J]. 岩石力学与工程学报，2005，24(19)：3571-3576.
[85] 贺可强，王尚庆，王荣鲁，等. 地下水在黄腊石边坡稳定性中的作用规律与评价[J]. 水文地质工程地质，2007，34(6)：90-94.
[86] 王辉，罗国煜，李艳红，等. 断层富水性的结构分析[J]. 水文地质工程地质，2000. 27(3)：12-15.
[87] 杨会军，韩文峰，谌文武，等. 基岩裂隙水渗流特性探讨与工程实例[J]. 岩石力学与工程学报，2003，22(增2)：2582-2587.
[88] 吴林高. 工程降水设计施工与基坑渗流理论[M]. 北京：人民交通出版社，2003.
[89] 吴林高. 基坑工程降水案例[M]. 北京：人民交通出版社，2009.
[90] 李俊亭. 地下水流数值模拟[M]. 北京：地质出版社，1986.
[91] 陈崇希，唐仲华. 地下水流动问题数值方法[M]. 武汉：中国地质大学出版社，1990.
[92] WANG Jianxiu，HU Lisheng，WU Lingao，et al. Hydraulic Barrier Function of the Underground Continuous Concrete Wall in the Pit of Subway Station and its Optimization[J]. Environmental Geology，2009，57(2)：447-453.
[93] 王建秀，吴林高，朱雁飞，等. 地铁车站深基坑降水诱发沉降机理与计算方法研究[J]. 岩石力学与工程学报，2009，28(5)：1010-1019.
[94] 王建秀，郭太平，吴林高，等. 深基坑降水中墙-井作用机理及工程应用[J]. 2010，6(3)：564-570.
[95] 王建秀，吴林高，胡力绳，等. 复杂越流条件下超深基坑抽水试验及工程应用[J]. 岩石力学与工程学报，2010，29(S1)：3082-3087.
[96] 薛禹群. 地下水动力学[M]. 北京：地质出版社，1986.
[97] 吴林高. 工程降水设计施工与基坑渗流理论[M]. 北京：人民交通出版社，2003.
[98] 吴林高，方兆昌，李国，等. 基坑工程降水案例[M]. 北京：人民交通出版社，2009.
[99] 中华人民共和国建设部. 建筑地基基础设计规范：GB 50007—2011[S]. 北京：中国建筑工业出版社，2002.
[100] 中华人民共和国建设部. 供水水文地质勘察规范：GB 50027—2001[S]. 北京：中国计划出版社，2001.
[101] 中华人民共和国建设部. 供水管井技术规范：GB 50296—99[S]. 北京：中国计划出版社，1999.
[102] 中华人民共和国建设部. 建筑与市政降水工程技术规范：JGJ/T 111—98[S]. 北京：中国建筑工业出版社，1999.
[103] 中华人民共和国建设部. 建筑基坑支护技术规程：JGJ 120—99[S]. 北京：中国建筑工业出版社，1999.
[104] 中华人民共和国冶金部. 建筑基坑工程技术规范：YB 9258—97[S]. 北京：中国建筑工业出版社，1999.
[105] 中冶集团武汉勘察研究院有限公司. 宝山钢铁股份有限公司三热轧岩土工程勘察报告书[R]. 上海，2005.
[106] 中冶集团武汉勘察研究院有限公司. 宝山钢铁股份公司三热轧旋流池基坑降水水文地质勘察报告[R]. 上海，2005.
[107] 上海同济岩土建筑实业公司. 上海宝山钢铁股份有限公司三热轧旋流池基坑工程抽水试验报告[R]. 上海，2006.
[108] 上海同济岩土建筑实业公司. 上海宝山钢铁股份有限公司三热轧旋流池基坑工程降水设计方案[R]. 上海，2006，4.
[109] 上海广联基础工程公司. 上海宝山钢铁股份有限公司三热轧旋流池基坑降水工程降水运行方案[R]. 上海，2006.

[110] 中冶集团武汉勘察研究院有限公司.宝钢集团浦钢公司搬迁工程轧钢区一次、二次沉淀池场地水文地质勘察报告书[R].上海,2005.

[111] 上海同济岩土建筑实业有限公司.浦钢公司搬迁工程轧钢区旋流池基坑抽水试验及降水设计初步方案[R].上海,2006.

[112] 上海同济岩土建筑实业有限公司.浦钢公司搬迁工程轧钢区旋流池基坑抽水试验报告及降水设计方案[R].上海,2006,11.

[113] 上海同济岩土建筑实业有限公司.浦钢公司搬迁工程轧钢区旋流池基坑群井抽水试验报告及降水运行方案[R].上海,2007,3.

[114] 《工程地质手册》编写委员会.工程地质手册[M].4版.北京:中国建筑工业出版社,2007.

[115] 陈仲颐,叶书麟.基础工程学[M].北京:中国建筑工业出版社,1990.

[116] 唐益群,周念清,王建秀,等.软土环境工程地质学[M].北京:人民交通出版社,2007.

[117] 廖资生.地下水分类和基岩裂隙水的基本概念[J].高校地质学报,1998,4(4):473-477.